特种金属材料及其加工技术

李静媛　赵艳君　任学平　编著

北　京
冶金工业出版社
2010

内 容 简 介

本书详细介绍了一些特种金属材料及其加工技术。全书共分8章，分别介绍了超细晶粒钢、超塑性材料、形状记忆合金、高氮奥氏体不锈钢、变形镁合金、泡沫金属材料、金属粉末材料以及双金属塑性加工复合材料的特点、制备与加工方法、应用领域及发展前景等，并尽可能地反映出这类材料制备与加工方面的最新研究成果。

本书可供材料科学及其加工领域的研究人员、技术人员阅读，也可供大专院校有关专业师生参考。

图书在版编目(CIP)数据

特种金属材料及其加工技术/李静媛，赵艳君，任学平编著. —北京：冶金工业出版社，2010. 5
ISBN 978-7-5024-5256-8

Ⅰ. ①特… Ⅱ. ①李… ②赵… ③任… Ⅲ. ①金属加工—工艺学 Ⅳ. ①TG

中国版本图书馆 CIP 数据核字(2010)第067974号

出版人 曹胜利
地 址 北京北河沿大街嵩祝院北巷39号，邮编100009
电 话 (010) 64027926 电子信箱 postmaster@cnmip.com.cn
责任编辑 张登科 美术编辑 张媛媛 版式设计 葛新霞
责任校对 王贺兰 责任印制 牛晓波
ISBN 978-7-5024-5256-8
北京印刷一厂印刷；冶金工业出版社发行；各地新华书店经销
2010年5月第1版，2010年5月第1次印刷
148mm×210mm；11印张；324千字；338页
36.00元

冶金工业出版社发行部 电话：(010)64044283 传真：(010)64027893
冶金书店 地址：北京东四西大街46号(100711) 电话：(010)65289081
(本书如有印装质量问题，本社发行部负责退换)

前　言

现代高新技术的进步离不开新材料的发展，而大多数新材料从其诞生到走向市场，通常需要一个很长的过程，材料的制备与加工工艺在这一过程中起着决定性的作用。这是因为材料的性能取决于其内部组织结构，而材料的组织结构是通过制备与加工工艺来进行控制的。美国对材料科学与工程领域的调查结果表明，他们不是缺少材料基础理论的研究人才，而是深感在研究材料的制备与加工方面科技力量的薄弱。新材料制备与加工工艺的突破，将会改变大多数新材料仍然停留在实验室研究水平上的现状，实现新材料设计、制备与加工全过程的精确控制。由此看出：材料的制备与加工在材料科学领域，尤其是在新材料开发方面具有举足轻重的地位，因此，针对具体材料，对其材料的特点、制备与加工方法、应用领域及发展前景进行详细介绍，对于从事材料科学及其加工领域研究的技术人员具有重要的参考价值。

本书是作者在为校内本科生讲授“新材料制备与加工”课程的基础上，参考了国内外相关文献而编写的。因篇幅所限，本书不可能囊括全部的新材料，而是将重点放在已广泛使用，但在材料制备与加工方面仍需要改进的一些特种金属材料上，并将书名定为《特种金属材料及其加工技术》，其目的是强调特种金属材料的制备与加工技术在新材料开发与应用中起着重要的桥梁作用。

本书共分8章，分别介绍了超细晶粒钢、超塑性材料、形状记忆合金、高氮奥氏体不锈钢、变形镁合金、泡沫金属材料、金属粉末材料以及双金属塑性加工复合材料的特点、制备与加工方法、应用领域及发展前景等，并尽可能地反映出这类材料制备与加工的最新研究成果。

本书的阅读对象为材料科学及其加工领域的研究人员、技术人员以及大专院校本科生、研究生。

由于作者水平有限，书中不妥之处在所难免，请读者指正。

作　者

2010年3月

目　录

1 超细晶粒钢

1.1 钢铁材料的特点及存在的问题

1.1.1 钢铁材料的特点

在经历了代用材料的强烈冲击后，人们通过对各种材料的比较，认识到在目前钢铁材料仍然是量大面广的材料。在可预见的未来，还没有任何一种材料能够全面取代钢铁材料，钢铁材料仍将是人类社会占据主导地位的最重要的结构材料，是人类社会和经济发展的物质基础。与其他材料相比，钢铁材料具有以下显著特点：

（1）良好的综合力学性能。钢铁材料组织性能调幅范围非常宽，目前钢铁材料的强度范围在几百至几千兆帕内，并且具有良好的塑性和韧性，可以很容易地将其加工成任意形状，满足各领域的需求，是机械系统的首选材料。

（2）质量稳定，价格低廉。钢铁材料是相对比较成熟的材料，人类对钢铁材料的研究与利用已有1500多年的历史，在钢铁材料设计、生产管理以及组织性能控制等方面积累了丰富的经验。钢铁材料的产量目前仅次于水泥，且质量稳定，价格低廉。

（3）资源丰富。钢铁材料的最大特点是资源丰富，其分布遍及世界各地，在地壳中含有约4.2%（质量分数）的铁，为人类社会可持续发展奠定了基础。

（4）回收率高。钢铁材料的回收率可达到90%以上。回收材料的使用不单单是钢铁资源的循环使用问题，使用回收材料还可以降低CO_2的产生，有利于环境保护。钢铁材料作为国民经济的基础材料，其加工、使用以及回收处理要考虑到对环境的影响。

由于钢铁材料在今后相当长的时间内仍是最重要的结构材料，并且其性能大有潜力可挖，因此，钢铁材料不仅关系到国家的经济发展，同时也起到了维护国家安全的重要作用。钢铁材料应用几乎涉及人类社会各个领域，高层建筑、深层地下和海洋设施、大跨度重载桥梁、轻型节能汽车、高速船舶、石油开采和长距离油气输送管线、大型储存容器、工程机械、精密仪器、航空航天、高速铁路、能源设施等国民经济的各个领域都需要综合性能优异、使用寿命长以及成本低的钢铁材料。此外，人类社会的发展对钢铁材料的生产、加工、使用和回收等环节提出了节约能源、节约资源、满足可持续发展战略的要求，因此在保持钢铁材料低成本和易回收等特点的基础上，提高钢铁材料的强度和寿命，开发新一代钢铁材料引起了世界各国的高度重视。

1.1.2　钢铁材料存在的问题

虽然人类对钢铁材料的研究与利用的历史较长，积累了丰富的经验，形成了钢铁材料特有的生产及质量控制体系，但是，钢铁材料在实际应用过程中不断暴露出来的不足，限制了其在更广泛领域的应用。目前现有钢铁材料存在的主要问题有以下几方面：

（1）钢铁材料的强度潜力未得到充分发挥。钢铁材料的理论强度为9000MPa以上，而目前大部分钢铁材料的强度在几百兆帕左右。在理想材料与实际材料之间存在一个很大的空白区，表明钢铁材料的强度大有潜力可挖。

（2）钢材的洁净度低。钢材的洁净度低，限制了钢铁材料性能的成倍提高。钢中杂质元素是发生各种裂纹和脆性的根源，随杂质含量的增加，会使钢材的冲击韧性下降，脆性转变温度升高，使其应用领域受到限制。目前随着钢铁材料冶炼技术的革新和进步，已使钢铁材料的洁净度有所提高。例如在20世纪70年代，钢中的S含量为0.002%～0.004%，而到了80年代末期已减少到0.001%。但是，作为人类社会最重要的结构材料而不断进步的钢铁材料，由于对其性能有更高的要求，因而高洁净度被认为是必走的途径之一。

（3）耐腐蚀性能需要提高。目前钢铁材料的腐蚀报废率相当于钢铁年产总量的20%～40%，全世界每年因腐蚀而报废的钢铁材料达到1亿t左右。研究表明，钢铁材料的腐蚀与其洁净度有很大的关系，钢材的洁净度可以使钢材的腐蚀速度成倍变化。

由于钢铁材料在今后相当长的时间内仍是最重要的结构材料，并且其性能大有潜力可挖，因此钢铁材料的革新将会对人类社会产生巨大的影响。所以，在保持钢铁材料低成本和易回收等特点的基础上，提高钢铁材料的强度和寿命，开发新一代钢铁材料，引起了世界各国的高度重视。例如1997年日本科学技术厅启动了“超级钢铁材料开发计划”，该开发计划的目的是将结构用钢铁材料的强度提高1倍、寿命提高1倍。与日本科学技术厅“超级钢铁材料开发计划”并行的有日本通产省的“超金属开发计划”，其开发目的是以铁基、铝基等金属为对象，探讨金属材料在极限状态下所具有的特性，扩大金属材料的应用领域。即通过开发新的工艺路线，打破过去既成的金属概念，研制高性能的金属材料，尽可能减少对某些有限资源、稀有金属的依赖性，同时提高金属材料的重复利用性，节约资源，节约能源，大幅度地提高金属材料的各种性能。1997年我国启动了“新一代微合金高强高韧钢的基础研究”项目；1999年启动了“973项目”“新一代钢铁材料的重大基础研究”，其总的目的是，在经济上有竞争力；在现有装备水平不做重大调整的前提下，使现有钢铁材料的强度提高1倍，寿命提高1倍。

1.2　钢的组织与强度

1.2.1　钢材的强化

在进行机械结构设计时，钢铁材料的室温屈服强度 σ_s（或条件屈服强度 $\sigma_{0.2}$）和冲击韧脆转折温度 T_c 是设计选材的最基本指标。随着工程应用对材料高性能要求的提高，人们一直将提高钢铁材料的 σ_s 和降低冲击韧脆转折温度 T_c 作为研究和开发的重点。根据塑性变形理论，提高钢材的强度可以从两个方面进行，即：

（1）众所周知，实际晶体的屈服强度之所以远小于理论屈服强度，是由于位错等晶体缺陷的存在。因此，如果能够消除位错等晶体缺陷，制备出完整的晶体，就可以充分发挥晶体中每个原子的键合强度，由此大幅度提高材料的强度。例如晶须、非晶态材料等。表1-1给出了非晶态材料与铁晶须的力学性能。从表1-1中可以看出，非晶态材料强度的绝对值远小于铁晶须。但是，由于非晶态材料的弹性模量低于铁晶须和纯铁多晶体，若用抗拉强度与弹性模量的比值可以反映实际强度与理论强度的差距。从表1-1中可以看出，非晶态材料的$\sigma_b/E=0.02\sim0.06$。已经达到了理论抗拉强度的1/10～1/3，与晶须处于同一数量级，可以说，非晶态材料的强度基本上达到了理想材料的强度。

表1-1　非晶态材料与铁晶须的力学性能

合　金	硬度HV	抗拉强度 σ_b/MPa	弹性极限 σ_p/MPa	弹性模量 E/GPa	伸长率 /%	σ_b/E
Pd80Si20	325	1360	870	68	0.11	0.02
Cu57Zr43	540	2000	1380	76	0.10	0.025
Co75Si15B10	910	3060	2320	55	0.20	0.056
Ni75Si8B17	858	2700	2200	80	0.14	0.034
Fe80P13C7	760	3100	2350	124	0.03	0.025
马氏体时效钢（Ni18Co9Mo5Ti）	560	2000	1900①	185	12	0.012
低合金超高强度钢（40CrNiMo）	580	2100	1500①	200	14	0.011
铁晶须（直径1.6μm）	—	13400	—	210	—	0.064
纯铁多晶体	—	200	150①	210	45	0.001

①屈服强度σ_s或条件屈服强度$\sigma_{0.2}$。

（2）根据现行材料塑性变形理论，材料的塑性变形主要是由于位错在晶体中的运动引起的，而位错的易动性又是削弱材料变形抗力的原因。因此，提高位错运动的阻力是使材料实现强化的途径之一。提高位错运动的阻力通常有两种途径：1）通过改变合金的键合类型，提高金属中的点阵阻力，阻碍位错的运动。试验表明，当改变合金的键合类型时，往往会使材料的基本性能，例如良好的塑性性能消失，给材料的制备与加工带来麻烦，因此，在实际应用时受到限制；2）在晶体中引入大量的位错等晶体缺陷，由于位错与位错之间、位错与其他缺陷之间的交互作用，会使位错运动的阻力增大，由此达到强化材料的目的。这是目前实际生产中广泛采用的强化材料的方法。例如固溶强化、应变强化、沉淀强化、马氏体强化、晶界强化等强化方式及其相互间的综合强化效果，使实际材料的强度得到了大幅度提高。

1.2.2 钢的组织与强度

1.2.2.1 霍尔-佩奇（Hall-Petch）公式

一般说来，钢的强化机制包括了晶粒细化强化、沉淀强化、固溶强化和位错强化等，但大多数强化方法不能同时兼顾强度与韧性的提高，往往是强度提高了，韧性却下降了。而细晶强化既能提高材料的强度又能提高材料的韧性，因此，近年来人们一直通过多种手段致力于钢材组织的细化，开发钢铁材料的潜力，大幅度提高钢材使用性能，使传统钢铁材料在更广泛的领域中得到应用。

多晶体材料的强度与晶粒尺寸之间的关系可以用霍尔-佩奇公式来进行描述，即

$$\sigma_s = \sigma_0 + Kd^{-\frac{1}{2}} \tag{1-1}$$

式中 σ_s——材料的宏观屈服应力；

σ_0——同种材料单晶体的屈服应力；

K——常数；

d——晶粒尺寸。

霍尔-佩奇公式是根据晶界扩散、晶界滑移引起晶界处的塑性弛豫，从而使材料屈服强度提高的原理而得到的。霍尔-佩奇公式一般只适用于晶粒尺寸大于0.2～0.5μm 的情况。当晶粒尺寸小于0.2～0.5μm 时是不适用的，并且当晶粒尺寸在6～10nm 附近出现极大值时，霍尔-佩奇公式也无法给出解释。

1.2.2.2 晶粒尺寸与材料屈服强度的关系

根据塑性变形理论的研究，多晶体材料的变形包含晶内滑移和晶界滑移等形式，因此，可以将材料的变形抗力视为由晶内滑移和晶界滑移时的两部分变形阻力组成，图 1-1 为屈服强度与晶粒尺寸的关系。晶界滑移仅由晶粒转动引起。在以下推导中，假设变形体是在单

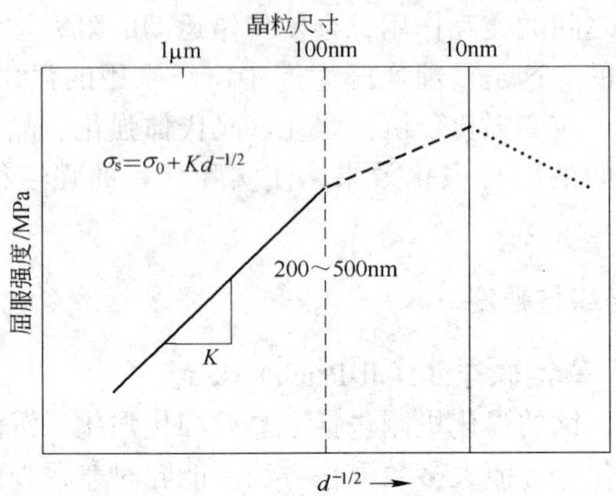

图 1-1　屈服强度与晶粒尺寸的关系

向拉伸应力 σ 的作用下变形，单向压缩的情况与单向拉伸相同。

如图 1-2 所示，假设变形体的体积为 V_0，变形体宏观变形抗力为 σ，变形体宏观上产生的应变为 ε，变形体内部晶粒沿拉伸方向产生应变 ε_d，使晶粒产生伸长 ε_d 时的应力为 σ_d，多晶体单位面积上的晶界能为 η。则单位体积晶界能为

$$W_j = \frac{\alpha A}{V_0}\eta \tag{1-2}$$

式中　A/V_0——单位体积内晶粒（规则排列原子区域）与晶界交界面的面积；

α——晶粒形状强化系数。

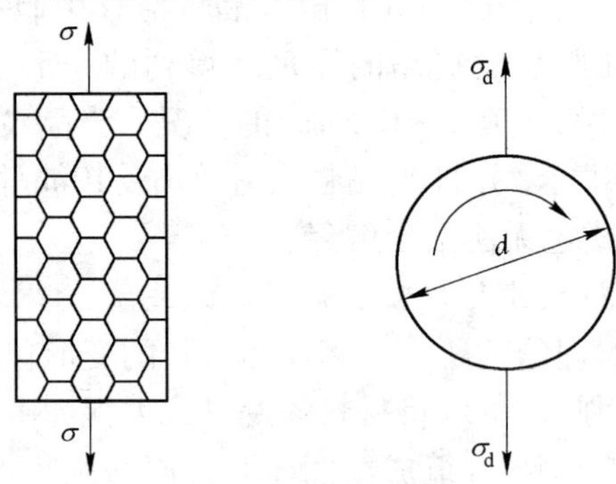

图 1-2　变形模型

由于在弹性变形阶段，晶粒的转动也是弹性的，因此，可将晶粒的转动能写成弹性的形式，即

$$\frac{\alpha A}{V_0}\eta = \frac{1}{2}(\sigma - \sigma_{\mathrm{d}})(\varepsilon - \varepsilon_{\mathrm{d}}) \tag{1-3}$$

假设多晶体材料的晶粒为大小相同的多面体，其晶粒直径近似地等于同体积球的直径 d，则多晶体材料的体积可以由下式给出，即

$$V_0 = \frac{1}{6}\pi d^3 N \tag{1-4}$$

式中　N——体积为 V_0 的变形体内的晶粒数目。

试验研究结果表明，晶界层具有与非晶态材料相似的原子排列紊乱的结构。对于非晶态材料，由于在其结构中存在着有序原子排列的微小区域（结晶萌芽），因此，正确地定义非晶态金属应该是“原子的排列在一个比较大的范围内是不规则的，而在最近邻域或局域的原子排列是有序的”。

此外，根据非晶态材料的单向拉伸试验结果，由于非晶态材料缺乏应变硬化能力，因此，塑性变形量是非常小的，仅在 0.1% 左右，其应力应变曲线与脆性材料相似。由此可以提出下述假设：“晶界滑移只发生在规则排列原子区域与不规则排列原子区域的交界面上。当晶粒内的规则排列原子区域与晶界层内排列原子区域（结晶萌芽）相同时，材料由晶体变为单一的非晶态。”按此假设，晶粒尺寸的最小值 $d_{\min}$ 总是大于晶界层厚度 t（如图 1-3 所示）。因此，体积为 V_0 的

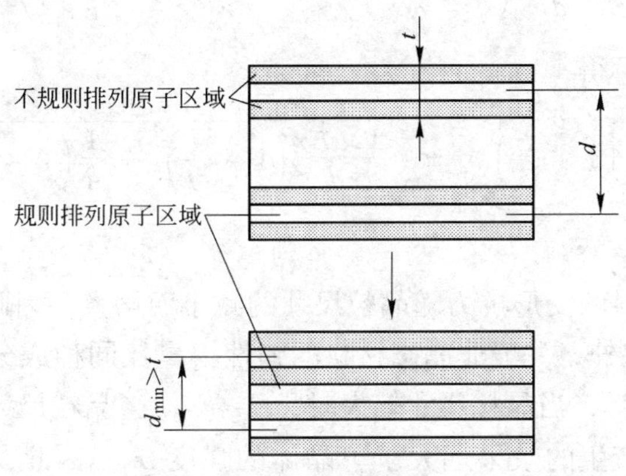

图 1-3　晶界层结构模型

变形体内晶粒（规则排列原子区域）与晶界交界面的总表面积 A_0 可以由下式给出，即

$$A = \pi(d - t)^2 N \tag{1-5}$$

单位体积内的晶界面积为

$$\frac{\alpha A_0}{V_0} = \frac{6\alpha}{d}\left(1 - \frac{t}{d}\right)^2 \tag{1-6}$$

将式（1-6）代入式（1-3），可得

$$\frac{6\alpha\eta}{d}\left(1 - \frac{t}{d}\right)^2 = \frac{1}{2}(\sigma - \sigma_{\mathrm{d}})(\varepsilon - \varepsilon_{\mathrm{d}}) \tag{1-7}$$

由于变形体的宏观变形与晶粒的变形均为弹性变形，符合胡克定律。对于单向应力状态，假设宏观变形体的弹性模量为 E，单晶体材料的弹性模量为 E_{d}，则有

$$\left.\begin{aligned} \varepsilon &= \frac{\sigma}{E} \\ \varepsilon_{\mathrm{d}} &= \frac{\sigma_{\mathrm{d}}}{E_{\mathrm{d}}} \end{aligned}\right\} \tag{1-8}$$

将式（1-8）代入式（1-7），可得

$$\frac{12\alpha\eta E}{d}\left(1 - \frac{t}{d}\right)^2 = (\sigma - \sigma_{\mathrm{d}})\left(\sigma - \frac{E}{E_{\mathrm{d}}}\sigma_{\mathrm{d}}\right) \tag{1-9}$$

由上式可得

$$\sigma = \frac{1}{2}\left(1 + \frac{E}{E_{\mathrm{d}}}\right)\sigma_{\mathrm{d}} \pm \sqrt{\frac{12\alpha E\eta}{d}\left(1 - \frac{t}{d}\right)^2 + \frac{1}{4}\left(1 - \frac{E}{E_{\mathrm{d}}}\right)^2\sigma_{\mathrm{d}}^2} \tag{1-10}$$

由于材料的变形抗力随晶粒尺寸的减小而增大，因此，在上式中取“+”。此外，一般非晶态材料的弹性模量比同种成分晶体材料的低 20% ~40%，当晶粒尺寸较大时，$E \approx E_{\mathrm{d}}$；当晶粒尺寸较小时，因晶界强化而产生的效果远大于单晶体的强度 σ_{d}。因此，无论晶粒尺寸如何变化，总有

$$\frac{12\alpha E\eta}{d}\left(1-\frac{t}{d}\right)^2 \gg \frac{1}{4}\left(1-\frac{E}{E_d}\right)^2\sigma_d^2$$

由此可得

$$\begin{aligned}\sigma &= \frac{1}{2}\left(1+\frac{E}{E_d}\right)\sigma_d + \sqrt{\frac{12\alpha E\eta}{d}}\left(1-\frac{t}{d}\right) \\ &= \frac{1}{2}\left(1+\frac{E}{E_d}\right)\sigma_d + \frac{K}{\sqrt{d}}\left(1-\frac{t}{d}\right) \qquad (1\text{-}11)\end{aligned}$$

在上式中

$$K = \sqrt{12\alpha E\eta} \qquad (1\text{-}12)$$

当变形体由弹性状态进入塑性状态时，$\sigma=\sigma_s$；$\sigma_d=\sigma_0$，代入式（1-11），可得

$$\sigma_s = \frac{1}{2}\left(1+\frac{E}{E_d}\right)\sigma_0 + \frac{K}{\sqrt{d}}\left(1-\frac{t}{d}\right) \qquad (1\text{-}13)$$

式中 σ_s——多晶体的屈服强度；

σ_0——同种材料单晶体的屈服强度。

当晶粒尺寸远大于晶界层厚度，即 $d \gg t$ 时，$t/d \to 0$，$E \approx E_d$，则式（1-12）变为著名的霍尔-佩奇公式，即

$$\sigma_s = \sigma_0 + Kd^{-\frac{1}{2}} \qquad (1\text{-}14)$$

由于材料的硬度与强度有一定的对应关系，因此，材料的硬度随晶粒尺寸的变化也可以用下式给出，即维氏硬度为

$$HV = \frac{1}{2}\left(1+\frac{E}{E_d}\right)HV_0 + \frac{K_{HV}}{\sqrt{d}}\left(1-\frac{t}{d}\right) \qquad (1\text{-}15)$$

图 1-4、图 1-5 给出了工业纯铜和工业纯铁的屈服强度随晶粒尺寸的变化规律。图 1-6、图 1-7 给出了工业纯钯和化合物 NiP 的维氏硬度随晶粒尺寸的变化规律。表 1-2 为计算时采用的材料常数。

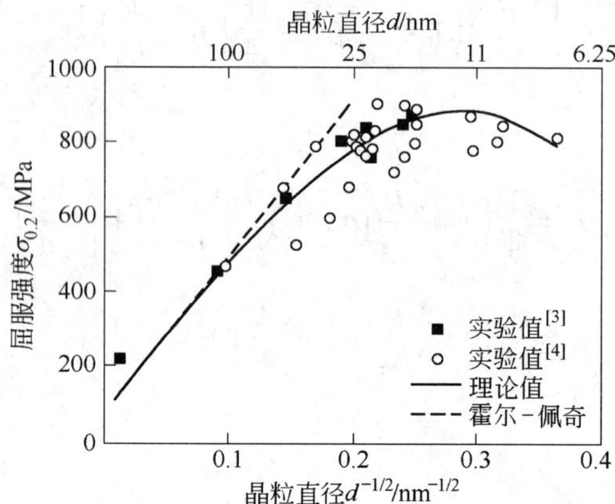

图 1-4　工业纯铜的晶粒尺寸与屈服强度

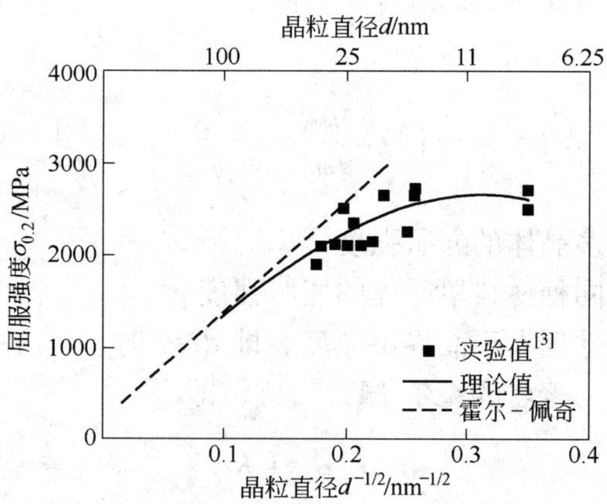

图 1-5　工业纯铁的晶粒尺寸与屈服强度

表 1-2　材料常数的测定值

材料常数	Cu	Fe
$1/2(1+E/E_d)\sigma_0$/MPa	70	200
K_{HV}/MPa · $nm^{1/2}$	4226.2	11891
t/nm	4.0	3.45
材料常数	Pd	NiP
$1/2(1+E/E_d)HV_0$/MPa	908	3834
K_{HV}/MPa · $nm^{1/2}$	9205.3	11848.5
t/nm	2.0	2.0

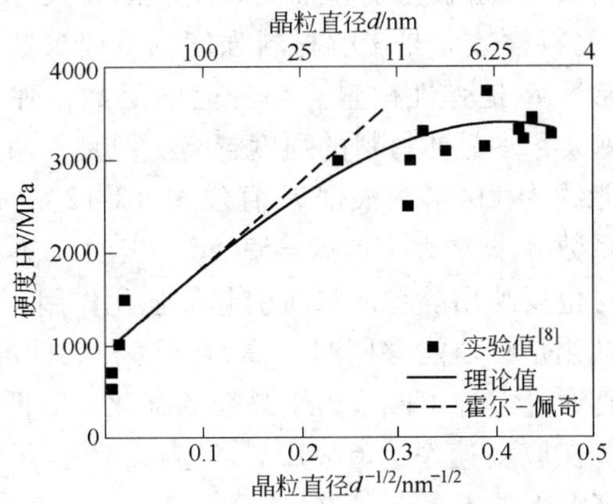

图 1-6 工业纯钯的晶粒尺寸与维氏硬度

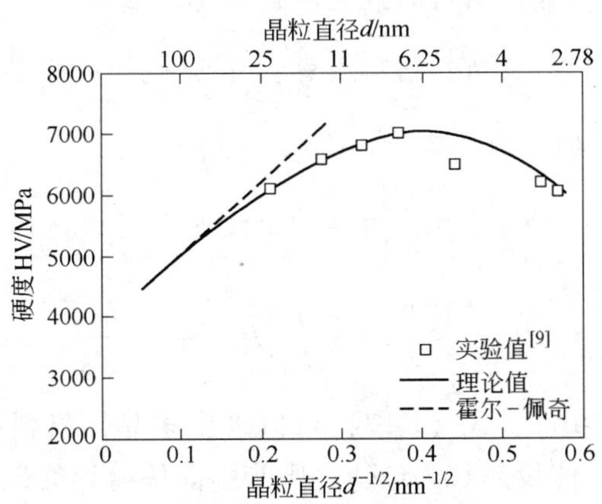

图 1-7 NiP 的晶粒尺寸与维氏硬度

从图 1-4 ~ 图 1-7 中可以看出，根据式（1-13）、式（1-15）所得到的材料屈服强度和维氏硬度的计算值与实验值吻合比较好。当晶粒直径大于 100nm 时，由于 t/d 的影响较小，可忽略，此时可以采用霍尔-佩奇公式来描述材料屈服强度和维氏硬度随晶粒尺寸的变化规律；而当晶粒直径小于 100nm 时，由于（$1-t/d$）的影响程度增大，不可忽略，霍尔-佩奇公式已不适用，此时，需要采用式（1-13）、式

(1-15) 来计算材料的屈服强度和维氏硬度随晶粒尺寸的变化。由式(1-13) 可知，材料常数 K 是影响材料强度的重要参数之一。根据式(1-12)，材料常数 K 是弹性模量、晶界能的函数，弹性模量、晶界能越大，K 值越大，多晶体材料的强度越高。但是，由于纯铁的单位面积上的晶界能约为 1J/m^2，根据 K 值公式 (1-12)，所得到纯铁的晶粒形状强化系数 α 非常大，即 $\alpha = 53.56$，表明 α 不仅仅反映了晶粒的形状，同时也反映出晶粒形状所引起的强化作用。

由于晶粒细化是唯一能够同时提高钢强度和韧性的方法，因此，多年来人们一直通过多种手段致力于晶粒的细化。对低碳软钢大量的实验研究表明，在应变速率为 $6\times10^{-4}\text{s}^{-1}$ 内，晶粒直径范围为 3μm 到无限大时，室温下的 K 的数值在 $14.0\sim23.4\text{N/mm}^{3/2}$ 的范围内。在低合金钢中一般采用 $K = 17.4\text{N/mm}^{3/2}$。

1.2.2.3 多晶体材料的最大屈服强度和维氏硬度

对式 (1-13)、式 (1-15) 求导，并令 $\frac{\mathrm{d}\sigma_s}{\mathrm{d}d} = 0$、$\frac{\mathrm{d}(HV)}{\mathrm{d}d} = 0$，则 $d = 3t$，代入式 (1-13)、式 (1-15)，可得

$$\sigma_{s\,max} = \frac{1}{2}\left(1 + \frac{E}{E_d}\right)\sigma_0 + \frac{2}{3}\frac{K}{\sqrt{3t}} \tag{1-16}$$

$$HV_{max} = \frac{1}{2}\left(1 + \frac{E}{E_d}\right)HV_0 + \frac{2}{3}\frac{K_{HV}}{\sqrt{3t}} \tag{1-17}$$

采用式 (1-16)、式 (1-17) 可以求出多晶体材料的最大屈服强度和维氏硬度。假设晶粒为球体，则与多晶体材料的最大屈服强度所对应的晶界层体积百分率 f 为

$$f = 1 - \left(1 - \frac{t}{d}\right)^3 = 1 - \left(1 - \frac{t}{3t}\right)^3 \approx 70\% \tag{1-18}$$

1.2.2.4 非晶态材料的屈服强度和维氏硬度

非晶态材料的屈服强度就是与晶粒尺寸的最小值 d_{min} 相对应的强度值。在此根据图 1-3 所示的晶界层结构模型，假设 $d_{min} = 3t/2$，代入式 (1-13)，可以得到非晶态材料的屈服强度 σ_{sf} 和维氏硬度 HV_f，即

$$\sigma_{\mathrm{sf}} = \frac{1}{2}\left(1 + \frac{E}{E_{\mathrm{d}}}\right)\sigma_0 + \frac{K}{3}\sqrt{\frac{2}{3t}} \tag{1-19}$$

$$HV_{\mathrm{f}} = \frac{1}{2}\left(1 + \frac{E}{E_{\mathrm{d}}}\right)HV_0 + \frac{K_{\mathrm{HV}}}{3}\sqrt{\frac{2}{3t}} \tag{1-20}$$

由式（1-19）、式（1-20）所得到的计算结果如表1-2所示。通过对式（1-13）分析可知，多晶体材料的强度随变形体内晶粒（规则排列原子区域）与晶界交界面的面积而变化：1）当 $d>3t$ 时，变形体内晶粒与晶界交界面的面积随晶粒尺寸的减小而增大，因此，多晶体的强度随晶粒尺寸的减小而增加；2）当 $d<3t$ 时，变形体内晶粒与晶界交界面的面积随晶粒尺寸的减小而降低，引起多晶体的强度随晶粒尺寸的减小而降低；3）当 $d=3t$ 时，变形体内晶粒与晶界交界面的面积随晶粒尺寸的变化达到最大值，因此，多晶体的强度达到最大值，这也为通过非晶态材料的晶化处理细化组织，提高材料强度提供了依据。

1.2.3 细晶韧化

相对于材料的强化理论，材料韧化理论的发展相对较为滞后，这与韧性指标的不确定性和韧化原理的复杂性相关。Petch 根据断裂应力与晶粒直径关系的研究，得出了以下结果：

$$\beta T_{\mathrm{c}} = B - \ln d^{\frac{1}{2}} \tag{1-21}$$

式中 β，B——常数。

从式（1-21）中可以看出，随着晶粒尺寸变小，韧脆转变温度下降。然而该式在实验上略有不便，后来 Pickering 等对低碳钢提出的韧脆转变温度的表达式为

$$T_{\mathrm{c}} = a - bd^{-\frac{1}{2}} \tag{1-22}$$

式中 a——包括了除晶粒直径外其他所有因素对韧脆转变温度的影响；

$bd^{-1/2}$——晶粒直径对韧脆转变温度的影响，一般 $b=11.5℃/\mathrm{mm}^{1/2}$。

对于低碳钢来说，考虑的是铁素体组织的细化问题。研究结果表明：当铁素体直径由20μm细化到5μm时，可以使低碳钢的韧脆转

变温度下降80℃左右；而对于合金钢，当奥氏体晶粒度由9级细化到15级时，科研使合金钢调质状态下的屈服强度由1150MPa提高到1420MPa。图1-8给出了晶粒尺寸对钢材韧脆性转变温度的影响。从图1-8中可以看出，晶粒细化可以使冲击转变温度大幅度降低。因此，晶粒细化是使钢材有效地强化并韧化的唯一方式。

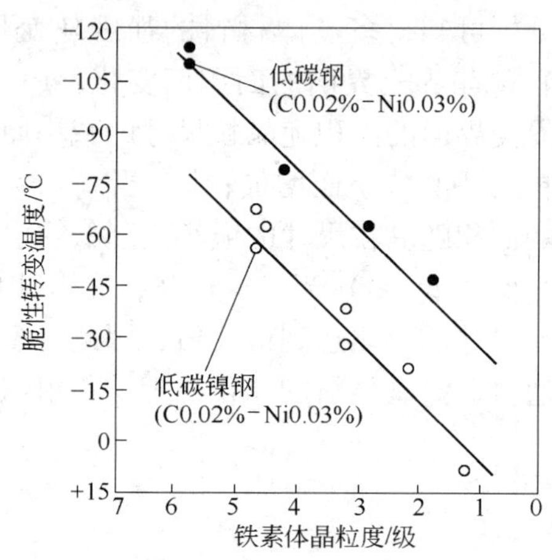

图1-8　晶粒尺寸对钢材脆性转变温度的影响

钢中强韧化方式之间的相互影响很大而且相当复杂，加大了研究工作的难度。因此，通常是采用将一些影响较大的强韧化方式综合起来进行处理的方法，虽然这种方法可以使有关的理论研究简单化，但也给单独研究某个强韧化因素造成困难。当某一强韧化方式对某一性能的影响占支配性地位，而其他的强韧化方式对这一性能的影响相对很小的话，可以将影响较小的因素忽略不计。例如，M(C,N)相、渗碳体、氧化物、硫化物等各种第二相都能产生分散强化的效果，但微合金钢中，M(C,N)相的强化效果比其他各种第二相的强化效果要大一个数量级以上，因而只需考虑M(C,N)相的强化效果。

通过晶粒细化可以在不添加合金强化元素的情况下，大幅度提高材料的强度和韧性。由于省略了合金元素，因此，便于材料的回收与再利用，降低回收材料的加工成本，减轻对环境的压力。同时也可以实现结构材料的轻量化，达到节约能源，保护环境的目的。

1.3 钢材组织的形变、相变细化理论

1.3.1 变形能对相变温度的影响

假设在温度 T 和压力 P 条件下，单元体系的两相呈平衡状态。当压力和温度变化后，使两相仍旧平衡，设两个相分别为 α 相和 β 相，其摩尔自由焓分别为 G_α 和 G_β，由于压力 P 改变 $\mathrm{d}P$，温度 T 改变 $\mathrm{d}T$，G_α 变为 $G_\alpha + \mathrm{d}G_\alpha$，$G_\beta$ 变为 $G_\beta + \mathrm{d}G_\beta$。由于两相平衡时，有

$$G_\alpha = G_\beta \tag{1-23}$$

则

$$\mathrm{d}G_\alpha = \mathrm{d}G_\beta \tag{1-24}$$

将热力学公式

$$\left.\begin{aligned}\mathrm{d}G_\alpha &= -S_\alpha \mathrm{d}T + V_\alpha \mathrm{d}P \\ \mathrm{d}G_\beta &= -S_\beta \mathrm{d}T + V_\beta \mathrm{d}P + \mathrm{d}W\end{aligned}\right\} \tag{1-25}$$

式中 W——变形能。

将式（1-25）代入式（1-24），可得

$$\Delta V_{\beta\alpha}\mathrm{d}P + \mathrm{d}W = \Delta S_{\beta\alpha}\mathrm{d}T \tag{1-26}$$

式中，$\Delta V_{\beta\alpha} = V_\beta - V_\alpha$ 为相变时的摩尔体积增量；$\Delta S_{\beta\alpha} = S_\beta - S_\alpha$ 为相变时的摩尔熵增量。

由于在发生相变时，体积变化 $\Delta V_{\beta\alpha}$ 很小，因此在同样的压力作用下，体积与形状相比是很小的，因此可以忽略体积，则有

$$\mathrm{d}W = \Delta S_{\beta\alpha}\mathrm{d}T \tag{1-27}$$

由于两相一直处于相互平衡状态，则有

$$\Delta S_{\beta\alpha} = \frac{\Delta H}{T} \tag{1-28}$$

式中 ΔH——摩尔相变潜热。

将式（1-28）代入式（1-27），可得

$$\mathrm{d}W = \frac{\Delta H}{T}\mathrm{d}T \tag{1-29}$$

假设 ΔH 随温度的变化很小，可将其视为常数，将上式积分后

可得

$$\int \mathrm{d}W = W = \Delta H \int_{T_0}^{T} \frac{\mathrm{d}T}{T} = \Delta H \ln \frac{T}{T_0} \tag{1-30}$$

式中 T_0——在一个大气压下金属的相变温度。

由式（1-30）可得

$$T = T_0 \exp\left(\frac{W}{\Delta H}\right) \tag{1-31}$$

式（1-31）给出了与相变温度之间的关系。从式（1-31）中可以看出，随着变形能的增加，相变温度升高。

1.3.2 冷却（或加热）速度对相变点的影响

冷却（或加热）速度对相变温度有很大的影响，这已被实验所证实。以下将从理论上对冷却（或加热）速度对相变温度的影响进行分析。

设两个相分别为 α 相和 β 相，其摩尔自由焓分别为 G_α 和 G_β 。由于两相平衡时，有 $G_\alpha = G_\beta$，则 $\mathrm{d}G_\alpha = \mathrm{d}G_\beta$。由于冷却（或加热）速度对相变温度有影响，因此冷却（或加热）速度将引起体系自由焓发生变化，设冷却（或加热）速度所引起的体系自由焓变化为 $\mathrm{d}f(\dot{u})$，则有

$$\mathrm{d}G_\alpha = \mathrm{d}G_\beta + \mathrm{d}f(\dot{u}) \tag{1-32}$$

将式（1-25）代入式（1-32），并注意到 $\mathrm{d}W = 0$，则可得

$$\Delta V_{\beta\alpha} \mathrm{d}P + \mathrm{d}f(\dot{u}) = \Delta S_{\beta\alpha} \mathrm{d}T \tag{1-33}$$

由于在一个大气压下发生相变，体积变化 $\Delta V_{\beta\alpha}$ 很小，因此可以忽略体积，则有

$$\mathrm{d}f(\dot{u}) = \Delta S_{\beta\alpha} \mathrm{d}T \tag{1-34}$$

将式（1-28）代入式（1-34），可得

$$\mathrm{d}f(\dot{u}) = \frac{\Delta H}{T} \mathrm{d}T \tag{1-35}$$

假设 ΔH 随温度的变化很小，可将其视为常数，将上式积分后

可得

$$\int \mathrm{d}f(\dot{u}) = f(\dot{u}) = \Delta H \int_{T_0}^{T} \frac{\mathrm{d}T}{T} = \Delta H \ln \frac{T}{T_{00}} \tag{1-36}$$

由式（1-36）可得

$$T = T_{00} \exp\left[\frac{f(\dot{u})}{\Delta H}\right] \tag{1-37}$$

式中 T_{00}——平衡状态下的相变温度。

由于在实际加热或冷却时，试样内部和表面温度的不均匀性，$f(\dot{u})$ 的形式是很难确定的，因此这里采用实验方法来确定 $f(\dot{u})$。

对 Q235 钢来说，在连续冷却条件下，$f(\dot{u})$ 可用下式来表示，即

$$f(\dot{u}) = -45\dot{u}^{\frac{1}{4}} \tag{1-38}$$

将上式代入式（1-37），可得

$$T = T_{00} \exp\left(-\frac{45\dot{u}^{\frac{1}{4}}}{\Delta H}\right) \tag{1-39}$$

由于在奥氏体未再结晶区变形，实现由未再结晶变形奥氏体向铁素体转变能获得细小的铁素体晶粒，而相变温度点对于组织细化影响是非常大的，因此需要准确地测定奥氏体向铁素体转变的温度。采用热膨胀仪所得到的 Q235 钢相变温度如表 1-3 所示。

表 1-3　Q235 钢连续冷却时的相变点

	冷却速度/℃·s^{-1}	Ar_3/℃	Ar_1/℃	Ac_3/℃
Q235	1	800	644	
	5	780	635	870
	15	760	612	890
	30	752	575	911
	50	722	543	938

参考纯铁的摩尔相变潜热 $\Delta H = 920.5\text{J/mol}$，由式（1-39）的计算结果与实验结果如图 1-9 所示进行比较。

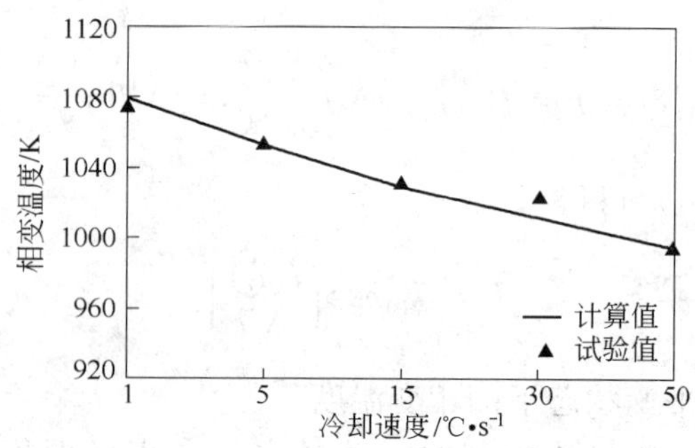

图 1-9　冷却速度对 Q235 钢相变温度的影响

从图 1-9 中可以看出，对 Q235 钢来说，在连续冷却条件下，由式（1-39）所确定的冷却速度对 Q235 钢相变温度的影响规律与实验结果吻合较好。值得提出的是，实验所采用的试样尺寸为 ϕ8mm × 10mm，当试样尺寸发生变化时，会引起冷却速度发生变化，因此，式（1-38）中 $f(\dot{u})$ 的表达式可能也会发生变化。

对 Q235 钢来说，在连续加热条件下，$f(\dot{u})$ 可用下式来表示，即

$$f(\dot{u}) = 1.896\dot{u}^{\frac{9}{10}} \tag{1-40}$$

将上式代入式（1-37），可得

$$T = T_{00}\exp\left(\frac{1.896\dot{u}^{\frac{9}{10}}}{\Delta H}\right) \tag{1-41}$$

与连续冷却条件一样，参考纯铁的摩尔相变潜热 $\Delta H = 920.5$J/mol，由式（1-41）的计算结果与实验结果如图 1-10 所示。从图 1-10 中可以看出，对 Q235 钢来说，在连续加热条件下，由式（1-41）所确定的冷却速度对 Q235 钢相变温度的影响规律与实验结果吻合较好。

1.3.3　塑性与冷却速度对金属组织的影响

对于扩散型相变来说，假设在单位体积中形成具有临界尺寸 r^* 的晶核数为 n^*，由相变动力学分析可知，n^* 与 $\exp\left(\frac{-\Delta G^*}{kT}\right)$ 成正

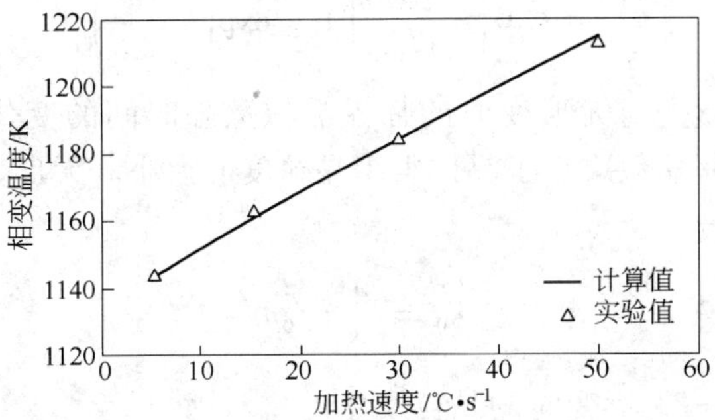

图 1-10 加热速度对 Q235 钢相变温度的影响

比，即

$$n^* \propto \exp\left(\frac{-\Delta G^*}{kT}\right) \tag{1-42}$$

式中 ΔG^*——临界晶核的形成功；

k——玻耳兹曼常数；

T——绝对温度，K。

设无形变时形成具有临界尺寸 r^* 的晶核数为 n_0^*；有形变时形成具有临界尺寸 r^* 的晶核数为 n_p^*。无形变时的相变温度设为 T_0，则由式（1-42）可得

$$n^* \propto \exp\left(\frac{-\Delta G^*}{kT_0}\right) \tag{1-43}$$

有形变时的相变温度由式（1-31）给出，将式（1-31）代入式（1-43），可得

$$n_p^* \propto \exp\left[\frac{-\Delta G^*}{kT_0}\exp\left(-\frac{W}{\Delta H}\right)\right] \tag{1-44}$$

由式（1-43）和式（1-44）可得

$$\frac{n_0^*}{n_p^*} = \exp\left(\frac{-\Delta G^*}{kT_0}\right)\exp\left[\frac{\Delta G^*}{kT_0}\exp\left(-\frac{W}{\Delta H}\right)\right]$$

由上式可得

$$\frac{n_0^*}{n_p^*} = \exp\left\{\frac{-\Delta G^*}{kT_0}\left[1 - \exp\left(-\frac{W}{\Delta H}\right)\right]\right\} \tag{1-45}$$

假设有形变与无形变时的临界晶核数随时间的变化规律是一样的，则临界晶核数决定了晶体组织晶粒度的大小。无形变时的晶体体积为

$$V_0 = \frac{4}{3}\pi d_0^3 n_0^* \tag{1-46}$$

式中　d_0——无形变时的晶粒尺寸。

有形变时的晶体体积为

$$V_x = V_0 = \frac{4}{3}\pi d_p^3 n_p^* \tag{1-47}$$

式中　d_p——有形变时的晶粒尺寸。

由式（1-46）、式（1-47）可得

$$\frac{n_0^*}{n_p^*} = \left(\frac{d_p}{d_0}\right)^3 \tag{1-48}$$

将式（1-48）代入式（1-45）可得

$$\left(\frac{d_p}{d_0}\right)^3 = \exp\left\{\frac{-\Delta G^*}{kT_0}\left[1 - \exp\left(-\frac{W}{\Delta H}\right)\right]\right\} \tag{1-49}$$

由上式可得

$$d_p = d_0\exp\left\{\frac{-\Delta G^*}{3kT_0}\left[1 - \exp\left(-\frac{W}{\Delta H}\right)\right]\right\} \tag{1-50}$$

式（1-50）给出了晶粒尺寸随相变温度等的变化规律。将式(1-41)代入式（1-50），可以得到

$$d_p = d_0\exp\left\{\frac{-\Delta G^*}{3kT_{00}}\exp\left[\frac{f(\dot{u})}{\Delta H}\right]\left[1 - \exp\left(-\frac{W}{\Delta H}\right)\right]\right\} \tag{1-51}$$

式（1-51）给出了晶粒尺寸随冷却速度、原始晶粒尺寸的变化规律。由式（1-50）、式（1-51）可知：1）对于具有相变的材料，例如 Q235 钢，相变温度 T_0 越低，所得到的铁素体晶粒尺寸越小。而相变温度是可以通过冷却速度来进行调整的，冷却速度越快，相变温度

越低，铁素体晶粒尺寸越小。因此相变温度对晶粒尺寸的影响实际上是隐含了冷却速度对晶粒尺寸的影响。当变形温度与相变温度相同时，就可以产生所谓的形变诱导相变，使 Q235 钢的铁素体晶粒得到明显的细化；2）变形能越大，所得到的铁素体晶粒尺寸越小。变形能是由变形量和变形温度所决定的，变形量越大，变形温度越低，变形能也就越大，所得到的晶粒尺寸越小。但是，从式（1-51）中可以看出，当变形能→0 时，晶粒尺寸不为零，因此，变形能对组织的细化是有一定程度限制的；3）无形变时的晶粒尺寸 d_0 越小，所得到的铁素体晶粒尺寸越小。d_0 可通过添加合金元素来进行控制。

1.4 钢材组织细化方法及应用

1.4.1 控轧控冷技术

1.4.1.1 钢材组织细化机制与控轧控冷原理

利用生核、长大的现象进行细化晶粒时，临界晶核尺寸大小成为晶粒细化极限的大体目标。临界晶核的尺寸是形核驱动力的函数，驱动力越大，临界晶核尺寸越小。通常，相变时的驱动力比再结晶时的大得多，相变时的临界晶核尺寸能达到 0.1μm 以下，而再结晶时的临界晶核尺寸通常为 1μm 左右。从本质上讲，相变比再结晶细化晶粒的能力大得多。钢铁材料与同样可以作为结构材料使用的铝合金的最大不同点是具有相变特性。

对于碳钢来说，除发生奥氏体⇌铁素体相变外，还会发生奥氏体⇌珠光体、奥氏体⇌马氏体、奥氏体⇌贝氏体等相变过程。对于铝合金的组织细化，通常只能利用塑性变形后的回复-再结晶来实现。而对于钢铁材料，除利用回复-再结晶外，还可以利用其相变过程来细化组织。

对于以奥氏体（γ）→铁素体（α）转变为对象的低碳钢来说，发生奥氏体（γ）→铁素体（α）相变时，为了使铁素体（α）晶粒得到细化，可以采用 4 种方法：

（1）快速冷却。该方法通过提高冷却速度，加大过冷度，使相变时形核的驱动力增加，以此达到细化铁素体组织的目的。

（2）细化奥氏体晶粒。细化奥氏体晶粒可以使形核点增加，从而使铁素体组织得到细化。

（3）使奥氏体晶粒产生变形。通过塑性加工使奥氏体晶粒变形会使晶体缺陷增多，形核点增加，从而使铁素体组织得到细化。该方法对铁素体组织的细化最为有效。

（4）使适量的析出相和夹杂物在奥氏体晶粒内均匀分布。该方法也可以使形核点增加。由于析出相和夹杂物对晶界的钉扎效果，可以抑制再结晶和晶粒的长大，从而达到细化铁素体组织的目的。

目前受到广泛重视的控轧控冷技术就是上述 4 种细化铁素体晶粒方法在热轧工艺中得到巧妙应用的实例。

如图 1-11 所示，对于低碳钢，为了细化铁素体组织，控轧控冷工艺可以分为 3 个阶段，即奥氏体再结晶区控制轧制，使材料发生动态再结晶，奥氏体晶粒；奥氏体未再结晶区控制轧制，使奥氏体晶粒产生变形；控制冷却，控制奥氏体→铁素体相变过程。

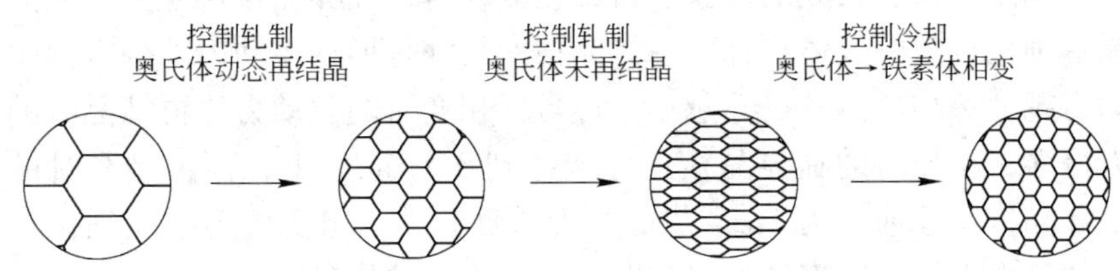

图 1-11　铁素体组织细化机理与控轧控冷原理

控轧控冷作为钢铁材料组织控制技术，已经扩大至两相区。典型的控轧控冷工艺通常为 4 个阶段，即奥氏体再结晶区控制轧制、奥氏体未再结晶区控制轧制、两相区控制轧制以及控制冷却。在两相区轧制时，奥氏体和铁素体均发生变形，变形后的奥氏体仍然优先在变形带和晶界上形核，并转变为铁素体。而变形后的铁素体，当变形程度较小时，在晶粒内部形成亚晶。随着变形量的增加，铁素体晶粒被拉长，晶内亚晶更细，位错密度更高。因此，经过两相区轧制后，钢材组织中有由变形未再结晶奥氏体转变的等轴细小铁素体晶粒、因变形拉长的铁素体晶粒。

目前在控制轧制中大量使用微合金元素，使其在钢中形成碳、氮以及碳氮化合物。通常使用的微合金元素是铌、钒、钛，所添加的铌、钒、钛可以与碳、氮结合，形成碳化物、氮化物以及碳氮化合物。这些化合物在高温下溶解、低温下析出，对钢材的影响表现为加热时阻碍原始奥氏体晶粒长大；在轧制时抑制再结晶以及再结晶晶粒长大；在低温时可以起到析出强化作用。表1-4给出了钢材常规轧制与控制轧制性能比较。从表中可以看出，添加微合金元素后，采用常规轧制方法会使钢材韧性变差，而采用控制轧制，可以使钢材强度和韧性都得到提高。

表1-4 钢材常规轧制与控制轧制性能比较

钢的成分(质量分数)/%	常规轧制		控制轧制	
	σ_s/MPa	*FATT*/℃	σ_s/MPa	*FATT*/℃
0.14C-1.3Mn	313.9	+10	372.7	-10
0.14C-0.034Nb	392.4	+50	441.3	-50
0.14C-0.08V	421.8	+40	451.1	-25
0.14C-0.004Nb-0.06V	—	—	490.3	-70

1.4.1.2 直接软化线材

将控制轧制与控制相变时温度变化的控制冷却相结合，可以获得所需要的组织和性能的线棒材。对于冷加工用线材，线材轧制后需要进行退火软化处理，为了省略退火软化处理工序，提高线材的加工性能，降低轧制线材的强度，可以采用在线软化处理的方法。

奥氏体晶粒越大，所需要的冷却速度越慢，这只有在离线炉冷却条件下才可以实现。当采用控制轧制时，由于轧制温度降低，抑制了再结晶和晶粒长大，使得奥氏体晶粒细化或处于未再结晶状态。对于这种变形奥氏体，很容易在晶界和晶内变形带上发生铁素体相变。图1-12给出了此时CCT曲线变化模式。控制轧制促进了铁素体相变过程，在CCT曲线上，铁素体相变的鼻尖向左移。因此，在同样的冷却条件下，采用通常的轧制方法，轧材会产生一部分贝氏体，但是，对于控制轧制坯料，不会产生贝氏体，可以完全获得铁素体+珠光体的组织。这就是强韧钢直接软化的基本机理。

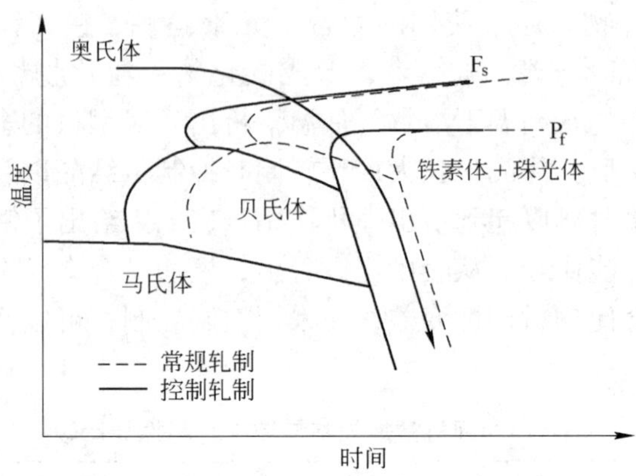

图 1-12　控制轧制时的相变规律（CCT 曲线）

图 1-13 给出了 SCM435 强韧钢抗拉强度的出现频率。从图 1-13 中可以看出，采用控制轧制可以使 SCM435 强韧钢的抗拉强度降低到 800MPa 以下。其原因在于，采用控制轧制，避免了贝氏体相变过程（如图 1-14 所示），线棒材组织由铁素体和珠光体组成。因此可以省略冷加工前的退火工序。

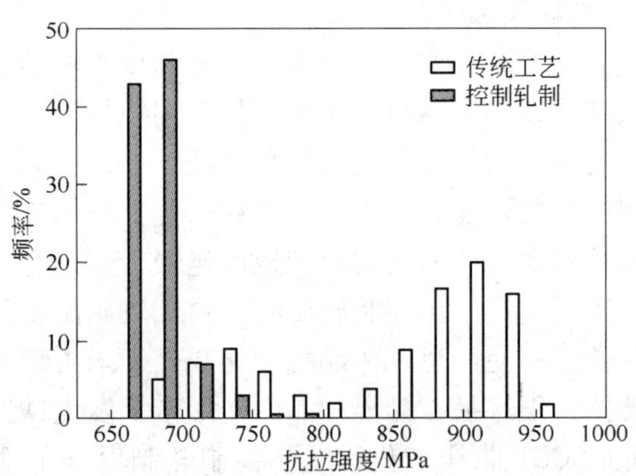

图 1-13　SCM435 钢的强度

1.4.1.3　超细晶粒线材

采用控轧控冷技术可以获得具有超微细晶粒组织的线材。组织超

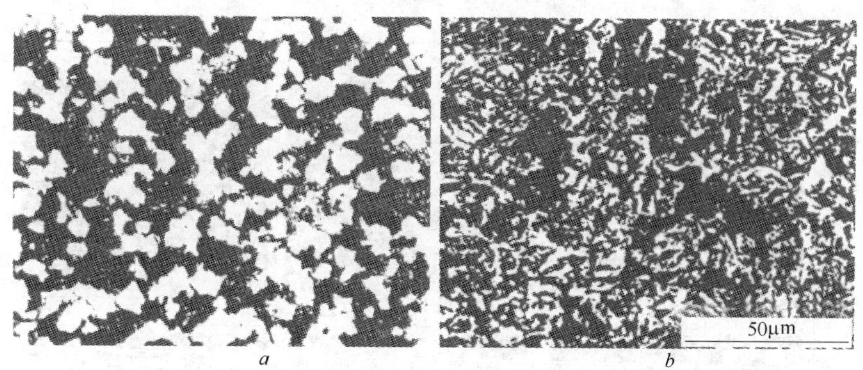

图 1-14 SCM435 钢的组织

a—控制轧制工艺（755MPa）；*b*—传统工艺（925MPa）

细化可以提高线材的强度和冷加工性能，并且也可以改善球化处理后的线材组织。

日本神户制钢按图 1-15 所示的试验条件，对 S45C 钢进行了球化退火试验。球化退火分别采用标准球化退火条件（B）和缩短时间的快速球化退火条件（A）。

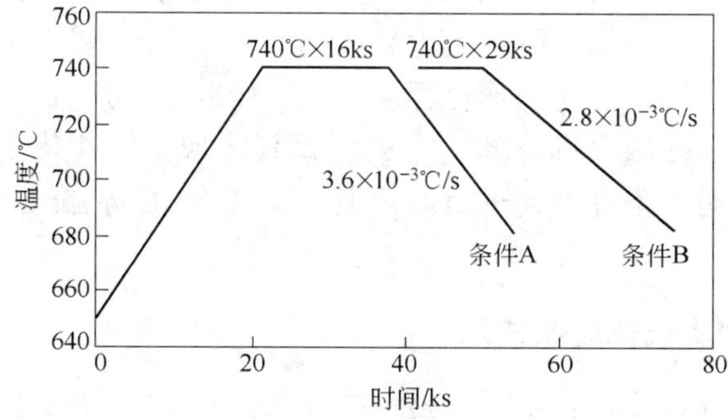

图 1-15 S45C 钢球化退火条件

图 1-16 为轧材和球化退火后线材的组织及硬度。从图 1-16 中可以看出，采用控轧控冷技术所得到的线材比传统线材的组织细，并且铁素体的比例增大，线材的硬度降低。在同样的退火条件下，采用控

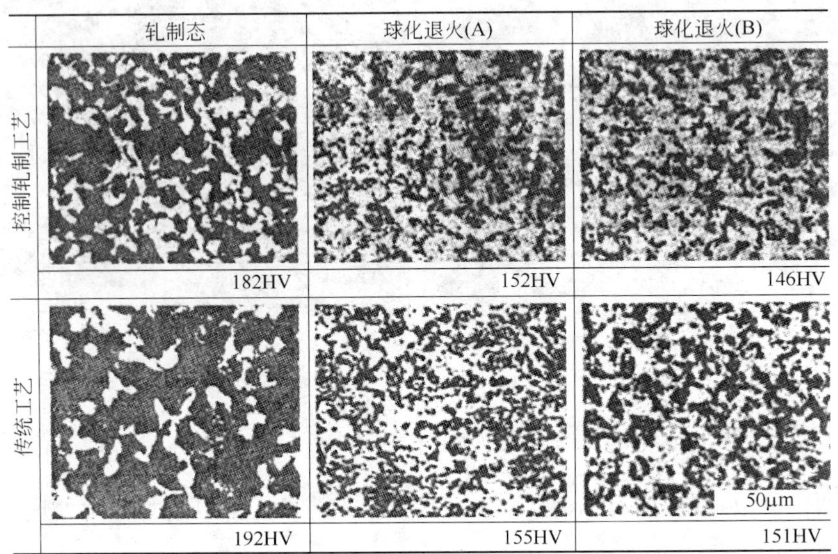

图 1-16　S45C 钢线材球化退火后的组织及硬度

轧控冷技术所得到的线材碳化物的球化效果要好些，采用控轧控冷技术所得到的线材在快速球化条件下，与传统线材在标准球化退火条件的球化组织基本相同，硬度也大致相同。

线材的冷加工性能与球化程度有关，因此，采用控轧控冷技术所得到的线材在标准下进行球化退火后，其冷加工性能优于传统线材。即使在快速退火条件下，进行球化退火，其冷加工性能也会优于传统线材。

1.4.2　亚稳奥氏体轧制技术

根据式（1-51）给出了晶粒尺寸随冷却速度、原始晶粒尺寸的变化规律，可以说明如图 1-17 所示的变形方式。值得注意的是，与控轧控冷技术所涉及的冷却速度不同，在式（1-51）中的不是变形后的冷却速度，而是变形前的冷却速度。

如图 1-17 所示，将钢加热到 T_0 温度，经过均质化处理后，快速冷却至钢材相变温度以下。由于冷却速度可以降低相变温度，此时虽

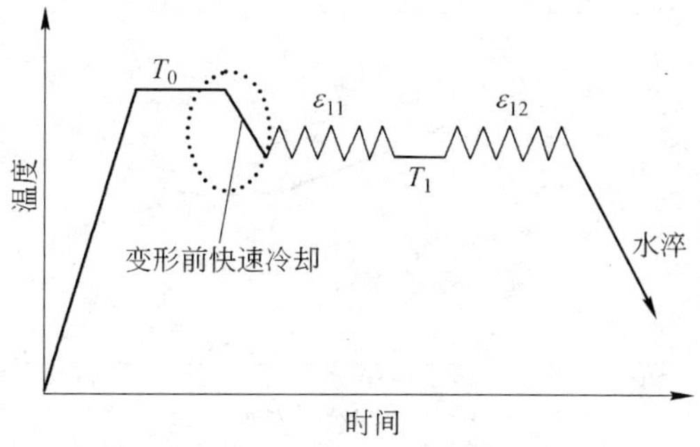

图 1-17 奥氏体未再结晶区变形方式

然温度已经降至相变温度以下，变形前组织仍为奥氏体，确切说为亚稳态奥氏体。由于变形会使材料相变温度升高，因此，将钢坯由温度 T_0 快速冷却至 T_1，进行变形加工时，会使相变在变形过程中发生，即发生动态相变过程，或称为形变诱导相变，由此达到细化钢材组织的目的。

对于亚稳奥氏体轧制，影响钢材组织的因素有冷却速度、变形温度、变形程度、变形速度以及道次停留时间等。

1.4.2.1 单道次变形对 Q235 钢组织的影响

A 变形程度对 Q235 钢组织的影响

奥氏体未再结晶区单道次变形时的变形程度对 Q235 钢组织的影响如图 1-18 所示。从图 1-18 中可以看出，当加热温度为 1150℃、变形温度为 750℃、加热速度为 30℃/s、冷却速度为 30℃/s、应变速率 $\dot{\varepsilon}$ 为 5/s，变形后水淬条件下，Q235 钢的铁素体晶粒尺寸随变形程度的增加而减小，当单道次变形量为 80% 时，铁素体晶粒尺寸为 3.08μm。钢在奥氏体未再结晶区变形时，形变量不同，铁素体晶粒细化程度也不同。随着形变量的增加，铁素体晶粒尺寸变小。这是因为当试样在奥氏体未再结晶区变形时晶粒内部有变形带产生，使铁素体形核部位增多，铁素体不仅在晶界上形核而且也在变形带上形核。在变形带上形成的铁素体晶粒细小。同时变形也使相变驱动力增加，其结果就突破了单纯细化再结晶奥氏体晶粒而使铁素体晶粒细化的限

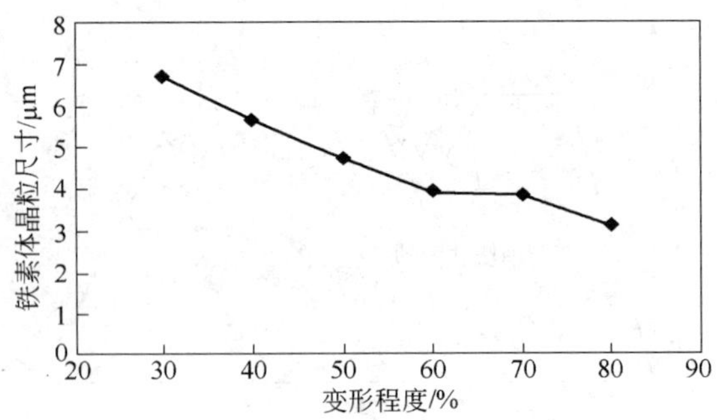

图 1-18　亚稳态奥氏体单道次变形时的变形程度对 Q235 钢组织的影响

（T_0 =1150℃、T_1 =750℃、加热速度：30℃/s、冷却速度：30℃/s、$\dot{\varepsilon}$ =5/s）

度，得到了细小的铁素体晶粒。当变形量较小，例如小于 50% 时，因变形所得到的变形带较少，而且分布不均匀，在变形带上优先析出的细小铁素体量少，同时相变驱动力也低，因此，所得到的铁素体晶粒尺寸较大，并且组织也不均匀。当变形量逐渐增大时，变形带的数量显著增多，变形带密度迅速增加且均匀，最终所得到的铁素体组织不仅细小，而且呈均匀等轴状。另外，大的形变量又使晶粒内部的位错密度大大增加，畸变能增高。畸变能的增高提高了铁素体的形核驱动力，在大的形核驱动力及多的形核点的作用下，铁素体的组织均匀、细小。

当应变速率较大，变形程度较小时，由于变形所需要的时间短，变形结束时，相变过程尚未完成，在快速冷却条件下会出现残余奥氏体，并且组织也不均匀，如图 1-19*a*、*b*、*c* 所示。而当变形程度较大时，由于变形所需要的时间相对较长，变形结束时，相变过程已完成，因此会形成单一、细小的铁素体组织（图 1-19*d*）。

B　变形能对 Q235 钢组织的影响

奥氏体未再结晶区变形时单道次单位体积与变形程度之间的关系如图 1-20 所示。从图 1-20 中可以看出，单位体积变形能随变形程度的增加而增大。

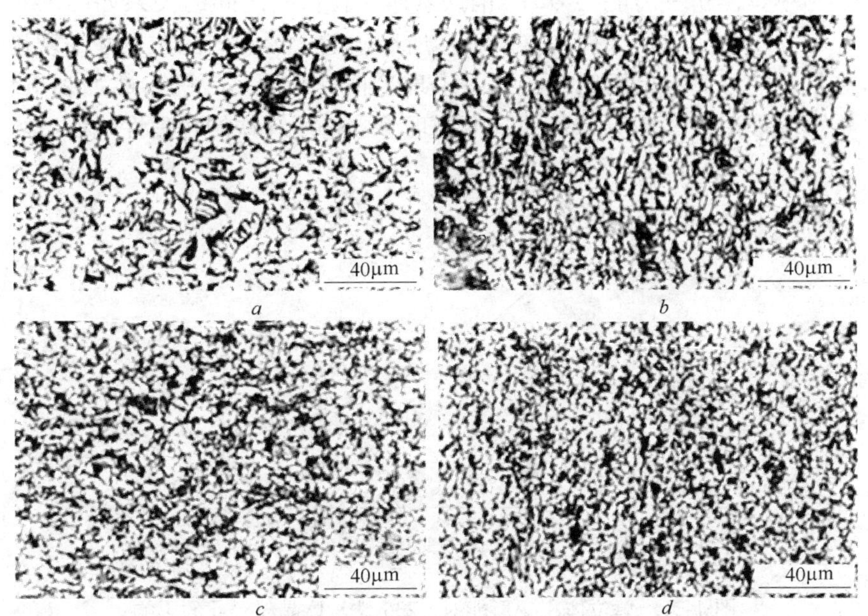

图 1-19 Q235 钢奥氏体未再结晶区单道次变形后的组织
（$T_0=1150℃$、$T_1=750℃$、加热速度：30℃/s、
冷却速度：30℃/s、$\dot{\varepsilon}=5/s$）
a—变形量 40%；*b*—变形量 50%；*c*—变形量 60%；*d*—变形量 70%

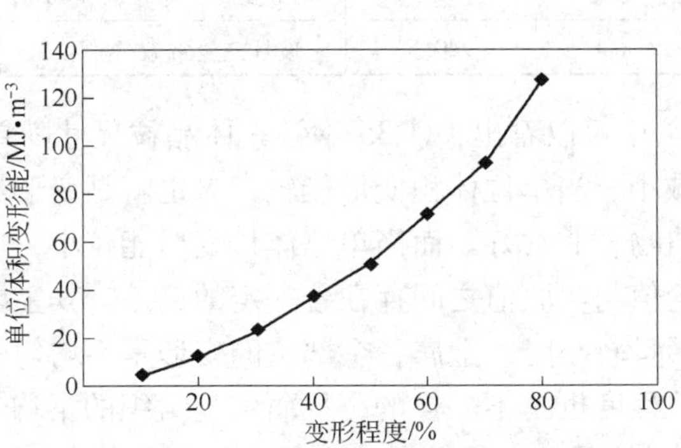

图 1-20 单位体积变形能与变形程度的关系
（变形温度：750℃、应变速率：5/s）

单位体积变形能与 Q235 钢铁素体晶粒尺寸之间的关系如图 1-21 所示。图中曲线是根据式（1-50）所给出的变形能与晶粒尺寸的理论关系式的计算结果而绘制的。图中理论值计算所需要的参数如表 1-5 所示。理论值计算所需要的基本物理参数采用纯铁的物理性能参数。

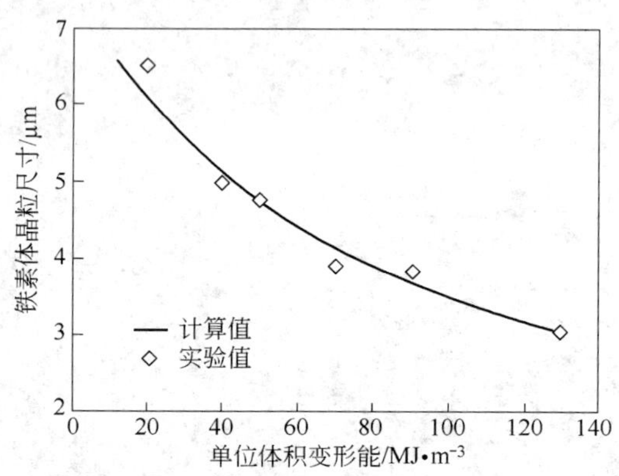

图 1-21 单位体积变形能对 Q235 铁素体晶粒尺寸的影响
（变形温度：750℃、应变速率：5/s）

表 1-5 纯铁基本性能参数

摩尔质量/kg · mol^{-1}	55.847×10^{-3}	临界晶核的形成功/J	5.985×10^{-2}
材料的密度/kg · m^{-3}	7870	无形变时的晶粒尺寸/μm	7.456
摩尔相变潜热/J · mol^{-1}	920.5	玻耳兹曼常数/J · K^{-1}	1.381×10^{-23}

从图 1-21 中可以看出，Q235 钢铁素体晶粒尺寸随单位体积变形能的增加而减小。当单位体积变形能较大，也就是变形量较大时，理论值与实验值吻合非常好。而当单位体积变形能较小，也就是变形量较小时，理论值与实验值之间存在着一定的偏差。其主要原因可以认为是，当变形量较小时，金属各个部位的变形是不均匀的，相变在各个部位进行的程度也是不一样的，从而引起组织的不均匀。相反，当变形量较大时，金属各个部位的变形相对来说要均匀得多，相变在各个部位进行的程度差异较小，因此所得到的组织是比较均匀的。从图 1-21 中还可以看出，当单位体积变形能达到某一程度，例如 100MJ/m^3

后，Q235 铁素体晶粒尺寸随单位体积变形能的变化较小，表明单位体积变形能对 Q235 铁素体晶粒细化的影响是有一定限制的，也就是说，工业用 Q235 钢由于未添加可使组织细化的合金元素，要想使铁素体晶粒细化到 3μm 以下是非常困难的。因此通过添加微量合金元素，减小 d_0，使 Q235 钢铁素体晶粒得到进一步细化是必要的。

C 冷却速度对 Q235 钢组织的影响

冷却速度对 Q235 钢组织的影响如图 1-22 所示。从图中可以看出，Q235 钢铁素体晶粒尺寸随冷却速度的加快而减小。表明通过提高冷却速度，加大过冷度，使相变时形核的驱动力增加，以此达到细化铁素体组织的目的。此外由于相变温度是随冷却速度而变化的，因此可提高改变冷却速度来调整相变温度。一般规律是随着冷却速度的增加，相变温度降低，因此通过提高冷却速度，可以达到降低变形温度的目的。变形温度越低，变形能越大，有利于细化铁素体组织。因此说，通过提高冷却速度而使铁素体晶粒尺寸得到细化的原因有两个：一是增加相变时形核的驱动力；二是增大变形能。

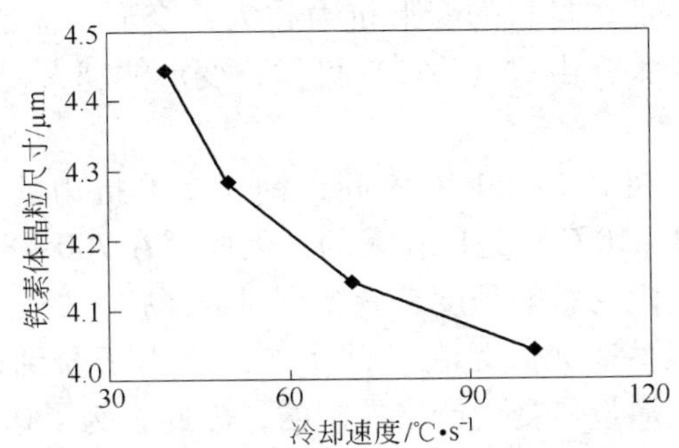

图 1-22 冷却速度对 Q235 钢组织的影响
（加热温度：1150℃、加热速度：30℃/s、变形温度：720℃、应变速率：5/s、变形程度：50%）

D 变形温度对 Q235 钢组织的影响

变形温度对 Q235 钢组织的影响如图 1-23 所示。从图 1-23 中可以看出，Q235 钢铁素体晶粒尺寸随变形温度升高而增大，当变形温

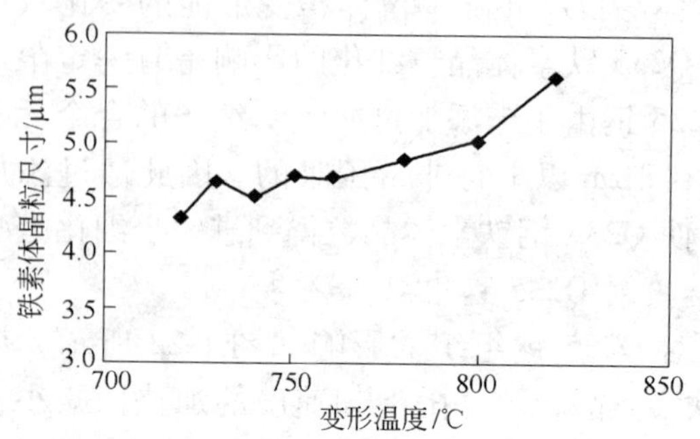

图 1-23　变形温度对 Q235 钢组织的影响
（加热温度：1150℃、冷却速度：50℃/s、加热速度：
30℃/s、应变速率：5/s、变形程度：50%）

度小于 760℃时，铁素体晶粒尺寸随变形温度的变化较小，而当变形温度大于 760℃以后，铁素体晶粒尺寸随变形温度升高所增加的幅度较大。变形温度对 Q235 钢组织影响的实质是变形能对钢材组织的影响。变形温度越低，材料的变形抗力越大，变形所需要的压力越大，因此变形能也越大，由式（1-51）可知，变形能越大，所获得的铁素体晶粒越细小。

一般来说，在 700～800℃之间，钢材变形抗力的变化相对于高温区（例如大于 850℃）是比较大的，因此，在 700～800℃之间变形时，从对钢材组织的影响程度来看，钢材变形抗力的变化比变形程度变化的影响要大些。尤其是在实际生产中，由于受到设备条件的限制，每道次的变形量是受到严格控制的，因此，为了达到细化金属组织、改善金属力学性能的目的，适当降低变形温度是一项非常重要的手段。

1.4.2.2　亚稳态奥氏体多道次累积变形对 Q235 钢组织的影响

A　多道次累积变形量对 Q235 钢组织的影响

图 1-24 给出了加热温度为 1150℃、保温时间为 2min、加热速度为 30℃/s、冷却速度为 30℃/s、变形温度为 800℃、道次间歇停留时间为 0.5s、应变速率为 5/s 条件下的奥氏体未再结晶区两道次累积变形量对 Q235 钢铁素体晶粒尺寸的影响。为了进行比较，将单道次变

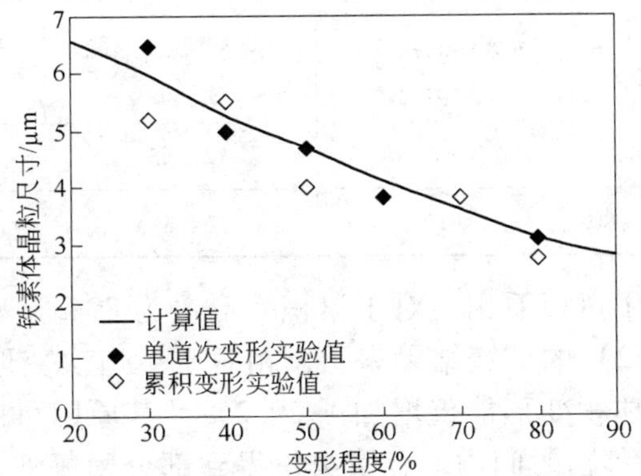

图 1-24 奥氏体未再结晶区累积变形对 Q235 钢铁素体晶粒尺寸的影响
（加热温度：1000℃、保温时间：2min、加热速度：30℃/s、
冷却速度：30℃/s、变形温度：800℃、应变速率：5/s）

形时的变形能与晶粒尺寸的理论关系式（1-50）的计算结果，以及单道次变形程度对 Q235 钢铁素体晶粒尺寸影响的试验结果一并绘制在图 1-24 中。从图中可以看出，当单道次变形量较小时，累积变形所获得的 Q235 钢铁素体晶粒尺寸比单道次变形的要小。而当单道次变形量较大时，累积变形所获得的 Q235 钢铁素体晶粒尺寸与单道次变形的大体相同。由式（1-50）可求出变形能，即

$$W = -\Delta H \ln\left(1 + \frac{3kT_0}{\Delta G^*} \ln \frac{r}{r_0}\right) \tag{1-52}$$

单位体积变形能为

$$w = \frac{\rho}{\mu} W = -\frac{\rho}{\mu} \Delta H \ln\left(1 + \frac{3kT_0}{\Delta G^*} \ln \frac{r}{r_0}\right) \tag{1-53}$$

式中 μ——摩尔质量；

ρ——材料的密度。

对于单道次变形量为 80% 和累积变形 80% +80% 的情况来说，由式（1-52）所计算出的单位体积变形能如表 1-6 所示。

表 1-6　单道次变形量为 80% 和累积变形 80% +80% 的单位体积变形能

变形方式	变形量 /%	铁素体晶粒尺寸 /μm	单位体积变形能 /J · m^{-3}	单位体积变形能增加率/%
单道次变形	80	3. 08	127. 657	—
累积变形	80 +80	2. 7	164. 893	29. 2

从表 1-6 中可以看出，对于累积变形量为 80% +80% 的情况来说，由式（1-52）的计算结果表明，相对于单道次变形量为 80% 的情况，其单位体积变形能仅增加了 29. 2%。其原因可以认为是，除在 0. 5s 的间歇停留时间内，金属组织得到部分回复外，由于在高温变形阶段，在较高的变形速度条件下，因变形所引起的变形热的影响，使金属组织的软化能力得到了一定程度的提高，使大部分应变硬化效果得到回复，从而使得金属的实际加工硬化效果小。当然，虽然间歇停留时间仅为 0. 5s，但其所引起的金属组织的回复效果却是非常大的。这一点是不容忽视的。

图 1-25 至图 1-29 为 Q235 钢变形前组织（锻造后空冷）和经奥氏体未再结晶区累积变形后的组织。从图 1-25 至图 1-29 中可以看出，Q235 钢在奥氏体未再结晶区按一定的变形量经过两道次累积变形时，与原始组织铁素体晶粒相比，晶粒得到了明显的细化。单道次变形量不同，铁素体晶粒细化的程度也不同。随着单道次变形量的增加，铁素体晶粒尺寸变小。

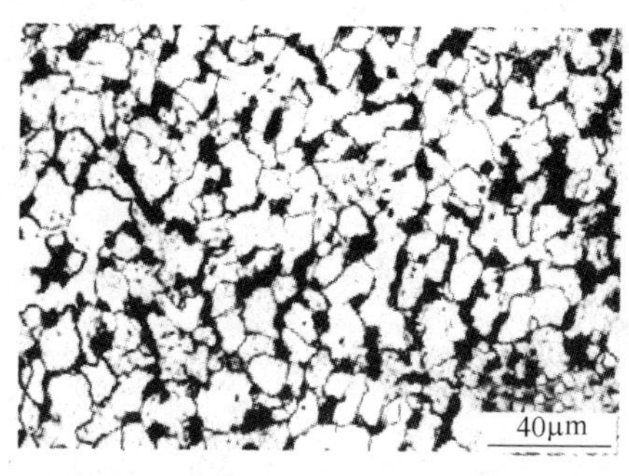

图 1-25　用 Q235 钢原始晶粒组织（锻造后空冷）

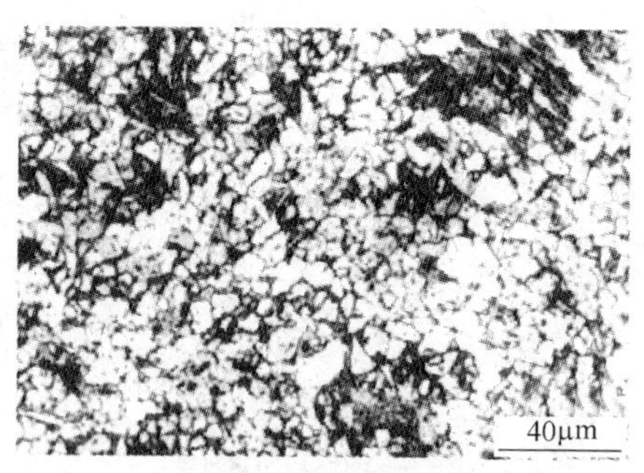

图 1-26　累积变形量为 30% +30% 的组织

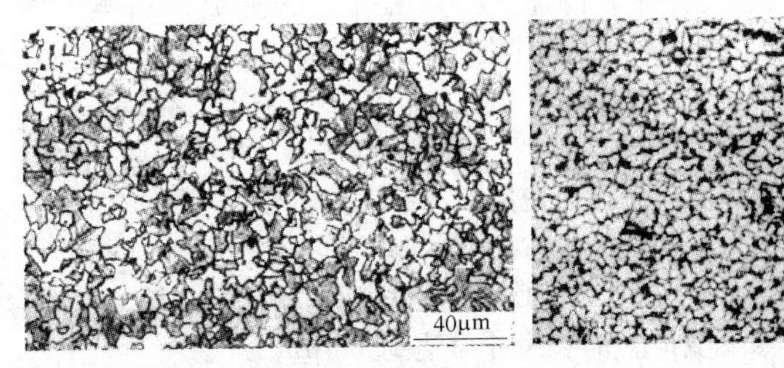

图 1-27 累积变形量为 40% +40% 的组织

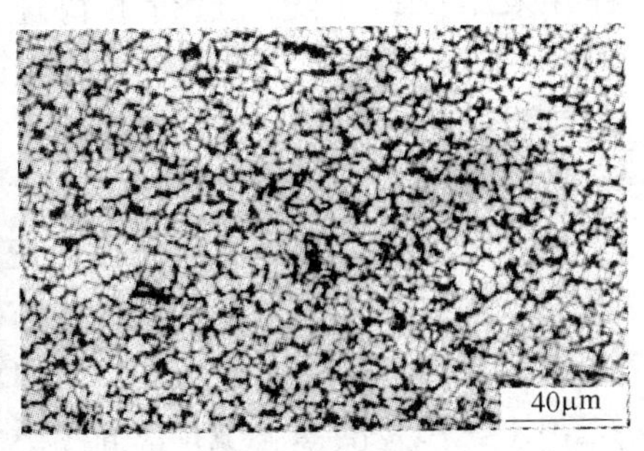

图 1-28 累积变形量为 50% +50% 的组织

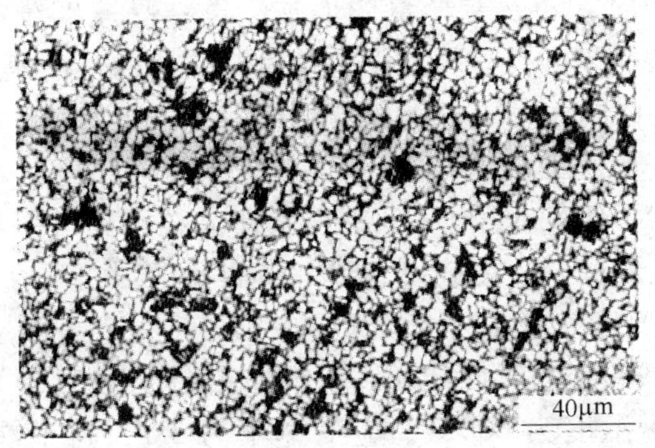

图 1-29 累积变形量为 70% +70% 的组织

对于亚稳态奥氏体变形，晶粒内部形成变形带，变形带的产生使铁素体的形核场所增多，因此铁素体晶核不仅可以在晶界上形成，而且也可以在变形带上形核。但是，在变形带上形成的铁素体具有先析出、晶粒细小的特点，而不在变形带上的奥氏体转变较晚，转变后会形成相对较粗大的铁素体晶粒，如图 1-26 所示，当变形量为 30% +30% 时，由于在两道次间的间歇停留时间内，以及高温变形过程中的回复软化机制的存在，所形成的实际加工硬化效果就小，因此，所得到的变形带就少，而且分布不均匀，能在变形带上优先析出的细小铁素体量少，得到的组织不均匀，细化效果也较差。在变形速度相同的情况下，变形量小，变形所需要的时间也短，在变形结束时，相变过程并未结束，在随后进行的快速冷却过程中，会形成残余奥氏体（如图1-26所示）。当变形量逐渐增大时，变形带的数量显著增多，在其上析出的铁素体占了大部分，最终的组织不但细小，而且呈均匀等轴状。

另外，较大的形变量又可以使晶粒内部的位错密度增多，畸变能增高。畸变能的增高，会使铁素体的形核驱动力提高，而较大的形核驱动力以及较多的形核场所，使Q235钢铁素体的组织均匀、细小。经70% +70%的累积变形，晶粒尺寸可达到3.8μm。

虽然变形可以细化Q235钢铁素体的晶粒尺寸，但这种趋势并不是无止境的。当变形量达到某一临界值（流变应力达到稳定值时的最小应变量）时，随着变形量的增加，再结晶速度维持一定值，不再发生变化，晶粒内部位错的增殖速度与位错的对消速度相平衡，再结晶的驱动力维持恒值，此时因变形而引起的组织细化效果减弱，因此单纯依靠变形使工业用Q235钢的铁素体晶粒细化到3μm以下是非常困难的。为了使工业用Q235钢铁素体晶粒得到进一步的细化，需要进行成分上的调整，使式（1-50）中的 d_0 减小。

B　道次间隙停留时间对铁素体组织的影响

当加热、冷却速度均为30℃/s，加热温度为1150℃，保温时间为2min，变形温度为800℃，应变速率为5/s，每道次压下量均为70%，道次间隙时间对热变形后组织的影响如图1-30、图1-31所示。由图中可以明显地看到，道次间歇停留时间越短，铁素体晶粒尺寸越细小，随着道次间隙时间的延长，铁素体晶粒的尺寸增大。

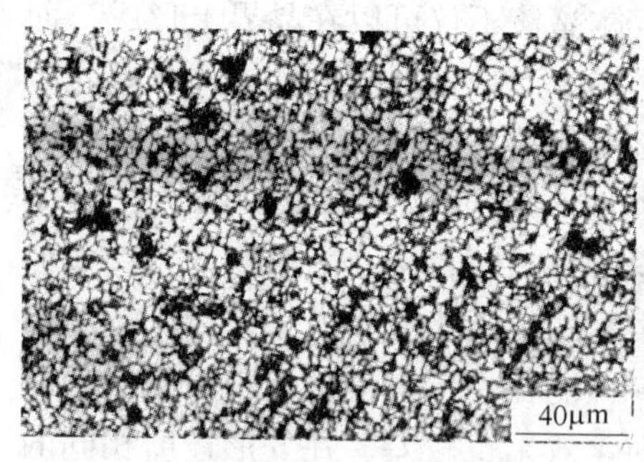

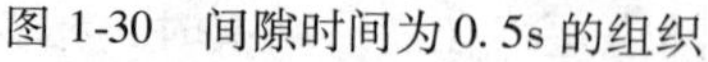
图1-30　间隙时间为0.5s的组织

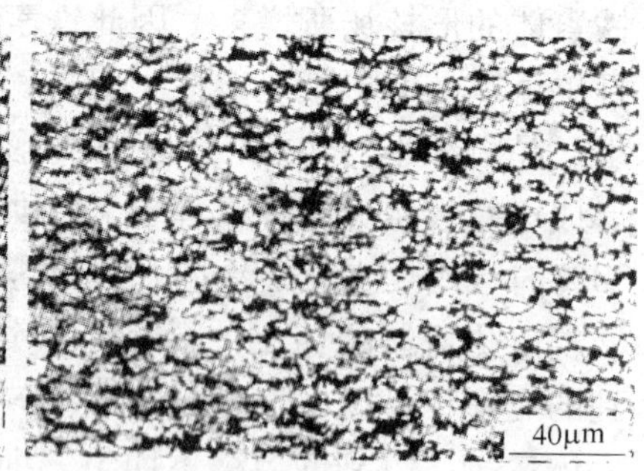

图1-31　间隙时间为6s的组织

图1-32给出了奥氏体未再结晶区累积变形时的间歇停留时间对铁素体晶粒尺寸的影响。从图1-32中可以看出，在相同的变形量（70% +70%）条件下，间隙时间越短，晶粒尺寸越小。在间隙时间为0.5s时，铁素体晶粒不仅细小（达到3.8μm），而且均匀（如图1-29所示）。铁素体在第一道次变形后的间隙停留时间里将会发生静态回复与静态再结晶，在第一道次变形中转变生成的细小铁素体在间歇停留时间内将会迅速长大。当间隙时间非常短时（0.5s），铁素体还没来得及长大又开始新的一轮变形，重新在变形带上优先形核。在第二道次变形之前的铁素体组织均匀、细小，使得在变形后的组织也细小、均匀。而当间隙停留时间延长时，相变后的铁素体晶粒长大，但因间隙停留时间较短，铁素体晶粒的长大并不完全，并且会出现组织的不均匀性，在第二道次变形之前所出现的组织粗大、不均匀，将会引起第二道次变形的不均匀，从而引起最终铁素体组织的粗化和不均匀。

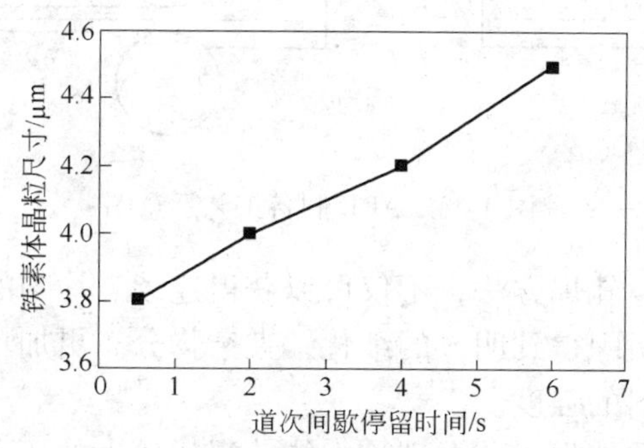

图1-32 间歇停留时间对铁素体晶粒尺寸的影响

1.4.3 累积叠轧焊工艺

通过大变形加工，可以使钢铁材料的组织得到明显的细化，该结论无论是在理论分析，还是在实际研究方面均已得到证实。为此，世界各国学者围绕如何使材料获得大变形做了一系列开发性工作，先后开发出了等通道挤压、循环往复挤压、复合加载等细化金属组织的方法。采用这些方法，可以使金属的组织细化到纳米数量级，使材料的强度得到明显的提高。但是，这些方法基本上限于实验室研究，不能适用于工业上的大批量生产过程。在实际生产过程中，由于受到坯料厚度的限制，采用传统的轧制方法，难以获得较大的变形量。

累积叠轧焊（Accumulative Roll Bonding，ARB）是将两块金属薄板在一定变形温度下，反复进行叠轧，并使其自动焊合的工艺（如图 1-33 所示）。

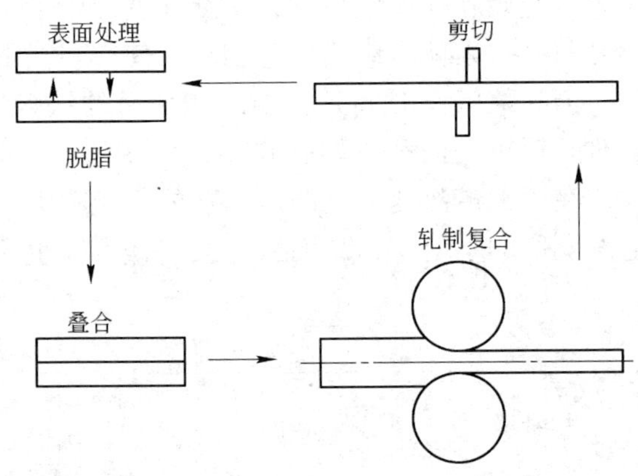

图 1-33　ARB 制备工艺示意图

采用累积叠轧焊方法，不仅可以获得连续、均匀的结合组织，而且可以使材料组织得到明显的细化，夹杂物分布更加均匀，从而可以大幅度提高材料的强度。

由于累积叠轧焊工艺在理论上能获得比较大的压下量，突破了传统轧制压下量的限制，并可连续制备薄板类的超细晶金属材料，因此，ARB 被认为是大变形工艺中唯一有希望能生产大块超细晶金属材料的方法。

ARB 工艺属于强烈塑性变形（SPD）方法中的一种。ARB 工艺由日本大阪大学材料科学与工程系的 Saito、Tsuji 等人最早提出，并利用此工艺对铜、铝、铝合金、IF 钢等金属材料进行了研究，取得了良好的效果，对于累积叠轧焊 IF 钢，平均晶粒 420nm，抗拉强度 870MPa 是初始金属强度的 3.1 倍。

为防止累积加工应力消失，加工温度需在再结晶以下进行，为保证材料良好的结合，一次变形量需在50%以上，若每道次压下量保持50%，该工艺就能得到超高塑性应变而不变形，因为薄板轧制在宽度方向的变化可以忽略不计，原则上若轧制道次没有限制得到的应变也是无限的，ARB 工艺得到大的压下量是可能的，当每次压下量50%时，初始薄板经过 n 次循环后的厚度为

$$t = \frac{t_0}{2^n} \tag{1-54}$$

式中 t_0——初始时厚度。

$$r_t = 1 - \frac{t}{t_0} = 1 - \frac{1}{2^n} \tag{1-55}$$

$$\varepsilon = \left(\frac{2}{\sqrt{3}}\ln\frac{1}{2}\right) \times n = 0.8n \tag{1-56}$$

例如，若经过7次叠轧，板厚变为原来的1/128，原来1.0mm的薄板将变为7.8μm，得到的总形变率是99.2%，总的应变是5.6。若经过10次叠轧，则最终厚度是1.0μm，总压下率是99.9%，总应变是8.0。所以，ARB 工艺很容易得到超大压下量。

试验在材料的再结晶温度以下，在500℃对 Q235 钢进行低温强度加工，试验用 Q235 母材，抗拉强度 σ_b 为385MPa，屈服强度 σ_s 为255MPa，伸长率29%，经过 ARB 工艺6次叠轧以后材料的平均抗拉强度达到了 797.5MPa，最低 770MPa，最高 840MPa（如图 1-34 所

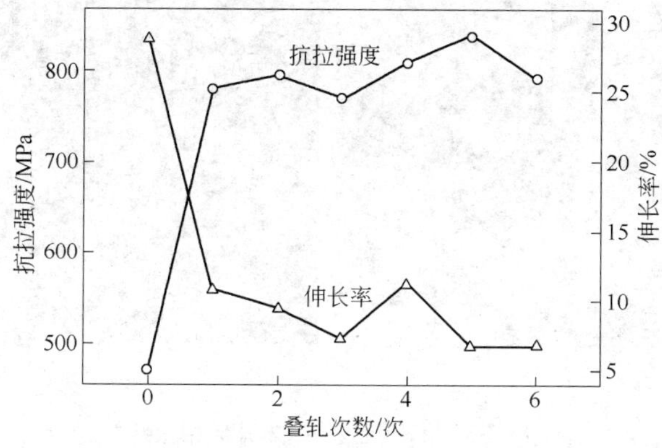

图 1-34 累积叠轧变形量（773K）与抗拉强度的关系曲线

示），屈服强度 σ_s 最高达到750MPa，是母材的2.94倍，经过第1道叠轧材料的强度急剧升高至780MPa，是母材的2.03倍，随着叠轧次数的增加材料的抗拉强度增加，第5道叠轧时达到最大值，拉伸强度达到840MPa，是母材（385MPa）的2.18倍。继续叠轧强度反而下降，这是由于随着叠轧次数的增加，氧化物夹杂物增加，结合面缺陷增加，从而降低了材料的强度。但是，随着叠轧道次的增加材料出现无屈服断裂的情况，伸长率呈下降趋势，叠轧6次以后延伸率降低到7%。这说明材料经过超低温大变形强加工后，强度可以大大提高，而伸长率却降低。

Q235钢累积叠轧焊后显微组织表明（图1-35），材料的晶粒尺寸随着轧制次数的增加而明显变小，母材的平均晶粒尺寸为16μm，第2道轧制后平均晶粒尺寸为3μm，第4道轧制后平均晶粒尺寸为

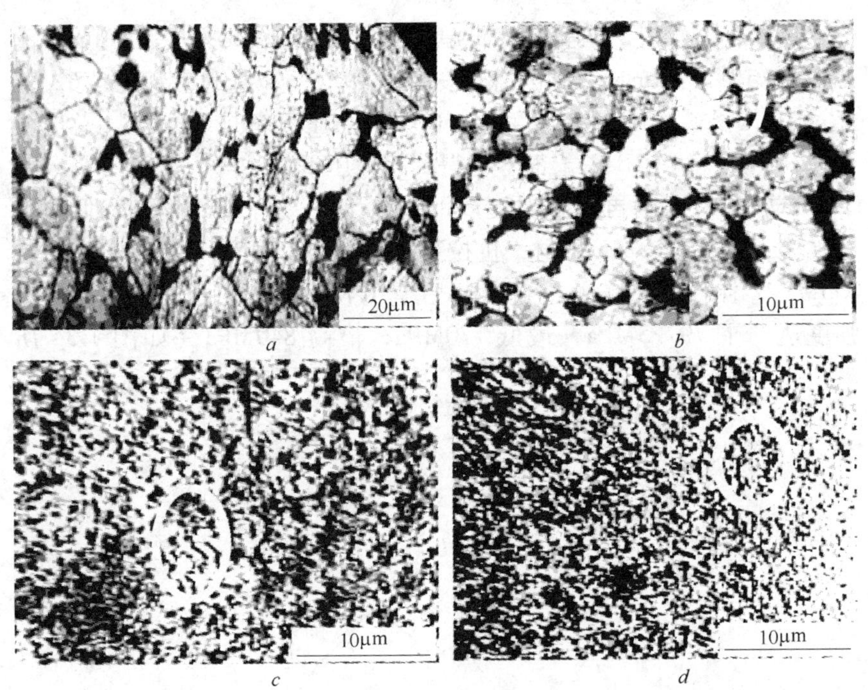

图1-35　ARB工艺后材料金相组织
（图中 *a*、*b*、*c*、*d* 分别为原样、500℃叠轧2、4、6次后的组织）

1μm，第6道轧制后平均晶粒尺寸为0.7μm。

叠轧工艺虽然出现比较早，但是，以细化晶粒提高金属强度为目的的累积叠轧焊工艺是崭新的技术。它是适应时代的需要，随着材料加工技术的不断发展而产生的，尽管目前本研究领域的人员较少，取得的成果也不多，但是，ARB工艺的发展潜力是巨大的。一方面它为细化金属晶粒提高金属性能提供了能够规模生产的比较可靠的方法；另一方面，它为不同金属的复合，生产新复合材料提供了新的方向。另外，由于ARB工艺在理论上的压下量比较大，可以用较小的轧制力得到较大的压下量，特别对于变形抗力不同的金属更是如此，这就为研究金属基础理论提供了新的实验方法。尽管如此，ARB还不是一种成熟的工艺，比如，它还未解决强度提高与韧性降低的矛盾，它对超微晶粒的塑性不稳也没有合理的解释，ARB还需要不断地完善与发展，尤其是需要与其他新的材料加工技术相结合达到工业化生产超细晶粒金属的目的。

1.4.4 超细晶粒钢板的制造技术

根据钢铁材料组织细化原理，超细晶粒钢板的制造是在低温、大变形条件下进行的，因此，工业生产设备的安全性是必须要解决的关键技术。采用传统钢铁材料生产线制造超细晶粒钢铁材料将会受到很大的限制。

日本中山制钢所在2000年建成了新的热轧生产线。在建设期间，引用了冶金学的先进技术，制定了高尺寸精度、高品质的超细晶粒钢板的工业化生产的开发目标。在2001年底，在世界上首次实现了铁素体晶粒尺寸为2~5μm的热轧钢板的工业化生产，并投入市场。2004年，该技术获得了日本的50届大河内纪念技术奖。

1.4.4.1 超细晶粒钢板热轧生产线概述

日本中山制钢所热轧生产线是从2000年1月开始筹建的，同年8月，实现了每月7万t的生产能力，开始了规模化生产。该热轧生产线全长200m，结构紧凑，可以生产热轧卷和厚板两个品种。产品规格和设备参数如表1-7~表1-9所示。

表 1-7　中山制钢所热轧生产线产品规格

板坯尺寸	厚度/mm	170～250
	宽度/mm	600～1600
	长度/m	3.3～7.6
热轧卷尺寸	厚度/mm	1.2～16
	宽度/mm	600～1550
	重量/t	最大 20
厚板尺寸	厚度/mm	12～40
	宽度/mm	600～1550
	长度/m	6～16

表 1-8　中山制钢所热轧生产线主要设备参数（1）

参　数	粗轧立辊轧边机	粗　轧
工作辊直径/mm	1100/1050	1050/950
工作辊长度/mm	—	1700
支撑辊直径/mm	—	1350/1250
支撑辊长度/mm	—	1700
最大轧制力/kN	4900	34300
电机功率/kW	900×2	4500×2
电机转速/$r \cdot min^{-1}$	195/685	55/110

表 1-9　中山制钢所热轧生产线主要设备参数（2）

参　数	轧边机	F1	F2	F3	F4	F5	F6
上工作辊直径/mm	430/380	730/660	730/660	730/660	490/420	490/420	490/420
下工作辊直径/mm	—	730/660	730/660	730/660	620/550	620/550	620/550
工作辊长度/mm	—	1900	1900	1900	1850	1850	1850
支撑辊直径/mm	—	1350/1250	1350/1250	1350/1250	1350/1250	1350/1250	1350/1250
支撑辊长度/mm	—	1700	1700	1700	1700	1700	1700
最大轧制力/kN	9800	34300	34300	34300	29400	29400	29400
电机功率/kW	300	6000	6000	6000	6000	6000	6000
电机转速/$r \cdot min^{-1}$	740	200/450	200/450	200/450	200/450	200/450	235/525

1.4.4.2 超微细晶粒钢板制造工艺

超微细晶粒钢板生产流程如图 1-36 所示，它在 6 架精轧机的后 3 架上连续采用大于 40% 的压下量，并在轧后采用强制冷却装置。

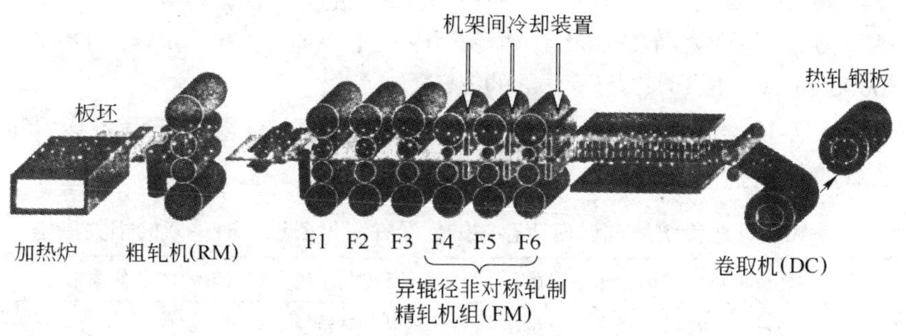

图 1-36 超细晶粒钢板的生产流程

超细晶粒热轧钢板生产线的特点是采用小辊异径非对称轧制。在精轧的后阶段，为了降低轧制压力和轧制力矩，实现大压下量，F4 ~ F6采用了小辊异径非对称轧制（如图 1-36 所示）。由于采用小辊异径非对称轧制，可以形成如图 1-37 所示的剪切变形区，与传统的轧制方式相比，轧制压力降低 30%，轧制力矩降低 20%。此外，采用小辊异径非对称轧制，对于减小板凸度，减轻瓢曲是有利的。

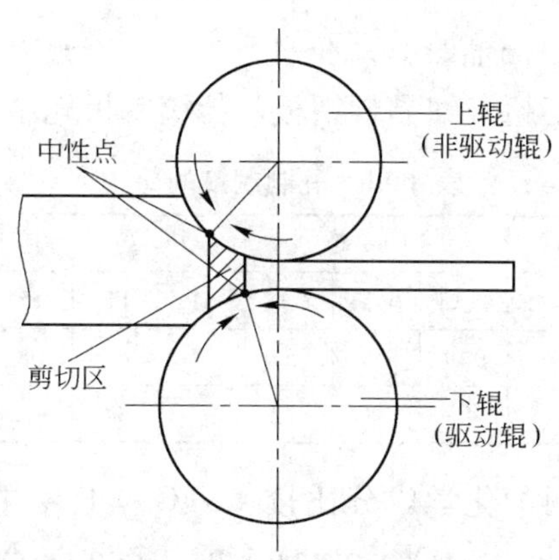

图 1-37 小辊异径非对称轧制

另一个特点是强制冷却。一方面是在机架间采用水幕冷却，分别在F4～F6机架的出口处装备了水幕冷却装置，每机架具有30℃以上的冷却能力。轧后的快速冷却装置具有15000kJ/(m^2·h·℃)以上的冷却能力。通过这些措施可以抑制精轧后阶段因大压下量产生的变形热。另一方面精轧机的电机功率各机架均为6000kW，合计为36000kW，可以适应大压下量的需求。

表1-10给出了针对传统热轧设备所存在的问题在新设备设计时采取的相关措施。

表1-10　针对传统热轧设备所存在的问题在新设备设计时采取的相关措施

传统热轧设备难以采用大压下量的原因	可以实现连续大压下量的新设备技术
轧制压力过大，难以实现大压下量	采用小辊异径非对称轧制
采用大压下量时，因变形热效应，难以累积应变	道次间采用水幕冷却
采用大压下量时，由于轧制压力大，板厚精度差	CVC连续可变凸度技术；高响应低惯性液压活套；高刚度轧辊；BUR滚珠轴承
采用大压下量时，轧辊磨损严重，轧辊负荷增大	热轧润滑（固体润滑）
传统的轧制设备，在精轧的后阶段，电机功率不足，难以实现大压下量	精轧的后阶段采用大功率电机（F4～F6：6000kW）

1.4.4.3　超微细晶粒热轧钢板（NFG）的特征

表1-11给出了超微细晶粒钢板与传统钢板轧制制度的比较。

表1-11　轧制制度的比较

钢　种	板厚/mm	温度/℃			压下量/%					
		入口	出口	卷取	F1	F2	F3	F4	F5	F6
传统钢	2.3	949	887	657	54	41	38	35	27	17
超微细晶粒钢	2.3	988	790	612	33	34	33	40	44	43

表1-12为材料的化学成分比较。NFG是日本中山制钢所制造的超微细晶粒热轧钢板（Nakayama Fine Grain）。NFG500与传统的400MPa级钢的化学成分相同，NFG600与传统的490MPa级钢的化学

成分相同。

表 1-12 化学成分的比较

钢 种	w(C)/%	w(Si)/%	w(Mn)/%	w(P)/%	w(S)/%
NFG500	0.16	0.20	0.80	0.010	0.005
NFG600	0.16	0.40	1.40	0.010	0.005

图 1-38 给出了板厚为 2.3mm 的 NFG600 的组织照片。从图中可以看出，NFG600 的晶粒仅为传统热轧钢板的 1/5，钢材组织得到了显著细化。

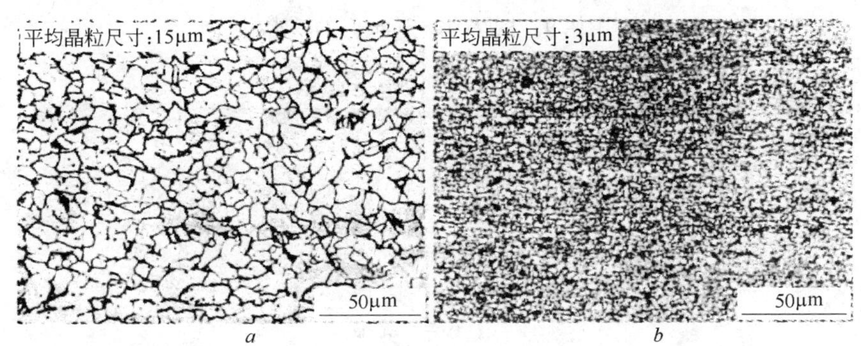

图 1-38 微细晶粒热轧钢板的组织

a—传统的热轧钢板；*b*—超微细晶粒热轧钢板

图 1-39 给出了板厚为 2.3mm 时的铁素体晶粒尺寸与材料强度的关系。从图 1-39 中可以看出，晶粒尺寸在 3μm 以上时，符合霍尔-佩奇（Hall-Petch）关系。与传统材料相比，强度提高 100 ~ 150MPa。

图 1-40 为板厚 2mm 的 NFG600 材料的平面疲劳试验结果。从图 1-40 中可以看出，NFG600 的疲劳极限比（疲劳极限/抗拉强度）为 0.52，比传统钢材高，即 NFG 材料不仅静强度得到提高，而且疲劳极限也得到提高。

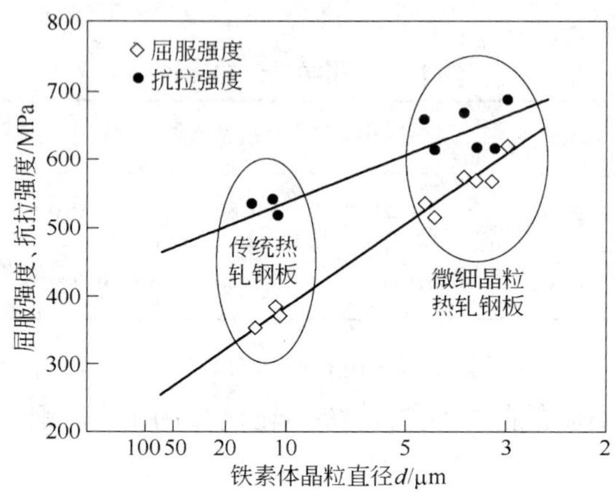

图 1-39　板厚为 2. 3mm 时的铁素体
晶粒尺寸与材料强度的关系

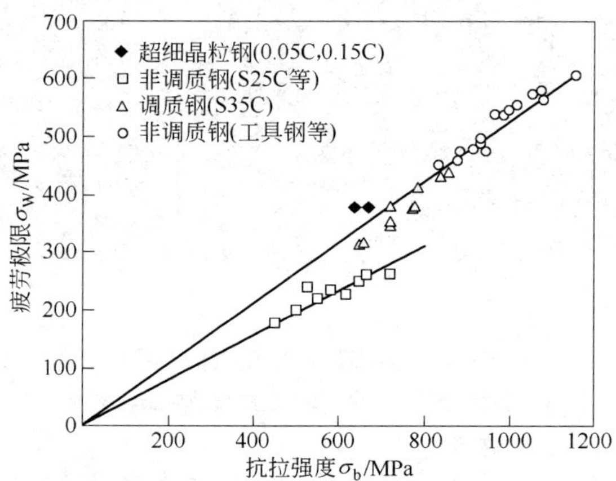

图 1-40　板厚为 2mm 的 NFG600 材料的
平面疲劳试验结果

图 1-41 给出了微细晶粒热轧钢板和传统的热轧钢板冲击韧脆转折温度 T_c 的比较。从图 1-41 中可以看出，晶粒微细化可以使钢铁材料的冲击韧脆转折温度 T_c 降低，即使在 0℃以下，微细晶粒热轧钢板也可以保持较高的韧性，为微细晶粒热轧钢板在低温环境下的应用提供了依据。

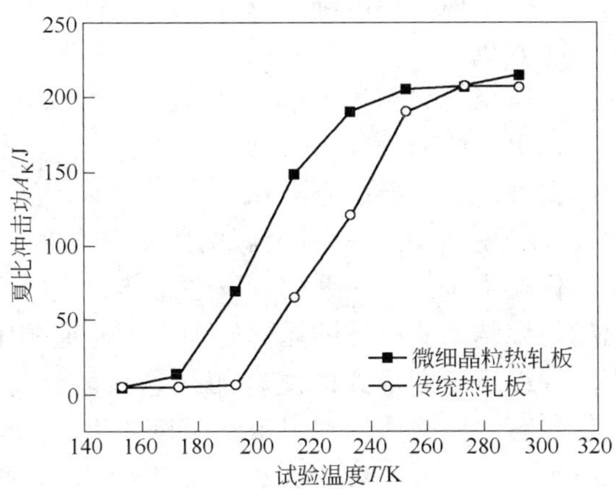

图 1-41　微细晶粒热轧钢板和传统的热轧钢板冲击韧脆转折温度 T_c 的比较

1.5　展望

从钢铁材料应用的角度看，钢铁材料的屈服强度和韧脆转折温度是设计选材最重要的两个技术指标。由此引出了钢材强韧化的概念。在金属晶体中引入大量的晶体缺陷，由此增大位错与位错之间、位错与其他缺陷之间的交互作用，使位错运动的阻力增大，这是目前实际生产中广泛采用的强化金属的方法。例如固溶强化、应变强化、沉淀强化、晶界强化等强化方式及其相互间的综合强化效果，使实际金属的强度得到了大幅度的提高。但是，研究结果表明，晶粒微细化是同时提高材料强度和韧性的最有效的方法。当晶粒尺寸达到 0.1μm 时，应力集中将得到消失，并且会使变形更加均匀，预测可以得到接近于理想强度的材料。

钢铁材料组织细化的优势在于其相变特性。通常，相变时的驱动力比再结晶时的大得多，相变时的临界晶核尺寸能达到 0.1μm 以下，而再结晶时的临界晶核尺寸通常为 1μm 左右。从本质上讲，相变比再结晶细化晶粒的能力大得多。正是这个原因，要想获得 0.1μm 的超细晶粒，不得不依靠相变。国内外学者根据金属组织细化的基本原理，利用相变，对铁素体组织的细化进行了一系列探索性研究。比较典型的是在低温、大过冷条件下，通过大变形强力加工，使钢材组织得到显著细化，开发钢铁材料的潜力，大幅度地提高钢材使用性能，使传统钢铁材料在更广泛的领域中得到应用。

钢铁材料的发展，可以考虑以下几个方面：

（1）开发新的工艺路线。针对金属的组织细化问题，国内外学者对金属组织细化技术进行了一系列开发性工作，先后开发出了机械合金化、超细粉末烧结、非晶态的晶化处理、等通道挤压、循环往复挤压、累积叠轧焊以及不同形式的复合加载等细化金属组织的方法。采用这些方法虽然可以使金属的组织得到明显细化，甚至可以得到纳米晶、非晶态组织，这些方法目前基本上都限于实验室研究，不能适用于大批量工业生产过程。因此，针对钢铁材料量大面广的特点，开发适合于工业化大批量生产的新工艺路线是冶金企业一贯追求的目标。

目前国内外许多研究机构围绕钢铁材料的组织超细化进行了深入细致的工作。为了使晶粒细化到1μm以下，提出了许多形变热处理方法。比较典型的有：1）通过大变形加工，由亚稳态的奥氏体实现奥氏体→铁素体相变；2）加工诱发铁素体→奥氏体逆相变；3）钢铁材料在温加工或冷加工条件下，通过大变形加工，不经过相变直接获得超细晶铁素体组织。由于超细晶粒钢在工业上的实现是不可避免的，因此，大规格钢铁材料的组织超细化技术的开发是目前急需解决的难题之一。

（2）先进技术应用及工艺优化。钢材的晶粒细化受到了工厂实际生产条件和产品尺寸的限制，而钢材晶粒超细化更受到企业装备条件方面的严格限制。在现有条件下，要在一般钢材中得到小于5μm的铁素体晶粒尺寸，在经济上也是不合算的。近几十年来，国内外学者在钢铁材料组织细化方面做了大量研究工作，在冶金学理论和生产工艺开发方面取得了许多重要的成果，但是，钢铁材料作为一个国家最重要的国民经济基础材料，现有生产体系及装备条件已基本定型，先进技术，尤其是装备条件难以得到有效利用。在现有生产条件下，引进先进的制造技术，对以“试错”为基础的轧制制度、冷却制度进行工艺优化应给予足够的重视，也是非常现实的做法。对在新建生产线以及现有生产线改造时，要尽可能地引用冶金学上的新工艺、新技术，例如日本中山制钢所在2000年建成了新的热轧生产线以及神户制钢生产线改造等。

（3）构筑完善钢铁材料的数据库。计算机数值模拟、过程仿真技术的迅速发展，对钢铁材料加工技术的研究和发展起到了重要的促进作用。而发展计算机数值模拟、过程仿真技术的最终目的是为了优化成形加工方法和工艺，实现对制备、成形与加工全过程的精确设计与精确控制。需要强调的是，为了提高数值模拟与过程仿真技术的广泛适用性、结果可靠性，构筑系统、全面、通用性强的材料数据库是必不可少的条件。目前对钢铁材料轧制过程计算机数值模拟日渐成熟，其原因在于塑性加工力学以及传热学理论的完善。相比较而言，热加工过程中钢铁材料组织演变因理论研究进展缓慢而受到限制，此时材料数据库的构筑显得格外重要。先进国家大约从20世纪80年代起就已经有计划、有步骤地开始了这方面的工作，而我国相关的工作相对落后，应该引起足够的重视。

（4）钢铁材料组织控制基础。钢铁材料生产涉及冶金学、塑性加工学以及材料学等多学科领域，为了实现钢铁材料生产过程的精确设计与精确控制，需要各领域学者的共同努力和广泛合作，从基础研究入手，建立钢铁材料的形变、相变、再结晶以及钢中夹杂物和析出物规律的控制理论。对于近十几年来，在钢铁材料组织控制发现的新现象、新思路应给予深入研究和验证。例如动态相变与静态相变的区别，动态相变在钢材组织细化或提高材料的力学性能方面是否比静态相变更有效；加工硬化是否就是位错强化；铁素体动态再结晶的可能性；再结晶本质的正确评价、强化机理的加法法则的评价等。

2 超塑性材料

2.1 超塑性材料及其成形技术的特点

2.1.1 超塑性材料

所谓超塑性是指材料在特定条件下呈现出异常塑性的现象。特定的条件包括：（1）材料的内在条件，包括一定的化学成分、特有的显微组织及转变（相变、再结晶及固溶度变化等）能力；（2）外在条件，包括变形温度、变形速度等。在这种特定的条件下，超塑性材料的均匀伸长率很容易达到100%以上，而所需的变形力却很小。

金属及合金超塑性的发现应归功于皮尔逊（Pearson），他在1934年研究Pb-Sn和Bi-Sn合金的某些力学性质时，观察到其近乎无颈缩的伸长率达2000%。至于通常所说的“超塑性”是1945年由苏联学者包赤瓦尔（Боцвор）等人首次引入的，随后又得到了苏联学者的沿用，尤其是美国学者Underwood、Davies分别在1962年、1970年就这一学科做了详细的评述之后，使得超塑性这一术语目前已成为冶金学的专门词汇。

通常将金属材料在单向拉伸试验时所测得的伸长率，对于有色金属超过200%，可锻造的黑色金属超过100%，看成是超塑性材料。对于脆性材料，在进行压缩实验时，呈现出异常塑性，即可认为实现了超塑性。

超塑性材料的特点是在低应力下显示出巨大的延伸特性。利用高压、高速或者超声波的叠加也可能增大塑性，例如爆炸成形、电磁成形以及在较大等静压力作用下的难变形材料的成形等。但是，这是由于从外界供给了多余的能量强制地使材料变形能力增大的结果，并非材料本身的塑性。而超塑性是材料本身所具有的内在因素和外界因素保持合理平衡结果而产生的稳定状态的动态过程。

超塑性通常分为三类：即微细晶粒超塑性、相变超塑性以及其他超塑性。

(1) 微细晶粒超塑性。微细晶粒超塑性，又称恒温超塑性、结构超塑性。微细晶粒超塑性的实现需要满足三个基本条件，即一定的变形温度和变形速度以及细小、等轴的晶粒尺寸。超塑性变形温度范围一般较窄，通常需要保持恒温状态，并且变形速度也较低。晶粒细化的程度根据材质不同，要求达到0.5 ~5μm以下。但有的具有较粗晶粒度的材料也能实现超塑性。例如β-Ti合金，在晶粒呈等轴，晶粒直径达到300μm时，在一定的变形温度和应变速率条件下，其伸长率可达到450%。总体来讲，对于大多数合金来说，晶粒尺寸的大小对材料超塑性的影响是非常大的。由于超塑性变形并不全是滑移、孪晶等一般塑性变形机构，晶界在其中起到决定性作用，因此，要求有数量较多而短的晶粒边界。

微细晶粒超塑性是研究和应用得比较多的一种，其优点是易于操作（恒温）。但也有其缺点，因为晶粒超细化、等轴化及稳定化要受到材料种类的限制，并不是所有合金都能达到这一点。

表2-1给出了典型的有色金属超塑性材料，表2-2列出了部分黑色金属超塑性材料。黑色金属超塑性的研究涉及碳钢、低合金钢和高合金钢等。与有色金属超塑性材料相比，黑色金属超塑性材料是比较少的，并且其伸长率也不如有色金属超塑性材料的高。从表2-2中可以看出，像一些通常被称为难变形的材料，如合金钢、轴承钢、工具钢、不锈钢等在一定条件下也会出现超塑性。

(2) 相变超塑性。具有相变的金属及合金都可以通过相变过程实现超塑性。在一定温度范围内和一定负荷条件下，经过多次的循环相变（如图2-1所示），可以获得较大的伸长率。即在一定负荷下，在相变温度范围内循环地进行加热和冷却，试样组织在每一次加热和冷却时，都会发生相变，可以得到一次跳跃式的均匀延伸，多次循环就可以得到累积的大延伸。显然，这一点不如微细晶粒超塑性方便，因此，在工业应用上受到一定的限制。

表 2-1　有色金属超塑性材料

合　金	名　称	组成/%	温度/℃	最高 m 值	最大伸长率/%
Al 合金	Al-Cu	Al-33Cu	440 ~ 520	0. 8	>500
	Al-Cu-Mg	Al-33Cu-7Mg	420 ~ 480	0. 72	>600
	Al-Cu-Si	Al-25. 2Cu-5. 2Si	500	0. 43	1310
	Supral 100	Al-6Cu-0. 4Zr	350 ~ 475	0. 5	>1000
	A7475	Al-5. 6Zn-2. 5Mg-1. 6Cu-0. 3Cr	500 ~ 520	0. 7	800
	A8090	Al-2. 5Li-1. 2Cu-0. 7Mg-0. 12Zr	500 ~ 540	0. 6	>1000
Bi 合金	Bi-Sn	Bi-44Sn	20 ~ 30	—	1500
Cd 合金	Cd-Zn	Cd-27Zn	20 ~ 30	0. 5	350
Co 合金	Co-Al	Co-10Al	1200	0. 47	850
Cu 合金	Cu-Al	Cu-9. 8Al	700	0. 7	700
	CDA619	Cu-9. 5Al-4Fe	800	0. 5	约 800
	In836	Cu-15Ni-37. 5Zn	580	0. 45	678
	C6301	Cu-10Al-6Ni-4Fe-1Mn	800	0. 4 ~ 0. 68	5500
Mg 合金	Mg-Al	Mg-33. 6Al	400	0. 8	2100
	Mg-Cu-Zr	Mg-6Cu-0. 5Zr	500	0. 6	225
	ZK60A	Mg-5. 5Zn-0. 5Zr	270 ~ 310	0. 4	1700
	Mg-Zr	Mg-0. 5Zr	500	0. 3	150

续表 2-1

合 金	名 称	组成/%	温度/℃	最高 m 值	最大伸长率/%
Ni 合金	IN100	Ni-10Cr-15Co-4. 5Ti-5. 5Al-3Mo	927 ~ 1093	0. 5	1300
	Ni-Cr-Fe	Ni-39Cr-10Fe-1. 75Ti-1Al	810 ~ 980	0. 5	约 1000
	Ni-Fe-Cr-Ti	Ni-26. 2Fe-34. 9Cr-0. 58Ti	795 ~ 855	0. 5	>1000
Pb 合金	Pb-Sn	Pb-19Sn	20	0. 5	>500
Sn 合金	Sn-Bi	Sn-5Bi	20	0. 68	约 1000
	Sn-Pb	Sn-38. 1Pb	20	0. 5	>1100
Ti 合金	IMI317	Ti-5Al-2. 5Sn	900 ~ 1100	0. 72	450
	IMI318	Ti-6Al-4V	800 ~ 1000	0. 85	1000
	Ti-Cr-V-Al	Ti-13Cr-11V-3Al-0. 15O	900	约 1. 0	150
	IMI679	Ti-11Sn-2. 25Al-1Mo-5Zr-0. 25Si	800	0. 43	734
Zn 合金	Zn-Al	Zn-0. 2Al	23	0. 81	465
	Zn-Al	Zn-0. 4Al	20	0. 43	550
	Zn-Al	Zn-4. 9Al	200 ~ 360	0. 5	300
	Zn-Al	Zn-22Al	200 ~ 300	0. 6	1000 ~ 2500

表 2-2　部分超塑性钢铁材料

合　金	组成/%	温度/℃	最高 m 值	最大伸长率/%
共析钢	Fe-0. 8C Fe-0. 91C-0. 45Mn	705 716	0. 35 0. 42	100 133
过共析钢	Fe-(1. 3 ~ 1. 9)C	600 ~ 800	0. 52	750
白口铁	Fe-2. 6C	600 ~ 800	0. 5	压缩
合金钢	Fe-0. 42C-1. 9Mn Fe-1. 5Mn-0. 8P Fe-1. 5Ni-1. 0P Fe-5Cr Fe-0. 15C-0. 19Si-1. 16Mn-0. 014Al-0. 014Nb	723 800 ~ 900 800 ~ 900 850 790	0. 5 0. 52 0. 52 0. 28 0. 6	460 400 400 152 790
轴承钢	Fe-0. 75C-0. 29Si-0. 32Mn-0. 29Cr-0. 02Mo	730	0. 33	850
高合金钢	Fe-4Ni-3Mo-1. 6Ti	900	0. 58	820
IN744	Fe-26Cr-6. 5Ni	870 ~ 980	0. 5	约 600
Fe-Cu	Fe-50Cu	800	0. 32	300
工具钢	Fe-0. 88C-1. 15Mn-0. 48Cr-0. 5W-0. 22V	650	0. 5	1200
高速钢	Fe-1. 25C-4Cr-5Mo-6V-8Co- < 0. 35Si- < 0. 28Mn- < 0. 07Cu	1000	—	332
双相不锈钢	Fe-24. 66Cr-6. 82Ni-2. 79Mo-0. 46Cu-0. 28W-0. 017C-0. 48Si-0. 85Mn-0. 148N	950 ~ 1050	0. 5	1000 ~ 2500

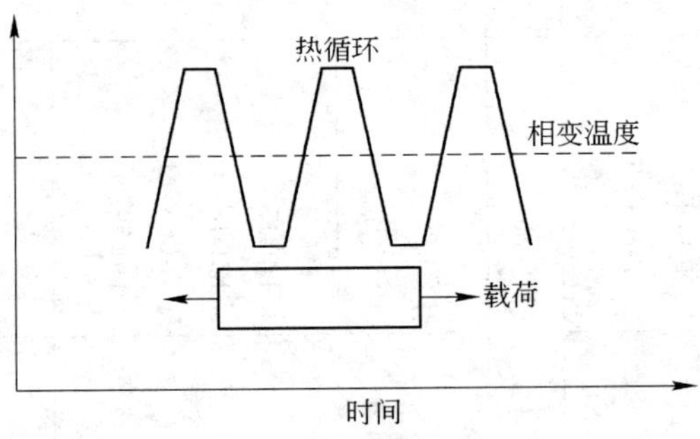

图 2-1　相变超塑性示意图

(3) 其他超塑性。除微细晶粒超塑性、相变超塑性外，许多学者在研究材料的力学性能时，还发现了短暂超塑性、相变诱发塑性、大晶粒超塑性、单相固溶体超塑性、有序无序超塑性、单晶超塑性等十多种类型，但由于实现时技术较复杂，一般只限于实验室条件下的研究工作。

2.1.2　超塑性成形的特点及适用范围

超塑性材料的高伸长率、低变形抗力的特点，为结构零部件的加工提供了新的途径，这一成形方法称为超塑性成形。超塑性成形技术具有以下特点：

(1) 材料塑性高。金属材料在超塑性状态下，可以承受大变形而不被破坏。对于形状复杂的零件，可以实现一次成形而不需要预成形工序，因此可以减少工时，缩短生产周期，为难变形材料的塑性加工开辟了良好的途径。在航空航天工业中，对难加工的钛合金、镁合金零件，采用超塑性成形，更能显示其优越性。

(2) 变形抗力小。超塑变形时，进入稳定阶段后，不存在或很少有应变硬化，金属的变形抗力小，比一般变形时的应力小得多。因此，超塑成形时所需设备吨位小，甚至采用真空成形以及气压成形，可大大节省能源。

(3) 超塑成形时，不但金属变形抗力小，而且流动性和充型性好。可以成形出高质量和高精度的薄壁、薄腹板和其他形状复杂的制品，并且可以复制出模具上精细的纹路和线条，获得轮廓清晰、形状复杂的零件。并且大幅度提高材料利用率，这一点对贵重金属材料尤为重要。

(4) 模具寿命长。由于超塑成形时的载荷低、速度慢、不受冲击，故模具寿命长。可以采用价廉的、低强度材料来制作模具。对板料的气压成形，更是如此。但由于零件的材料不同，成形温度不一，对于高温成形，应采用耐高温的材料来制作模具。

(5) 可用于模具制造等。在模具制造工业，可利用锌基合金、铝合金、铜合金和模具钢的超塑性来制造注塑模、吹塑模、热固塑料模，不须机械加工。此外在模具制造工业中不但可制造形状复杂的模具，而且可以来挤压出凹模，达到多次使用，节约模具材料的目的。

（6）超塑成形不存在由硬化引起的回弹导致零件成形后的变形问题，故零件尺寸稳定。

目前，超塑性已经在许多方面得到了应用。如超塑性板材气胀成形、等温锻造、超塑挤压及差温拉伸等。超塑性成形技术已经在锌铝合金、铝合金、钛合金、铜合金、镁合金、镍基合金以及黑色金属材料方面得到较好的应用。目前又扩展到陶瓷材料、复合材料、金属间化合物等。利用材料的超塑性，可以成形普通方法难以加工的零件，在航空、航天、建筑、交通、电子等领域得到了越来越广泛的应用，尤其在航空、航天领域中，超塑性成形已经成为不可缺少的重要加工手段。目前钛合金超塑性成形技术已经广泛地应用于制造导弹外壳、推进剂储箱、整流罩、球形气瓶、波纹板以及发动机部件等。日本 NAS-Murdock 公司采用双相不锈钢超塑性材料成功地制造出了波音 737 客机用盥洗盆。该产品长 1100mm，宽 350mm，深 270mm。

超塑成形和扩散焊接相结合的工艺（SPF/DB）在生产层状结构产品中具有显著的技术经济效益。虽然 SPF/DB 工艺主要应用于 Ti 合金，但在 Al 合金、双相不锈钢中也已经取得了可喜的研究成果。显然，将来的一个研究领域是发展 Al 合金、双相不锈钢的 SPF/DB 工艺。由于铝合金表面有坚韧的氧化物，会影响超塑性成形后材料的连接质量，因而该技术十分复杂。值得注意的是关于铁基超塑合金、镍基超塑合金和超塑性陶瓷的扩散连接的研究，同时应注重研究包含至少一种超塑性组分的层状复合材料的超塑性成形问题。

超塑性成形虽然具有上面所述的一些优点，但是超塑性成形一般生产效率较低，变形过程出现空洞，并且需要较高的成形温度，这是该工艺没有得到较大推广的重要原因。提高超塑性变形速率是近几年国际上超塑性学者探讨的重要方向，其目标是实现低温、高速超塑性技术，在汽车工业等重要工业领域中得到应用。目前实现高速率超塑性的途径只有一个，这就是细化晶粒。研究表明：当晶粒细化至纳米数量级时，超塑性变形速率可以提高 3～4 个数量级。但由于提高速率的主要目的在于超塑性技术的开发应用，所以这方面的研究要特别注意综合效益，不能因为细化晶粒投资过高而使超塑性技术失去应用价值。

2.2 超塑性现象

2.2.1 超塑性本构方程

超塑性变形的力学特征主要取决于它的变形特征。当金属材料拉伸时，呈现无缩颈的超塑性变形，应变硬化可忽略不计。应变速率强化效应占主导地位。描述超塑性流动特性的本构方程最常用的是贝可芬（Backofen）方程，即

$$\sigma = K\dot{\varepsilon}^{m} \tag{2-1}$$

式中　σ——超塑性流动应力；

$\dot{\varepsilon}$——应变速率；

m——应变速率敏感性指数，又称为 m 值；

K——材料常数。

m 值是超塑性材料的重要指标。当 $m<0.3$ 时，为常规材料；当 $m\geqslant 0.3$ 时，可认为是超塑性材料。

m 值的物理意义是阻碍颈缩的发展，维持变形的均匀性。对于普通材料，在进行单向拉伸实验时，很容易在局部产生颈缩，引起颈缩处的局部变形速度增加，由于 m 较小，流动应力 σ 对应变速率敏感程度较低，当变形超过一定限度，就会在颈缩处发生断裂。而超塑性材料由于 m 值较大，使得流动应力 σ 对应变速率非常敏感，颈缩处的局部变形速度的增加，会使该区流动应力 σ 得到明显提高，使颈缩处发生显著硬化，变形就会转移到其他部位，从而可获得较大的伸长率。图 2-2 给出了伸长率 δ 与 m 值之间的关系。

从图 2-2 中可以看出，m 值越大，伸长率也越大。对于大部分超塑性材料，均可以得到类似于图 2-2 的规律，因此，通常可以用 m 值来表示材料的超塑性特性。关于伸长率 δ 与 m 值之间的关系，许多学者结合超塑性实验研究，给出了许多经验的和半经验的关系式，但

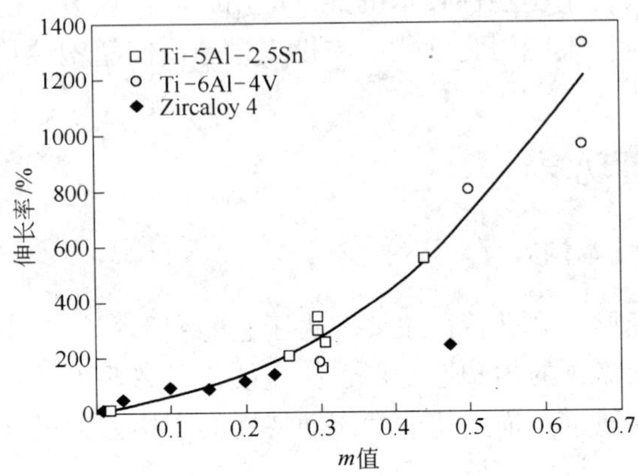

图 2-2　三种合金的伸长率与 m 值的关系

至今为止，还没有从理论上给出伸长率 δ 与 m 值之间关系的表达式。

由式（2-1）可得

$$m = \frac{\dot{\varepsilon}\mathrm{d}\sigma}{\sigma\mathrm{d}\dot{\varepsilon}} = \frac{\mathrm{dlg}\sigma}{\mathrm{dlg}\dot{\varepsilon}} \tag{2-2}$$

2.2.2　实现微细晶粒超塑性的基本条件

微细晶粒超塑性的实现有赖于晶粒细化、适当的变形温度和较低的应变速率三个基本条件。超塑性变形是在一定温度区间内进行的，即使在这个温度范围内，温度的变化对超塑性变形的工艺参数的影响也是非常大的。超塑性变形温度通常按以下两种方法表示：（1）按金属熔点温度的比例表示。一般超塑性变形温度为 $T_s \geqslant 0.5T_m$，T_s 为材料超塑性的绝对温度，也是超塑性温度区的下限值，T_m 为材料熔点的绝对温度。（2）以合金平衡图上的位置表示。大多数合金的超塑性温度区低于临界温度的某一特定区域。如钢材在此区域内是双相微细晶粒组织，有利于实现超塑性。超过临界温度，转变为单相固溶体，使超塑性现象消失，应变速率敏感性及伸长率都会下降。这两种表示方法只是一个粗略的估计，并不能表示所有材料超塑性变形温度的确切数值。对于具体材料，超塑性变形温度是由材料的组织状态所决定的。

应变速率对材料的超塑性有非常大的影响，超塑性变形不完全是黏性流动，应变速率敏感性指数 m 值通常是小于 1 的。若以不同的应变速率进行超塑性变形，流动应力随应变速率的增加而增大，尤其是在发生超塑性的某一区域内，这种变化更为显著。根据超塑性材料的变形特性，利用材料的超塑性状态进行成形，应考虑变形速度和加工方式。一般超塑性材料的应变速率都是比较低的。

图 2-3 给出了经大变形塑性加工并在 955℃ 退火后所得到的不同晶粒大小的 Ti-6% Al-4% V 合金，在 927℃ 时的流动应力与应变速率的关系。从图 2-3 中可以看出，晶粒越细小，材料的流动应力也越低。

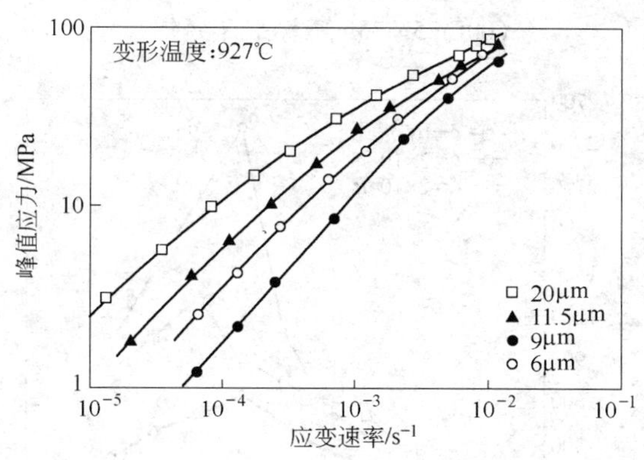

图 2-3　TC4 的流动应力随应变速率的变化

图 2-4 给出了 00Cr25Ni7Mo3N 双相不锈钢的流动应力与应变速率的关系。从图 2-4 中，根据 m 值的定义式（2-2），可知 00Cr25Ni7Mo3N 双相不锈钢的最大 m 值为 0.5 左右。

图 2-5、图 2-6 给出了在固溶温度 1250℃、冷轧变形量 50% 条件下，变形温度和应变速率对 00Cr25Ni7Mo3N 双相不锈钢伸长率的影响。对于超塑性材料，通常存在着一个最佳的变形温度和应变速率范围。从图 2-5 中可以看出，当应变速率为 $2\times10^{-2}\sim10^{-3}$/s 时，在 850～1100℃ 的温度范围内，00Cr25Ni7Mo3N 双相不锈钢的伸长率大

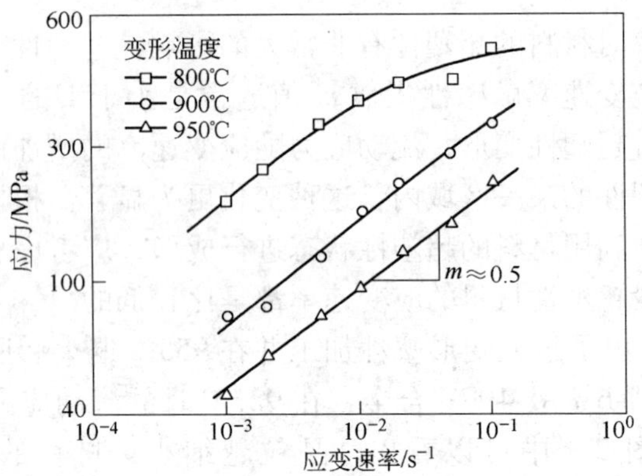

图 2-4　流动应力随应变速率的变化
（00Cr25Ni7Mo3N 双相不锈钢）

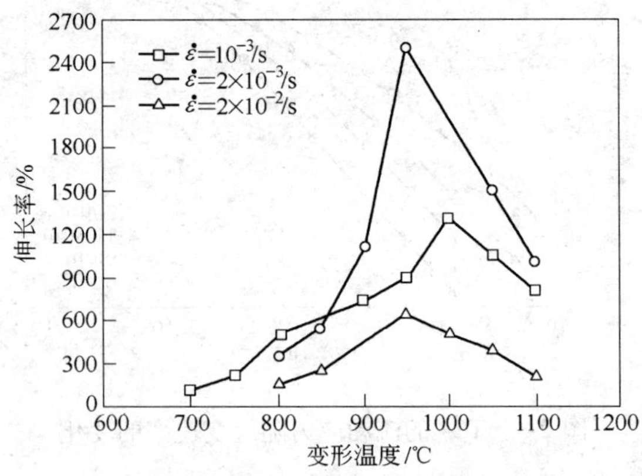

图 2-5　伸长率随变形温度的变化
（00Cr25Ni7Mo3N 双相不锈钢）

于 200%，其中当变形温度为 950℃、应变速率为 2×10^{-3}/s 时，最大伸长率达到 2500%。从图 2-6 中可以看出：当变形温度比较低，例如 800℃时，00Cr25Ni7Mo3N 双相不锈钢材料的伸长率随应变速率的升高而下降。而当变形温度较高时，例如 900～950℃时，伸长率随应变速率的变化出现一个峰值。

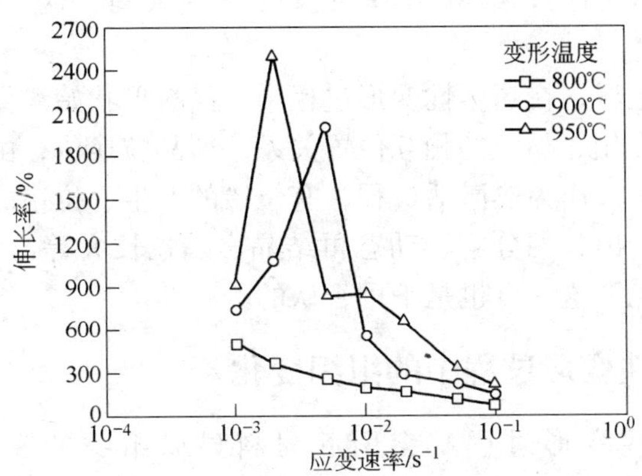

图 2-6 伸长率随应变速率的变化
（00Cr25Ni7Mo3N 双相不锈钢）

2.2.3 超塑性变形机理

金属超塑性并非一般的塑性变形机理所能解释。随着超塑性合金的发现，对超塑性变形机理的研究获得了很大的发展，并且从定性机理发展到经验表达式和定量表达式，提出了许多假设和理论，基本上有“溶解—沉淀理论”、“亚稳态理论”、“晶界滑移”、“晶粒转动”、“扩散蠕变”、“位错运动”、“动态再结晶”和“晶界的非晶质流动”等理论。但是，总体来看，超塑性机理的研究还不成熟，而且普遍认为在超塑性变形过程中不是单一机理起作用，而是几种机理综合作用的结果，其中以扩散蠕变和位错调剂的晶界滑移为主要机理。一般来说，在低应变速率区，扩散蠕变起主要作用，在高应变速率区，位错滑移起主要作用，中间区，即超塑性区，晶界滑移起主要作用。

通常认为，实现微细晶粒超塑性的速度条件是：$10^{-4}/s < \dot{\varepsilon} < 10^{-1}/s$，$\dot{\varepsilon} < 10^{-4}/s$ 属于蠕变速度区域；$\dot{\varepsilon} > 10^{-1}/s$ 属于常规变形速度区域。

目前的研究结果表明，晶界滑移约占全部变形的 60% ~ 80%。虽然这一比例是随材料、组成、晶粒大小以及温度而变化的，但在超塑性的速度范围内，晶界滑移所占的比例很高，这一点是确定无疑的。

从现象上看，在超塑性变形过程中，晶粒形状始终保持为等轴晶粒，而只改变相邻晶粒的相互位置关系，即晶粒换位，由此产生巨大的变形。但是，作为热激活过程，有位错的产生、位错的运动等，随着回复、相析出、相分解、动态再结晶、晶粒长大等，晶粒的大小、形状发生变化，这一点也是不可否认的。

2.3　超塑性变形过程中的组织变化

任何塑性变形过程都会引起材料显微组织的变化。以下以00Cr25Ni7Mo3N双相不锈钢分析超塑性变形过程中的组织变化。

当双相不锈钢超塑性材料经1250℃加热30min水淬后，沿着试件的纵向得到的是拉长纤维组织，这是未消除的原始热轧态组织。从试件的横向可以看出：纵向被拉长的奥氏体在横向以“岛”形弥散分布在δ铁素体基体上（如图2-7所示）。δ和γ两相的比例为62∶38，随着固溶处理温度的升高，γ相的比率下降。当温度超过1316℃时，γ相减少而进入δ基体之中。

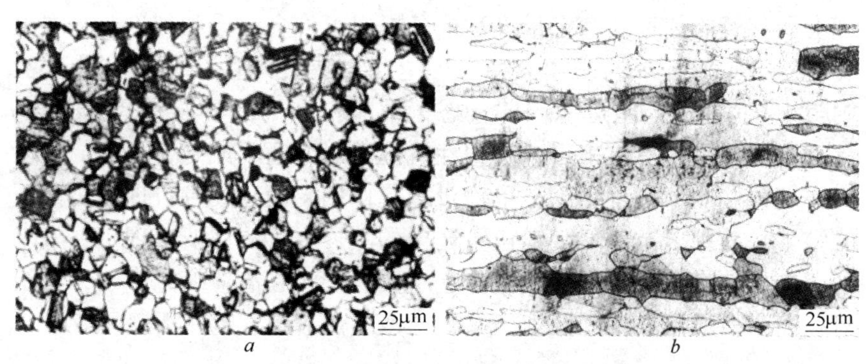

图2-7　00Cr25Ni7Mo3N双相不锈钢材料固溶处理后的金相组织

a—横向组织；*b*—纵向组织

同时，可以看出铁素体的晶粒也比较粗大。在这种状态下，试件在恒温热拉伸过程中的伸长率就不会很大。所以固溶处理后的双相不锈钢材料还要经过冷轧，进一步细化晶粒，提高 00Cr25Ni7Mo3N 双相不锈钢超塑性特性。

图 2-8 为 00Cr25Ni7Mo3N 双相不锈钢经固溶处理、冷轧后的组织。从图 2-8 中可以看出，晶粒经过冷轧加工后，被进一步拉长，并且，冷轧变形量越大，晶粒被拉得越细长。

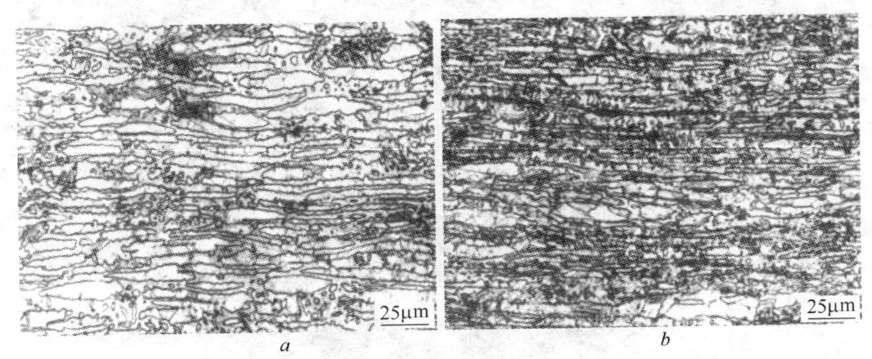

图 2-8 00Cr25Ni7Mo3N 双相不锈钢冷轧后的金相组织

a—冷轧变形量为 37% 的金相组织；*b*—冷轧变形量为 87% 的金相组织

在超塑性变形不同阶段，材料的金相组织发生很大的变化。晶粒长大是超塑性变形时显微组织变化的主要特征之一（如图 2-9 所示）。一般认为未变形时的高温保温过程时的晶粒长大的程度及速度都不如在同一温度下超塑性变形时的大。其原因在于高温变形使晶体缺陷（空位、位错）浓度和密度增加，促进扩散过程，引起晶粒长大。超塑性变形时，晶粒转动使位向接近的晶粒合并，也使晶粒长大。

图 2-10 给出了 00Cr25Ni7Mo3N 双相不锈钢在 960℃ 和 900℃ 下，变形量 60% 时的组织变化过程。在最佳超塑性温度 960℃ 条件下，变形达到 60% 时，是超塑性变形流变应力最大的地方，如图 2-10*a*、*b*、*c* 所示。从图 2-10*a* 可以看出：有大量的弥散的 γ 组织分布在 δ 的基体内。在图 2-10*b* 可以看出，在 δ/γ 晶界上有少量的金属碳化物的析出，这为 γ_2 的出现提供了条件。在图 2-10*c* 中，δ 和 γ 的细小等轴双相组织的大量出现，为获得较佳的超塑性效应提供了组织保证。

在偏离最佳超塑性温度，例如 900℃ 时，如图 2-10*d*、*e* 所示，组

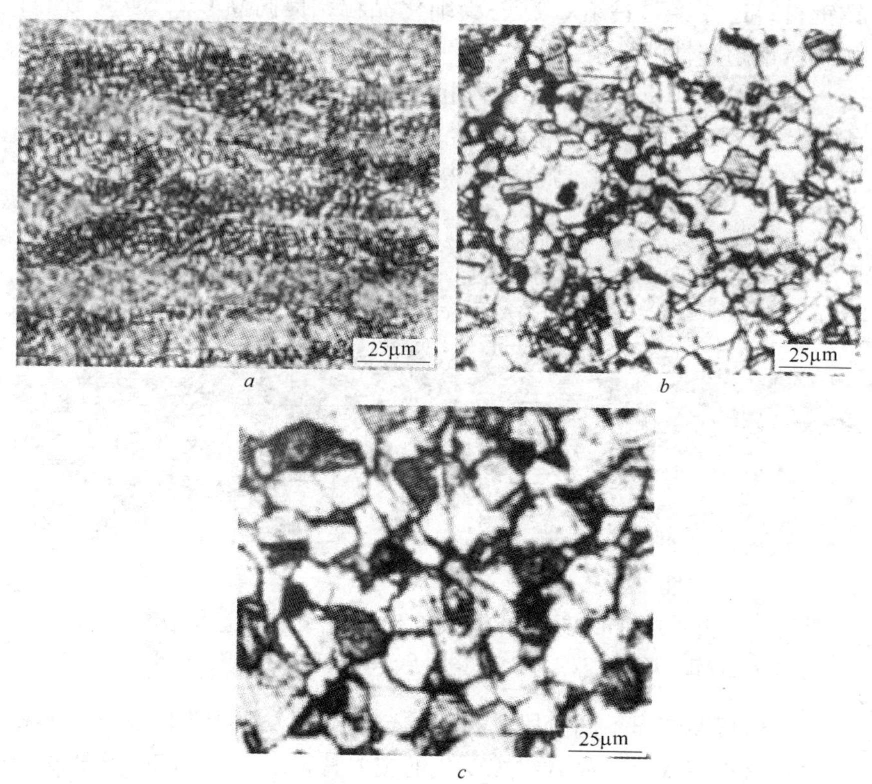

图 2-9　00Cr25Ni7Mo3N 双相不锈钢超塑性变形过程中的组织变化
（变形温度：960℃，应变速率：1.2×10^{-3}/s）
a—变形初期；*b*—变形量为 60%；*c*—变形量为 150%

织变化明显不同，在 δ/γ 晶界上有较多的立方晶格的金属碳化物的出现，并且与 γ 相维持一定的取向关系。碳化物的析出，导致相界附近的 δ 相内 Cr 的损失，δ 内的贫 Cr 促进原始的 δ/γ 晶界向 δ 晶粒迁移，从而在 δ 晶粒的贫 Cr 区变成 γ_2，于是出现新的 δ/γ_2 相界，它被碳化物钉扎，使相界发生折皱，就在折皱的结点上，由于 γ_2 的长大，释放出多余的 Cr 给附近的 δ，Cr 在 δ 上的聚集为 σ 相的形成创造了条件。σ 相的形成反过来又导致其周围贫铬，又出现 γ_2，这样就出现了 $\sigma+\gamma_2$ 的共析组织，从图 2-10*d*、*e* 中都能看到这种组织。

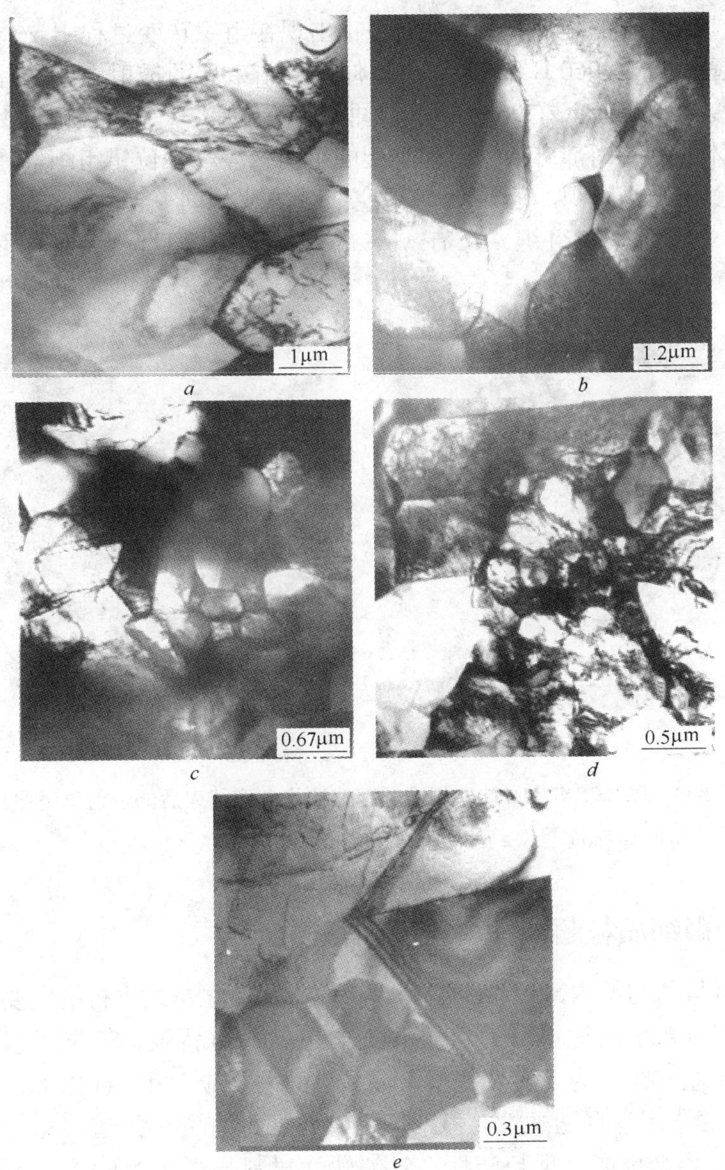

图 2-10 00Cr25Ni7Mo3N 双相不锈钢热拉伸变形不同阶段的透射电镜照片

a、*b*、*c*—$T=960℃$，$\dot{\varepsilon}=1.2\times10^{-3}/s$，变形量 60% 过程中出现的组织；

d、*e*—$T=900℃$，$\dot{\varepsilon}=2.5\times10^{-3}/s$，变形量 60% 过程中出现的组织

同时应该指出的是，δ/γ 等轴组织也出现在组织转变过程中。

图 2-11 为 960℃和 900℃热拉伸变形结束后的透射电镜照片。热拉伸变形结束后，在 960℃获得了非常均匀的 δ/γ 等轴双相组织。在铁素体的晶粒内部有两种不同类型的组织，一种是位错组织，另一种是回复再结晶组织。但在 900℃温度下超塑性变形结束后，组织中既有 δ/γ 等轴双相组织，又有 γ/σ 的共析组织，且晶界的角度有所增大。

a

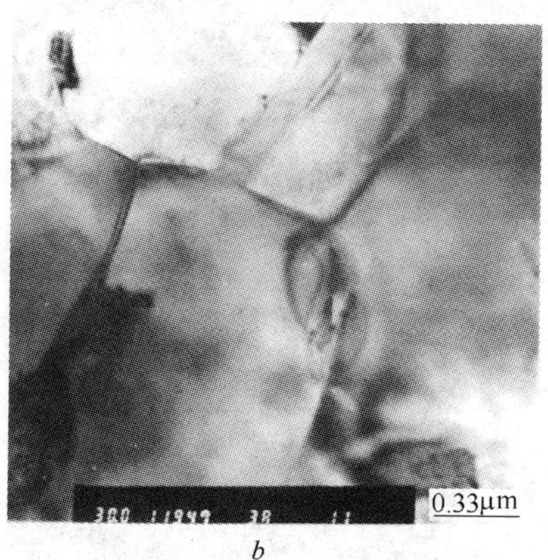

b

图 2-11　00Cr25Ni7Mo3N 双相不锈钢热拉伸变形结束后的透射电镜照片

a—$T=960℃$，$\dot{\varepsilon}=1.2\times10^{-3}/s$；*b*—$T=900℃$，$\dot{\varepsilon}=2.5\times10^{-3}/s$

2.4　微细晶粒超塑性材料的制备

材料的初始内部组织是诱发超塑性，并使之持续进行的主要条件之一。对超塑性材料显微组织的要求是微细的晶粒。若应变速率在 $10^{-4}/s$ 左右时，为了实现超塑性，晶粒的大小应在几 μm 以下，高于 10μm 的难以呈现超塑性。但这不是绝对的，有资料报道，粗大晶粒的 β-Ti 合金也能呈现超塑性。对超塑性材料显微组织的要求不仅是微细晶粒，而且还必须是等轴晶粒，并且在超塑性变形时晶粒的等轴特点保持不变。实验表明，当达到最高塑性指标时，晶粒仍保持等轴，在超塑性速度区间内，改变应变速度时，等轴性基本保持不变。

不是等轴晶粒，则不容易产生较大的晶界滑移，即使横断面为微细组织而纵断面不是等轴晶粒，那么沿长度方向进行拉伸时，也不能得到较大的晶界滑移。

获得细晶粒的途径通常有三种形式：（1）冶金学方法。主要是添加一些能够促使早期形核，使组织弥散，并在变形过程中稳定晶粒的微量元素。此外，还有快速凝固等方法；（2）塑性加工方法。采用冷、温、热三种不同温度下的塑性加工方法，如轧制、锻造以及挤压工艺等；（3）热处理方法。包括反复淬火、形变热处理、球化退火等方法。实际应用时，通常采用上述三种方法并行的工艺。有少数有色合金在供货状态下即具有细晶组织，如 TC4、TC9 钛合金、MB8 镁合金等。钢铁材料的组织晶化，基本上是采用热处理方法。经处理后的组织要求具有晶粒微细、等轴、稳定的特点，晶粒大小应在 10μm 以下。

2.4.1 大变形、再结晶、析出复合工艺

经室温大变形后，在 $0.5 \sim 0.8T_m$（T_m 为绝对熔化温度）下，加热适当的时间，使之发生再结晶，由此可获得微细晶粒组织。这种方法适合于 Supral100 铝合金，可以得到 10μm 以下的微细晶粒。含有析出过程的高强度 7475 铝合金的热处理及加工工艺过程如图 2-12*a* 所示，是由固溶处理、过时效、90% 以上温变形以及再结晶四个过程组成的。虽然微细的再结晶组织是在析出粒子的周围的位错网处产生的，但是分散粒子可以抑制晶粒的长大，用此工艺可以获得 10μm 左右的微细晶粒。图 2-12*b* 所示的是过时效后炉冷、70% 以上的冷变形，然后快速加热，并且保温时间很短，也可以达到细化晶粒的目的。

2.4.2 形变热处理

形变热处理是细化晶粒的重要方法之一。其基本含义是在发生相变或析出的温度范围内进行塑性加工，然后经冷却或再加热，使之发生再结晶，由此达到细化金属组织的目的。例如：将含 1.6% C（24% Fe_3C）的超高碳钢在奥氏体区进行长时间均热，使碳化物充分

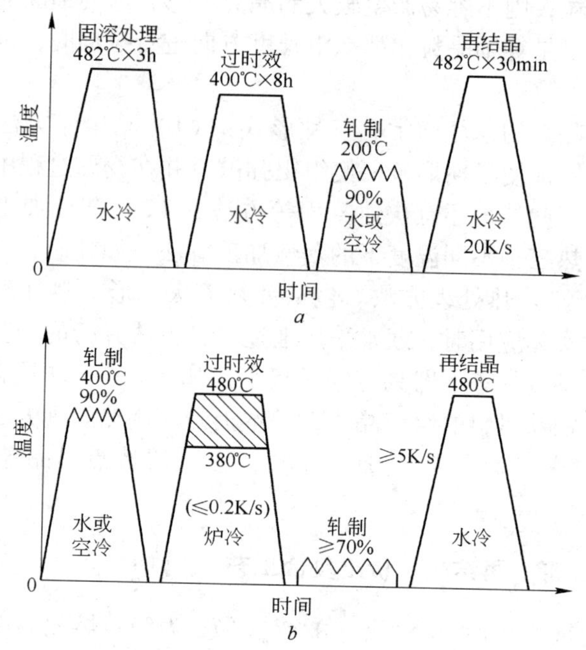

图 2-12　高强度 7475 铝合金组织细化工艺方法

固溶后，在降至 $\gamma + Fe_3C$ 共存温度之前，进行变形加工，在奥氏体晶粒细化的同时，在位错和亚晶界处析出 Fe_3C，珠光体中的枝状 Fe_3C 也变为球状。在 650℃温度下的恒温变形，可使晶粒得到进一步细化，由此，可以得到，1μm 以下的球状 Fe_3C 粒子和具有大角度晶界的微细 α（铁素体）组织。对于轴承钢 SUJ-2，采用形变热处理方法可以得到由约 0. 8μm 的微细 α 晶粒和约 3μm 的球状 Fe_3C 所组成的均匀的组织，最大伸长率可达到 850%。

图 2-13 所示的形变热处理方法对铁素体组织的细化是非常有效的。将钢铁材料加热到奥氏体区，经保温后，快速冷却至较低的变形温度，进行累积大变形加工。由于快速冷却，可以降低钢铁材料的相变温度，因此，在变形前，虽然温度较低，但材料仍处于奥氏体区，而变形又可以使材料的相变温度升高，由此，创造了使相变在低温变形过程中发生的条件。采用该方法可以使工业用 Q235 钢的晶粒尺寸小于 2μm。

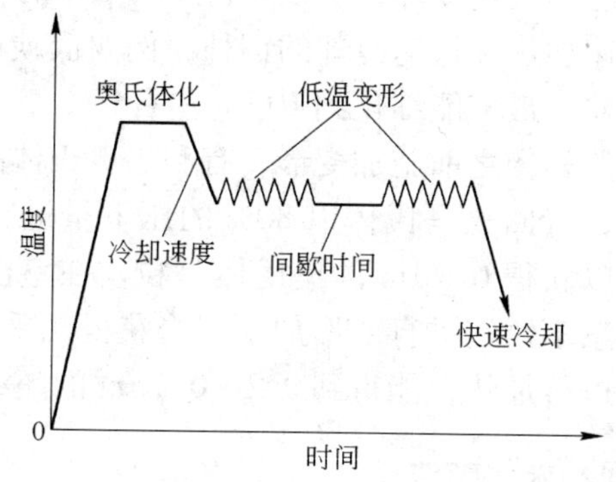

图 2-13 奥氏体未再结晶区变形

2.4.3 循环相变

Grange 在对中低碳钢的超塑性进行研究时，在 A_3 点以上的温度和室温之间，以 100 ~ 200K/s 的速度进行快速加热、快速冷却，使 γ 晶粒得到显著细化。采用这种方法，可使 AISI1045 钢的晶粒细化到大约 4μm。Shorby 采用图 2-14 的热循环工艺，在含 1.6% C 的超高碳钢中，由细小的 γ 组织获得了微细的马氏体组织。

对于某些钢种，例如中、高碳钢，合金钢，在室温与 Ac_3 之间，

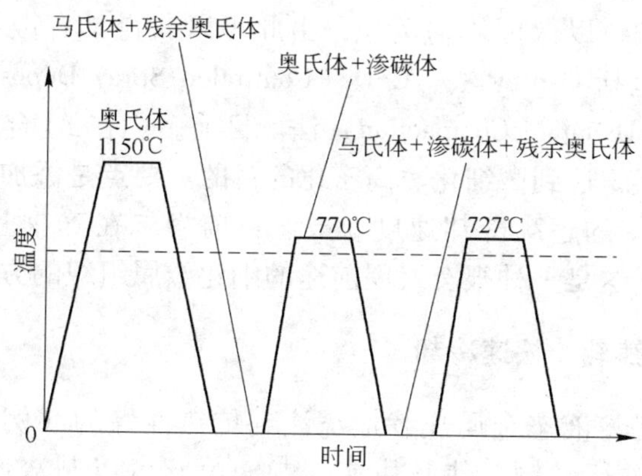

图 2-14 超高碳钢（1.6% C）热循环工艺

反复进行快速加热和快速冷却，可以获得 2～3μm 的奥氏体晶粒。而对于不能实现快速加热和快速冷却的钢种，例如低碳钢，则不能明显地细化奥氏体晶粒，最多能细化到 10μm 左右。

在发生奥氏体相变之前施加变形，有利于奥氏体晶粒的细化。对于低碳和中碳钢，将回火马氏体以 80% 的压下量进行冷轧后进行奥氏体化处理，可以获得 0.9μm 的奥氏体晶粒。在室温下以大压下量对亚稳态奥氏体系不锈钢进行变形加工，当获得几乎 100% 的形变诱导马氏体组织后进行加热，能得到 0.2～0.5μm 的超细奥氏体组织。

2.4.4　快速凝固粉末烧结法

如果能使粉末的原始组织细化到 1μm 左右的程度，那么烧结材料的组织细化就会很容易实现。超细粉末材料通常采用气体雾化和水雾化方法制备，例如 IN100 超合金、白口铁以及 Fe-50% Cu 合金粉末等。为了使烧结材料的密度达到或接近于 100%，需要采用压缩、烧结后，再进行压缩、烧结或热变形加工等。也可以采用冷等静压（CIP）、烧结或热等静压（HIP）工艺来实现高密度化。

2.4.5　喷射雾化沉积

在喷射雾化沉积过程中，溶化的金属被高速气流或高压水分散成弥散分布的微尺寸的液滴，并沉积在传热性能较好的基板上，并使该基板左右移动，以保证均匀沉积，由此可以获得具有微细组织的板材。该方法包括 Osprey 法、CSD（Controlled Spray Deposition）法和 LDC（Liquid Dynamic Compaction）法。目前多用在 Al 合金上，由此可以使合金组织达到微细化、高密化的目的。要点是添加元素的选择和具有 10^3K/s 的超高冷却速度。虽然目前尚未在工业上得到应用，但可以预料，这是一种很有发展前途的细化金属组织的方法。

2.4.6　连续铸轧、快速冷却

该方法是将液态金属连续地浇注到传热性好的（例如 Be-Cu 合金）轧辊中进行轧制，使其快速冷却，由此可以制造厚度为 50～200μm 的超合金薄带（此时，沿厚度方向会产生微细的柱状晶）。该种方法的一个典型例子是 DSC（Direct Scrip Casting）法，是将液态的 25Cr-6Ni-3Mo 双相不锈钢连续地浇注到两轧辊之间，进行轧制，并以 10^3K/s 的冷却速度激冷，做成厚度为 1.2mm，宽度为 300mm 的带材，将此带材再进行冷轧，冷轧的变形程度为 50%，然后进行热处理，由此可以得到厚度为 0.5mm 的微细晶粒薄板。由于这种方法比较简单，因此是很有发展前途的。

2.4.7 等通道挤压工艺方法

通常的塑性加工概念，是通过改变材料形状，控制材料特性的金属成形方法。一般为了改善材料的使用特性，需要对材料施加较大的变形量，而对于大部分金属塑性加工方法，例如轧制、挤压等，为了获得较大的变形量，往往需要大尺寸规格的坯料。而大尺寸规格的坯料无论是在制备方法，还是在坯料质量的控制方面都是非常困难的，并且大尺寸规格坯料的塑性加工需要大型的塑性加工设备。尤其是随着炼钢和连铸技术的发展和应用，在提高材料利用率、降低能耗等方面具有明显的优势，但连铸坯的尺寸规格是有限制的，通过塑性加工改善连铸坯质量也就受到一定的限制，因此改善小尺寸规格材料的特性是非常困难的。

20 世纪 70 年代，苏联学者塞格尔（Segal）所开发出来的等通道挤压（ECAE：Equal Channel Angular Extrusion）工艺方法（如图 2-15 所示），被认为是一种先进的材料加工方法。该方法的工艺结构是由沿长度方向截面保持不变的两个相同的挤压通道组成。这两个挤压通道的截面形状可根据需要来确定。两个挤压通道可采用一定的角度 ϕ 来连接，一般情况下，ϕ 的取值范围为：$90° \leqslant \phi < 180°$。在进行等通道挤压时，坯料在压力作用下，由一个挤压通道进入另一个挤压通道时，在经过两个挤压通道的连接处，坯料将产生纯剪切变

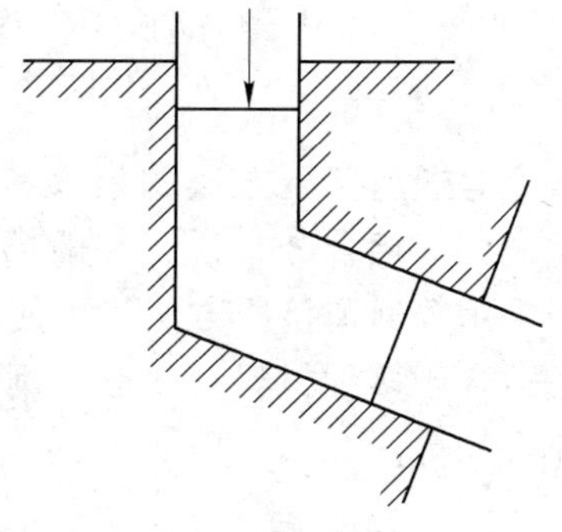

图 2-15 等通道挤压工艺方法示意图

形，但其截面保持不变。由于等通道挤压方法可以在不改变坯料截面尺寸的条件下，进行纯剪切变形，因此等通道挤压过程可以反复、循环进行，由此可以获得巨大的总变形量。

由于等通道挤压变形过程可以反复、循环进行，在反复进行等通道挤压变形时，根据所要求的变形状态，可以采用在各挤压道次中坯料方向保持不变（如图 2-16*a* 所示），使坯料在每经过一次等通道挤压变形后，旋转方向放入挤压通道中的方法（如图 2-16*b*、*c* 所示）。即可通过改变各挤压道次时坯料进入模具的方向，来改变坯料的受力情况，由此可获得不同的组织结构，从而得到不同的使用性能。根据需要，可将三种变形方式进行组合，通过改变变形方式，获得所希望的组织和使用性能。

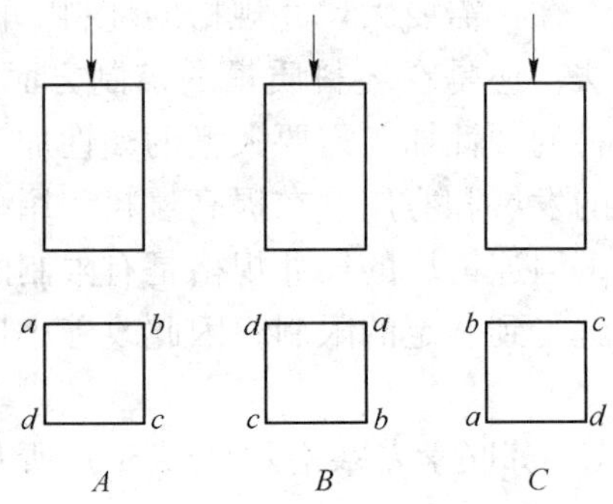

图 2-16　等通道挤压变形方式

A—坯料方向保持不变；*B*—道次间坯料方向相差 90°；*C*—道次间坯料方向相差 180°

等通道挤压方法的最大特点是可以使金属的组织得到显著地细化。对于铝合金来说，一般情况下，很难将晶粒细化到 10μm 以下，但采用等通道挤压方法，可使晶粒细化到 50～200nm。等通道挤压方法适合于多种材料的变形，例如纯金属、合金、粉末材料以及金属间化合物等。

2.4.8　循环变形

循环变形技术的要点是将坯料放入带若干突起物的凹模中，用上、下两凸模顶住坯料，然后使凹模做上、下往复运动，利用凹模上的若干突起物使材料发生循环变形（如图 2-17 所示）。该方法的特点是在不改变坯料尺寸的情况下，可以获得巨大的变形量。由于坯料在模具中是完全封闭的，所以，坯料的循环变形是在静水压力很大的三向压应力状态下发生的，有助于提高材料的塑性变形的能力，这对于难加工材料尤为重要。循环变形既可以在室温下进行，也可以在高温下进行。传统的材料加工方法，由于受到坯料形状的限制，零件加工时的变形程度是有限的，无法对零件的组织和性能进行有效的调整。因此，对零件进行循环变形可以在不改变坯料尺寸的情况下，对零件的组织和性能进行有效的调整。

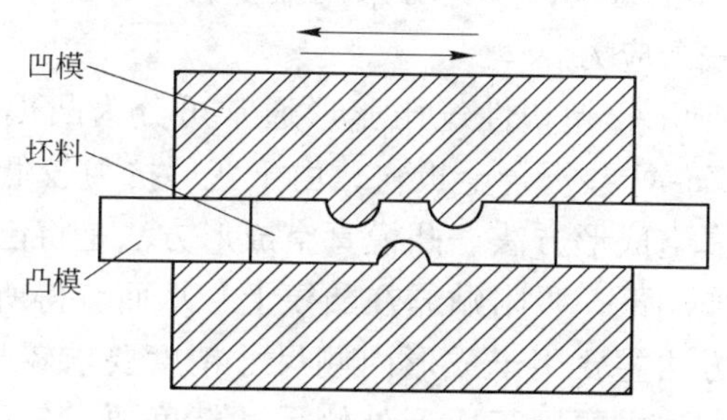

图 2-17　循环成形技术

2.4.9　累积叠轧焊

累积叠轧焊是将两块金属薄板在一定变形温度下，反复进行叠轧，并使其自动焊合的工艺（如第 1 章所述图 1-33 所示）。采用累积叠轧焊方法，不仅可以获得连续、均匀的结合组织，而且可以使材料的组织得到明显的细化，夹杂物分布更加均匀，从而大幅度提高材料的强度。由于累积叠轧焊工艺在理论上能获得超常规的大压下量，突破了传统轧制压下量的限制，并可连续制备薄板类的超细晶金属材料，所以，累积叠轧焊被认为是大变形工艺中唯一有希望能生产大块超细晶金属材料的方法。累积叠轧焊工艺属于强烈塑性变形（SPD）方法中的一种。日本学者利用此工艺对铜、铝、铝合金、IF 钢等金属材料进行了研究，并取得了良好的效果，获得了 200nm 超细晶铝合金和500nm的超细晶低碳钢（IF钢）。

2.5　超塑性成形工艺

2.5.1　超塑性气压成形

超塑条件下的气压成形是最能体现超塑性成形特点的一种工艺方法。该方法由前苏联发明，并于1975年获得专利。主要用于板材加工制造复杂形状的空心零件，可用氩气保护将钛板吹塑成形。它具有下列优点：(1) 复杂形状一次加工成形；(2) 加工零件尺寸不受限制，工装简单不需机床，只要一个凹模和一个密封盖（内装加热器）即可；(3) 成形压力小，模具可采用廉价材料；(4) 由于是低速成形，不会产生残余应力。

如图2-18所示，超塑性气压胀形通常可分为凸模成形和凹模成形方法。对于Zn-Al共析合金板料，由于变形抗力较低，所以可以采用凸模或凹模真空成形方法。凸模真空成形方法是将已加热的板材在一个大气压力作用下，吸附贴靠在凸模上，从而获得所要求形状的制品的方法。该方法主要用于成形内侧尺寸精度要求较高或深的容器。凹模真空成形方法主要用于成形外侧尺寸精度要求较高或浅的容器。但真空成形方法的最大压力仅为一个大气压力，因此，当板料较厚、材料强度较高时，不宜采用该方法成形。此时可以采用气压成形方法。与真空成形方法相比，气压成形时的压力是可以调节的，因而适应范围比真空成形方法广。气压成形和真空成形也可以同时并用，在少数情况下，也可以使用液压成形，液压成形经常用于管材的超塑性

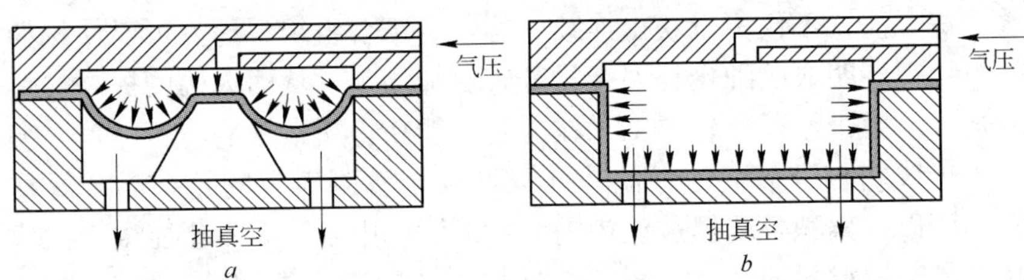

图2-18　气压成形方法

a—凸模成形方法；*b*—凹模成形方法

成形。

超塑性胀形时，采用一道工序就可以获得较大的变形，此时产品壁厚不均匀的情况也是不可避免的（如图 2-19 所示）。壁厚的均匀性，可以通过应变速度分布、温度分布或者摩擦条件的调整来实现。而其中比较有效的方法是通过调整摩擦条件来控制产品的壁厚均匀性。为了调整摩擦条件，一般情况下，需要采用两次或两次以上的气压成形。在第一次气压成形时，使产品容易出现厚壁的部位先变形，使壁厚减薄，其他部位先与模具接触，减薄量较小。经第二次气压成形后，就可以得到壁厚较均匀的产品（如图 2-20 所示）。

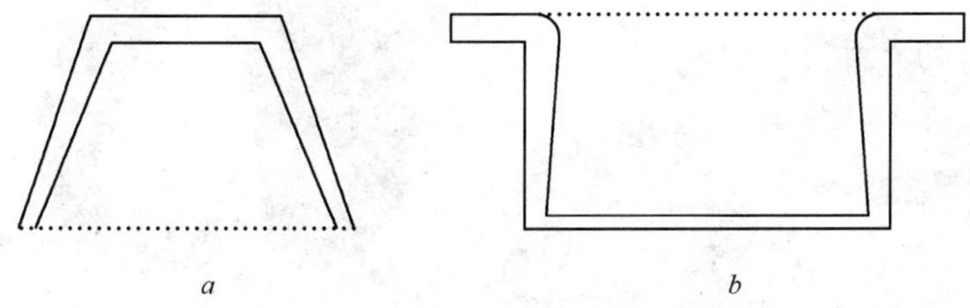

图 2-19 超塑性气压胀形产品壁厚的不均匀性

a—凸模成形制品；*b*—凹模成形制品

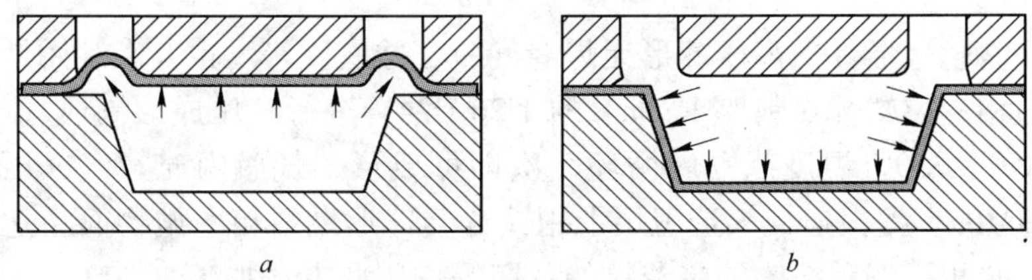

图 2-20 改善产品壁厚均匀性的二次超塑性气压胀形方法

a—反向预压气压胀形；*b*—正向终胀形

采用真空成形和气压成形方法可以制造各种仪器的壳体，并能复制出精细的花纹等。图 2-21 是采用超塑性气压成形方法制成的典型零件。俄罗斯等独联体国家用此方法制造了钛材压力容器、气瓶及钛合金板材的壳体，美国制造了宇航用钛合金零件，北京机电研究所等单位对 TC3、TC4、TB2 板、箔材进行了超塑性气压成形制成了波纹

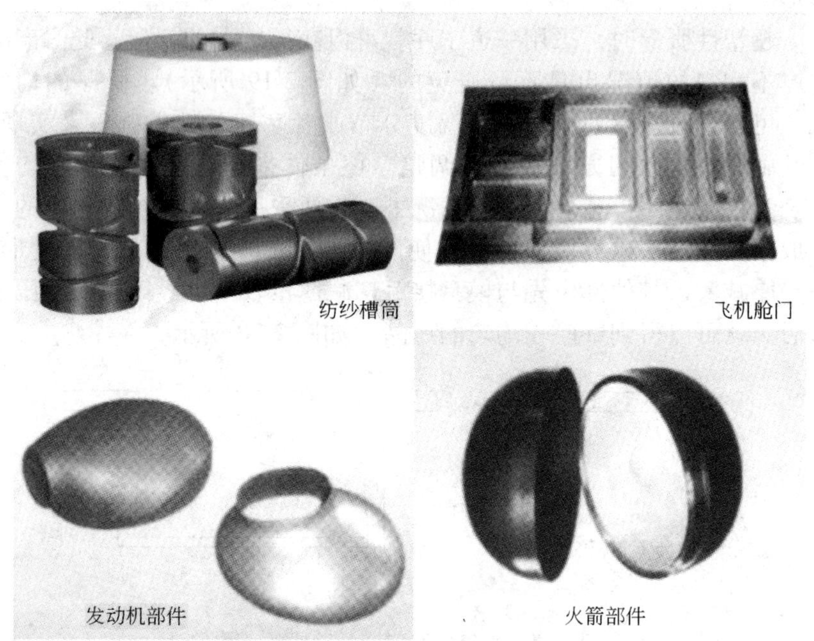

图 2-21　采用超塑性气压成形方法制成的典型零件

板、盆、框形件、高压球形无焊缝气瓶、球底件等。也有人利用钛合金的相变超塑性对料厚 1.5mm 的 Ti26Al24V 进行气压成形制成气瓶，在 850～750℃温度范围内循环 5 次即可成形，气瓶内充氩气，压力 0.25MPa。据报道，人造卫星上用钛合金球形燃料箱、抛物面雷达天线、照相机侧盖、吹塑带花纹的花瓶等均用此方法加工。

日本 NAS-Murdock 公司采用超级双相不锈钢超塑性材料制造出的大型盥洗盆已成功应用在波音 737 客机上。图 2-22 给出了

图 2-22　00Cr25Ni7Mo3N 双相不锈钢与 TC4 钛合金拉伸后试样

00Cr25Ni7Mo3N 双相不锈钢与 TC4 钛合金拉伸后试样的对比。从图中可以明显看出，00Cr25Ni7Mo3N 双相不锈钢的变形均匀性优于 TC4。

图 2-23 是 00Cr25Ni7Mo3N 双相不锈钢超塑性成形筒形件沿高度方向的壁厚变化曲线。从图 2-23 中可以看出，所制成的筒形件厚度沿高向变化仅为 0.2mm，表明超级双相不锈钢具有良好的超塑性变形均匀性，在同等情况下，与钛合金、铝合金等其他超塑性变形不均匀的材料相比，采用超级双相不锈钢超塑性变形的板材可以减薄一些，在轻量化结构件成形与应用方面具有良好的前景。

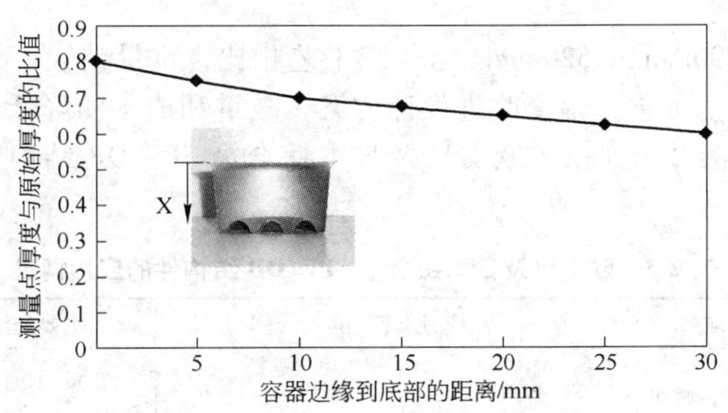

图 2-23 00Cr25Ni7Mo3N 双相不锈钢超塑性成形筒形件沿高度方向的壁厚变化曲线

2.5.2 超塑性成形与扩散接合（SPF/DB）

自从 1970 年美国洛克威尔公司发明了钛合金超塑成形/扩散连接（SPF/DB）组合工艺后，此项技术以其独特的优越性迅速成为制造钛合金结构件举世瞩目的新技术。该方法是利用材料的超塑性和在同一热规范内的扩散连接特性，在一次循环内实现成形与连接同时进行，制造出利用常规工艺难以成形的形状各异的整体结构件（如图 2-24 所示）。

目前该方法已被用于 B-1、F14A、F15、F18 战斗机以及英国的直升机关键构件的整体成形上。其中 B-1 战斗机发动机舱门，其平面

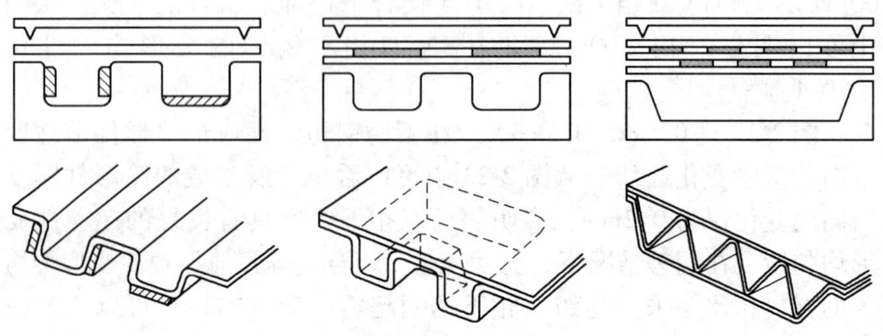

图 2-24　常规工艺难以成形的形状各异的整体结构件

尺寸达 2790mm × 1520mm。与传统工艺相比，重量减轻 33%，成本降低 55%。如果大幅度改进设计方案，减重和成本的降低效果会更加显著。表 2-3 列出了欧美以及日本钛合金 SPF/DB 结构件的应用情况。

表 2-3　欧美以及日本钛合金 SPF/DB 结构件的应用情况

应用领域	应 用 部 位	主要经济指标
BAe125/800 行政机	应急舱门	减重 10%，降低成本 30%
EAP 战斗机	前缘缝翼、进气道、后机身下整流片	减重 10% ~20%
Mirage22000	垂直尾翼、机翼前缘延伸边条	减重 12.5%
A330，A340	机翼检修口盖、驾驶舱顶盖、缝翼传动机构、密封罩、管形件、尾锥	减重 46%
雅克 42 客机	发动机检修舱门	减重 1.2kg，降低成本 53%
ATP 直升机	检修舱门	降低成本 40%
三菱重工	隔框、龙骨舱门、壁板	减重 45%，降低成本 40%
阵风战斗机	前缘缝翼	降低成本 30% ~70%
狂风战斗机	机身框架、隔热罩、进气道、热交换导管、发动机止推座	降低成本 40%，减重 10%

续表 2-3

应用领域	应 用 部 位	主要经济指标
F215 战斗机	隔热板、后机身上部钛外壳、起落架舱、发动机喷口	减重 72.6kg
B21B 轰炸机	风挡热气喷口、短舱隔框舱门	减重 50%，降低成本 40%
B21 轰炸机	短舱框架、检修舱门	减重 31%，降低成本 50%
F218 战斗机	20 多种 SPF、SPF/DB 件	

采用 SPF/DB 技术，可以成形外部形状复杂、内部结构复杂的单层和多层具有夹层结构的全封闭结构件，其外部形状取决于模具型腔的形状，其内部结构取决于隔离剂。由此可以使以往以机械加工为主要制造方法的铆接与螺钉紧固的组合件，被大型板材结构件所代替，为降低成本、减轻构件重量提供了有效的手段，将对航空、航天器的设计与制造产生巨大的影响。图 2-25 是利用 SPF/DB 工艺制造的夹层结构件。

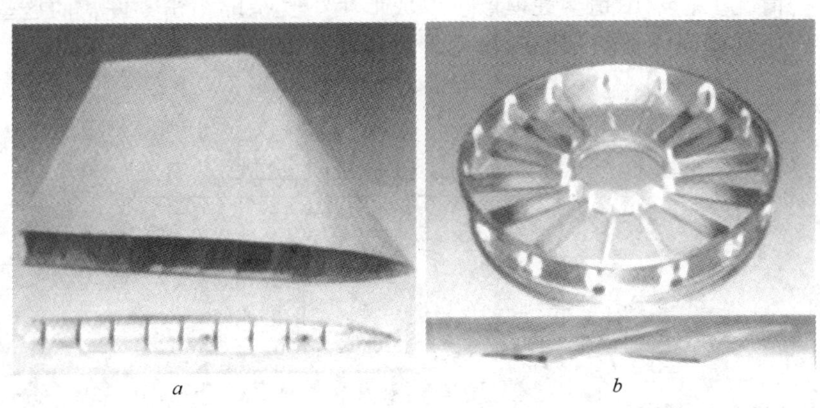

图 2-25 利用 SPF/DB 工艺制造的夹层结构件

a—腹鳍；*b*—发动机整流叶片

2.5.3 超塑性模锻

随着航空、航天工业的迅速发展，模锻件质量及成本的竞争愈来愈激烈。近年来，随着飞行器性能的不断提高，钛合金和高温合金的使用也不断地增加，这些合金的特点是：材料变形抗力高，塑性低，具有不均匀变形所引起力学性能各向异性的敏感性，难以进行机械加工，并且加工成本高昂。例如飞机用钛合金零件，由于形状复杂，对产品质量的要求非常高，材料的利用率仅为5%～15%左右，大部分材料均因机械加工而成为废屑。同时由于钛合金的机械加工难度较大，因此，机械加工费用和工具费用比其他材料高出5～10倍。

超塑性模锻是一种无切削、精密成形的锻造新工艺。它是利用金属材料的超塑性（最佳的塑性状态）使毛坯成形，得到形状复杂及尺寸精确的锻件。与普通模锻工艺相比，超塑性模锻可以采用简单的毛坯，只需一副模具，经一道工序就可以完成净形或近净形复杂形状精密零件的成形（如图2-26所示）。因此，对于大型组合零件可以重新设计成整体结构，不仅可以大幅度提高材料的利用率、降低结构的重量，而且省去了许多紧固件以及孔的加工和紧固件安装等费用。深的凸缘和尖锐的圆角部位也易于成形，由此可以提高结构的功效。在某些情况下，采用超塑性模锻可以成形小型复杂的精密零件，而这些零件通常是采用棒料或锻件进行大量机械加工过程制造的。

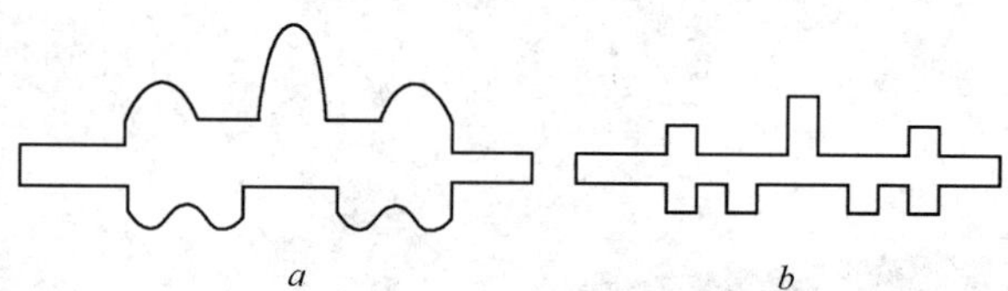

图2-26　超塑性模锻与普通模锻的比较

a—普通模锻；*b*—超塑性模锻

根据超塑性存在条件，超塑性模锻要求坯料在成形过程中保持恒温，即将模具和变形合金加热到同一温度。由此可以避免难变形材料表面激冷和产生裂纹的问题，并且由于金属流动的均匀性得到很大的改善，可以使整个零件得到均匀一致的力学性能。

由于超塑性模锻尺寸精度高，因此，在锻件设计和模具设计上，与普通模锻是有区别的。一般在模具设计上，超塑性模锻与等温模锻基本相同。表2-4给出的钛合金等温模锻与普通模锻在锻件设计和模具设计上的区别也适用于超塑性模锻。

表2-4　投影面积小于645cm² 的钛合金等温模锻与普通模锻的比较

项　目	普通模锻	等温模锻
拔模斜度/(°)	5	0～1
外圆角半径/mm	22	10
内圆角半径/mm	10	3.3
欠压量/mm	0.76～3.3	0～1
翘曲/mm	1.52	0.38
长度与宽度公差/mm	1.00	0.38
错移/mm	1.27	0.51
腹板厚度/mm	12.7	2.5～3.2

2.5.3.1　钛合金模锻

钛合金重量轻，比强度高，低温韧性优异，耐腐蚀性能突出，是航空、航天和化工等工业中非常重要的金属材料。但是，由于钛合金的变形抗力对变形温度和组织结构是非常敏感的，变形抗力随温度的降低急剧增加，比钢铁材料的增加速度要快得多，因此，钛合金的普通锻造温度范围在100℃左右。通常需要进行多次加热，多次锻造才能完成。并且采用普通锻造方法成形钛合金零件，因材料变形不均匀，且导热性差，变形热效应严重，时常会出现个别部位的温度超过β相变点，导致锻件内部组织不均匀。另外，当锻造具有薄壁、薄腹板、高肋的零件时，由于存在模具的激冷效应，致使锻件温度迅速降低，变形抗力提高，因此，采用普通锻造方法难以得到高精度、形状复杂的零件，往往需要大量的切削加工辅助生产。

采用超塑性模锻可以克服普通锻造方法生产钛合金精密零件的不足。TC4是比较典型的α+β型合金。其研究历史比较长，在航空、航天领域中应用最为广泛。在超细晶粒条件下（约3μm），TC4钛合金在约900℃、应变速率约为1.3×10^{-3}条件下的伸长率可达1000%以上，采用现有的锻压设备就可以进行超塑性成形。

钛合金超塑性模锻通常使用IN100等Ni基耐热合金模具在大气

中进行锻造。模锻时，将高频感应加热装置置于模具四周进行加热（如图 2-27 所示），采用玻璃或玻璃 + 石墨作为润滑剂。使模具与坯料在成形中始终保持同一温度，从而保证金属在超塑性温度及变形速率下变形，得到更接近成品尺寸的工件，无需后续精加工，提高成形性，并降低成本。也使大型复杂形状的产品用小型压力机进行锻造成为可能。

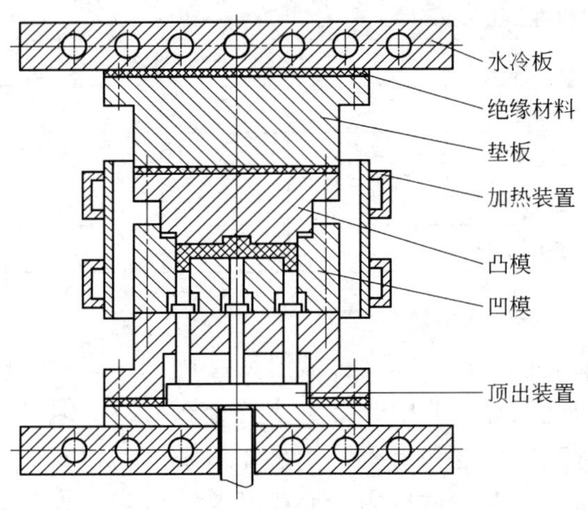

图 2-27　钛合金涡轮盘等温成形模具结构

美国采用超塑性模锻制造出 Ti-6Al-6V-2Sn 钛合金的飞机大梁。其模锻工艺参数如下：平面毛坯的钛合金加热到 980℃，在精铸的 MAR-M200 合金模具中进行等温模锻，变形速度为 0. 04mm/s，成形时间为 3 ~ 5min，模锻总压力为 2670kN。

美国军工材料及机械研究中心用超塑性模锻 Ti-6Al-4V 钛合金的直升机风扇叶轮。其模锻工艺参数：毛坯加热温度 950℃，模具温度 870℃，变形单位压力为 119MPa，叶轮直径小于 340mm，叶片厚度 4mm，超塑性模锻后锻件重量为 10kg，而用普通模锻法（不锻出叶片）的锻件重 24kg，加工后零件的重量为 418kg。

俄罗斯航空动力研究所用超塑性模锻法对 BT9 钛合金压气机叶片进行多件模锻。将小于 38mm × 205mm 钛合金毛坯加热到 960℃，在10000kN油压机上进行等温变形，变形速度为1.5mm/s，平均单位压力为300～320MPa；模具材料为ЖС6-КП镍基铸造合金；用ЗВТ-24型号玻璃润滑剂。锻后的多件模锻坯在切边压力机上进行切边分离工序；俄罗斯用超塑性模锻ЖС6-КП合金导向叶片。该材料是一种铸造合金，经过热静液压后，获得均匀的细晶粒组织。拉伸试验表明，该合金在1075～1125℃之间具有超塑性，最大伸长率可达500%。用1000kN油压机进行导向叶片的超塑性模锻，模具和坯料的加热温度均为1100℃，变形速度为1～2mm/s。模锻总压力为250kN，平均单位压力为150MPa。叶片表面质量良好，没有裂纹或其他缺陷。

美国Wyman-Gordon公司用超塑性模锻飞机水平安定面连杆、舱隔及轴承支座。舱隔尺寸为560mm×610mm。普通模锻时，舱隔锻件重150kg，而超塑性模锻件重30kg。用普通模锻轴承支座的重量为54kg，超塑性模锻件重21kg。

2.5.3.2　高温合金模锻

高温合金主要用于制造航空涡轮发动机热端部件和航天火箭发动机高温部件，是现代航空、航天发动机必不可少的关键材料。在航空、航天发动机中，高温合金在600～1200℃、复杂应力状态下长期工作，其工作条件非常恶劣，对材料的物理、化学以及力学性能的要求非常严格。要求所采用的高温合金必须具有足够高的耐热强度、良好的塑性、抗高温氧化和燃气腐蚀的能力以及长期组织稳定性。在航空涡轮发动机上，高温合金主要用于燃烧室、导向叶片、涡轮叶片和涡轮盘等零件；在火箭发动机上，高温合金主要用于制造涡轮盘、燃烧室隔板等零件。

由于航空涡轮发动机和火箭发动机性能不断提高，对涡轮盘材料的要求也越来越高，因此，用作涡轮盘合金的合金元素含量也逐渐增多，随之而来的合金偏析加重，变形抗力增大，采用常规的冶金生产更加困难。并且对于即使是最小的涡轮零件来说，由于所采用的高温合金属于难变形材料，不管是锻锤还是液压机，都要采用比较重型的，并且也是比较昂贵的锻造设备。

某些难变形高温合金在特定的条件下具有超塑性，利用高温合金的超塑性，可以采用等温超塑性成形技术，加工高温合金零件，达到满足航空、航天发动机对高温合金零件的需求。普拉特-惠特尼公司（PWA）成功地开发了带叶片的等温超塑性 APK1 合金（17% Co-15% Cr-5% Mo-4% Al-3. 5% Ti-0. 03% C-余量 Ni）整体涡轮盘。先将铸造高温合金在低于 γ′固溶温度下进行挤压加工，获得非常细小的晶粒，制备出超塑性材料，然后在变形温度为 1000 ~ 1100℃，变形速度为 5mm/min 条件下进行等温成形，获得带叶片的整体涡轮盘，将成形后的整体涡轮盘进行适当的热处理，可以达到涡轮盘所要求的使用性能。图 2-28 为带叶片的整体涡轮盘。

图 2-28　带叶片的整体涡轮盘

高温合金和钛合金的超塑性温度范围大多在 800℃以上，因此超塑性模锻对模具材料必须具有如下要求：（1）较高的高温强度；（2）高的耐磨性和一定的高温硬度；（3）优良的耐热疲劳性和抗氧化性能；（4）适当的冲击韧性；（5）较好的淬透性和导热性。目前生产上大多采用镍基铸造高温合金：如 IN-100、MAR-M200、ЖC6-KП 等，也有采用钼基合金 TZM 的，但当模具工作温度超过 500℃时，由于钼的氧化比较严重，因此需采用氩气保护。

美国国家宇航局用超塑性模锻 TAZ-8A 高温合金的涡轮叶片。TAZ-8A 材料是美国近年来发展的一种新型铸造合金，材质脆，轻微锻造就会发生破裂。而采用超塑性工艺却能模锻出涡轮叶片。模锻工艺参数如下：把直径小于 25. 4mm 的细晶粒圆坯料加热到 1093℃，在加热的模具中进行等温模锻，一次变形量就可达 75%。模具材料是

TZM 钼基铸造高温合金。

为了避免铸造高温合金中存在的偏析等缺陷，可以采用高温合金粉末。将具有微细组织的雾化粉加工成预制坯后，在超塑性条件下进行热等静压（HIP）成形。通过变形使粒子结合在一起，可以获得接近于理想密度的烧结体。该方法，由于可以实现在低温度、低压力条件下成形难变形材料，因此，受到普遍关注。将通过热等静压成形所得到的坯料进行等温超塑性成形，采用两道工序就可以得到具有所要求形状的高温合金涡轮盘或者带有叶片的涡轮盘产品。目前，采用等温超塑性成形的 IN100 粉末高温合金涡轮盘已经用在 F100 发动机上。表 2-5 给出了 APK1 合金粉末等温成形件的力学性能。

表 2-5 APK1 合金粉末等温成形件的力学性能

热等静压条件	低于 γ′固溶温度				高于 γ′固溶温度			
等温变形温度/℃	1050		1100		1050		1100	
变形速度/mm·min^{-1}	0.9	12.7	0.9	12.7	0.9	133.3	0.9	133.3
变形后组织	细晶				项链型			
650℃时 $\sigma_{0.2}$/MPa	1057	1087	1045	1103	1051	1101	1033	1087
抗拉强度/MPa	1386	1389	1381	1394	1387	1397	1390	1396
伸长率/%	24.1	20.5	23.2	24.1	15.6	15.1	10.6	19.6
断面收缩率/%	25.8	18.1	19.1	21.5	17.1	16.0	18.2	16.0
缺口抗拉强度/MPa	1835	1881	1826	1813	1840	1894	1834	1880
缺口抗拉强度/光滑抗拉强度	1.32	1.35	1.32	1.30	1.33	1.36	1.32	1.35
600℃，1080MPa 时的低频疲劳，循环次数/次	46900 终止	60900 终止	57200 终止	58300 终止	3834	20907	5263	57097

2.6 超塑性成形产品缺陷及预防措施

超塑性材料可以在低应力下成形，具有黏性流动的特征，所以在板成形及体积成形过程中，容易在外表面产生缺陷。因此，在工艺设计上要给予充分注意，可采用表 2-6 和表 2-7 所示的方法。

表 2-6　板成形时缺陷的产生及防止方法

类　别	现　象	措　施
变形不均匀	产品壁厚差大	调整摩擦条件，控制成形件各部位与模壁接触顺序
热收缩量	尺寸超差	在设计模具时，要考虑被加工材料及模具随温度的变化量
气　孔	模具压合不好	设置排气孔
应变及应变速率梯度	颈缩及裂纹	确立最佳的工艺参数和合理的模具形状，避免较大的应变及应变速率梯度的产生

表 2-7　体积成形时缺陷的产生及防止方法

类　别	现　象	措　施
热收缩	尺寸超差	设计模具时要考虑脱模温度
气　孔	模具压合不好	设置排气孔
材料流动	空洞、折叠	在确定模具结构及坯料形状时，要考虑材料的流动及流出、流入量
润滑剂	粘模、卡模、表面粗糙度下降、尺寸和形状的偏差	尽量采用流体润滑剂，设置拔模斜度，设计模具形状时，要避免润滑剂的堆积，并且能很容易地清除掉残余润滑剂
拔模斜度	在脱模时出现卡模及变形脱模温度过低	设置适当的拔模斜度
模具强度	模具的变形及损坏	确立最佳的工艺参数，尽量降低变形力

在超塑性成形时，有时也会产生内部缺陷，例如，超塑性胀形时在变形量达到200%以上的部位，以及复杂形状产品成形时，在较薄部位的变形速度会增大，因此容易产生孔洞。这种孔洞会影响到结构材料的疲劳、蠕变、应力松弛、耐腐蚀、耐磨等性能，特别是高强铝合金，使晶粒小到10μm以下是非常困难的，因此，更容易产生孔洞。图2-29和图2-30分别为晶粒大小、附加反向压力对孔洞体积百分率的影响。从图中可以看出，为了避免孔洞的产生，在选择适当的应变速率和变形温度的基础上，应使坯料的晶粒尺寸尽可能地小，并

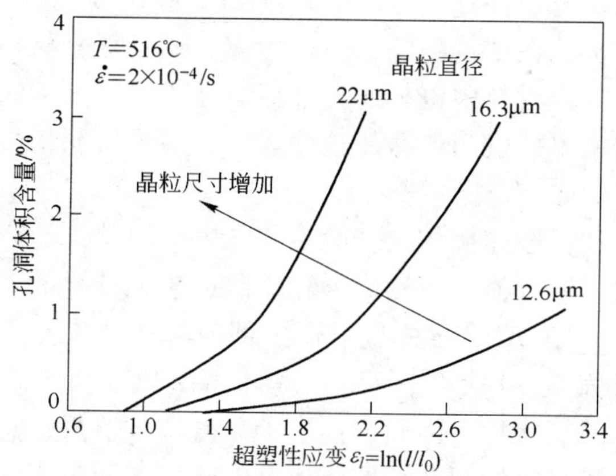

图 2-29 晶粒尺寸对孔洞体积含量的影响

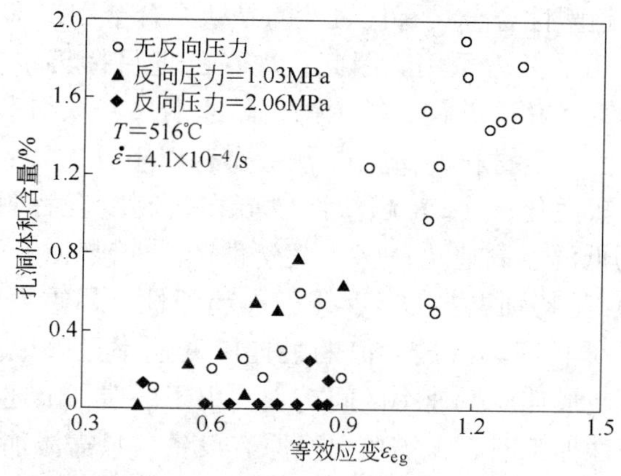

图 2-30 附加反向压力对孔洞体积含量的影响

将胀形时的局部变形量控制在 200% 以下。但是，如果能使晶粒控制在 10μm 以下的话，产生孔洞的临界变形量就会增大。因此希望进一步细化晶粒。从图 2-30 中可以看出，在胀形时，附加反向压力是抑制孔洞产生的有效手段。

2.7 展望

近几年来，对超塑性进行了广泛的研究，发现许多材料都表现出超塑性。首先，超塑性在 Ni 基、Ti 基、Fe 基和 Al 基合金中得到很好的应用；其次，在结构陶瓷、功能陶瓷、陶瓷复合材料、金属间化合物和金属基复合材料中也都发现了超塑性。从这大范围内材料特点出发，不可能用单一机制解释超塑性效应，多重机制将成为今后研究的方向。

超塑成形和扩散连接相结合的工艺在生产层状结构产品中具有十分重要的工业应用价值。虽然成形和扩散连接相结合的工艺主要应用在 Ti 合金上，但在 Al 合金中也取得了部分的成功，显然，将来的一个研究领域是发展 Al 合金、双相不锈钢的 SPF-DB 工艺。由于铝合金表面有坚韧的氧化物，因而该技术十分复杂。值得注意的是双相不锈钢材料、陶瓷材料的超塑性扩散连接的研究。同时应注重研究包括至少一种超塑性组分的层状复合材料的超塑性。

微细晶粒超塑性合金具有代表性的是钛系合金和镍基合金，但两种超塑性合金几乎都为军用。因此，现在已把目标集中在铁系合金上，包括工具钢（超高碳钢、轴承钢、高速钢）和双相不锈钢等。

今后超塑性合金材料的研究课题主要有以下几方面：（1）工业规格材料的超塑性化；（2）超塑性效应在研制复合材料中的应用；（3）超塑性的低温、高速化；（4）超塑性产品非破坏检验。

其中（3）是特别重要的。实现微晶超塑性，最重要的是细化晶粒，使 m 值、伸长率具有最大值的最佳应变速率显著地向高应变速率方向移动；使最佳应变速率区间扩大。用于锻造，上述两点非常有利。进行超塑性加工时，无需要更换原有设备，只需添加一部分设备即可。

陶瓷材料具有超塑性的共同特点是具有细小的晶粒。效果较好的含 3% Y_2O_3（体积分数）稳定的四方晶系 ZrO_2，其伸长率可达 800%。令人感兴趣的是为了获得超塑性是否需要玻璃相。虽然一些超塑性陶瓷中存在玻璃相，但用高分辨电镜和 X 射线衍射分析表明有些超塑性陶瓷却不存在玻璃相。由此可以看出玻璃相并非超塑性的必要条件，但玻璃相的存在肯定会影响超塑性陶瓷的变形行为。确定玻璃相是否需要对陶瓷超塑性是相当重要的。

另外一个新的研究领域是在非常高的应变速率下，金属合金、金属基复合材料和机械合金化材料的超塑性行为。晶粒最细的机械合金化铝合金在 $50s^{-1}$ 的高流变速率下伸长率可达1000%。该类材料的精确的超塑性变形机制尚不十分清楚，值得进一步研究。

获得细小晶粒材料的重要方法是利用纳米相和非晶材料。混合SiC/Al合金、β-Si_3N_4 晶须/Al合金或α-Si_3N_4 晶须/Al合金复合材料，在 $0.1\sim1.0s^{-1}$ 的高应变速率下可获得超塑性（伸长率达500%）。该类材料在母相的固相线温度以上和以下都观察到了超塑性现象。显然，这是一潜在的重要研究领域，有许多问题尚待弄清楚，如：流变机制、晶界、陶瓷晶须/金属相界及材料中液相的作用等。

除上面所述细晶结构超塑性外，还有内应力超塑性。在低的外应力作用下，通过内应力扩展可产生很高的拉伸伸长率。内应力的扩展可通过下述方法实现：热循环由不同线胀系数构成的复合材料；热循环具有各向异性线胀系数的多晶纯金属或单相合金；热循环相变等。试验表明内应力超塑性可用于增加金属基复合材料的韧性。如SiCW/Al6061复合材料在723K等温拉伸时，仅有12%的伸长率，但在373～723K范围内进行温度循环可以产生高达1400%的拉伸伸长率。

超塑性陶瓷的一个重要研究方面是需要扩大不同应变速率对应各晶粒尺寸范围内的基本数据，相比较而言，金属材料的基本数据则广泛得多。在超塑性流变的模型和机制研究中应注意考虑一些被忽略的因素，如在超塑性模型中未考虑晶界的类型（大角度晶界或小角度晶界）、晶粒形态或晶粒的动态生长等。应更加注意定量测定晶界移动数据的准确性。

现在，一般热锻的应变速率区间在 $1\sim10s^{-1}$ 范围内，如果超塑性变形的最佳应变速度能够纳入此范围，那么在超塑性加工工艺中将会带来一次革新，这个革新在镍基氧化物弥散强化合金和铝系合金上已开始成为可能。

3 形状记忆合金材料

3.1 概述

形状记忆合金（Shape Memory Alloys，SMA）材料是20世纪70年代才发展起来的一种新兴功能材料。这类材料包括晶体和高分子材料，前者与马氏体相变有关，后者借助玻璃态转变或者其他物理条件的激发呈形状记忆效应（Shape Memory Effect，SME）。

形状记忆合金是基于热弹性马氏体相变的。1932年，Olander在Au-Cd合金中观察到，在热弹性马氏体相变过程中，马氏体板条随温度变化而生长和收缩。1951年，Chang和Read应用光学显微镜观察到在Au-47.5% Cu（摩尔分数）合金中，低温相马氏体和高温相奥氏体之间的界面随温度下降向奥氏体推移，随温度上升向马氏体推移。这是最早观察到形状记忆效应的极端例子。随后，在In-Tl合金中发现类似现象。然而，直到1963年美国海军军械研究室的Buehler等偶然发现等原子Ni-Ti合金具有形状记忆效应（这类合金称为NiTi-nol，指Ni-Ti-Navy-Ordnance-Laboratory）。自此，从冶金和应用上对形状记忆合金的研究蔚然成风。

表3-1总结了20世纪70年代以来研究、开发出来的具有形状记忆效应的合金。80年代又开发了Fe-Ni-Co-Ti基和Fe-Mn-Si基形状记忆合金。90年代以来，随着集成电路和微机械技术的发展，形状记忆合金薄膜的制备和研究成为新的研究热点。具有形状记忆效应的合金，必须具有以下三方面的特性：（1）有序结构；（2）马氏体转变是热弹性型转变；（3）马氏体是通过孪晶结构形成自适应体系，而不是通过滑移。

如表3-1所示，虽然很多合金都具有形状记忆效应，然而，只有那些能产生足够大的应变或者在相变时能产生足够大的应力的合金才具有商业应用价值。其中，NiTi基和铜基合金具有这些特性而被广泛研究。尤其是NiTi基合金比铜基合金能产生更大的回复应变和回复应力，具有更长的循环寿命、优良的抗腐蚀性能、生物兼容性和更强的塑性变形能力而得到广泛研究。本章将以 NiTi 基合金为基础来介绍形状记忆合金。内容主要包括形状记忆材料、NiTi 基形状记忆合金的制备与加工，最后，简要介绍形状记忆合金的应用。

表 3-1 具有记忆效应的合金，其中 M_s 代表马氏体开始转变温度

合 金	化学成分	M_s/℃	相变温度滞后/℃	转变类型
AgCd	44%～49% Cd(原子分数)	-190～-50	约 15	B2→M2H
AuCd	46.5%～50% Cd(原子分数)	30～100	约 15	B2→M2H
CuAlNi	14%～14.5% Al(质量分数) 3%～4.5% Ni(质量分数)	-140～100	约 35	DO_3→2H
TiNi	49%～51%(原子分数)	-50～100	约 30	B2→B19
CuZnX (X=Al,Si,Ga,Sn)	38.5%～41.5% Zn Fe% X(质量分数)	-180～100	约 10	B2→9R 或 M9R DO_3→18R 或 M18R
NiAl	36%～38% Al(原子分数)	-50～100	约 10	B2→M3R
FePd	约 30% Pd(原子分数)	约 -100	—	FCC→FCT→BCT
FePt	约 25% Pt(原子分数)	约 -130	约 4	$L1_2$→BCT
MnCu	5%～35% Cu(原子分数)	-250～180	约 25	FCC→FCT

3.2 形状记忆合金材料

形状记忆，顾名思义，就是能记住原来的形状，其本质是材料发生马氏体相变。马氏体相变是一种非扩散型一级相变，因此，在相变过程中伴随着相变潜热的释放和吸收。检测热弹性马氏体相变的常用方法有电阻测量法和差热分析法。图 3-1 示意出用差热分析法测量的热流量变化对温度曲线的影响。冷却过程中，在 M_s（马氏体开始转变温度）点，立方结构的奥氏体（B2）开始转变成单斜结构的马氏体（B19′），在 M_f（马氏体结束转变温度）点，相变完成。正转变是一个放热过程，转变峰下的面积代表相变潜热。加热过程中，马氏体在 A_s（奥氏体开始转变温度）点开始转变为奥氏体，在 A_f（奥氏体结束转变温度）点，逆转变完成。逆转变是一吸热过程，转变峰

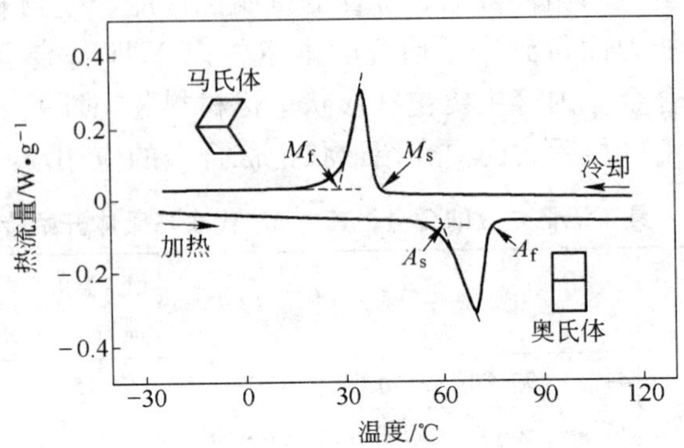

图 3-1　差热分析法检测 NiTi 形状记忆合金相变过程

下面积代表吸收热量。两个转变峰之间的温度差代表相变滞后量(hysteresis)。在 NiTi 记忆合金中，马氏体是“软化”相，而奥氏体是“硬化”相，这与普通钢中情况不同。

图 3-2*a* 示意出形状记忆效应以及其微观变形机理。在马氏体状态，材料含有 100% 马氏体孪晶。这时，合金很容易通过马氏体变体的重新取向（variant reorientation/detwinning）而变形。将变形后的合金加热到 A_s 点，残余变形能通过马氏体逆转变而使材料回复到变形前的形状，这就是形状记忆效应。当材料只能“记住”其高温形状，而经再次冷却不能回复到变形后的形状，称为单向形状记忆效应(One Way Shape Memory Effect)。有的材料经过适当“训练”（training）后，不但能记住高温形状，而且可以记住低温形状，即在再度冷却时能回复马氏体变形后的形状，称为双向（双程）形状记忆效应（Two Way Shape Memory Effect)。

图 3-2*b* 示意出典型的 NiTi 合金在不同温度下的应力-应变-温度关系曲线。当在马氏体状态进行拉伸时，其应力平台是由于马氏体变体的重取向，这种变形又称为铁弹性变形（Ferroelasticity)。通常，其变形量可达 6% ~8% 而经加热后能完全回复到未变形状态。奥氏体有较高的屈服和流变应力。当材料在奥氏体状态进行拉伸时，其首先发生奥氏体弹性变形，其变形量通常在 1% 左右。随后，发生应力

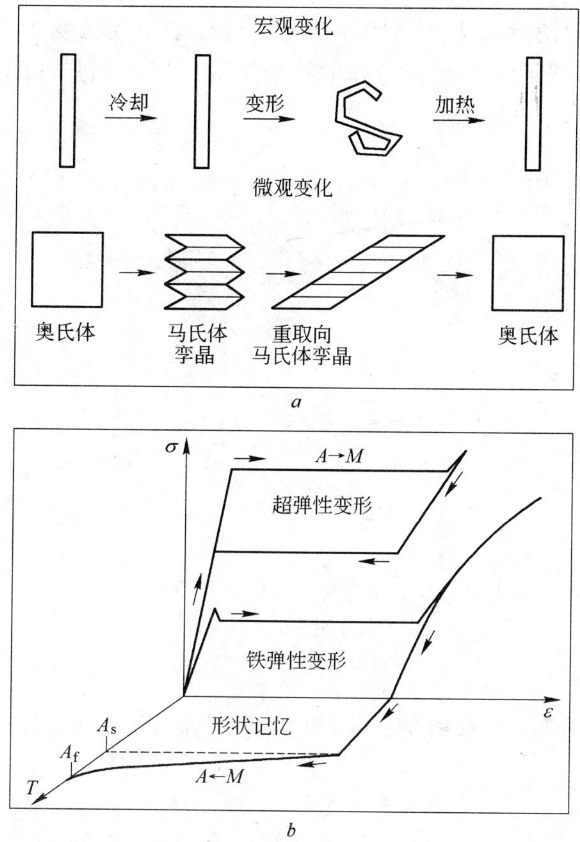

图 3-2 变形机理及关系曲线
a—形状记忆合金中的记忆效应及其微观变形机理；
b—超弹性以及形状记忆效应

诱导马氏体相变，在应力-应变曲线上表现为一应力平台。应力诱导马氏体相变结束后，应力随应变增加而增加。通常，NiTi 合金的平台应变在 7% ~8% 左右。黄旭和刘勇发现 Ti-50.85% Ni（原子分数）合金经过 600℃退火后，此应变最大可达 9%。在随后的卸载过程中，合金能回复到变形前的形状，并有一卸载平台出现。记忆合金的这种变形行为称为伪弹性（Pseudoelastic）或者称为超弹性（Superelastic）

变形。通常将在卸载过程能够完全恢复的情况称为超弹性。其卸载平台是由于应力诱导产生的马氏体在卸载过程中重新转变为奥氏体。图 3-3 给出了形状记忆合金应力和形状记忆效应以及超弹性的关系。

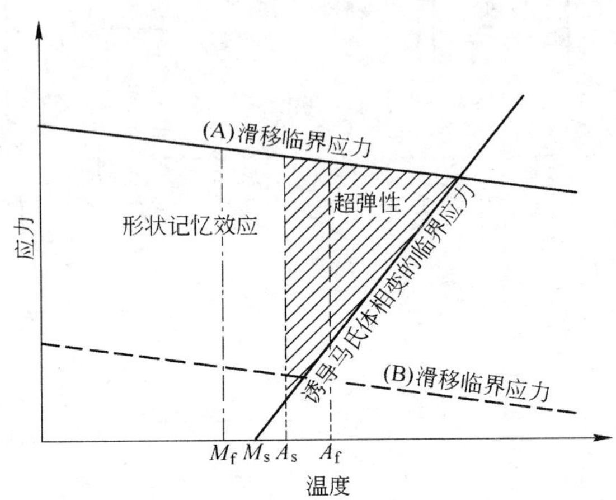

图 3-3　形状记忆合金应力与形状记忆效应以及超弹性的关系

A—材料发生滑移的上临界应力；

B—材料发生滑移的下临界应力

应力诱导马氏体相变的临界应力可由 Clausius-Clapeyron 关系得到：

$$\frac{d\sigma}{dT} = -\frac{\Delta S}{\varepsilon} = -\rho\frac{\Delta H}{\Delta\varepsilon T_0} \tag{3-1}$$

式中　σ——应力；

T——温度；

$\Delta\varepsilon$——应力诱导马氏体相变的变形量；

ΔS，ΔH——分别是相变的熵变和焓变；

ρ——材料的密度；

T_0——指马氏体和奥氏体的吉布斯自由能相等的温度。

有些 NiTi 合金在马氏体转变之前发生一种类马氏体转变，称为 R 相转变（Rhombohedral）。R 相转变通常伴随很小的相变温度滞后，1～2℃，它的可回复应变值很小，只有 1% 左右。R 相转变也是一级相变，所以其也伴有形状记忆效应和超弹性。最近，通过电子衍射和粉末 X 射线衍射等方法确定 R 相的结构为三角晶（Trigonal），然而，这种相变仍称为 R 相变。通常，可以采用下列方法引入 R 相转变：

（1）通过冷加工，然后在 400～500℃退火，在材料中引入重排列的位错。

（2）对于 Ni 含量大于 50.5%（摩尔分数）的 NiTi 合金，通过固溶处理，然后在 400～500℃退火，在材料中引入析出相。

（3）在 NiTi 合金中加入第三种元素，如 Fe，Al 等，抑制马氏体相变。

下面从晶体结构、唯象理论、拉-压不对称性、热力学分析以及第三类元素的影响等几方面简要介绍形状记忆合金。

3.2.1　晶格结构

NiTi 基形状记忆合金的母相（奥氏体）具有 CsCl 结构的体心立方结构晶胞（B2），其晶格常数介于 0.301～0.302nm。对于 NiTi 合金马氏体的晶格结构，许多研究者提出了不同的模型。虽然大家仍对其晶格常数存在分歧，然而，用 X 射线衍射和选区衍射技术分析结果都认为马氏体具有单斜晶胞。表 3-2 列出了在单斜马氏体中的几种不同的晶格常数和原子位置。其中，Otsuka 等确定的晶格常数：$a=0.2889$nm，$b=0.412$nm，$c=0.4622$nm，$\beta=96.80°$，已被广泛接受并被认为是标准结构。图 3-4 给出了 NiTi 合金的奥氏体和马氏体的晶格结构及其转变过程。

表 3-2　不同作者确定的单斜马氏体的晶格常数及原子位置

名　称	Otsuka 等	Kudoh 等	Michal 和 Sinclair
a	0.2889nm	0.2898nm	0.2885nm
b	0.4120nm	0.4108nm	0.4622nm
c	0.4662nm	0.4646nm	0.4120nm
β	96.8°	97.78°	—
γ	—	—	96.8°
Ti	0，0，0 0，1/3，1/2	0，0，0 0.1648，0.5672，1/2	0，0，0 0.055，1/2，0.558
Ni	1/2，1/2，0 1/2，5/6，1/2	0.6196，0，0.4588 0.5452，0.1084，1/2	0.580，0，0.472 0.475，1/2，0.086

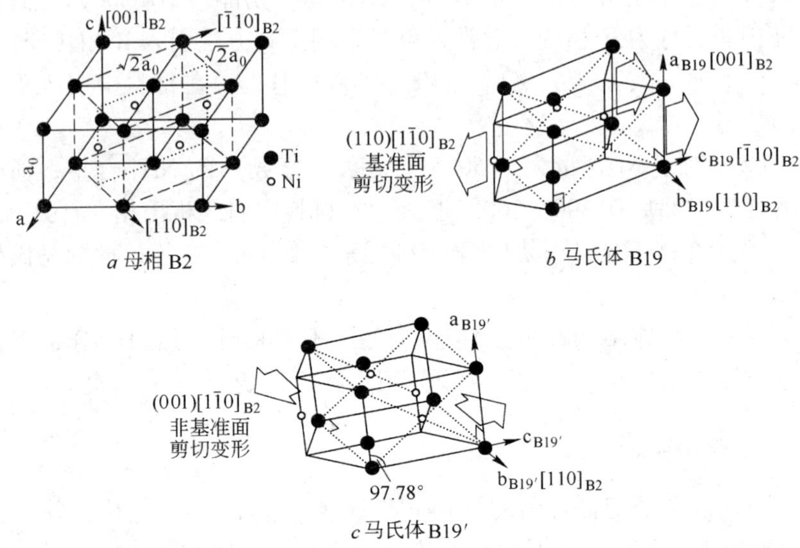

图 3-4　母相（B2）和两种马氏体（B19，B19′）的结构关系

a—母相晶格结构；*b*—菱形体的马氏体，通过母相（110）基准面沿［1$\bar{1}$0］方向剪切形成；*c*—单斜晶格的马氏体，通过正交结构的马氏体 B19 沿非基准(001)［1$\bar{1}$0］剪切变形形成

大多数记忆合金中的马氏体可以看做是母相的｛110｝晶面（称为基准面）沿｛110｝〈1$\bar{1}$0〉切变（shear/shuffle）的不同堆垛形式。对于｛110｝〈1$\bar{1}$0〉切变，体心立方结构是不稳定的。NiTi 基形状记忆合金中的 B19′马氏体具有独特的单斜晶格结构，可以看做是 B19 基本结构沿非基准面｛001｝〈1$\bar{1}$0〉切变而成。

3.2.2　唯象理论

马氏体相变晶体学的唯象理论是基于马氏体和奥氏体的界面、惯习面，在相变过程中没有宏观变形的实验观察。马氏体变形伴随着一定量的形状变化，而且这种变形是沿着惯习面进行的切变。由于惯习面在整个相变过程中既不变形也不转动，所以这种变形也称为不变平面应变（invariant plane strain）。马氏体相变唯象理论是由 Wechsler-Lieberman-Read 和 Bowles-Machenzie 独立发现的。在这个理论中，相变包含三方面的因素：(1)纯应变 B，它从母相产生马氏体；(2) 晶格不变切变（lattice invariant shear）P_2；(3) 晶格旋转 R。所以，伴随相变的不变平面应变 P_1 能用矩阵写成如下形式：

$$P_1 = RP_2B \tag{3-2}$$

不变应变平面在宏观上是母相内的平面和直线在马氏体内仍保持平面和直线的均匀切变，所以在数学上可用坐标线性变换来描述。

$$P_1 = I + m_1 d_1 p_1' \tag{3-3}$$

式中 I——3×3 单位矩阵；

m_1——形状应变量；

d_1——形状应变方向的单位矢量；

p_1'——垂直于不变平面的单位矢量。

如图 3-5 所示，P_1 上的撇号是为了表示 p_1' 是行向量而 d_1 是列向量。

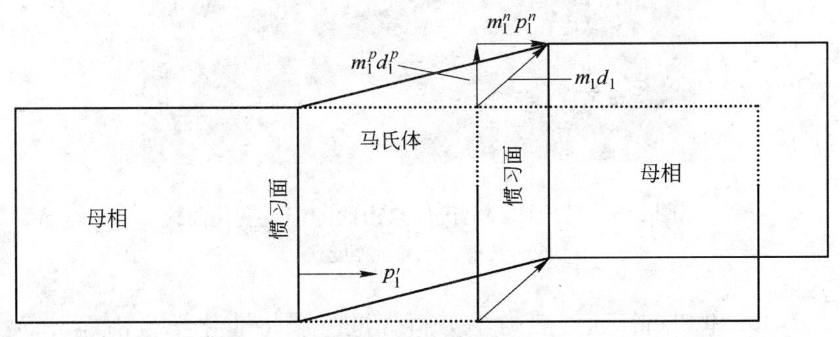

图 3-5 示意性表示马氏体相变

唯象理论可以计算如惯习面和形状应变的大小等晶体学参数。此理论已经成功应用于 Au-47.5% Cd（原子分数），In-20.7% Ti（原子分数），Cu-Al-Ni 合金系中。有兴趣的读者，可参阅 Wayman 的教科书。

3.2.3 热力学分析

在热弹性马氏体相变过程中，在 M_s 点最先形成的马氏体晶粒，

在 A_f 点最后逆变为母相。这种相变过程的自由能变化可用下式表示：

$$\Delta G^{P\to M} = -\Delta G_{ch}^{P\to M} + \Delta G_{nch}^{P\to M} = 0 \tag{3-4}$$

逆转变过程的自由能可以相应的表示为：

$$\Delta G^{M\to P} = \Delta G_{ch}^{M\to P} + \Delta G_{nch}^{M\to P} = 0 \tag{3-5}$$

式中，上标“M”和“P”分别代表马氏体和奥氏体；ΔG_{ch} 为化学自由能的变化；ΔG_{nch} 为非化学自由能的变化，马氏体和奥氏体自由能随温度的变化如图 3-6 所示。

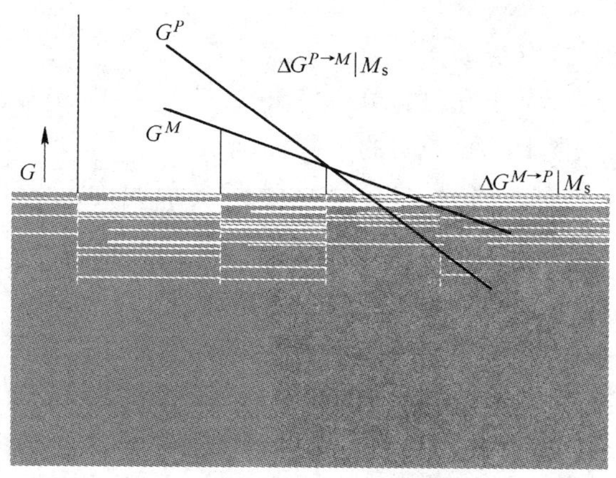

图 3-6　马氏体和奥氏体自由能随温度变化曲线
（其中 ΔT_s 为过冷度）

Ortin 和 Planes 通过热力学分析，进一步将非化学自由能分解为可回复（reversible）和不可回复（irreversible）的能量。其中，可回复的能量，或者弹性应变能由两部分组成：马氏体和奥氏体的界面能以及弹性应变引起的应变能。不可回复的能量由三部分组成：界面移动需要的摩擦能，与相变引起的缺陷（Stacking Faults，Twin Boundary）有关的自由能，以及相变过程中的形状和体积改变引起的局部塑性自调节能，其主要通过滑移（slip）完成。其中，不可回复的能量中，界面移动所需要的能量是主要的，所以用 ΔG_{fr}^{P-M} 来表示。

$$\Delta G_{nch}^{P-M} = \Delta G_{el}^{P-M} + \Delta G_{fr}^{P-M} \tag{3-6}$$

将式（3-6）代入式（3-5）中，得到正转变过程中局部平衡的自由能表达式：

$$-\Delta G_{ch}^{P\to M} + \Delta G_{el}^{P\to M} + E_{fr}^{P\to M} = 0 \tag{3-7}$$

在此，必须指出，式（3-7）描述的热弹性平衡指单一母相和马氏体界面的局部平衡。即在一局部转变的试样中，在某一确定的温度下，在化学成分均匀的试样中，$\Delta G_{ch}^{P\to M}$ 是一常数。而 $\Delta G_{el}^{P\to M}$ 和 $E_{fr}^{P\to M}$ 是不均匀变化的。否则，整个材料将同时达到热弹性平衡，材料将均匀转变。

在逆转变（*M-P*）过程中，正转变过程中储存的弹性能将释放出来促进马氏体向奥氏体的回复。因此，逆转变过程中的自由能转变用下式表示：

$$\Delta G_{ch}^{M\to P} - \Delta G_{el}^{M\to P} + E_{fr}^{M\to P} = 0 \tag{3-8}$$

式中，ΔG_{ch}为由于结构变化而引起的化学焓变；ΔG_{el}为伴随相变和体积变化而引起的弹性应变能的变化；E_{fr}是克服界面移动过程中的摩擦而做的功。克服摩擦所做的功则与相变温度滞后有关。

3.2.4 马氏体变体再取向的各向异性

结构材料，尤其是钢铁的变形与位错密切相关。然而，形状记忆合金的变形，在开始阶段主要是通过马氏体变体的再取向（a martensite variant reorientation or detwinning of twins）进行，而不是通过位错的产生。马氏体变体的再取向对形状记忆效应很重要。为了得到优良的形状记忆效应，在形状记忆合金的变形中，位错的产生不仅不需要，而且应该避免。

使形状记忆合金如此具有吸引力的原因是其具有一系列独特的性能，如形状记忆效应、超弹性、良好的阻尼性能、良好的抗疲劳和磨损性能、与其他材料相比有高的动能输出，以及 NiTi 合金的优良的生物兼容性。这些性能中大部分与马氏体变体的再取向有关，如图 3-7 所示。下面从单向拉伸变形的马氏体变体的再取向、拉-压不对称性和马氏体变体的再取向的各向异性、由织构引起的马氏体变体的再取向的各向异性等三方面介绍马氏体变体的再取向。

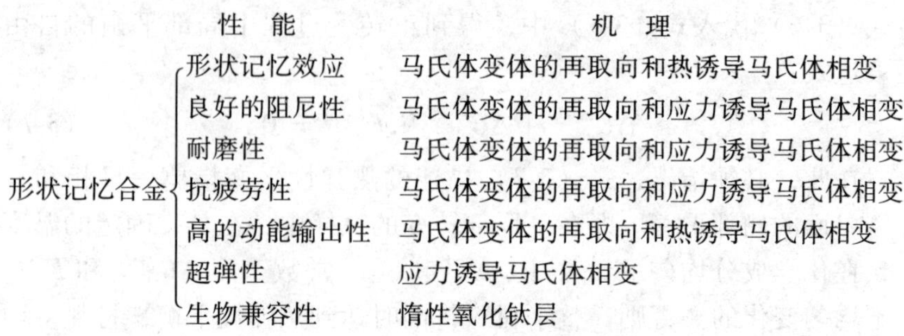

图 3-7　形状记忆合金的大部分性能与马氏体变体的再取向和应力诱导马氏体相变的变形机理有关

3.2.4.1　单向拉伸

形状记忆合金材料在单向拉伸时，在很低的应力作用下（NiTi 合金大约在 100MPa）就开始屈服，随后伴随一超过大约 6% 应变的应力平台，如图 3-8 所示。从应力平台的结束开始，形状记忆合金的变形行为与传统结构材料类似。形状记忆合金的大部分“秘密”与其应力平台有关。

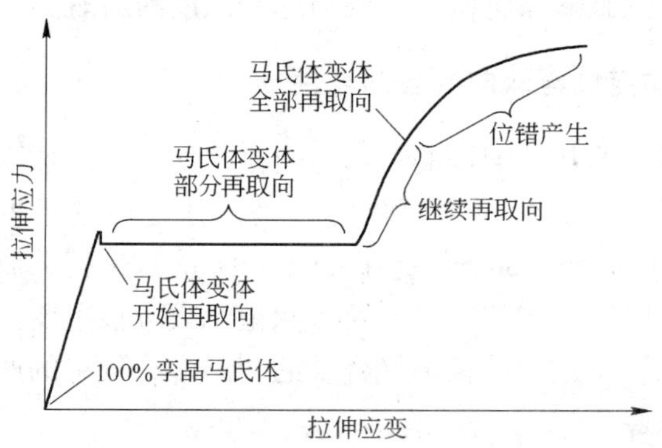

图 3-8　形状记忆合金马氏体拉伸变形机理（形状记忆合金中热诱导引起的马氏体包含 100% 的孪晶结构；拉伸时，由马氏体孪晶再取向引起的宏观变形达 8%；进一步变形通过位错产生实现）

NiTi 形状记忆合金中的孪晶马氏体在拉伸过程中，通常认为由以下几步组成：（1）变形开始时，应力随应变增加而上升直到 1% 左右，此阶段伴随孪晶马氏体的弹性变形；（2）应力有一微小降低，随后出现一应力平台，直到6%左右，此阶段发生孪晶马氏体的再取向(reorientation)；(3) 随应变增加应力继续增加，再取向的马氏体发生弹性变形；(4) 再取向的马氏体发生塑性变形导致材料断裂。然而，在压缩过程中，材料很快发生应变硬化而且没有应力平台出现。

应力下降通常认为与马氏体变体的再取向的开始有关。应力平台是马氏体变体的再取向的结果，其中位错的产生微不足道。在应力平台变形内，在整个试样中马氏体变体的再取向是不均匀的，即在外力作用下的某一瞬间，不同区域的变形量大小是不一样的。宏观上，在变形过程中就像变形带在整个试样中扩展一样。在形状记忆合金的多晶体中，应力平台并不是马氏体变体的再取向的结束。在超过应力平台的变形中，马氏体变体沿着并非应力取向的最有利方向继续重新取向。在这个变形阶段，马氏体孪晶的变形伴随着外加应力的进一步上升和高密度的位错的产生。对外加应力不是最有利方向的塑性变形被引入到马氏体板条中。

在最近对由织构引起的马氏体变体的再取向的各向异性的变形机理的研究中发现，多米诺马氏体变体的再取向（Domino Detwinning）和辅助马氏体变体的再取向（Assisted Detwinning）两种不同的变形机理都存在于形状记忆合金中。多米诺马氏体变体的再取向具有在恒定外力下马氏体变体的再取向的自扩张特性，即当分解的剪切应力达到某些取向的马氏体孪晶的临界应力时，这些方向的马氏体开始再取向。伴随着最先进行的马氏体的再取向，相邻的不是最优取向的马氏体由于局部内应力的增加而被诱导重取向。马氏体变体的再取向一直进行，直到由于内应力的增加而不足以诱发相邻的马氏体再取向为止。在这种情况下，要求增加外力以推进马氏体变体的再取向继续进行，这种马氏体变体的再取向称为辅助马氏体变体的再取向。多米诺马氏体变体的再取向好像与应力平台的出现有关，而辅助马氏体变体的再取向则与超过应力平台的马氏体变体的再取向有关。伴随辅助马氏体变体的再取向的进行，只要分解的剪切应力达到位错产生的临界应力值，就会有位错产生。

3.2.4.2 拉-压不对称性

图 3-9*a* 比较了同一材料拉伸和压缩应力-应变曲线的异同。这说

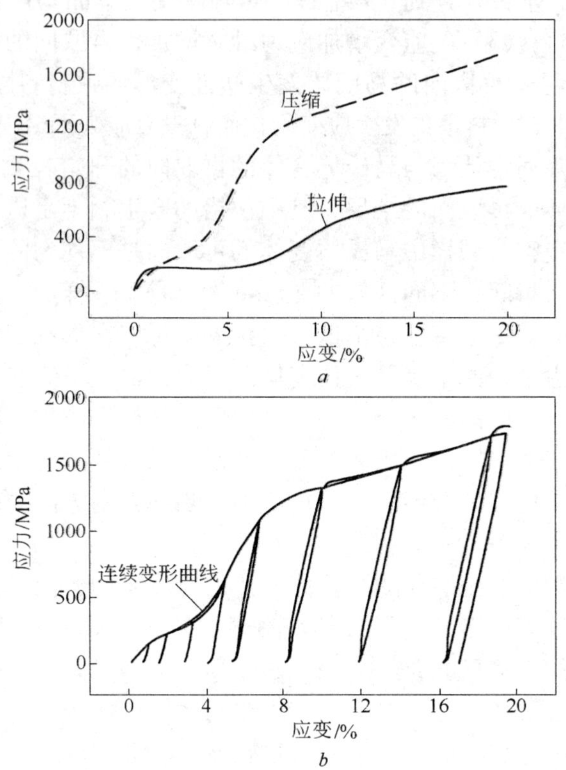

图 3-9　NiTi 形状记忆合金应力-应变曲线

a—NiTi 形状记忆合金应力-应变曲线在拉伸和压缩下的比较；
b—在压缩过程中连续加载-卸载的 NiTi 形状记忆合金应力-应变曲线

明马氏体的变形机理在拉伸和压缩下是不同的。马氏体压缩变形加载-卸载曲线显示（图 3-9*b*），压缩变形主要是塑性变形，甚至在 1% 的应变下也能发生塑性变形。

图 3-10 给出了 NiTi 形状记忆合金材料在拉伸-压缩循环实验过程中应力-应变曲线的不对称性。在相同的应变下，压缩比拉伸需要更高的应力值。这就是拉伸-压缩试验中的应力-应变不对称性。进一步分析显示，最大拉伸和压缩应力随循环次数的增加而增加，说明有循环硬化产生。

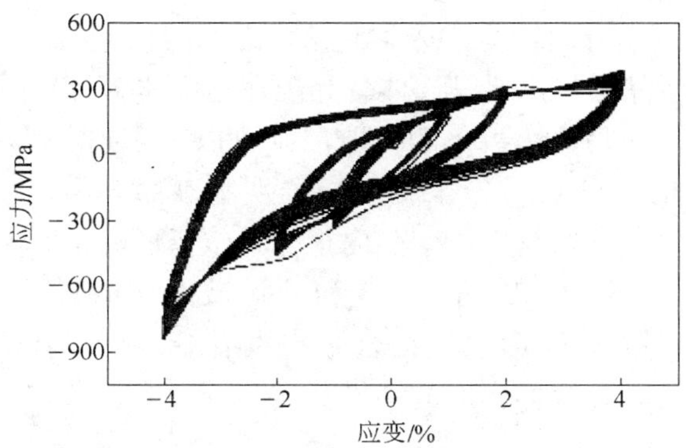

图 3-10 NiTi 形状记忆合金拉伸-压缩循环应力-应变曲线
（其应变量分别为 ±1%，±2% 和 ±4%）

透射电镜观察显示，在未变形 NiTi 形状记忆合金中，三种马氏体孪晶：⟨011⟩ Ⅱ 型孪晶，{11$\bar{1}$} Ⅰ 型孪晶，以及（001）混合型孪晶同时存在。其中，⟨011⟩ Ⅱ 型孪晶是最常观察到的。图 3-11 是 NiTi 形状记忆合金经 600℃ 退火后的明场透射电镜照片。如图 3-11*a* 所示，在每一不变平面中主要是 ⟨011⟩ Ⅱ 型孪晶，其中图 3-11*a* 中画圆圈的地方和图 3-11*b* 中区域 C 是 {11$\bar{1}$} Ⅰ 型孪晶。图 3-11*b* 的区域 D 是（001）混合型孪晶。

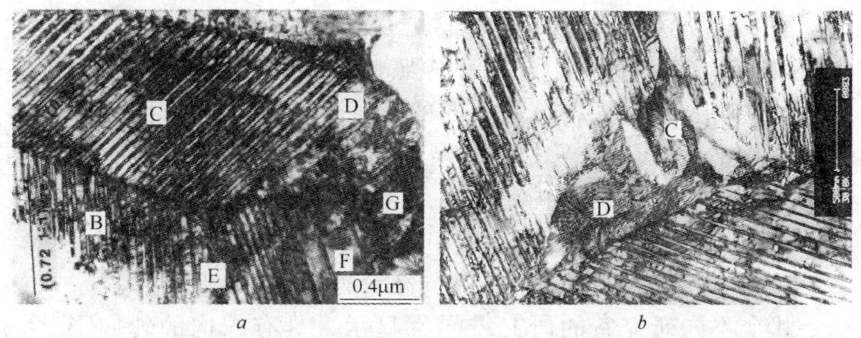

a　　*b*

图 3-11 未变形的 NiTi 合金马氏体明场像（600℃退火试样）
a—在每一不变平面中主要是 ⟨011⟩ Ⅱ 型孪晶，其中画圆圈的区域是 {11$\bar{1}$} Ⅰ 型孪晶；
b—区域 C 是 {11$\bar{1}$} Ⅰ 型孪晶，区域 D 是（001）混合型孪晶

图 3-12 给出 NiTi 形状记忆合金材料（600℃退火试样）经过 4%拉伸变形后的马氏体孪晶透射电镜照片。经过 4% 拉伸变形后，〈011〉Ⅱ 型孪晶仍是主要马氏体孪晶。在马氏体孪晶带内，没有明显的塑性变形。而马氏体板条的再取向则可以观察到。其中，图 3-11*a* 中的区域 C 的宽度相对于未变形试样明显变窄。经过拉伸变形后，孪晶带仍呈直线，在马氏体孪晶内很少有位错形成，而大量位错在连接面处形成。如图 3-12*b* 所示，B 和 C 区域由（100）混合型孪晶连接。在未变形的 NiTi 形状记忆合金中没有观察到（100）混合型孪晶，因此认为其是拉伸变形的结果。

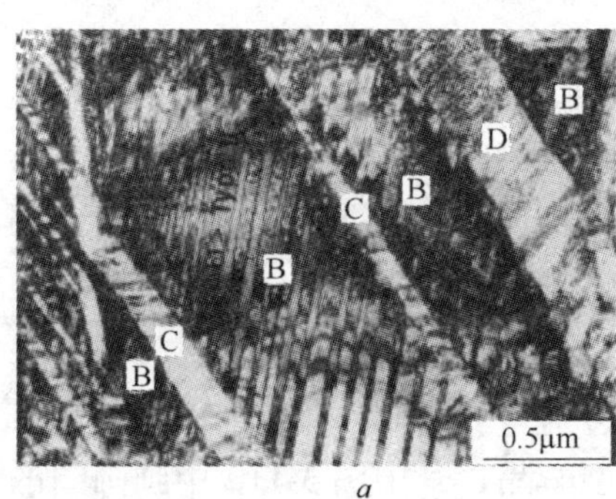

a

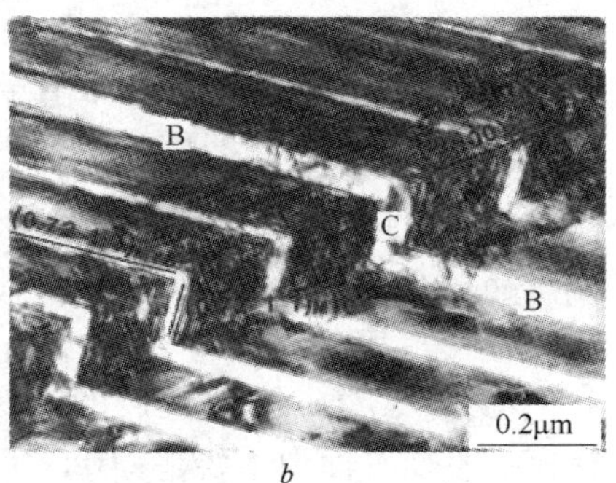

b

图 3-12　4% 拉伸变形后的 NiTi 合金（600℃退火试样）马氏体明场像

图 3-13 给出了 NiTi 形状记忆合金（600℃退火试样）经过 4% 压缩变形后的透射电镜明场像照片。经过 4% 压缩变形与经过 4% 拉伸变形的微观结构是不同的。压缩变形后，马氏体仍具有自适应性，而且仍以〈011〉Ⅱ 型孪晶为主。然而，在马氏体板条内和马氏体自适应区域内都产生了高密度的晶格缺陷，其中以位错为主。

3.2.4.3　织构引起的马氏体变体的再取向的各向异性

几个不同研究室的研究结果都显示，具有织构的轧制形状记忆合金板材沿变形方向的不同具有不同的应变平台和形状回复应变。图 3-14 总结了在轧制形状记忆合金板材中沿不同方向的马氏体变形机理以及相应的微观结构的变化。沿轧制方向（RD）拉

图 3-13 NiTi 形状记忆合金马氏体（600℃退火试样）经过 4% 压缩变形的透射电镜明场像

a—形变位错存在于〈011〉Ⅱ 型孪晶内；

b—形变位错存在于{11$\bar{1}$} Ⅰ 型孪晶内；*c*—形变带

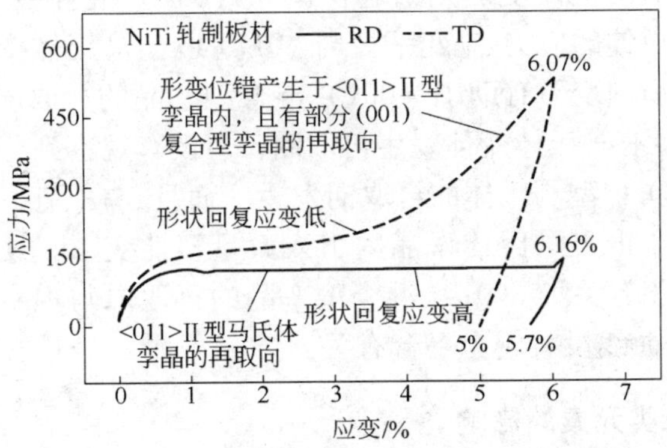

图 3-14 具有织构的 NiTi 形状记忆合金轧制板材的马氏体变形的各向异性

伸导致应力平台和马氏体变体的再取向（图 3-15a）。而沿横向（RD）拉伸导致位错的产生（图 3-15b）和应变硬化。通常，与其他方向相比，沿横向测试，其形状回复应变最小。对轧制板材而言，最大的形状回复应变对应着应力-应变曲线中具有最大应力平台的方向，而最小的形状回复应变对应于在应力-应变曲线中没有应力平台的方向。

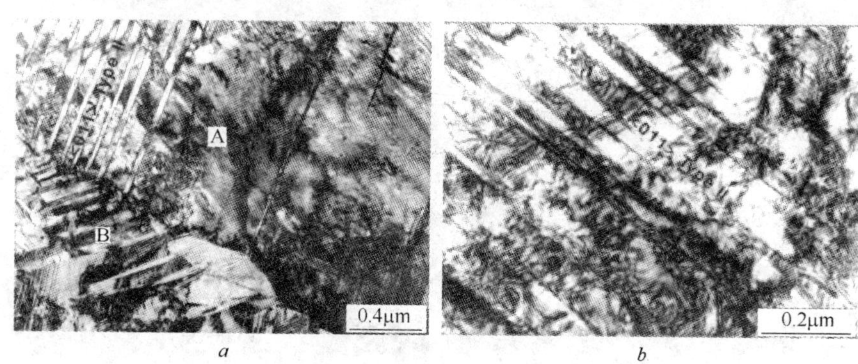

图 3-15　NiTi 形状记忆合金轧制板材沿轧制方向经 6% 变形后马氏体变体的再取向（a）及沿横向经 6% 变形后马氏体板条中的位错结构（b）

在 NiTi 轧制板材中，沿轧制方向主要是〈011〉Ⅱ 型马氏体变体的再取向，而沿横向变形则引起位错和（001）混合型孪晶的产生。沿轧制方向拉伸的应力-应变平台与〈011〉Ⅱ 型马氏体变体的再取向有关，而沿横向变形有助于（001）混合型孪晶的再取向。虽然沿横向变形 6% 也有马氏体变体发生再取向，但没有观察到〈011〉Ⅱ 型马氏体和 $(11\bar{1})$ Ⅰ 型马氏体的再取向发生。而且，在马氏体孪晶条内，尤其是〈011〉Ⅱ 型马氏体孪晶内引入大量塑性变形。这些都与沿横向的应变硬化有关。（001）混合型孪晶的再取向与观察到的沿横向的应力-应变曲线没有应力平台有关。

3.2.5　第三类元素的影响

NiTi 形状记忆合金的形状回复温度在等原子比（原子分数为：50% Ti-50% Ni）的 Ti-Ni 系中最高，达 120℃，相变温度随 Ni 含量的增加而降低。第三元素的加入影响相变温度：如钒、铬、锰和铝取代钛将降低马氏体转变温度；钴和铁取代镍也降低马氏体相变温度。而且，用铁取代镍有效地将冷却转变分为 B2-R 和 R-B19′两步转变。目前，钯和金被认为是能有效提高相变温度的合金元素。对于锌取代钛的影响，仍存在争议，Echelmeyer 报道其能提高相变温度，而 Honma 认为它降低了马氏体开始转变温度。

3.2.5.1 Ti-Ni-Cu 合金

由于 Ti-Ni-Cu 合金具有优良的形状记忆效应和超弹性性能而被广泛研究。在 Ti-Ni-Cu 合金内，Cu 原子是取代 Ni 原子的。甚至在 Cu 的原子分数达到 30% 的合金系中，母相仍保持单一的 B2 相。

在 Ti-Ni-Cu 合金中，当 Cu 的原子分数从 5% 增加到 15% 时（Cu 原子取代 Ni 原子），相变分两步进行：即从 B2-B19（Orthorhombic），然后再到 B19′（Monoclinic）。随着 Cu 含量的增加，B2-B19 的转变开始温度没有变化，而 B19-B19′的转变温度降低。当 Cu 的原子分数超过 15% 时，甚至在液氮（－196℃）中，B19-B19′转变也没有出现。

Cu 的加入降低了转变温度滞后，这是由于在 Ti-Ni-Cu 合金中 B2-B19 转变温度滞后比 B2-B19′的转变温度滞后小得多。Cu 的加入也能降低超弹性的应力滞后（加载和卸载应力平台的差）。Cu 的加入阻止了时效过程中 Ti_3Ni_4 的析出，降低了 NiTi 合金相变温度对成分的敏感程度。但是，当 Cu 的原子分数超过 10% 时，将使材料变脆，从而降低其可加工性。

3.2.5.2 Ti-Ni-Nb 合金

具有宽的相变滞后温度的形状记忆合金适用于连接装置。有效增加 TiNi 合金相变温度滞后宽度的合金元素是 Nb［典型合金成分为 44% Ti-47% Ni-9% Nb（原子分数）］。表 3-3 列出了 Ti-Ni-Nb 合金的典型性能。通过适当调节，使环境温度处于从液氮温度到比环境温度高的某一温度的宽相变滞后温度之间。这样，使结构在液氮温度下膨胀，而且膨胀态可以一直保持到环境温度而不收缩。安装连接件时，只需将其加热到一适当温度即可。

表 3-3　Ti-Ni-Nb 合金的典型性能

M_s（未加载）	最大 A_s	回复应变	回复应力	$d\sigma/dT$
-140℃	50℃	8.0%	700MPa	3.5MPa/℃

铸态 44% Ti-47% Ni-9% Nb（原子分数）合金由 TiNi 相和其周围由 TiNi 相和几乎是纯 Nb 相组成的共晶相组成。TiNi 相中包含少量的 Nb，而纯 Nb 中包含少量的 Ti 和 Ni。热加工后，这种合金的微观结构以 TiNi 基体和周围弥散分布的纯 Nb 颗粒为特征。这些弥散分布的纯 Nb 颗粒很软，其流变应力和 TiNi 合金中的 B19′马氏体相类似（150～200MPa）。这样，在马氏体的重取向变形中，纯 Nb 颗粒将发生很大的塑性变形。这种将变形分解成可回复部分（TiNi 基体）和不可回复部分（Nb 颗粒）解释了 Ti-Ni-Nb 合金宽的相变滞后温度的原因。

在马氏体状态对 Ti-Ni-Nb 合金进行超过 12% 的预应变（过变形）能使其相变滞后温度最大化。过变形是提高其第一循环的 A_s 温度。从第二循环开始，A_s 温度又回到原始值，而 M_s 和 M_f 不受过变形的影响。

3.2.5.3　Ti-Pd-Ni 合金

近等原子的 Ti-Pd 合金在温度高于 510℃时具有 B2 结构，低于此温度则转变为 B19 马氏体。727℃以下，单相区的 Ti-Pd 合金范围很窄：从 49% Pd 到 50% Pd（原子分数）。TiNi 和 TiPd 在高温下形成伪二元固溶相（B2 有序相），而且这种伪二元固溶相发生马氏体型转变。在 TiPd 一边发生 B2（Cubic）到 B19（Orthorhombic）转变，而在 TiNi 一边发生 B2（Cubic）到 B19′（Monoclinic）转变。通过调整合金成分，这种伪二元固溶相的 M_s 温度从环境温度增加到 510℃，因此，Ti-Ni-Pd 合金是一种很有前途的高温形状记忆合金。

然而，高温相变不能保证合金在高温下的形状记忆特性。这是由于滑移变形的流变应力通常随温度升高而降低，因此在高温下，滑移变形和马氏体板条的重取向经常同时进行。因此，完全退火的 TiPd 和 Ti-Ni-Pd 合金只具有部分形状记忆效应。冷轧和随后在再结晶温度以下退火是提高高温形状记忆效应的有效方法。

3.2.5.4 Ti-Ni-Hf 合金

以 Zr 和 Hf 取代 Ni-Ti 合金中的 Ti 可显著提高 M_s 温度。其中，添加 Zr 提高相变点的作用不显著，而且 Zr 含量过高时使合金明显变脆，因此对其研究较少。而 Hf 提高相变点的作用比 Zr 显著，且在 Hf 含量低于 25% 时，可对合金进行冷热加工。哈尔滨工业大学的赵连城等对 Ti-Ni-Hf 合金做了很多研究。

Hf 的加入抑制了 R 相变的产生，在冷却过程中，Ti-Ni-Hf 合金只发生 B2-B19′转变。Hf 对合金相变温度的影响与 Pd 类似。在 Hf 含量较低时，合金的 M_s 温度随 Hf 含量的增加略有下降，而 Hf 的原子分数在 10% ~20% 之间时，M_s 随 Hf 含量的增加而迅速升高。随 Hf 含量的升高，B19′马氏体的晶格常数 a，c，β 增加，b 基本保持不变，如图 3-16 所示。

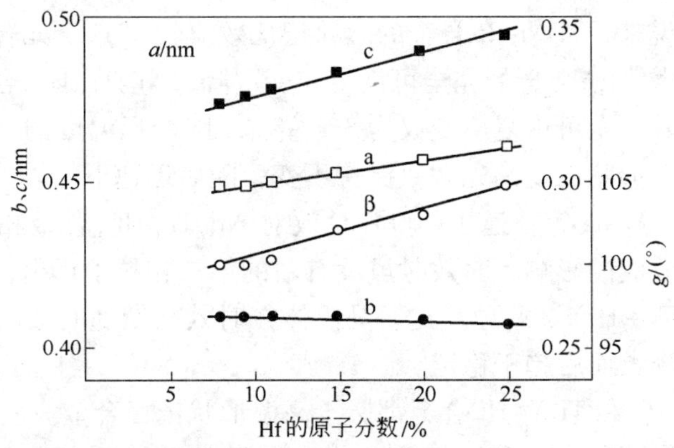

图 3-16 Hf 含量对 B19′马氏体晶体点阵常数的影响

Ti-Ni-Hf 合金固溶处理后的显微组织主要由马氏体基体和呈球状或多边形的$(Ti,Hf)_2Ni$ 第二相粒子组成。透射电镜观察发现，Ti-Ni-Hf 合金的热马氏体变体构成典型的自协作组态，主要呈矛头状、镶嵌块状和楔状三种形态。

图 3-17 给出了 $Ni_{49}Ti_{36}Hf_{15}$ 合金在不同温度下拉伸的应力-应变曲线。可见，该合金的应力-应变曲线与其他记忆合金不同，不出现应力诱发相变平台，以连续屈服和强烈的加工硬化为主要特征，其原因

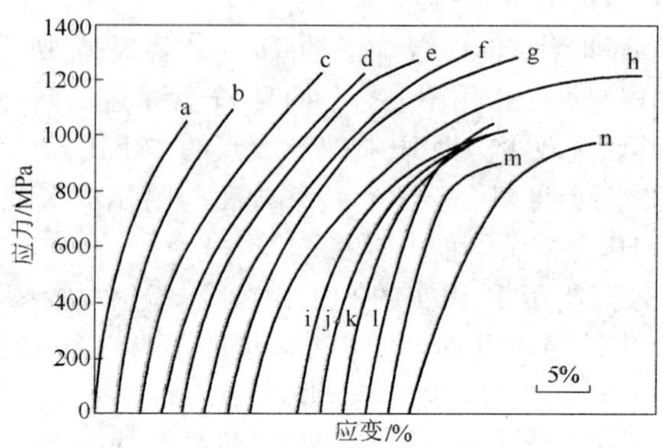

图 3-17 $Ni_{49}Ti_{36}Hf_{15}$合金在不同温度下拉伸的应力-应变曲线

目前尚不十分清楚。

一般说来，Ti-Ni-Hf 合金的形状记忆效应较 NiTi 二元合金差。随 Hf 含量的增加，合金的完全可恢复应变下降，$Ni_{49}Ti_{36}Hf_{15}$合金在室温下变形时其完全可恢复应变仅为 3% 左右。随变形温度的升高和变形量的增加，形状恢复率先大致保持不变，随后迅速下降。

最近，Meng 等报道了 700℃ 时效对 $Ni_{49}Ti_{36}Hf_{15}$合金相变行为和形状记忆效应的影响。时效时虽没有新的第二相粒子析出，但可改变基体的（Ti + Hf）/Ni 原子比，马氏体在时效初期随时效时间的延长而迅速下降，而后趋于稳定。

Ti-Ni-Pd 和 Ti-Ni-Hf 合金都属于高温形状记忆合金。一般 NiTi 合金的 M_s 温度低于 100℃，而记忆合金装置的动作温度决定于马氏体相变温度。因此，NiTi 合金通常只能在低于 100℃ 下使用。但在相当多的情况下，如防火装置、汽车发动机等要求的记忆合金热动元件的工作温度均超过 100℃；在核反应堆工程中，要求记忆合金热敏驱动器的动作温度高达 600℃。因此近年来，提高马氏体相变温度，发展高温形状记忆合金的研究日益受到人们的重视。

3.3 NiTi 形状记忆合金的制备与加工

图 3-18 为 TiNi 形状记忆合金制造过程流程框图。TiNi 商用形状

记忆合金的制造过程主要存在以下几方面的问题：（1）合金成分控制；（2）冷加工；（3）形状记忆处理。前面已经提及，TiNi 形状记忆合金是一种等原子的金属间化合物，而且成分的偏移对相变温度影响很大，Ni 原子的含量偏移一个百分点，M_s 和 A_s 点将改变 100℃。TiNi 合金虽然号称是可冷加工的金属间化合物，但是，冷加工依然很困难。冷加工产品，如轧制板材和拉拔线材，被再次加工成最终产品形状，如螺旋弹簧。但是，这最终加工成的产品并不具有形状记忆效应，为了揭示形状记忆效应，必须进行一个特殊的热处理，即称为“形状记忆处理”。对于 TiNi 合金制备的产品，将其用夹具固定好，然后在电炉内加热即可。

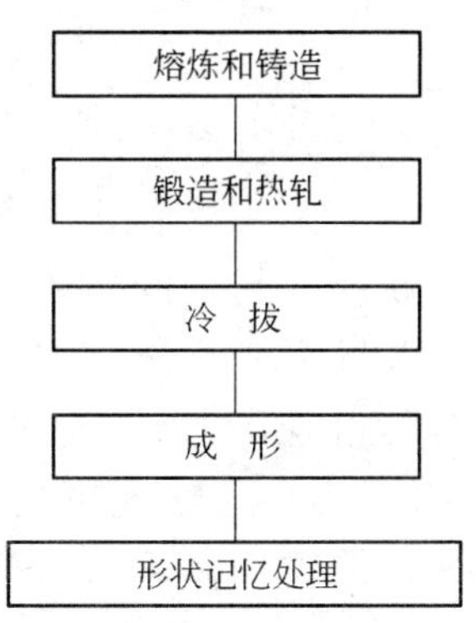

图 3-18　TiNi 形状记忆合金制造过程流程框图

3.3.1　熔炼和铸造

熔炼 NiTi 基形状记忆合金时，对组成元素 Ni、Ti 以及 O、N、H、C 的控制是获得理想 NiTi 合金必须考虑的关键问题。

氧含量的增加，不仅会使相变温度下降，更严重的是使合金的记忆性能下降，而且使材料的力学性能恶化，影响正常的使用。氮的性质与氧相似，故 O、N 是希望严格控制的元素，碳含量是冶炼时容易渗入的元素（指在石墨坩埚中），碳含量对合金的力学性能影响不明显，但对合金的记忆性能有一定的作用，主要是相变滞后扩大，且回复率下降，因此也需要控制在一定的范围内。

由于熔融的 Ti 很容易与氧发生反应，所以 TiNi 合金在高真空或者在惰性气体的保护下熔炼。通常用高频感应炉熔炼 TiNi 合金，也有用电子束、氩弧和等离子体熔炼的。由于电流的交替感应对熔融合金有混合作用，感应熔炼的优点是能得到化学成分均匀的铸锭。坩埚材料推荐用石墨和氧化钙（Calcia）。由于氧化铝和氧化镁中的氧能污染熔融的合金，因此它们不适合用于制造坩埚。如果用石墨坩埚，氧的污染可以忽略，但是必须考虑碳的污染。熔融 TiNi 合金中的碳含量很大程度上依赖熔炼温度。当熔炼温度超过 1500℃时，石墨坩埚已经不适合使用。庆幸的是，TiNi 合金的熔点大约在 1237℃，因此，能够在一相对较低的温度下进行熔炼。用适当的程序制备的铸锭，其碳含量介于 0.02% ~0.05%。这样低的碳含量不会对合金的形状记忆特性产生影响。感应熔炼的另一优点是其可控制性。严格控制操作程序，铸锭的 M_s 温度能控制在 ±5℃以内。要实现更精确的控制，建议使用原位成分控制炉，图 3-19 为原位控制炉的示意图。

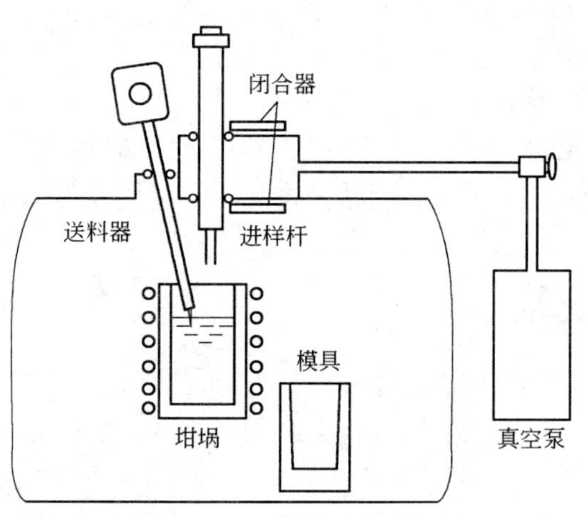

图 3-19　原位感应熔炼炉的示意图

电子束熔炼是用高压电子束作为加热源。原材料通过电子束照射而融化，然后滴到一个放在水冷铜模中的炼铁炉中。合金从底部开始凝固，然后从底部脱模。由于高真空和高温加热的纯化作用，用这种方法制备的合金纯度很高。然而，由于合金从底部单向凝固，合金的成分均匀性不够好。合金的高温蒸发作用增加了成分控制的难度。虽然存在这些缺点，这种方法仍被用于制备对相变温度要求不很严格的 TiNi 形状记忆合金。

氩弧熔炼法根据加热系统的不同分为两类：一类是用非自耗型电极，另一类则是用包括被熔炼材料的自耗型电极。其中，第一类适用于熔炼多种不同的合金，所以多用于实验室制备。在这种方法中，原材料装在一铜模上，并被从钨棒制成的电极产生的氩弧照射而熔化。合金熔化后，由于表面张力而形成纽扣状。凝固成纽扣状的铸锭翻转过来而被重新熔化以提高成分均匀性。在第二种方法中，炉子装有包含原材料的自耗型电极。电极有两方面作用：加热源和材料源。电极被氩弧加热，熔融的合金滴到模子里形成圆柱状铸锭。第二种方法的产出率高于第一种。

等离子体熔炼法是用一从空心的等离子体阴极电离出的低速电子束。与高压电极产生的电子束和氩弧辐射相比，等离子体阴极电子辐射温和得多，因此合金元素的损失也小。虽然仍用水冷模冷却，但其整个铸锭的成分是均匀的。

3.3.2 热加工和冷加工

去除表面层后，铸锭被锻造或者轧制成适当尺寸的板或条。条材和线材用孔型轧机轧制而成。图 3-20 给出了 TiNi 合金高温下的拉伸强度和伸长率曲线。其拉伸强度从 600K 开始下降，到 650K 后，加速下降。伸长率从 800K 开始上升，到 900K 时，伸长率已经超过 100% 。这样，TiNi 合金在 800K 以上就很容易加工。虽然 TiNi 合金

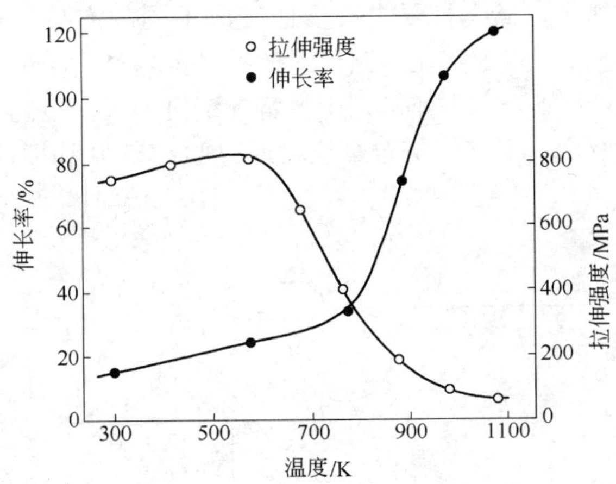

图 3-20 Ti-50% Ni(原子分数)合金高温下拉伸强度和伸长率曲线

在高温下可加工性提高，但是氧化使其表面粗化。TiNi 合金的最佳热加工温度在 800℃左右。

与热加工性相比，TiNi 合金的冷加工困难得多。可加工性与合金化学成分关系密切，随 Ni 含量的增加可加工性降低。尤其当 Ni 原子分数超过 51% 时，冷加工已经很困难。冷加工困难主要是由于强烈的加工硬化。退火 TiNi 合金的屈服强度低于 100MPa，这与退火态的铜和铝相类似。但是，在 TiNi 合金加工过程中，其屈服强度从 10% 开始上升。当应变量为 40% 时，其屈服强度已经高达 1000MPa。在冷拔时，其拉伸强度超过 1500MPa。为了进行冷加工，选择适当的拉拔和退火工艺是必须的。另外，TiNi 合金线材经常粘到拉拔模上，因此必须选择适当的模具材料和润滑剂。线材表面的氧化层有促进润滑的作用，但是，氧化层过厚将损害材料的记忆效应。

TiNi 合金的机加工也很困难。钻孔非常困难，而用常规方法加工螺纹几乎是不可能的。由于碳化钨具有较高的使用寿命，建议用其作工具材料。TiNi 合金的研磨加工不困难，但是工具的摩擦磨损很厉害，建议用未加工的金刚砂作为工具材料。

3.3.3　成形和形状记忆处理

冷拔的 TiNi 合金线材要进一步加工成不同的产品。少量的 TiNi 合金弹簧是通过将其固定在一圆柱形的夹具上这种简单的加工方法制备的。但是，大部分商用弹簧是用弹簧缠绕机加工制备的，其工作原理如图 3-21 所示。形状记忆合金线材通过驱动轮 B 和 B′和导向装置

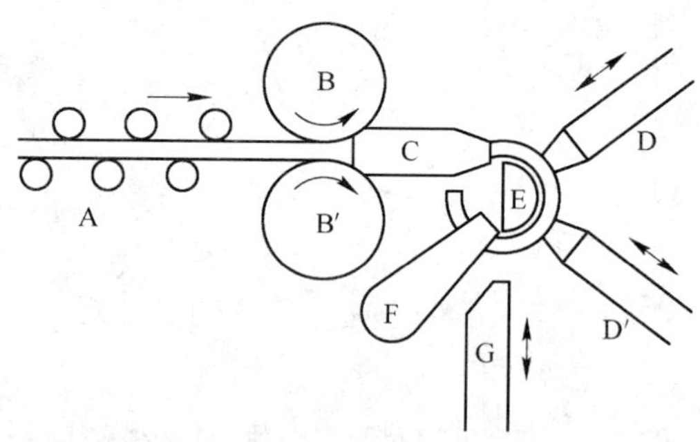

图 3-21　缠绕成形机工作原理

C 喂料进弯曲部分。然后，线材通过定位装置 D、D′和 E 而形成螺旋弹簧。螺距可通过 F 沿弹簧轴向的移动来调节。当弹簧达到设定的值时，剪断装置 G 切断制备的螺旋弹簧。由于 TiNi 线材比普通钢材具有更大的回弹效应，因此需要更大的空间来确保成形。

TiNi 形状记忆合金成形的最后一步是形状记忆处理（Shape Memory Treatment）。通常用的方法称为“中温处理（Medium Temperature Treatment）”。处理过程很简单：将制备的 TiNi 合金弹簧固定在夹具上，然后加热到 350 ~ 450℃以记住其形状。注意：固定是必须的，以确保在热处理过程中弹簧的形状不发生变化。根据产品尺寸的大小保温时间从 10min 到 100min 不等。形状记忆处理最重要的一点是合金线材在成形前具有足够的加工硬化量。如果其拉伸强度低于 1000MPa，形状记忆处理后也不能出现足够的记忆效应。因此，在成形前需要对冷拔线材进行检查。

热处理温度根据产品的要求不同而进行调整。当要求合金的屈服强度在高温和低温有较大差别时，如制备偏动型的两向取代器，其热处理温度应该高于 400℃。当只要求增加在 A_f 点的回复力时，低于 400℃的热处理较好。既然热处理温度影响相变温度和其他形状记忆特性，热处理炉的温度应该精确控制，而且应该保证炉内的空气循环以使炉内温度分布均匀。空气循环也能提高产品的加热率。当热处理结束后，取出合金产品冷却。

除中温热处理外，还有几种其他的形状记忆处理方法。低温处理是最新发展起来的一种方法。在这种方法里，合金首先在 800 ~ 1000℃处理，然后在室温加工成所需的形状，随后在 200 ~ 300℃保温 1 ~ 2h。经过这种处理的形状记忆特性比中温处理的要好。另一种方法是只适用于 Ni 的原子分数高于 50.5% 的高镍合金的时效处理。这种合金首先在高温固溶处理，然后在 400℃时效 1 ~ 5h 以确保析出相强化。经时效处理的合金具有优良的形状记忆效应，其可与经中温处理的相媲美。时效处理也可用于揭示全称形状记忆效应。TiNi 合金板材经 1000℃固溶处理后，加工成弓形，其全称记忆效应经 400℃时效 100h 后出现。

超弹性记忆合金的热处理与形状记忆合金的一样，这是由于同一合金既具有形状记忆效应又具有超弹性。两者的差别在于相变温度的不同。中温热处理通常也用于揭示超弹性，时效处理有时也用于揭示超弹性。

3.3.4　表面处理和产品检测

由于 TiNi 合金具有优良的抗腐蚀性能，因此，不必对合金进行抗腐蚀表面处理。另外，以前通常对装饰性产品进行表面电镀以增加其美观性。但是，由于电镀层没有形状记忆效应，厚的电镀层将损害产品的形状回复性能。电镀层厚度最好在 10μm 以下。通常用电镀或者离子喷涂方法在眼镜架表面镀金。其他的表面涂层也可用来提高其在相连接材料上的滑移性能。胸罩支架表面通常用尼龙涂层是为了提高与丝织品的结合性。医用导尿管的表面通常喷涂有机硅树脂。

形状记忆合金的相变温度通常用差热分析法检测，如图 3-1 所示。普通拉伸实验用于检测形状记忆合金线材和板材的力学性能。通常指的形状记忆合金弹簧的数据是从其温度-位移曲线得到的，这种曲线是用温度扫描方法得到的。形状记忆合金弹簧在一恒定力下悬挂，然后连续记录位移随温度变化量，图 3-22 为形状记忆合金弹簧温度-剪切应变曲线。另一种实验是记录温度-回复力曲线。在这种实验中，给形状记忆合金恒定变形量，然后记录回复力随温度变化曲线。

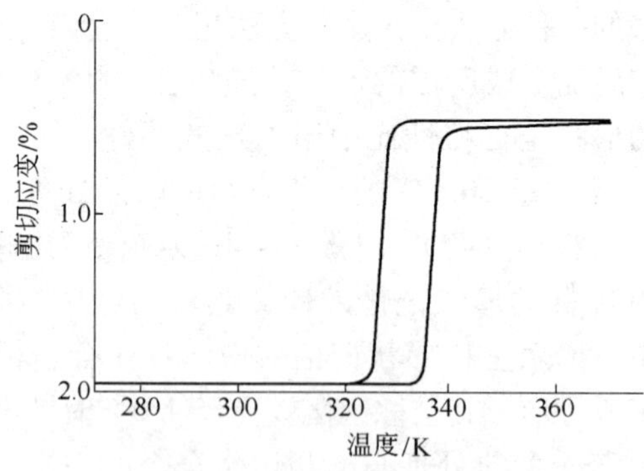

图 3-22　TiNiCu 合金弹簧在恒定力下的温度-剪切应变曲线

3.3.5 利用粉末冶金技术制备 TiNi 记忆合金

粉末冶金技术也可用来制备形状记忆合金，其目的是制备具有最终形状而不需进行切削加工的 TiNi 合金产品。有两种粉末冶金方法制备 TiNi 形状记忆合金：一种是用纯金属粉末，另一种是用合金粉末。用第一种方法时，纯金属粉末用来进行混合、压型、烧结，因此成分不均匀是不可避免的。第二种方法是用合金粉末，其烧结的合金能进一步提高成分均匀性。等离子旋转电极法能提供高质量的用于烧结的合金粉末。其中一个电极是由高速旋转的、被等离子体加热的合金组成。熔融的合金液滴被离心力甩出并离子化。凝固的合金粉末进行热等静压（Hot Isostatic Press）和烧结。用这种方法制备的合金具有可与真空熔炼的合金相媲美的优良形状记忆效应。由于粉末冶金法不包括引起成分不精确的熔融过程，因此，这种方法可用于精确控制相变温度。

燃烧合成是用混合热合成合金的一种新兴技术。Ni 和 Ti 的粉末在坩埚中混合，加压，引燃后，通过自反应形成合金而不需要随后的加热过程。合成的 TiNi 合金成分是均匀的，但有孔存在，因此合金需要用热等静压技术进行加压。

3.4 形状记忆合金的应用

形状记忆合金作为新兴的功能材料，在工业上和医学领域都得到广泛应用。下面从这两个方面简要介绍形状记忆合金的应用。

3.4.1 工业上的应用

3.4.1.1 连接和紧固件

管接头是形状记忆合金最成功的应用之一，自 20 世纪 70 年代中期研制成功以来，在美国各种型号飞机上已经成功数百万只，至今无一例失效，现在美国军方已规定记忆合金管接头作为军用飞机液压管路连接的唯一许用系统。管接头为简单圆柱体，内孔加工有凸脊，其内径比被连接管的外径略小，在低温下扩径后管接头的内径比被连接管外径稍大。装配时，将被连接管插入管接头中，随后加热，管接头收缩，即实现管路的紧固连接。记忆合金管接头连接与传统管路连接相比，具有结构简单、占用空间小、安装方便、连接可靠和重量轻等特点。图 3-23 给出了采用 Ni-Ti-Nb 合金管接头连接与传统连接的比较。图 3-24 示出了美国 Rachem 公司研制生产的 Ni-Ti-Nb 宽滞后记忆合金同轴电缆屏蔽网和接头的紧固圈（连接前后）。紧固圈由丝材焊接而成，表面涂有一层可随温度改变颜色的化学涂料，安装前可在常

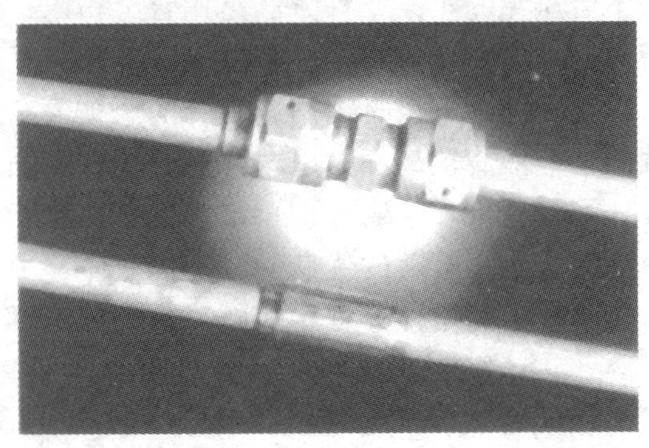

图 3-23　Ni-Ti-Nb 合金管接头连接与传统连接的比较

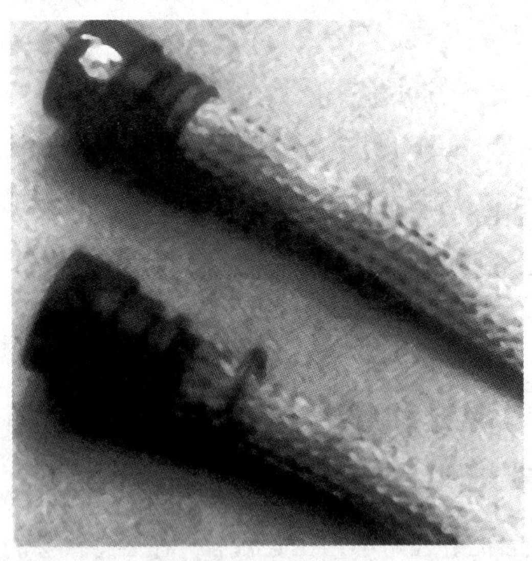

图 3-24　记忆合金同轴电缆紧固圈

温下储存，安装时用小型加热器加热到涂料改变颜色即可。这种紧固圈在美国通讯工程和信号装置中已广泛应用。连接强度大于 890N，连接电阻小于 1mΩ，与普通钎焊、胶皮箍以及其他机械紧固法相比，有体积小、重量轻、安装方便、连接无漏丝、安全可靠等优点。

在工程中，通常采用铆钉和螺栓进行紧固，但当不容易操作时，如在真空中，则可以采用形状记忆合金实现紧固，如图 3-25 所示。铆钉尾部记忆处理成开口状，紧固前，把铆钉在干冰中冷却后把尾部拉直，插入被紧固件的孔中，温度上升产生形状恢复，铆钉尾部叉开实现紧固。

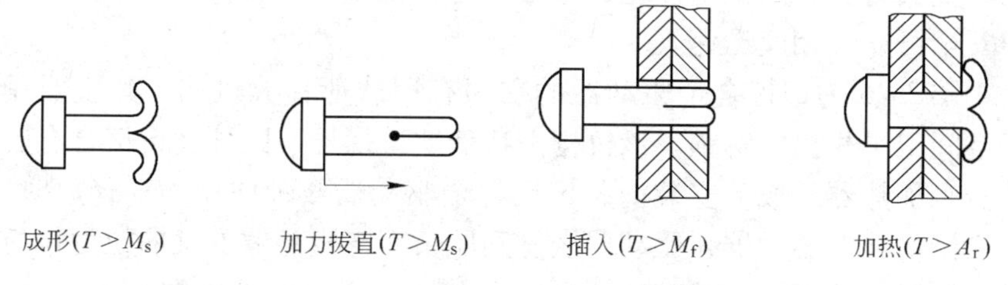

图 3-25 形状记忆合金紧固铆钉

此外，已采用的形状记忆合金连接紧固件还有用于卫星上复合材料构件连接的连接套管、薄壁管与堵头的密封圈、紧固螺钉、轴承定位圈等。

3.4.1.2 时尚、装饰品及其他小器件

在这个应用领域，已经有一些非常成功的应用，如眼镜架（鼻梁架和镜腿）、乳罩架、便携式电话天线等。这些器件通过应用伪弹性特性而达到其目的，并且比普通材料制备的产品舒服。其中，刚度和超弹性的有机结合是其成功的根本原因。日本索尼公司的 MiniDisc 随身听就采用了研制成功的记忆合金耳机盖，它能折叠成鸡蛋状而便于携带，因此称为“Eggo”。当这种耳机在使用时，它能产生一恒压力而使听者很舒服。

除用于内衣外，NiTi 形状记忆合金还可用于其他类的衣服上。Furakawa 将超弹性丝用于结婚礼服裙子上。这种细丝能够折叠而便于携带。他们也将形状记忆合金用于鞋子上，将形状记忆合金通过鞋

的头部插到脚后跟，当温度稍高于40℃时，其自动恢复成 U 型。

一种非常有趣的应用是制作灯罩。当形状记忆合金弹簧被灯丝加热后，灯罩自动打开。甚至有一些艺术家利用形状记忆合金制作动态雕塑。

3.4.1.3　驱动元件

利用记忆合金在加热时形状恢复的同时其恢复力可对外做功的特性，能够制备各种驱动元件。这种驱动机构结构简单、灵敏度高、可靠性好。对只需作一次性动作的驱动元件，要求记忆合金具有较大的恢复力和良好的记忆效应；对于需要多次使用的温控元件，则要求记忆合金具有优良的稳定性能、疲劳性能和较窄的相变滞后，以保证动作安全可靠，相应迅速。

图 3-26 为记忆合金驱动器的空间有用载荷释放机构，其主要用于空间卫星相机的解锁。该机构由特殊缺口螺栓、圆柱形记忆合金驱动器和加热器组成。安装前，记忆合金驱动器被轴向压缩；释放时，加热记忆合金驱动器，驱动器恢复到原长而产生足够的轴向拉力拉断缺口螺栓，使用有效载荷释放。1994 年 2 月 3 日，美国在 Clementine 航天器上，用该机构在 15s 内成功释放了 4 只太阳能板。

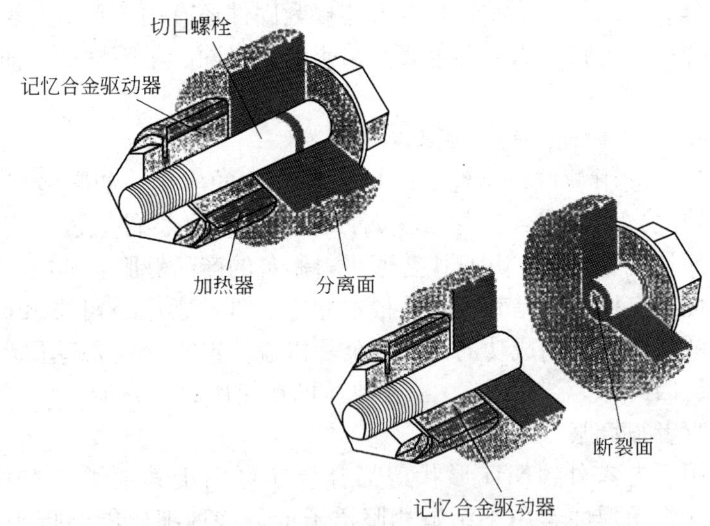

图 3-26　记忆合金驱动器的空间有用载荷释放机构

图 3-27 给出由记忆合金弹簧和普通弹簧（偏置弹簧）构成的偏置机构的工作原理。低温时，形状记忆合金处于马氏体状态，较软，偏动力（偏置弹簧的力）把记忆合金弹簧压向右侧（如图 *a* 中的 *B*）；当温度上升时，记忆合金弹簧伸长，其恢复力将偏置弹簧压向左侧（如图 *a* 中的 *A*），这样随温度的上升与下降，即热循环时，便实现了往复运动。这种偏置机构可用于各种温控机构，如温控百叶窗、汽车用节温器和风扇离合器等。

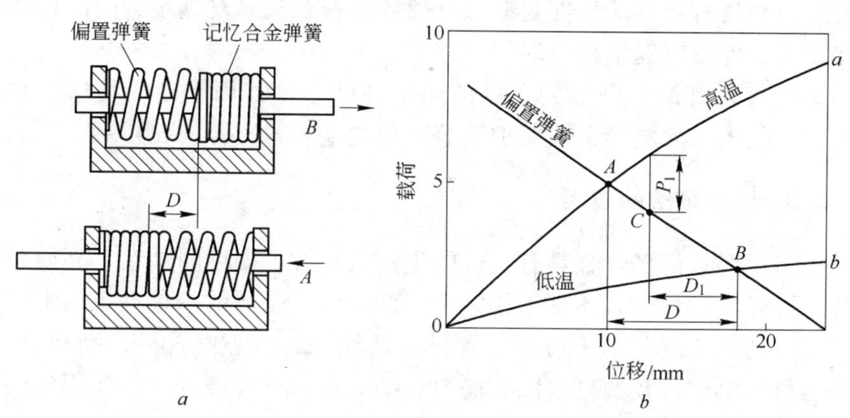

图 3-27　形状记忆合金弹簧与普通弹簧构成的偏置机构
a—工作原理；*b*—位移-载荷曲线

随着形状记忆合金薄膜制备技术的发展，已经有很多关于形状记忆合金薄膜制备的微型驱动器的报道，如用 NiTi 记忆合金薄膜制备的微型阀、微型开关、微型泵等。

3.4.1.4　NiTi 记忆合金在智能结构中的应用

有些高分子材料在加载、卸载过程中，由于不存在塑性屈服而呈现脆性，冲击韧性往往很低，例如石墨/树脂复合材料在使用中的最大缺点是不耐冲击。Paine 和 Rogers 将编制成网状的 NiTi 记忆合金丝贴在高分子材料表面，明显提高了冲击韧性。当载荷超过 NiTi 合金马氏体临界相变应力时，其首先发生应力诱导马氏体相变而吸收能量。试验表明，表面贴有 NiTi 记忆合金丝的 11% 石墨/马来树脂复合材料消耗冲击能量提高 58%，表面贴有 NiTi 记忆合金丝的 22% 石墨/马来树脂复合材料消耗冲击能量提高34%。

NiTi 记忆合金还有抑制裂纹扩展的作用。将 NiTi 记忆合金丝复合于环氧树脂中，当裂纹扩展到所要求的范围时，对位于裂纹处的 NiTi 合金丝通电加热。当温度超过 A_s 时，NiTi 记忆合金产生回复，就能阻止裂纹在外载荷作用下张开。

另外，NiTi 记忆合金还具有良好的“自适应”耐疲劳磨损性能。这是由于处于伪弹性的 NiTi 合金，其弹性应变在10%以上。摩擦接触时，材料有足够的弹性变形，分离后，材料又回复到接触前的形状和尺寸，即没有发生材料损失。

有人利用 NiTi 合金的良好的阻尼性能，将其用于建筑物中，利用其吸收大量的能量，来保护建筑物免遭地震等灾害的破坏。

3.4.2　医学领域的应用

NiTi 形状记忆合金具有良好的生物兼容性、耐蚀耐磨性、高疲劳性，且弹性模量与人体骨头相近，因此是医学领域的一种理想的生物工程材料，广泛应用于口腔、骨科、神经外科、心血管科、胸外科、肝胆科、泌尿科及妇科。以下简要介绍其在医学领域的一些应用。

3.4.2.1　NiTi 记忆合金在牙科的应用

为了矫正牙齿前后不齐、啮合不正的畸形，过去都是用一个托架连在牙齿上，然后用一根有弹性的金属丝穿过托架预先设置的缝槽和牙齿直接接触，利用金属丝的弹性使错列不齐的牙齿移动一定的位置。传统使用的是 Co-Cr 合金丝。1978 年美国的 Andreasen 等人开发了 NiTi 合金超弹性矫形丝，获得巨大成功。美国、日本已有商品生产。1982 年北京有色金属研究总院与北京口腔医院合作研制出 NiTi 牙弓丝，称为“中国 NiTi 牙弓丝”（超弹性型）。目前，中国 NiTi 牙齿矫形丝已形成生产规模，年产 100 万支，覆盖全国，出口国外。与普通合金钢丝相比，NiTi 超弹性丝具有弹性范围大、负荷小、能完全恢复等特点。

3.4.2.2　NiTi 记忆合金在整形外科的应用

脊柱侧弯症可能是先天性的，也可能是习惯性、神经性和特发性造成的。只有通过手术来治疗，方法有哈伦顿棒法和 Lngue 棒法，矫形棒材料为不锈钢。其缺点是矫形力过大时，易发生脱钩、骨折及神经损伤等并发症，术前需牵引，术后打石膏固定，随着生物组织伸展，矫正力下降很快，矫正后角度丢失明显。传统的不锈钢哈氏棒法手术装入并固定后，哈氏棒给予脊柱最大的矫正力为300～400N。400N以上，固定部件常常出现破损，甚至神经损伤。20min后，矫正力下降20%，15～20天后下降到开始时的30%左右，需进行第二次手术。

1981年中国人民解放军总医院卢世壁与北京有色金属研究总院合作研制了记忆合金脊柱矫形棒，于1982年应用于临床，获得了满意的疗效。利用NiTi合金形状回复力达到矫正畸形的作用，畸形在35°～105°的纠正角度百分比平均为51.8%，疗效好，矫正后角度丢失小，无骨折、无神经损伤等严重并发症，术前不用牵引，术后不用石膏固定。NiTi记忆合金矫形棒进行脊柱矫形，其最大特点是在体内有持续矫形的能力，始终有一个较大的弯曲力矩作用在脊柱上，能使畸形得到进一步纠正。长期随访无明显角度丢失，起到持续矫正的作用。

3.4.2.3 NiTi记忆合金内支架

随着人们生活水平的提高，工业化进程的加快，生态环境的改变，心脑血管疾病及各类癌症的发病率呈上升趋势，已严重影响人们的健康，管腔狭窄、梗阻、管腔畸形等是上述病变的一种重要的临床表现形式。目前，随着介入放射学和内窥镜的迅速发展，采用各种类型扩张支架非开放性手术治疗各种腔道狭窄已成为一种重要的治疗方法。

NiTi记忆合金自扩张内支架的特点是具有良好的生物相容性和耐蚀性，特别是具有超弹性和记忆性能。在0～10℃下合金丝比较柔软，可以随意变形，易于置入较细的导管，通过导管送入体内预定的狭窄部位，在体温下，支架迅速恢复到原来的形状，并且变硬，产生持续柔和的恢复力，达到扩张支撑的作用。NiTi支架在体内长期处于超弹性状态，弹力不随变形量的增加而增加，而且可回复变形量大，变形抗力适中，疲劳性能好。图3-28为用于颈动脉的内支架内部结构。

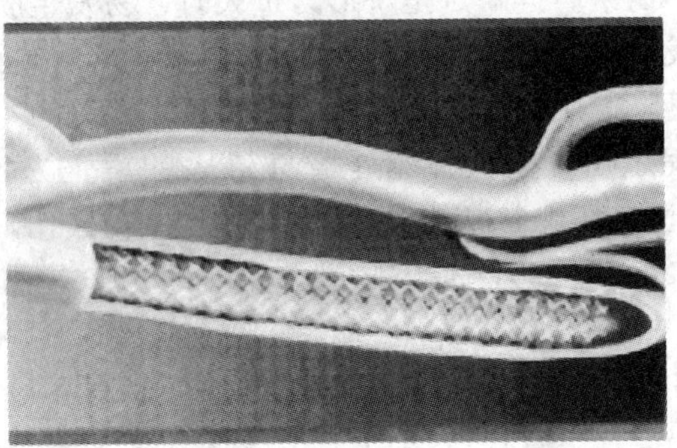

图 3-28　用于颈动脉的内支架内部结构

4 高氮奥氏体不锈钢

4.1 高氮奥氏体不锈钢的发展

4.1.1 氮在不锈钢中的作用

不锈钢的诞生已有近百年历史，它的发明是世界冶金史上的一项重大成就。随着石油、化工、能源、宇航和生物工程等工业技术的发展，对不锈钢耐蚀性能及综合力学性能提出了更高的要求。

奥氏体不锈钢凭借其在多种腐蚀介质中具有的优良的耐蚀性能、良好的综合力学性能和优良的工艺性能在众多领域获得了广泛的应用。但是镍合金化的奥氏体不锈钢不仅成本昂贵，而且因人体器官对含镍的生物工程材料存在过敏性（镍大于0.2%时），近年来由此引起的人体皮肤过敏症发病率不断提高。

氮是非常强烈地形成并稳定奥氏体且扩大奥氏体相区的元素，可以促使不锈钢形成奥氏体组织。如式（4-1）中所示，在镍当量计算中，氮当量是镍的30倍。因而可以用廉价的氮、锰来替换贵重金属镍，甚至全部取代镍，以获得奥氏体不锈钢。

$$Cr_{eq} = (\%Cr) + 1.37(\%Mo) + 1.5\%(Si) + 2(\%Nb) + 3(\%Ti) \tag{4-1}$$

$$Ni_{eq} = (\%Ni) + 22(\%C) + 18.2(\%N) + 0.31(\%Mn) + (\%Cu)$$

著名的高氮钢研究专家Speidel认为，从广义上讲所谓“高氮钢”是指材料中的实际氮含量超过了在常压下（0.1MPa）制备材料所能达到的极限值的钢。一般认为根据氮在奥氏体不锈钢中的含量，可将含氮奥氏体不锈钢分为控氮型（氮含量0.05%～0.10%）、中氮型（氮含量0.10%～0.40%）和高氮型（氮含量在0.40%以上），而铁素体、马氏体不锈钢中的氮含量大于0.08%时，便可被称为高氮钢。

氮不仅可以扩大奥氏体相区，还可以提高钢的强度，改善钢的耐腐蚀性。高氮不锈钢可通过固溶强化、氮化物的弥散强化和晶粒细化三种途径来改善钢的性能。在奥氏体类不锈钢中，氮绝大部分固溶于奥氏体中，固溶于铁素体中的氮含量很少。氮的增加在减少钢中铁素体相比例的同时，对其存在形态也有较大影响，使铁素体逐渐由网状、长条状向短棒状、孤岛状转变，从而降低了网状铁素体对奥氏体钢强度和塑性的不良影响。高氮奥氏体不锈钢的强度可达到传统 AISI200 和 300 系列不锈钢的 2 ~4 倍以上，通过冷变形屈服强度还可达到 2000MPa 以上，同时能保持较高的断裂韧性。氮对奥氏体不锈钢的形变硬化作用也很显著，氮的增加导致滑移平面和形变孪晶增加，而活跃的滑移面和孪晶层则有效地阻止了位错运动和孪晶扩展，从而强烈地增大了奥氏体钢的形变硬化率。

与碳相比，氮原子在奥氏体中有不同的间隙分布，其本质是它们原子间不同的结合能。氮原子结合能较大。氮原子有较强烈的排斥分布，氮在锰周围占据位置的几率和在铁周围占据的几率几乎相同，所以氮原子在奥氏体中的分布要比碳均匀得多。这也有利于理解为什么氮合金奥氏体有较大的稳定性。不锈钢中加入氮会抑制钢中铁素体相的形成，显著降低铁素体的含量，使奥氏体相更加稳定，甚至在剧烈冷加工硬化条件下避免发生应力诱发马氏体转变。

氮合金化还可显著提高不锈钢耐点蚀、缝隙腐蚀、晶间腐蚀等局部腐蚀的性能。超级高氮奥氏体不锈钢在耐点蚀、缝隙腐蚀等局部腐蚀性能方面和镍基合金相媲美。大量研究表明，氮的加入可以提高普通低碳、超低碳奥氏体不锈钢耐敏化态晶间腐蚀性能，在钢中有钼时其作用更明显。在奥氏体钢中，即使氮含量仅为 0.06% 也可显著改善不锈钢的抗腐蚀性能。点蚀当量的实验结果显示，氮的当量值为 20，也就是说 1% 的氮抗拒腐蚀能力相当于含 20% Cr 的不锈钢。

4.1.2　高氮奥氏体不锈钢的微观结构

氮对不锈钢的强化机制有两种，一是氮作为间隙原子对基体的强化，二是氮通过晶格并沿位错进行迁移时，对位错造成一定的拖曳作用而使金属得到强化。在奥氏体不锈钢中用氮合金化，由于其间隙固溶强化和稳定奥氏体组织的作用比碳大得多，所以既大大提高了钢的强度，又保持了很好的塑性和韧性。氮的强化效应比碳和其他合金元素更强的原因在于：氮在钢中以间隙固溶形式存在，其原子占据在八面体间隙位置，因此氮原子更易于在固溶体中均匀分布；铁基和氮化物之间的界面能小于铁基和碳化物之间的界面能，所以氮化物更容易形成弥散的细小强化相；氮降低奥氏体中密排不完全位错，限制了含间隙夹杂原子团的 Splintered 位错运动。

4.1.3　高氮奥氏体不锈钢的耐腐蚀性能

4.1.3.1　N 可提高不锈钢的耐点蚀能力

固溶氮能提高奥氏体不锈钢的耐腐蚀性能，特别是耐局部腐蚀，如晶间腐蚀、点腐蚀和缝隙腐蚀等。

耐点蚀当量（Pitting Resistance Equivalent，PRE）是用来预测奥氏体和双相不锈钢抗点腐蚀能力的经验公式。奥氏体钢中 PRE 的经验公式为：

$$PRE = Cr + 3.3(Mo + W) + 20C + 30N - 0.5Mn - 0.25Ni \tag{4-2}$$

这里元素符号代表每种元素合金含量的质量分数。从式中可以看出，在奥氏体不锈钢内，1% N（质量分数）和 30% Cr 的耐腐蚀性相同。高氮奥氏体钢的耐点腐蚀和耐缝隙腐蚀 PRE 值最高可达 68.6%。PRE 关系可应用于商业和试验奥氏体不锈钢，是合金设计中非常有价值的工具。

氮有助于形成初次膜及以后的含铬钝化膜，引起点蚀的有效电压、点蚀电位和保护电位均随氮含量的增加而增加。氮对点腐蚀和缝隙腐蚀的作用机理主要有：（1）酸消耗理论，即氮在溶解时形成 NH^{4+}，在形成过程中消耗 H^{+}，从而抑制 pH 值的降低，减缓溶液局部酸化和阳极溶解，抑制点蚀的自催化过程。（2）界面氮的富集，即氮在钝化膜/金属界面靠近金属一侧富集，影响再钝化动力学，可迅速再钝化，从而抑制点蚀的稳定生长。（3）氮与其他元素的协同作用，即氮强化 Cr、Mo 等元素在奥氏体不锈钢中的耐蚀作用，抑制铬、钼等的过钝化溶解，可在局部腐蚀过程中形成更有抗力的表层；氮的加入使钝化膜进一步富铬，提高膜的稳定性和致密性。

4.1.3.2　氮可提高不锈钢耐应力腐蚀的能力

热浓缩的氯化物溶液中的应力腐蚀破裂是奥氏体不锈钢一个众所周知的弱点。如 304 和 316 型奥氏体不锈钢在 105℃、22% NaCl 溶液中容易产生应力腐蚀破裂。与此相反，高氮奥氏体不锈钢甚至当冷加工高达 1400MPa 的强度水平也能抵抗这样的断裂。

多数研究人员认为，增加氮可降低应力腐蚀开裂倾向，这主要因氮降低铬在钢中的活性，氮作为表面活性元素优先沿晶界偏聚，抑制并延缓 $Cr_{23}C_6$ 的析出，降低晶界处铬的贫化度。

4.1.3.3　氮可提高不锈钢耐晶间腐蚀的能力

氮的加入会阻碍高铬碳化物的形核和长大，阻止晶界含铬量的降低，而提高耐晶间腐蚀性能。在含氮高的钢中虽有氮化铬在晶界析出，但由于氮化铬沉淀速度很慢，敏化处理不会造成晶界贫铬，对晶界腐蚀影响很小。

氮的加入改善了普通低碳、超低碳奥氏体不锈钢耐敏化态晶间腐蚀性能，其本质是氮影响敏化处理时碳化铬沉淀的析出过程，来提高晶界贫铬的铬浓度。氮对磷在晶界偏聚的抑制作用是氮对钢耐非敏化态晶间腐蚀影响的重要因素。

同时认为高氮层有极好的抗气蚀能力。

4.1.4　高氮奥氏体不锈钢的发展历程

Adcock 是第一个研究钢中加入氮的作用的人。1921 年 Andrew 在压力下熔炼 Fe-C 合金，首次发现氮不仅影响力学性能，而且强烈地影响钢中的奥氏体转变。随着研究工作的深入，对氮在奥氏体化方面的作用有了进一步的认识。1926 年，由于战争导致镍的短缺，人们试图以氮代镍，因而对于氮在奥氏体钢中的突出作用有了较完整的认识，同时对氮的强化作用也有更多的了解。

20 世纪 50 年代末，基于人们对低 Ni 高强度奥氏体不锈钢的需求，有关含氮钢的性能和生产技术的研究得到了蓬勃发展。钢中氮的引入开始采用廉价的氮气而不是价格昂贵的氮化合金，生产的钢种也由单一的奥氏体不锈钢系列扩大到铁素体不锈钢、马氏体不锈钢以及双相不锈钢等系列，并促成了 AISI200 系列的产生。200 系列的典型钢种是 Fe18Cr5Ni8Mn-0.15N，与 AISI304 不锈钢相比较，它具有更高的强度和更好的耐腐蚀性能。

20 世纪 60 年代，人们已认识到氮可显著增加钢的强度，只要这些氮以间隙固溶体的形式存在，就不会出现通常所存在的减小冲击韧性（即脆化）作用。同时对钢中氮的溶解度、氮化物的稳定性、氮在溶体或固态铁中的质量传输和扩散的动力学，都进行了较深入的研究。但是，高氮钢的工业应用开发始终得不到迅速的发展。这是由于在钢中加入大量的氮是十分困难的，即使现在，高压下的熔炼和铸造装置仍是十分复杂和昂贵的。

20 世纪 70 年代初，德国试制出了 AISI317LMN 系列高氮低温不锈钢。例如，Fe21Cr9Mn7Ni-0.32N。该钢种在低温下表现出了很高的强度、硬度以及良好的耐腐蚀性能。但在此期间，高氮钢的应用并没有因此而进一步扩大。

20 世纪 70 ~ 80 年代，瑞典人 Avesta 将氮引入到 Mo 钢中进行合金化，试制出了含氮 Mo 钢 SMO（Fe20Cr18Ni6Mo0.7Cu-0.2N）。随后，美国人 Allwgheny Ludlum 也试制出了含氮 Mo 钢 6XN（Fe20Cr20Ni6.3Mo-0.2N）。

随着合金加压冶炼与加工技术的发展以及有关氮化合金热力学知识的积累，20 世纪 80 年代后，高氮钢的研究再次引起人们的广泛关注。1988 ~ 2006 年，国际上连续召开了 9 次高氮钢的学术会议。2006 年是在我国召开的，高氮钢研究的领域较前有了进一步的扩大。

在高氮钢领域，尤以高氮奥氏体不锈钢以其高强度、高韧性、大的蠕变抗力、良好的耐腐蚀性能引起国内外材料和冶金学者的极大关注。目前，高氮奥氏体不锈钢的研究在俄罗斯、瑞典、德国、法国和日本等国家迅速发展，我国国家自然科学基金和宝钢集团公司的钢铁研究联合基金在 2001 年也把高氮不锈钢列入了鼓励研究开发的新型钢铁材料。

近年来，高氮奥氏体不锈钢的研制已经取得了较大进展。日本大同特殊钢公司在 SUS316 的基础上谋求含高氮的 DS9N 钢（Fe-23Cr-10Ni-6Mn-2Mo-0.5N：mass%），该钢用氮元素代替镍元素，拥有可与超级不锈钢 SUS816L 相媲美的优异的耐蚀性。并且，从室温到高温，其强度高，在高温状态下相稳定性优异，具有与耐热不锈钢 SUS310S 同等的抗氧化性。进一步而言，DS9N 钢的冷加工性能优异，是一种不仅适用耐蚀应用并且适用耐热应用的优异的高氮奥氏体不锈钢。

英国一家公司制成了一种高氮不锈钢，其成分是：铬 24%、镍 18%、锰 6%、钼 4.5%、氮 0.5%，其余为铁。这种中高钼含量和高氮含量的不锈钢，其耐腐蚀性能可与昂贵的镍基合金相比，不仅能耐海水腐蚀，而且在焊接高温下也具有抗氯化物引起点蚀和穴蚀的能力，另外还不会产生高钼钢的钼偏析现象。其屈服强度和抗拉强度分别不小于 425MPa 和 800MPa。这种新型不锈钢具有广泛的用途。

日本新日铁公司制成了一种能耐海水腐蚀的新型不锈钢。其耐腐蚀能力与钛钼相同，但成本只有钛的一半，可以代替钛广泛用于海水淡化装置、发电厂用的冷凝器管及热交换器等。普通不锈钢在一般环境中使用不容易生锈，但是遇到海水时，由于海水中氯离子的作用，不锈钢表层受到破坏而产生腐蚀。新型不锈钢可以有效地抵抗海水的侵蚀，因而不容易生锈。另外，在使用镍系材料焊接后，焊接部位也具有同样的耐腐蚀性能。这种不锈钢的成分，除了以钢为主外，还有 20% 的铬、18% 的镍、6% 的钼、0.2% 的碳及其他一些特殊元素。

日本物质和材料研究所于 1997 年开始进行日本超钢铁开发计划（STX21）中“耐海水腐蚀不锈钢的开发”工作。这种不锈钢开发方针是不增加过多 Cr、Mo、Ni 元素，以无 Mn 并添加 N 元素及材质高度清洁为目的，开发耐海水腐蚀节省资源型不锈钢。为此开发出氮气加压式电渣重熔装置，成功地试制出高氮不锈钢。在力学性能测试中，新钢种的抗拉强度大于 1200MPa，伸长率大于 40%。另外，在抗拉强度和温度依赖性试验中，当在 1200℃ ×30min 固溶化处理后，在 500℃、400℃、300℃、200℃、100℃、室温、-30℃、-196℃，8 个条件下进行拉伸试验，结果新钢种在固溶处理后室温下的抗拉强度为 1000MPa，比 SUS316 钢高出 50%，冲击韧性与 SUS304 接近。

1998 ~ 2002 年，太原钢铁（集团）有限公司根据市场需求，在国内首次成功开发了 Cr-Ni 奥氏体、Cr-Mn(Ni)-N 节镍奥氏体、双相含氮系列不锈钢钢种，系统研究开发了含氮不锈钢的AOD冶炼、铸造、热轧、冷轧和锻造工艺，对含氮不锈钢主要生产工艺难点——AOD炉冶炼工艺及热加工开裂进行了研究，开发了AOD炉完全用氮气进行氮元素合金化工艺。用工艺模型预测钢中氮含量，不经在线分析钢中氮含量，实现氮控制精度达到±0.015%，最大精度±0.010%。表4-1所示为近年来国外试制的高氮奥氏体不锈钢的化学成分。

表4-1 国外试制的高氮奥氏体不锈钢的化学成分（质量分数,%）

序号	Cr	Ni	Mn	N	Nb	C	Mg	试制国家	熔炼方法
1	24	18	6	0.5	4.5	—	—	英国	—
2	16	<0.1	18	0.43	—	0.02	—	日本	—
3	19~23	<0.05	—	0.85~1.1	0.5~1.5	—	21~24	美国	电渣重熔
4	25~28	22	6	0.6~0.9	4~8	—	—	—	粉末冶金
5	23	4	—	0.7~1.1	0~2	—	—	日本	PESR
6	23	10	6	0.5	2.0	0.02	—	日本	真空感应炉

4.2 高氮奥氏体不锈钢的制备工艺

在一个大气压下1600℃时，氮在纯铁液中的溶解度仅为0.045%。所以，虽然高氮奥氏体不锈钢具有优异性能，但它的制备还是有一定困难的。近些年国内外专家对高氮钢的试制进行了大量研究，取得了一定的成果。目前已经开发出的制备方法主要分两大类，即加压制备和常压制备。加压制备方法需要特殊的高压熔炼、铸造设备，如热等静压熔炼法、加压感应炉熔炼法、高压下等离子熔炼法、加压电渣重熔法、反压铸造法等，常压制备方法是指在大气压力下通过氮气合金化或添加氮化物合金熔炼的方法。

4.2.1 加压制备方法

4.2.1.1 加压电渣重熔工艺

增压电渣重熔工艺是采用一定化学成分的电极在具有一定压力的密闭容器中进行重熔。在熔炼过程中，氮的合金化是通过持续不断地添加固态的氮化物合金来实现的。系统持续的压力将氮维持在金属液中，系统压力的大小取决于重熔合金的成分和最终所要求的含氮量。整个熔炼过程还必须注意电极的熔化速率、添加料通过渣层的运动速度、熔体的对流和温度，以保证成分均匀性。其设备原理如图 4-1 所示。

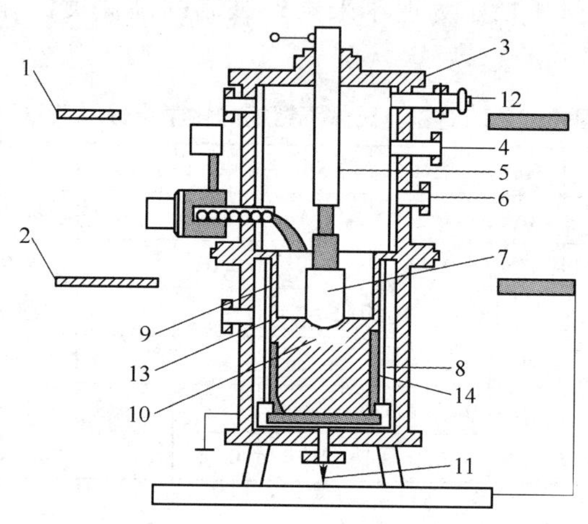

图 4-1　增压电渣重熔工艺装置

1—维修板；2—工作板；3—压力容器（上）；4—进气口；5—电极支柱；6—冷却水；7—电极；8—压力容器（下）；9—导体棒；10—金属熔池；11—冷却水；12—安全阀；13—铜坩埚；14—凝固钢锭

加压电渣重熔法是目前商业生产高氮钢的一种有效方法。1980 年德国 Krupp 公司建成世界上第一台 16t 高压电渣炉，熔炼室氮压力高达 4.2MPa，属于全封闭式电渣炉，重熔后钢中氮含量与自耗电极相比有很大的提高。目前在欧洲，使用 4.2MPa 的 20t 加压电渣炉设备制备高氮不锈钢正在达到实用化。德国、奥地利、保加利亚等国家已工业化生产和应用高氮钢。最新研究表明，目前工业化应用的最大加压电渣炉已达 20t，最大工作压力达 6MPa，在奥氏体不锈钢中最高氮的加入量可达 2.11%。

我国也已开发出加压电渣重熔设备，其最高设计工作压力为 7.0MPa，并设有完备的水-气平衡系统。利用该设备可成功开发出成分均匀、组织致密的火力发电机护环用高氮奥氏体不锈钢等系列钢种，其中氮含量可高达1.2%。高氮不锈钢的研发应用对交通运输、建筑、宇航空间工业、海洋工程、原子能和军事工业等许多领域将产生深远的影响。

增压电渣重熔工艺也存在许多不足之处：

(1) 为了要获得较高的氮含量，必须采用复杂且费用昂贵的方法来制造复合电极，同时根据熔化速率在高压下向炉中连续不断地添加高氮合金粉末。必须配备非常完善的测量和控制系统以保证氮分布的均匀性和结果的可重复性。

(2) 即使在高压下熔炼，向渣中添加氮化物时也会形成氮气而使渣沸腾，扰乱了熔炼过程，导致电极端的液态金属膜处于氮气氛中，使得液态金属吸收的氮含量和溶解的氮含量处于无法控制的状态，使重熔锭中氮的分布不均匀。

(3) 有时为了得到满足要求的成分均匀性，必须进行两次重熔。

(4) 为改善钢锭中氮的分布而使用氮化硅合金，硅元素会进入钢中，这对某些钢种来说是不允许的。

(5) 成品合格率相对较低，因为在开始熔化期间，由于熔池深度不足，添加的氮化合金与基体金属液难以进行均匀的熔化。

(6) 该工艺仅能生产部分有尺寸规格规定的钢锭，不能用于生产近于成品形状的铸件、棒材或厚板等。

4.2.1.2 反压铸造工艺

在常规冶炼条件下，当钢液中含氮量较高时，氮在凝固过程中形成气体并溢出，使钢锭内外出现气孔，严重时钢铁表面会呈蜂窝状。保加利亚的Rashev等经过多年努力发明了高氮钢反压铸造法，成功解决了上述难题。图4-2所示为该反压铸造装置，按这种方式，感应炉中的钢水渗氮至给定浓度之后，靠压差将其向上压入模内，并在高压下凝固。由于固相钢中氮的溶解度通常要小于液相中的氮溶解度，因此凝固时所需的气压远大于渗氮过程。

如图4-2所示，压力为P_0的干燥压缩空气经a、b、d阀分别同时进入互通的上下压力筒，当达到所需的工作压力P_1时，上下压力筒内压力平衡，坩埚内金属液处于静止状态。关闭互通阀f，使上下

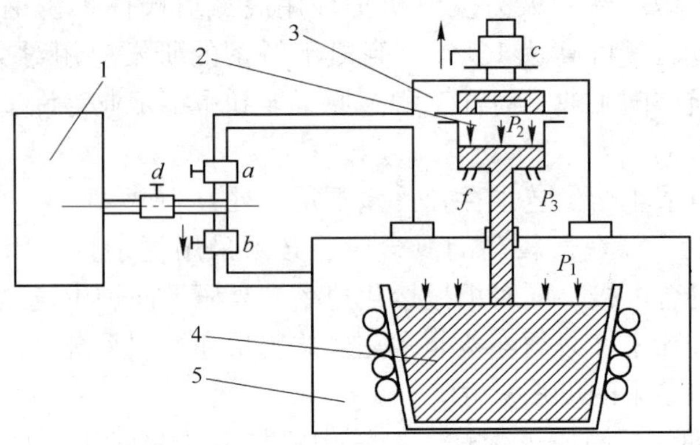

图 4-2　反压铸造工艺装置示意图

1—气包；2—模型；3—封闭室；4—升液管；5—压力罐

压力筒之间产生一个压力差 $\Delta P = P_2 - P_1$，使坩埚内金属液通过升液管经浇道进入铸型中。充型结束后，保压一段时间，使铸件在高压下凝固。凝固完毕后，打开互通阀，上下压力筒同时放气。

4.2.1.3　高压下的等离子熔炼工艺

等离子熔炼是利用等离子弧作为热源来熔化、精炼和重熔金属的一种冶炼方法。当气体处在强电场中时，气体原子的外层电子得到足够能量，便会脱离原子核的吸引而变成自由电子，而原子则变成为正离子。由自由电子、正离子以及未经电离的气体原子和分子所组成的混合体即称为等离子体。用等离子弧渗氮时，整个熔体有两个明显的区域：吸氮区和外围的脱氮的非弧区，如图 4-3 所示，A_p 为吸氮区域，而 $A \sim A_p$ 为脱氮区域，该区域因 $w(N)$ 过饱和而析出大量气

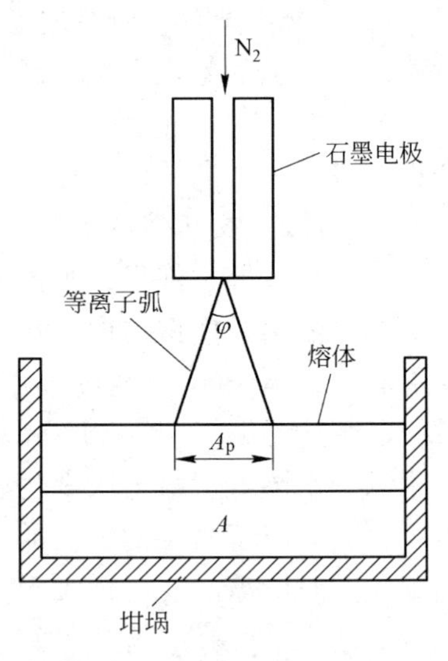

图 4-3　吸氮的等离子区和脱氮的非等离子区示意图

泡。与分子气体渗氮相比，氮离子和氮原子直接被等离子弧区热界面处的熔体表面快速吸收，当等离子弧区表面达到饱和时形成的驱动力促使氮向整个熔体内扩散而不需氮分子气体分解这个阶段。在电场作用下氮离子具有很高的扩散率，同时气流或强电场对熔体有很大的扰动。这些因素的共同作用使等离子弧作用下的吸氮速率常数达 10^{-2} m/s，而电阻炉、感应炉中吸氮的速率常数仅分别为 10^{-6}m/s 和 10^{-4} m/s。当压力为 0.1MPa 时等离子弧下达到氮饱和浓度的时间明显比电阻炉、感应炉中所需的时间短。

用等离子弧可以加速钢水的渗氮，而且金属杂质含量较低，能减少挥发性元素（如 Mn 和 Cr）的损失，不用加入含氮合金就能得到较高的氮浓度。其不足之处在于最终氮含量的精确控制有困难。

4.2.2 常压下 AOD 炉吹氮冶炼工艺

利用 AOD 炉生产高氮钢是一种比较便捷、效果良好的冶炼工艺。此工艺如图 4-4 所示，采用氮气吹洗钢液而达到氮合金化。气体氮从底部通入到液体金属中，液体金属和渣池保持在一定压力下以控制氮含量。氮气合金化工艺的开发与应用，同 AOD 的可以灵活用气、无外加热热源的冶金特性相一致，具有生产成本低、可生产高氮含量产品、氮含量容易控制的显著优点。

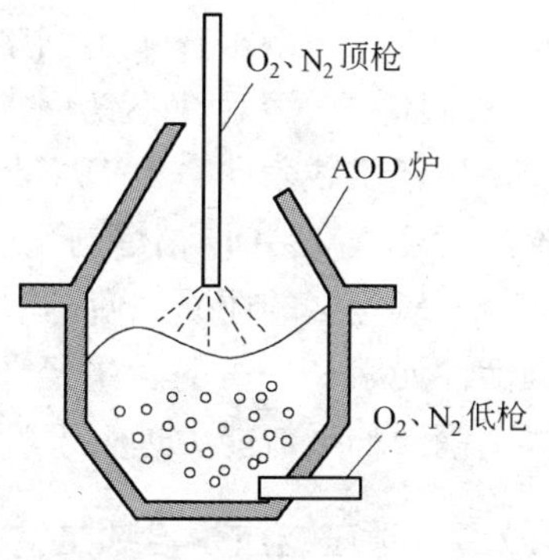

图 4-4 AOD 炉生产示意图

AOD 炉冶炼高氮奥氏体不锈钢，由于冶炼温度较高，且长时间、大流量地吹氮气、氩气冶炼，氮的溶解、溢出过程满足其热力学、动力学条件的要求。氮气吹炼时，随着脱碳速度的下降，氮原子的溶解度逐渐增加，最终接近氮在该钢中的饱和值。这个溶解过程可表示为：

$$\frac{1}{2}N_2 \longrightarrow [N] \tag{4-3}$$

取氮溶于钢液中浓度 1% 为标准态，得：

$$[\%\mathrm{N}]_{\mathrm{B}} = K_{\mathrm{N}} \times \frac{P_{\mathrm{N_2}}^{\frac{1}{2}}}{f_{\mathrm{N}}} \tag{4-4}$$

式中　K_{N}——氮溶解反应平衡常数；

$P_{\mathrm{N_2}}$——氮气在大气中的分压；

$[\%\mathrm{N}]_{\mathrm{B}}$——大气压下，氮在不锈钢中的溶解度；

f_{N}——不锈钢中氮的活度系数。

式（4-4）两边取对数得：

$$\lg[\%\mathrm{N}]_{\mathrm{B}} = \lg K_{\mathrm{N}} - \lg f_{\mathrm{N}} + \frac{1}{2}\lg P_{\mathrm{N_2}} \tag{4-5}$$

由于不锈钢中溶解了大量的合金元素，这些元素对氮的活度系数有一定的影响，氮在含氮不锈钢中溶解度模型计算式可将式（4-5）表达为如下公式：

$$\lg[\%\mathrm{N}]_{\mathrm{B}} = -\frac{188}{T} - 1.25 - \sum e_{\mathrm{j}}^{\mathrm{N}}[\%\mathrm{j}] + \frac{1}{2}\lg P_{\mathrm{N_2}} \tag{4-6}$$

式中　$e_{\mathrm{j}}^{\mathrm{N}}$——溶解在不锈钢中的 j 元素对氮活度的作用系数；

$[\%\mathrm{j}]$——溶解在不锈钢中的 j 元素的质量分数。

生产实践表明，AOD 氧化脱碳末期钢液中氮的实际含量远低于理论溶解度，在 AOD 精炼的预还原期，由于电解锰的加入，以及渣中氧化铬、氧化锰的还原，使得钢液中 Mn、Cr 含量提高，并且钢液中的表面活性元素——氧的含量经还原后大大减少，因此，如在此时吹入氮气则钢液的吸氮能力远大于脱氮能力，钢中的含氮量将迅速上升。

4.2.3　常压感应炉冶炼工艺

直接采用感应炉添加氮化合金来冶炼高氮钢是一种新近发展的冶炼方法，采用如图 4-5 所示的常压感应熔炼工艺（不加正压）可以熔炼出氮含量在 0.5% 左右的高氮钢，而且可以有效地控制钢中的杂质元素含量。熔炼时影响钢中氮含量的因素主要有熔炼温度、浇铸温度、感应炉内气体压力、合金化学成分和氮化物类型及加入时间等。

钢液中的氮溶解度（或氮含量）随着外界氮气分压升高而增加。采用真空感应炉充入氮气进行冶炼时，由于炉内总压力很低，钢液中

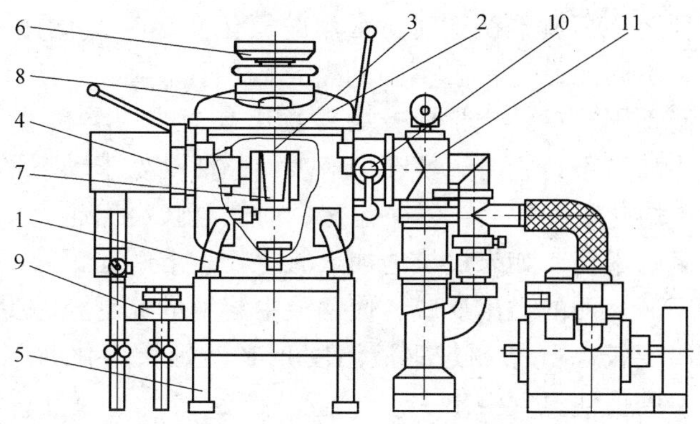

图 4-5 中频感应熔炼炉体结构示意图

1—炉身；2—炉盖；3—电极；4—密封回转轴承；5—支座；6—加料器；7—感应器；8—观察窗；9—水冷系统；10—测温装置；11—真空系统

氮的溢出作用在钢液表面受到炉内保护气体总压力和钢液中溶入的氮气的双重影响，真空炉内气体总压力的变化改变着钢液表面的状态，从而影响钢液中氮的溢出作用。在工艺试验中，在活度系数变化不大的情况下，保护气体压力对氮含量有一定的影响，随着气压的增加，氮含量稍有提高，如图 4-6 所示。

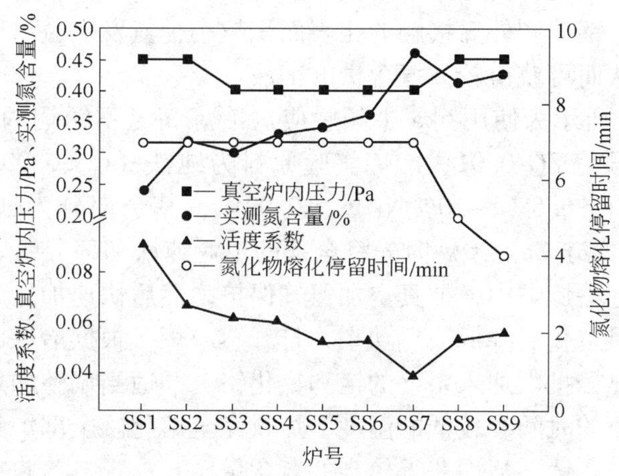

图 4-6 真空炉内压力、合金元素活度系数及氮化物熔化停留时间与实测氮含量的关系

感应炉熔炼高氮不锈钢时，常用的氮化合金有氮化锰、氮化铬、氮化硅等。不同的氮化物有不同的熔化温度，在不同的熔化温度下，熔化的快慢不同。钢的化学成分决定氮化合金的种类和最大加入量。感应炉熔炼高氮不锈钢时，氮在钢液表面的活动处于动态平衡，氮化物在钢液中熔化、溶解后会发生溢出，时间越长溢出越多，逐渐达到钢液内外氮的平衡。如果过早地加入氮化物，溶解在钢液中的氮会不断地参与钢液表面的溢出反应，使钢液中溶解的氮越来越少。另外氮化物熔化温度较高（指超过钢液温度）必然延长熔化时间，同时较高的熔化温度促使氮气溢出。

当氮化物熔化温度较低（一般低于钢液温度）时，一旦氮化物加入到钢液中，氮化物迅速熔化，并被搅拌均匀。由于时间较短，钢液中溶解的大量过饱和氮在浇铸成钢锭以前，来不及大量溢出而被留在钢液中，从而得到较高的氮含量。在氮化锰、氮化铬、氮化硅等这几种氮化合金中，只有氮化锰的熔化温度较低，约 1200℃左右，而氮化铬、氮化硅的熔化温度都在 1500℃以上。所以，在使用感应炉冶炼高氮钢时，建议使用氮化锰。对于相同成分的钢液，当加入的氮化铬越细小时，加入后氮化铬熔化时间越短，冶炼时间越短则氮含量越高，其原因是从熔化到浇铸时间较短时，氮在钢液中来不及溢出。

另外，钢液和外界接触的比表面积越小，氮发生溢出反应的机会也越小，从而可获得较高氮含量的钢液。

表 4-2 所示为使用 6kg 中频感应炉冶炼高氮不锈钢的实验结果。感应炉型号为 ZG-0. 01，冶炼实验原料为纯铁（C < 0. 005%）、CrN 铁（61% Cr、6. 6% ~ 10% N、C < 0. 02%，其余部分为铁）、Ni 豆、金属 Mn、低硅 Ca。冶炼时先将全部的工业纯铁和部分锰、镍以及氮化铬铁放进冶炼炉内，抽真空加氮气保护，然后快速加热到炉料熔化温度。炉料熔化后降低加热功率，打开感应炉，根据冶炼成分和氮化铬熔化情况分批次加入余下的锰和氮化铬，并适当调整加热功率，以期待在最短的时间和较低的温度下炉料完全熔化。全部炉料熔化后立即快速出炉浇铸，从而获得较高的氮含量。

熔炼温度对钢种的氮含量有很大的影响，即随着钢液温度的升高，氮在钢液中的溶解度反而下降了。从表 4-2 可以看出，第 1 ~ 4

炉的熔炼温度为1650℃，其实测氮含量比预测值低，而第5～18炉的熔炼浇铸温度为1550℃，其实测氮含量比预测值高了很多。这是由于氮与大部分合金元素都可形成氮化物，而这些反应主要以吸热反应为主，所以随着钢液温度的降低，氮的溶解度升高。因此冶炼时控制好钢液温度以及出钢温度也是保证氮含量的一个重要因素。

表 4-2 实测氮含量

炉号	设计成分	熔炼温度/℃	冶炼方案/kg					N含量/%	
			Fe	CrN	Mn	Ni	低硅钙	预测值	实测值
1	Cr24Mn5	1650	3.34	2.36	0.3	—	—	0.4961	0.27
2	Cr24Mn5	1650	3.34	2.36	0.3	—	—	0.4961	0.36
3	Cr25	1650	3.514	2.459	—	—	—	0.4221	0.34
4	Cr24Mn5Ca0.5	1650	3.31	2.36	0.3	—	0.03	0.505	0.24
5	Cr18Mn9Ni5	1550	3.39	1.77	0.54	0.3	—	0.2933	0.4
6	Cr18Mn5Ni5	1550	3.63	1.77	0.3	0.3	—	0.2372	0.3
7	Cr20Mn9Ni5	1550	3.193	1.967	0.54	0.3	—	0.3609	0.38
8	Cr18Mn18	1550	3.15	1.77	1.08	—	—	0.5304	0.67
9	Cr18Mn18	1550	3.15	1.77	1.08	—	—	0.5304	0.65
10	Cr24Mn5	1550	3.34	2.36	—	0.3	—	0.5304	0.31
11	Cr18Mn18	1550	3.15	1.77	1.08	—	—	0.5304	0.699
12	Cr18Mn18	1550	3.15	1.77	1.08	—	—	0.5304	0.58
13	Cr18Mn18	1550	2.625	1.475	0.9	—	—	0.5304	0.65
14	Cr18Mn18	1550	2.625	1.475	0.9	—	—	0.5304	0.67
15	Cr18Mn15	1550	2.775	1.475	0.75	—	—	0.4524	0.53
16	Cr18Mn15	1550	2.775	1.475	0.75	—	—	0.452	0.57
17	Cr18Mn12	1550	2.925	1.475	0.6	—	—	0.3858	0.4
18	Cr18Mn12	1550	2.925	1.475	0.6	—	—	0.3858	0.48

提高钢中氮含量不能超过钢中固溶氮与生成氮化物的极限，在特定的条件下，钢液和固相中所能溶解的氮是有限的，一旦超过这个界限，就会形成氮化物偏析以及产生气泡。在冶炼实验中，为了冶炼出高氮的奥氏体不锈钢，各炉所加氮化铬的含氮量都超过了钢液氮溶解

度的极限。18Mn18Cr 的氮含量均在 0.58% 以上，有的甚至达到了 0.699%，平均值也为 0.633%。由于难于对氮在钢液中的溶解进行精确控制，并且钢液中氮气的溢出很难阻止，因此在有些铸坯中有氮气溢出形成的气泡，严重影响了铸坯的质量。在研究了 18%～24% Cr 高氮奥氏体不锈钢中氮气泡的析出行为后发现，钢坯的表面下存在有细小且近似球形的孔洞，孔洞周围没有氧化物等第二相夹杂，可以推测这些孔洞来自于氮气泡的溢出。

4.2.4　氮含量的预测

根据西华特（Sievert）定律或平方根定律，气体在液态或固态金属中的溶解度 S 与金属的温度及气体的分压 p 有关，即当温度不变时，S 与 p 的平方根值成正比：

$$S = k\sqrt{p} \tag{4-7}$$

当气体分压固定，溶解度 S 与温度 T 的关系可用下式表示：

$$S = Ce^{-\frac{Q}{2RT}} \tag{4-8}$$

式中　C——常数；

Q——气体的溶解热；

R——气体常数；

T——绝对温度。

由于氮与大部分合金元素都可形成氮化物（以吸热反应为主），所以随着钢液温度的降低，氮的溶解度升高。

氮作为气体元素，在纯铁液中溶解度很低，在一个大气压下 1600℃时，其溶解度仅为 0.0451%。但是，氮在不锈钢钢液中的溶解度与钢液的化学成分有很大的关系。合金元素对氮在钢液中溶解度的影响见图 4-7，从图 4-7 中可以看出，大多数合金元素和氮相互作用，可有效地提高氮在钢液中的溶解度，如 Cr、Mn、Mo、V、Nb 等。而 Ni、Cu、Si、C 等元素则降低氮的溶解度。另外，当钢中含有大量的氧时，使用 C 脱氧生成的 CO 气体很容易诱发溶解在钢液中的氮形成气泡，浮到钢液表面溢出，从而降低钢液中氮的过饱和度，不利于获得较高的氮含量。

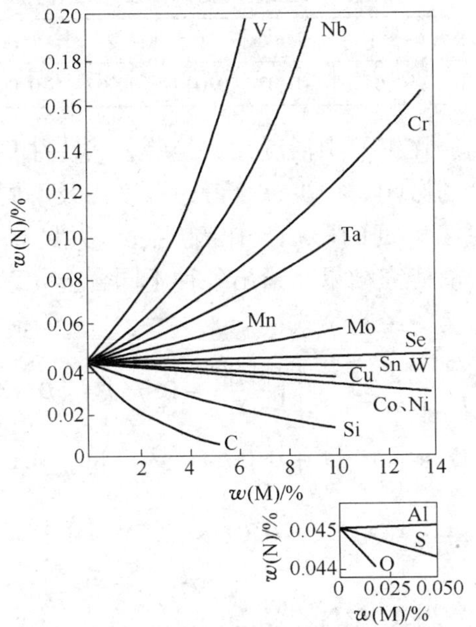

图 4-7 合金元素对氮在钢液中的溶解度影响

综上所述，影响氮在钢液中溶解度的因素有 3 个：温度 T、氮分压 p_{N_2}和钢液中合金元素的含量。即可由下式表示：

$$\ln[\%\mathrm{N}]_{\mathrm{B}} = -\frac{188}{T} - 1.25 - \Sigma e_{\mathrm{j}}^{\mathrm{N}}[\%\mathrm{j}] + \frac{1}{2}\ln p_{N_2} \tag{4-9}$$

其中 $e_{\mathrm{j}}^{\mathrm{N}}$ 为合金 j 与氮的活度相互作用系数。活度系数用经验的方法综合了各种元素和氮之间的关系，可以有效地衡量各种元素对氮在钢液中的溶解作用。表 4-3 所示为常用的活度相互作用系数。合金元素中的 Ni 元素不利于钢液中氮的溶解，但是由于其扩大 γ-Fe 缩小 δ-Fe，因此并不影响固态钢中 N 的溶解；Mn 不仅提高钢液溶解度也对提高 N 的固溶度有帮助；Cr 则不同，虽然可以提高钢液的溶氮能力，但却是铁素体形成元素，不利于固相溶氮，容易造成凝固时氮的溢出。

表 4-3　钢液中各元素对氮的活度相互作用系数

j	C	Si	Mn	P	S	Cr	Ni	O
e_j^N	0.13	0.047	-0.02	0.045	0.007	-0.047	0.01	0.05

通常采用的氮在钢液中活度系数经验公式往往只考虑单一合金元素对氮的溶解度的影响。很少综合考虑温度以及不同元素之间的相互作用等因素对氮溶解度的影响。作者经过对大量高氮钢冶炼试验研究，并综合前人的研究结果，给出各种不同合金元素和温度对氮在钢中的活度系数影响的经验公式：

$$\lg[\%N] = -\frac{188}{T} - 1.25 - \left[\left(\frac{3280}{T} - 0.75\right) \times \left(0.13 \times [\%C] + 0.047 \times [\%Si] + 0.001 \times [\%Ni] - 0.027 \times [\%Mn] - 0.044 \times [\%Cr] - 0.01 \times [\%Mo]\right)\right] + \left(\frac{\lg p_{N_2}}{2}\right) \quad (4\text{-}10)$$

4.3　高氮奥氏体不锈钢的热加工

众所周知，普通奥氏体不锈钢具有非常好的热加工性能。但是当氮含量高于0.1%时，不锈钢的硬度上升、塑性明显降低。作为间隙型原子，氮对奥氏体不锈钢的形变硬化作用很显著，氮的增加导致滑移平面和形变孪晶增加，而活跃的滑移面和孪晶层则有效地阻止了位错运动和孪晶扩展，从而强烈地增大了奥氏体钢的形变硬化率。

除了提高变形抗力外，高氮不锈钢比常规不锈钢的热塑性下降很多。高温塑性直接决定了钢材热加工开裂倾向性，这对含氮不锈钢的生产工艺、产品质量以及成材率都有直接的影响。由于热加工工艺不完善，高氮不锈钢在热轧、热锻过程中很容易产生裂纹。目前已开发出的很多含氮奥氏体不锈钢，如304N、含氮双相不锈钢2550、2205、2507，在热轧、热锻时工艺控制不好，很容易开裂。为此，国内外研究人员进行了大量的试验研究。

4.3.1　高氮奥氏体不锈钢的热塑性

金属材料的热变形行为是其微观变形机制及变形过程中组织结构

演变的宏观反映。影响金属材料热变形行为的因素很多，除了变形温度、变形速率和变形程度等工艺因素外，最重要的是所含合金的成分及数量。在高氮不锈钢中，氮一方面可以提高钢的室温强度并稳定奥氏体组织，另一方面由于氮对回复阻滞的作用，因而对热加工性能非常有害，使得高氮钢在热加工时极易出现表面裂纹。

4.3.1.1 氮对高氮奥氏体不锈钢的高温变形强度的影响

应力-应变曲线可以分析出材料的热变形特性，从图 4-8 所示压缩应力-应变曲线来看，试样在1000℃以下变形时加工硬化现象明显，应力在变形过程中不断上升。而当温度高于 1000℃时，由于发生回复和再结晶软化作用，应力在达到峰值后趋于平缓甚至降低。18Cr18Mn-0.6N 钢在不同温度下的峰值应力如表 4-4 所示。

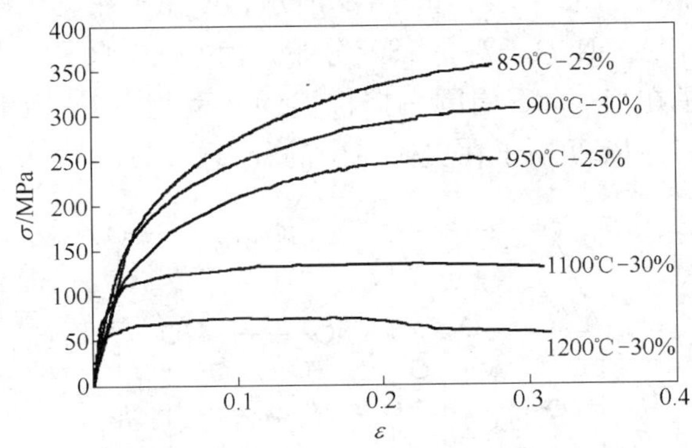

图 4-8 18Mn18Cr-0.69N 钢热压缩 σ-ε 曲线

表 4-4 18Cr18Mn-0.6N 钢在不同温度下压缩时的峰值应力

温度/℃	850	900	950	1000	1050	1100	1150	1200
应力峰值/MPa	371	327	272	216	129	148	110	92
对应应变	0.27	0.35	0.20	0.148	0.05	0.186	0.09	0.18

温度对流变应力的影响主要表现在以下几个方面：首先，温度的升高使材料的动态回复和动态再结晶的软化作用增强。随着温度的升高，热激活作用增强，并且在较高的温度下，位错也具有一定的活动能力进行滑移和攀移运动。同时温度的升高不仅使由激活能控制的动

态再结晶的形核速率增大，也使晶核的长大的驱动力增大，进而使动态再结晶的软化作用增强。其次，温度的升高使材料的临界剪切应力降低，滑移系增加。温度越高，原子的动能越大，原子间的结合力越弱，即剪切应力越低。总体说来，温度越高，流变应力越低，从而动态再结晶的程度越大，反之亦然。

在热变形过程中，流变应力除了与变形温度、应变速率和变形量等因素有关外，还与钢中的化学成分密切相关。钢中的间隙原子如C、N、B，与置换型固溶元素W、Mo、V、Si等相比，对奥氏体基体产生更显著的固溶强化效果。

与C相比，N不仅是非常强烈地形成并稳定奥氏体且扩大奥氏体区的元素，而且由于其在钢中不同的间隙分布方式，其强化系数高于碳、其强化效果更为明显。如图4-9所示，N原子在奥氏体中有较强烈的排斥分布，N-N原子对呈180°分布，而C—C原子对呈90°分布。并且，N原子在Mn原子周围占据位置的几率和在Fe周围占据的几率几乎相同，所以N原子在奥氏体中的分布要比C均匀得多。

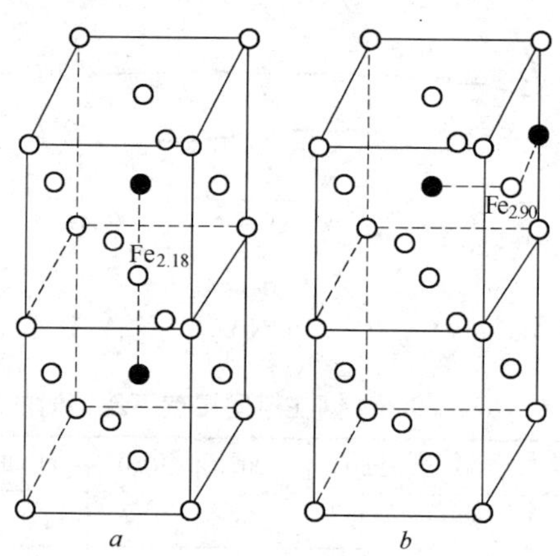

图4-9　FCC结构铁基奥氏体中原子对

a—180°的N—N原子对；*b*—90°的C—C原子对

由于N原子在铁基中的互相排斥和均匀分布作用，在高氮钢中很难形成N原子的偏聚，同时由于N在奥氏体中的固溶度随温度降低而升高，这些因素将阻碍或不利于包括 Cr_2N 在内的各类氮化物的生成。只有当钢中含有 Ti 这类强碳、氮化物形成元素，才能使得 N 从基体中脱溶，形成 TiN。

不同氮含量不锈钢的强度对比研究证明了这一点。氮含量相差 0.0321% 的偏低含量 LN 和偏高含量 HN 试验用钢，其碳含量是 LN 钢高于 HN 钢 0.015%，其他化学元素 Ni、Cr、Mn 的含量基本相同。从试验结果可以看出，LN 和 HN 试验用钢的流变应力变化趋势大致相同，即在相同应变速率下，变形温度越高，流变应力值越小；在相同的变相温度下，应变速率越大，流变应力也越大。两种试验钢中的应力峰值对比如图 4-10 所示，从图中可以看出，随着氮含量的上升，应力-应变曲线上的峰值应力在不同的变形条件下均有所提高：当变形温度小于 1150℃时，在相同应变速率条件下，LN 和 HN 试验用钢的峰值应力的差值较大，且随着应变速率的增大，它们的差值变得越大；但是当变形温度在 1150℃以上时，它们的差值越来越小。

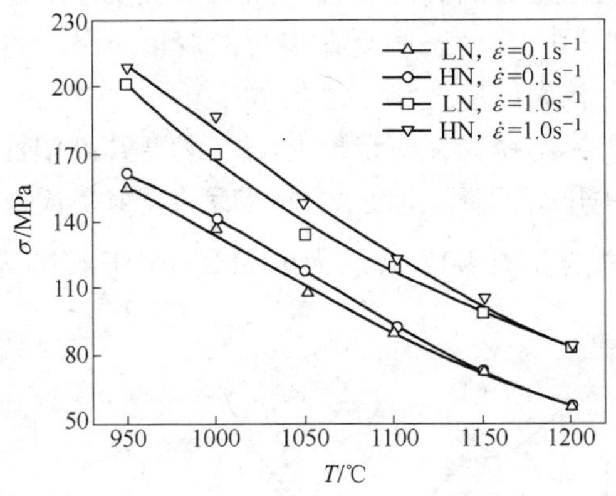

图 4-10 高氮含量 HN 和低氮含量 LN 对钢的峰值应力的影响

4.3.1.2 氮对高氮奥氏体不锈钢的高温变形塑性的影响

氮元素对钢的塑性有极大的影响，但是在高氮奥氏体不锈钢高温下的塑性变形规律及变形机理的研究尚不充分，也未见国内外有详细的报道。笔者通过一系列的等温热模拟试验观察了 18Mn18Cr-0.69N 高氮奥氏体不锈钢的高温塑性变形行为，并研究了其内在规律。

在 850 ~1200℃进行该钢种试样的轴向等温压缩试验，然后观察试样表面裂纹萌生情况，将萌生第一条微观裂纹作为塑性极限，研究高氮不锈钢的高温塑性。结果显示，1000℃以下变形时试样表面呈金色，压下 40% 时试样表面仍光滑无裂纹，1000 ~1100℃之间变形后，15% 压下即可观察到细小裂纹，1150℃以上变形的试样表面氧化严重，未观察到微小裂纹。

通过高温单向拉伸试验，观察试样的断面收缩率也是研究材料高温热塑性的常用方法。断面收缩率是反映材料塑性的指标，其值越大塑性越好。在热变形时，晶界的滑移相对于晶粒内部变得容易，如果晶粒的变形力增大，容易在晶界产生应力集中，从而导致晶界裂纹；如果能容易发生动态回复可以降低晶界的应力集中，减小产生晶界裂纹的驱动力；如果能及时地发生动态再结晶和静态再结晶，可以消除晶界的应力集中，使高温材料获得较高的高温塑性。变形温度越高，动态回复及动态再结晶就越容易发生。所以，变形温度升高到一定的程度时，才能获得足够的高温塑性。然而，应变量对动态回复及动态再结晶影响有所不同，动态回复在很小的变形量下就可以发生，而动态再结晶只能在较大的应变量下才能发生。

通常，奥氏体不锈钢在变形时，随着温度升高塑性提高，只有温度过高后塑性才开始下降。但是，加氮后的高氮奥氏体不锈钢其高温热塑性变化较复杂。图 4-11 所示为 18Mn18Cr-0. 43N 钢在 $\dot{\varepsilon}=0.1s^{-1}$

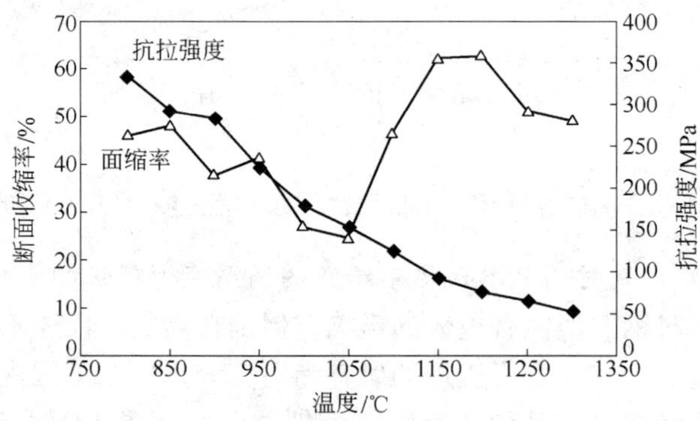

图 4-11　18Mn18Cr-0. 43N 钢高温拉伸抗拉强度及面缩率（$\dot{\varepsilon}=0.1s^{-1}$）

时不同温度条件下的拉伸强度和面缩率。由图可见，从800℃开始，随着温度升高，18Mn18Cr-0.43N高氮奥氏体不锈钢的塑性降低，当变形温度在1000～1100℃范围内，合金进入低塑性区域，其面缩率不足30%。而当温度升至1100℃时，塑性急速上升，面缩率达到60%以上。然后随着温度继续升高，合金塑性开始下降。

高氮奥氏体不锈钢在不同温度下的拉伸断口形貌表现出不同的特点。图4-12所示为18Mn18Cr-0.43N钢在900℃、1050℃、1150℃拉伸断口SEM图像，由图可以看出，900℃时，拉伸断口为混合断口，即准解理断裂基础上分布着韧窝断口，并且在韧窝中心可看到铸造合金断口常见的显微孔洞，显微孔洞内壁光滑。韧窝深浅不一，有些较浅的韧窝中心能见到很细小的析出物颗粒。大而深的韧窝中心有较大

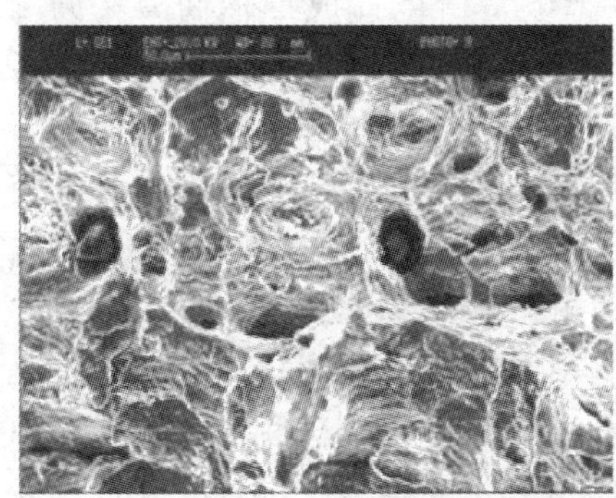

900℃　500×

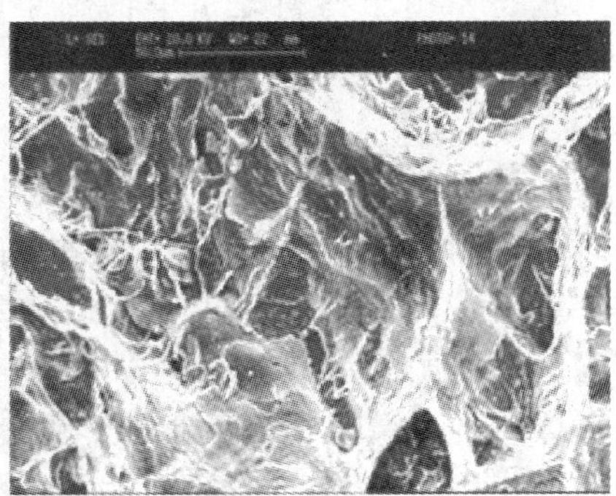

1050℃　500×

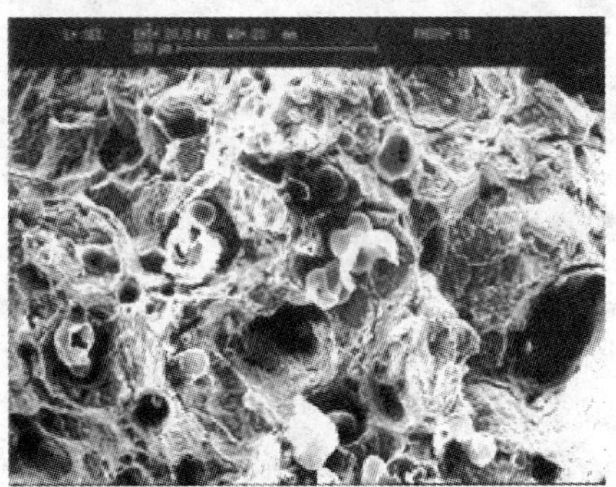

1150℃　500×

图4-12　18Mn18Cr-0.43N钢高温拉伸断口SEM图像

的析出或夹杂。1050℃时，拉伸断口为典型的沿晶断裂，晶内则呈现非解理脆性断口。这可归因于晶界的析出物较母相坚硬，使得晶界在滑移过程中应力集中，这样在奥氏体和晶界析出相界面形成微孔洞，这些微孔洞聚集进而形成裂纹，在拉伸过程中裂纹扩展最终导致沿晶断裂。在这一温度左右由于铁素体的析出和氮化物没有完全固溶，晶界偏析较集中，因此，晶界强度受到削弱，很容易碎裂形成裂纹并使裂纹沿晶界扩展，造成试样沿晶界断裂。1150℃时，拉伸断口为典型韧窝延性断口，韧窝直径较大，平均直径100μm。在韧窝中心是较深的孔洞，并可看到大块夹杂物存在。可认为铸锭显微孔洞与杂质构成裂纹源，随着拉伸的进行，显微裂纹不断扩展聚集形成韧窝断裂。韧窝处能见到明显的较薄而大的析出物。韧窝的形状取决于应力状态，由于材料处于单轴拉伸状态下，所以造成等轴韧窝。韧窝的大小和深浅决定于材料断裂时微孔生核数量和材料本身的相对塑性。

对于高氮不锈钢在1000～1100℃出现低塑性区的原因，有研究者认为当温度高于1000℃时晶粒长大倾向严重。在1000℃拉伸试样中奥氏体局部晶界上存在铁素体韧性相。由于铁素体和奥氏体具有不同的晶体结构，即体心立方的铁素体和面心立方的奥氏体，高温下奥氏体相硬度较高，而铁素体相硬度较低，在热变形过程中，两相组织的软化机制也不同，铁素体的软化机制是动态回复，即使在较低的应变下，也可以发生铁素体的动态回复，而奥氏体的主要软化机制是动态再结晶，而动态再结晶只能在高应变时发生，因此在热加工过程中，奥氏体和铁素体中应力和应变分布的不均衡，导致裂纹容易在相界上形成和扩展，这些因素都能导致在此温度区间热塑性的降低。随着温度的进一步升高，热塑性能逐渐改善，其原因是析出氮化物的固溶以及析出铁素体相的增加。由于体心立方晶格点阵密度小，合金元素在铁素体体心立方晶格内比在奥氏体面心立方晶格内易于迁移，这有利于塑性变形中铁素体的回复再结晶，所以铁素体在塑性变形时，其晶粒的回复再结晶过程要比奥氏体迅速得多，在1150℃左右变形时，对铁素体而言，可以瞬时再结晶，但对奥氏体而言只是再结晶的初始阶段。另外温度越高越易进行动态再结晶，从而提高塑性。

4.3.2 高温下碳氮化物的析出

在奥氏体钢的成分设计和制造过程中，主要有三类奥氏体稳定性问题：高温加热时δ铁素体的形成；低温时产生的马氏体相变；在一定受热条件下发生的碳、氮化物或金属间化合物的脱溶沉淀。前两类问题开展的研究深入，已经形成公认的结论。但是高氮奥氏体钢中碳化物、氮化物和第二相析出的研究虽然也常见于各种刊物、论著等，但各类说法不统一。这是由于在一定的受热条件下，含氮的奥氏体不锈钢的第二相析出十分复杂，不但有很多析出相（最多有 18 种），而且氮化物的析出机制可能与一般的第二相的析出机制不同。另外，这种钢中的合金元素强烈地影响σ相的析出行为，使其第二相的析出机制与低氮或无氮奥氏体不锈钢的析出机制有很大不同。纵观近几年的研究，高氮奥氏体不锈钢析出行为的研究主要在两个方面：一是氮对第二相析出行为的影响；二是碳（氮）化物（主要是 $M_2(C,N)$、$M_{23}C_6$ 等）和一些中间相（σ、χ、Laves、二次奥氏体 γ′等相）的析出对该钢种性能的消极影响。

氮在钢中不同的晶体结构下的溶解度差别非常大。研究结果认为，氮在体心立方的δ-Fe 和α-Fe 中的溶解度很低，而在面心立方的γ-Fe 中的溶解度很大，如图 4-13 所示。通常高氮不锈钢冶炼凝固过程中会穿过δ相区，此时使得固溶在基体中的氮原子脱溶形成气泡从而溢出。对高氮不锈钢来说，凝固过程中的δ-Fe 转变会极大地限制氮含量的增加。可调整合金成分，改变不锈钢的凝固模式，从而使得高氮不锈钢在凝固时避开δ-Fe 相区，以避免氮气溢出，提高氮含量。试验结果表明，通过增加 Mn、Ni，可扩大奥氏体相区，缩小凝固时的铁素体相区，缩短溶

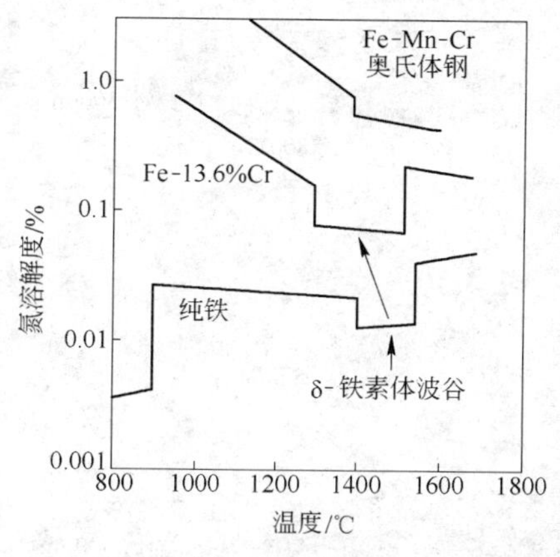

图 4-13 氮在纯铁和钢中的溶解度

N 的瓶颈区域的温度范围，有助于固态过饱和固溶度的提高。氮在钢中的溶解度随温度变化的规律与普通不锈钢不同，其溶解度随温度的降低而增加。

另外，微合金元素碳氮化物在固溶体中的析出过程一般包括微合金元素的偏聚和析出相的形核、长大、粗化 4 个阶段，影响上述 4 个阶段的因素都将影响微合金元素碳氮化物在固溶体中的析出行为。从动力学角度来说，碳氮化物从固溶体中析出主要决定于晶核的形成条件（浓度起伏、结构起伏、能量起伏）、合金元素的扩散速度、过冷度和内应力（畸变能）等因素。

将 18Cr-18Mn-0. 43N 钢试样升温至不同温度，保温 30min 之后水淬，然后进行金相显微组织观察，其侵蚀条件为 1∶10 草酸溶液电解腐蚀。结果如图 4-14 所示，随热处理温度的升高，铸锭晶界逐渐模糊、变细，晶界处的 Fe_3C 析出物逐渐溶解。但是，与此同时，晶内树枝状的晶间偏析处逐渐析出第二相。800℃时有明显的奥氏体晶界

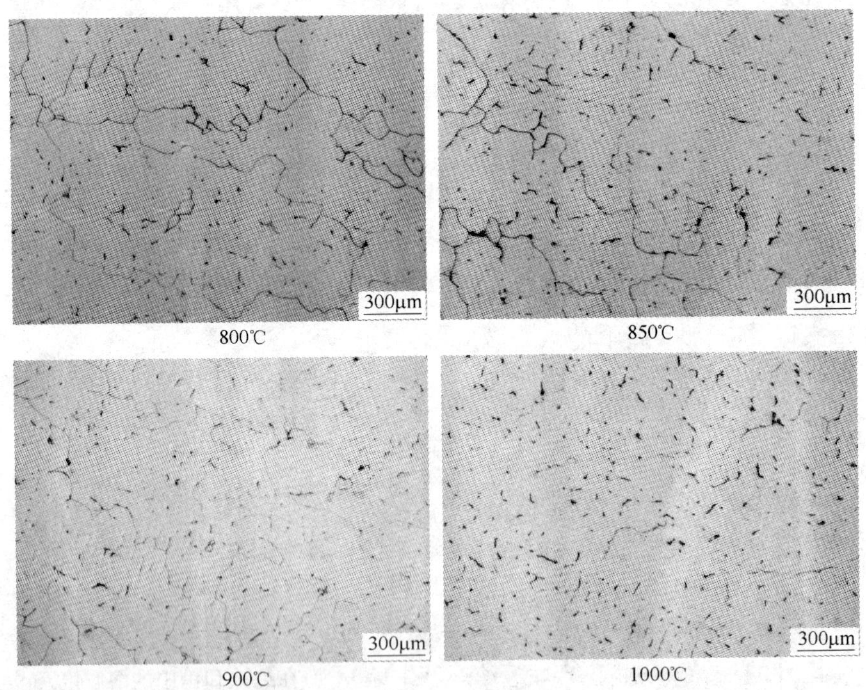

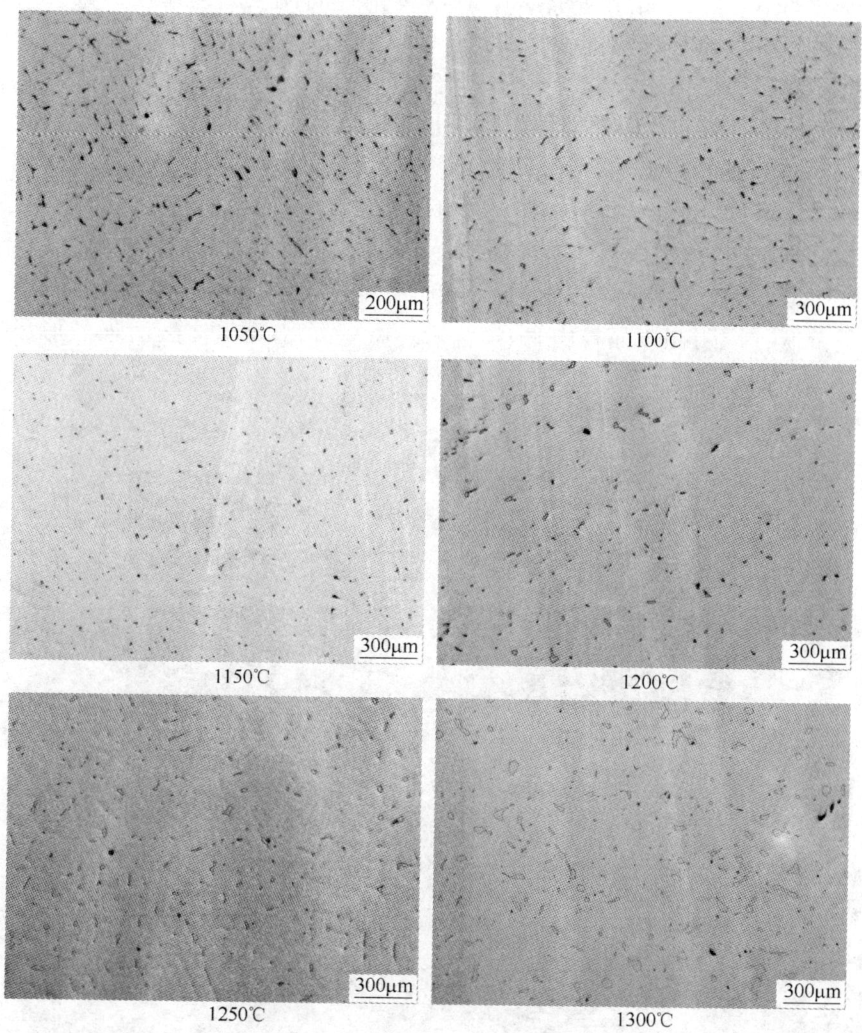

图 4-14 18Cr18Mn0.43N 电渣重熔铸锭热处理后金相组织

和较为不规则的树枝晶；850℃时奥氏体晶界变化不太明显，但是树枝晶明显增多；900℃时奥氏体晶界变得细小，但是树枝晶增多且变长，但是颜色较浅，有一定的规则排列；1000℃时奥氏体晶界基本不见，只有树枝晶的存在；1050℃时原始奥氏体晶界完全消失，即铸锭

中的 Fe_3C 全部固溶于基体，只有规则排列的树枝晶，并且其数量达到最多；1100℃时树枝晶变少，有明显的第二相晶粒析出。Mn-Cr 系护环钢属奥氏体本质粗晶粒钢，当温度稍高于 1000℃时奥氏体开始迅速长大，接近 1100℃时晶粒粗化过程结束，枝晶间析出物逐渐减少，内部成分趋于均匀；1150℃时树枝状析出物基本溶解，在均匀的奥氏体基体上开始析出岛状第二相；1150～1300℃之间时，岛状第二相逐渐长大，尺寸已接近 100μm。图 4-15 所示为电子探针实验（EPMA）面扫描结果，可以看出，岛状第二相 Cr 含量明显偏高而 Mn 含量偏低，说明在该晶粒内有 Cr 偏析。Cr 是缩小奥氏体区而强烈形成并稳定铁素体的元素，Mn 是奥氏体形成元素，由此可以判断该晶粒为铁素体。

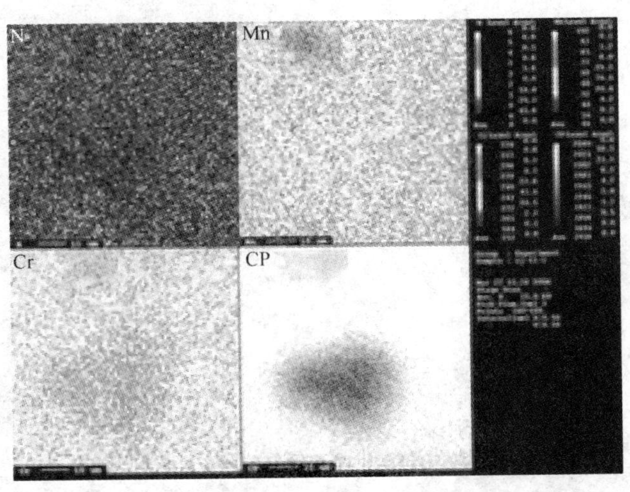

图 4-15　1300℃EPMA 图

从 18Cr-18Mn 高氮钢的 Thermocalc 相图可知，在 550～800℃范围内为 γ + HCP（密排六方氮化物） + $M_{23}C_6$ + σ 四相共存，800℃以上时 σ 相消失；当达到 900℃附近时，将只有 γ + $M_{23}C_6$ 相。按照相图推断，800℃开始溶解变细的晶界析出物为 HCP 氮化物 Cr_xN_y，而晶内不断析出的树枝状析出物为 $M_{23}C_6$ 相，从 900℃开始析出至 1050℃达到峰值并开始固溶减少，到 1200℃时全部溶解。该 $M_{23}C_6$

相的析出是造成该钢种在 1000 ~ 1100℃ 塑性低的主要原因。而 1150 ~ 1200℃ 高塑性的原因则很显然是氮化物 Cr_xN_y 和碳化物 $M_{23}C_6$ 的全部溶解。

4.3.3 高温多向自由锻造

随着火电机组向高性能、大型化方面发展，发电机护环普遍采用 18Mn18CrN 钢制造。国家机械行业标准 JB/T 7030—2002《300 ~ 600MW 发电机无磁性护环锻件技术条件》，其规定如表 4-5 和表 4-6 所示。

表 4-5 18Cr18MnN 化学成分（质量分数,%）（JB/T 7030—2002）

钢 号	C	Mn	Si	P	S	Cr	Al	N	B
18Cr18MnN	≤0.12	17.7 ~ 20.0	≤0.8	≤0.05	≤0.015	17.7 ~ 20.0	≤0.03	≥0.47	≤0.001

表 4-6 18Cr18MnN 护环钢力学性能（JB/T 7030—2002）

项 目	Ⅰ	Ⅱ	Ⅲ
σ_b/MPa	≥970	≥1030	≤1070
$\sigma_{0.2}$/MPa	970 ~ 1100	1030 ~ 1170	1070 ~ 1210
δ/%	≥17	≥15	≥15
ψ/%	≥55	≥53	≥52
A_{KV}/J	≥102	≥82	≤75

该类高合金钢化学成分复杂、塑性差、抗力大，热锻成形十分困难，热锻成形问题较多成为生产中的薄弱环节。高氮不锈钢的自由锻造工艺流程为：钢锭下料→拔长→切断→镦粗→冲孔→芯棒拔长→芯棒扩孔。变形过程中如果控制不好，坯料会出现严重开裂，裂纹不易清除。在锻造大型护环时，往往需要十多次加热，加热制度很难连续，且不规范。芯棒扩孔变形分布不均匀，组织性能波动大，对后续胀形强化工序及使用性能均有不良的影响。上述问题成为提高护环质量的障碍，迫切需要尽快加以解决。组织性能均匀、形状尺寸规整、质量优越的不锈钢护环与热成形有着十分密切的关系。

根据高氮奥氏体不锈钢的高温变形行为，对含氮量高的 18Mn18CrN 护环钢必须进行控制锻造，即把热锻过程中的温度控制在塑性较高、动态再结晶容易发生的范围内。如果铸坯在高温低塑性区进行热加工时，很容易出现裂纹，使产品报废。因此，为防止热锻裂纹的产生，热锻必须控制在很窄的温度区间内完成。另外热锻工艺的塑性不仅取决于材料的塑性，而且取决于变形工艺中的应力状态。采用三向压应力的变形工艺有助于提高工艺塑性。

根据热模拟实验结果，制定了18Mn18Cr0.6N高氮奥氏体不锈钢的热锻工艺并且按照JB/T 7030—2002标准300～600MW发电机护环锻件标准尺寸，以1∶5比例锻造小型Mn18Cr18护环。试验经拔长、切断、镦粗、冲孔四阶段完成。ϕ500mm铸锭多火拔长至ϕ200mm，切断成四根后，镦粗、冲孔。各阶段实测工艺温度如下：

拔长　一火：开锻1170℃，终锻900℃

　　　二火：开锻1120℃，终锻850℃

　　　三火：开锻1140℃，终锻900℃

切断　800℃

镦粗　四火：第一根，开锻950℃，终锻850℃

　　　　　　第二根，开锻980℃，终锻850℃

冲孔　五火：第一根，开冲950℃，冲完871℃

　　　　　　第二根，开冲1020℃，冲完910℃（裂纹）

锻造试验中，在拔长阶段的试验温度高于1100℃，切断及冲孔的温度则低于1000℃，因此试件变形抗力虽然很高，但并未发生开裂。在冲孔阶段，其中一根开冲温度为1020℃，冲口出现了开裂，如图4-16*a*所示。而另一根950℃开冲的锻件，则表面非常光滑，没

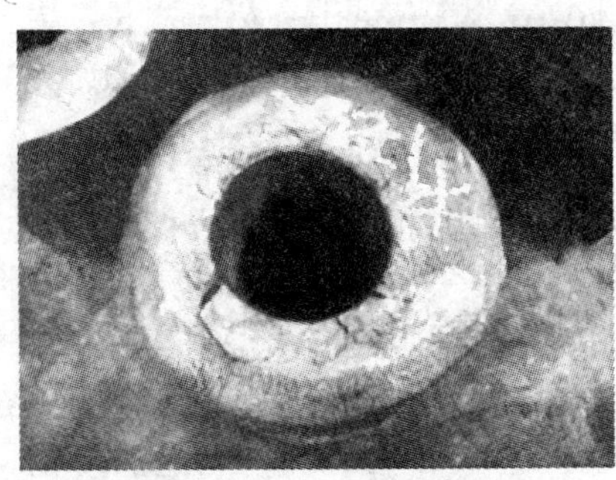
a

b

图4-16　Mn18Cr18钢锻造护环表面

有裂纹，并且表面没有氧化，如图 4-16b 所示。

由于终锻温度高于 900℃，发生了动态再结晶，晶粒得到细化。锻后晶粒尺寸与原始组织相比明显变小。图 4-17 所示为原始晶粒尺寸 1mm 细化为 50μm 以下时的组织图像。这对提高其综合力学性能有很大的帮助。

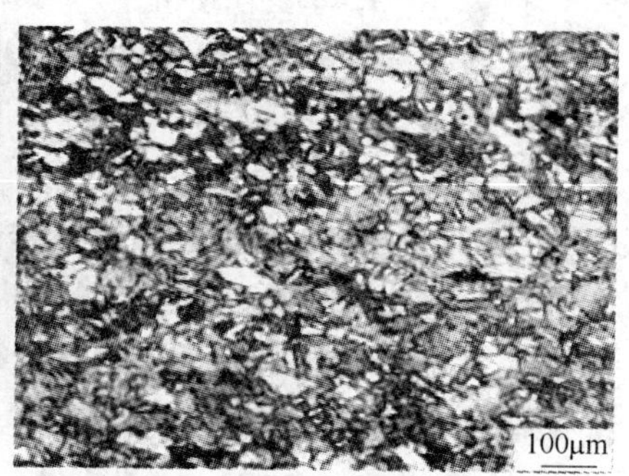

图 4-17 电渣重熔铸锭锻后横向纵向组织

表 4-7 为 18Mn18Cr0.6N 高氮奥氏体不锈钢热加工前后以及护环锻件 JB/T 7030—2002 标准中的室温力学性能。从表 4-8 中可以发现，热加工可显著提高 18Mn18Cr 钢的强度。锻件的抗拉强度 σ_b 由初始电渣重熔铸锭时的 737MPa 提高到 1103MPa，轧板的 σ_b 也由初始真空感应熔炼铸锭时的 787MPa 提高到 1100MPa 左右，均提高了 350MPa 以上。而屈服强度 $\sigma_{0.2}$ 得到更大的提高，均提高了 500MPa 即 1 倍以上。同时对比 1 号、2 号钢板发现，终轧温度越低强度越高、伸长率越低。

表 4-7 18Mn18Cr0.6N 高氮奥氏体不锈钢热锻前后力学性能

试样材料编号	抗拉强度 σ_b /MPa	断后伸长率 δ /%	规定非比例延伸强度 $\sigma_{0.2}$/MPa	断面收缩率 ψ /%
锻前 1	745	35.5	445	41.5
锻前 2	745	42.5	445	35.5
锻前 3	720	32	450	29
锻后 1	1110	35.5	1000	54.5
锻后 2	1060	35.5	915	55.5
锻后 3	1140	34.5	1000	51.5

从面缩率指标可以看出，由于采用多向锻造，断后温度较高，有回复再结晶的产生，锻件内部晶粒得到细化且没有形成织构，因此面缩率由35%提高至54%。而轧板内部由于终轧温度较低，来不及产生回复再结晶以及轧制为单向的，从而造成了轧制织构的存在，面缩率由65%降低至25%左右。

与表4-8中铁素体及奥氏体不锈钢的室温拉伸性能相比，高氮奥氏体不锈钢的抗拉强度明显高于普通的低氮不锈钢，这是因为高氮不锈钢中通过氮的固溶强化、氮化物的弥散强化和晶粒细化三种途径改善了钢的性能。在奥氏体类不锈钢中，氮绝大部分固溶于奥氏体中，固溶于铁素体中的氮含量很少。氮的增加在减少钢中铁素体相比例的同时，对其存在形态也有较大影响，使铁素体逐渐由网状、长条状向短棒状、孤岛状转变，从而降低了网状铁素体对奥氏体钢强度和塑性的不良影响。

表 4-8　铁素体及奥氏体不锈钢的室温拉伸性能

类型	AISI钢号	化学成分					屈服强度/MPa	抗拉强度/MPa	伸长率(51nm)/%
		w(C)	w(Mn)	w(Cr)	w(Ni)	w(其他)			
铁素体	430	约0.10	约1	约17	—	—	343	514.5	25
	442	约0.10	约1	约21	—	—	308.7	549	20
	446	约0.10	约1	约25	—	—	343	549	20
奥氏体	301	约0.10	约1	约17	约7	—	275	755	60
	302	0.09	1.39	17.56	9.69	—	275	637	65
	304	0.056	0.87	18.60	10.25	—	240	608	55
	304L	0.021	1.07	18.33	9.03	—	205	588	55
	310	0.040	1.66	25.26	19.58	—	325	598	48
	316	0.051	1.65	17.33	13.79	2.02Mo	269.5	602.7	60
	321	0.078	1.61	17.88	9.95	0.58Ti	210.7	618	55
	347	0.088	1.55	17.42	10.79	0.88Nb	269.5	651.7	50

4.3.4　热轧变形

表4-9所示的18Mn18Cr、18Mn15Cr、18Mn12Cr高氮奥氏体不锈钢，对其进行热轧试验结果显示，高氮奥氏体不锈钢经过热轧变形后，强度得到进一步提高。试验在350小型轧机上完成，90mm ×

90mm×80mm 铸坯在1300℃保温2h后，连续进行9道次轧制变形，轧后立即水冷。坯料开轧温度、各道次的轧制温度、轧制厚度以及压下率如表4-10所示。各轧制过程中未出现轧机颤、轧辊跳弹、无法咬入等现象，轧制过程顺利。从图4-18中可以看出，虽然6块轧板均为一火轧制，但表面均没有开裂。2号轧板由于压下量大，在1000～1100℃低塑性区变形集中且过大，在边部出现开裂。

表 4-9 热轧试验用高氮奥氏体钢的成分

编　号	1	2	3	4	5	6
设计成分（质量分数）/%	18Cr18Mn	18Cr18Mn	18Cr15Mn	18Cr15Mn	18Cr12Mn	18Cr12Mn
实测 N 含量/%	0.65	0.67	0.53	0.57	0.4	0.48

表 4-10 热轧工艺实验数据

道　次		18Cr18MnN		18Cr15MnN		18Cr12MnN	
		第1根	第2根	第3根	第4根	第5根	第6根
第1道	辊缝/mm	7.2	7.2	7.2	7.2	7.2	7.2
	压下率/%	10	10	10	10	10	10
	温度/℃	1300	1300	1300	1300	1300	1300
第2道	辊缝/mm	6.3	6.1	6.0	5.8	5.8	6.0
	压下率/%	12.5	15.3	16.7	19.4	19.4	16.7
	温度/℃	1260	1260	1272	1286	1268	1210
第3道	辊缝/mm	5.3	4.7	4.5	4.0	4.0	4.5
	压下率/%	15.9	23	25	31	31	25
	温度/℃		1248	1221	1221	1206	1188
第4道	辊缝/mm	4.4	3.5	3.0	2.5	2.5	3.0
	压下率/%	17	25.5	33.3	37.5	37.5	33.3
	温度/℃		1186	1132	1142	1179	1140
第5道	辊缝/mm	3.4	2.4	1.7	1.5	1.5	1.7
	压下率/%	24.4	31.4	43.3	40	40	43.3
	温度/℃		1096	1141	1147	1131	1131

续表 4-10

道次		18Cr18MnN		18Cr15MnN		18Cr12MnN	
		第 1 根	第 2 根	第 3 根	第 4 根	第 5 根	第 6 根
第 6 道	辊缝/mm	2. 4	1. 4	0. 7	0. 5	0. 5	0. 7
	压下率/%	29. 4	41. 6	58. 8	66. 7	66. 7	58. 8
	温度/℃		1090	1082	1091	1075	1110
第 7 道	辊缝/mm	1. 4	0. 8				
	压下率/%	41. 7	42. 8				
	温度/℃		1082				
第 8 道	辊缝/mm	0. 8	0. 5				
	压下率/%	52. 9	37. 5				
	温度/℃		977				
第 9 道	辊缝/mm	0. 7	0. 5				
	压下率/%	12. 5	0				
	温度/℃	750	900				
最终厚度/mm		8. 4	5. 1	8. 4	6. 0	6. 7	7. 6

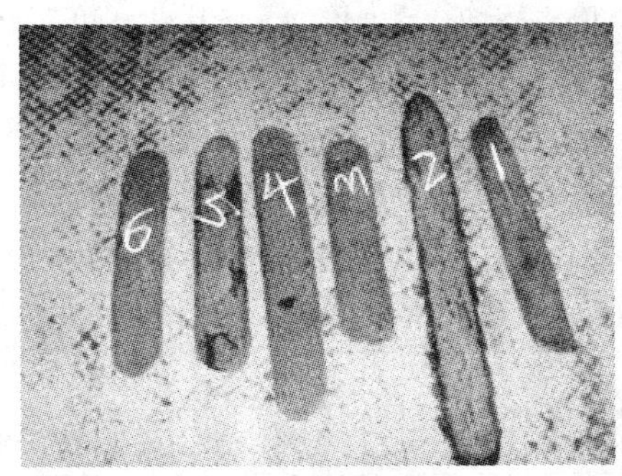

图 4-18 轧后板材表面

图 4-19*a* ~*f* 分别为铸锭轧制后的组织。

图 4-19*a* 中无论横向还是纵向组织都出现了明显的方向性。这是因为坯料为一火单向轧制，在经过 9 道次轧制后终轧温度为 750℃，轧后立即水冷，终轧后板材来不及进行回复再结晶，轧后横向组织晶

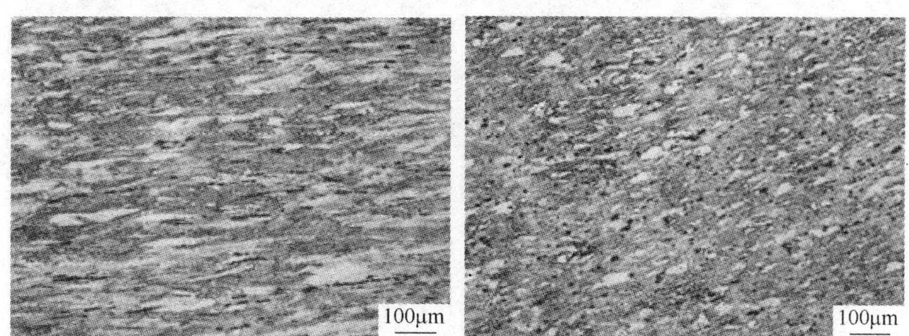

a 18Cr18Mn0.65N 轧制后横向纵向组织

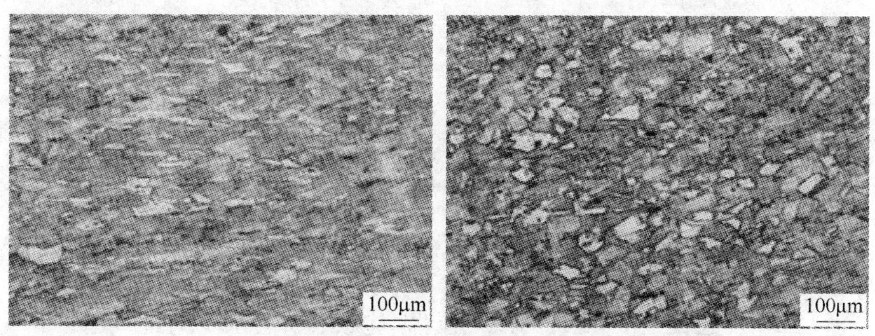

b 18Cr18Mn0.67N 轧制后横向纵向组织

c 18Cr15Mn0.53N 轧制后横向纵向组织

d　18Cr15Mn0.57N 轧制后横向纵向组织

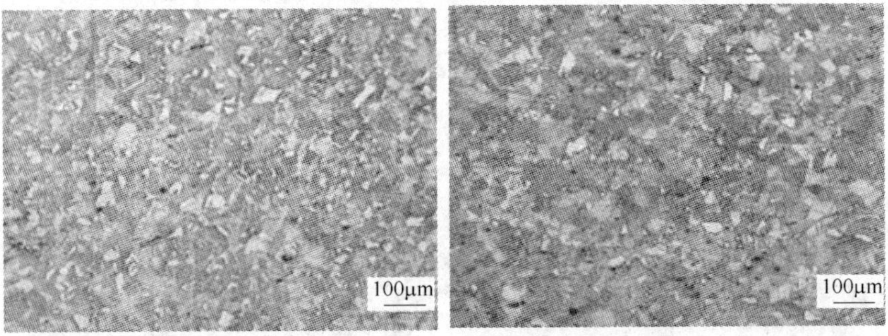

e　18Cr12Mn0.43N 轧制后横向纵向组织

f　18Cr12Mn0.48N 轧制后横向纵向组织

图 4-19　感应熔炼铸锭的轧后组织

粒尺寸明显大于纵向组织晶粒尺寸。

图 4-19*b* 横向组织有明显的方向性而纵向组织方向性不太明显，这是因为坯料经过 9 道次轧制后终轧温度为 900℃，轧板发生了部分的回复再结晶。*a*、*b* 两组横向较纵向组织晶粒更为扁平，基本成带

状，这是因为轧制工艺为单向轧制，横向为轧制方向。

剩下的4组轧板组织没有方向性并且同组晶粒尺寸相差不大，这是因为轧后温度较高（c、d 两组为6道次轧制，轧后温度分别为1082℃和1091℃；e、f 组也为6道次轧制，轧后温度分别为1075℃和1110℃），轧板产生了完全的回复再结晶所致。再结晶晶粒可以有效地阻止裂纹的扩展，从而提高高温性能。与原始组织相比，轧后组织晶粒尺寸明显降低，晶粒得到细化。6组轧板无论是横向还是纵向组织中都有黑色析出物析出。

从表4-11所示轧板力学性能中可以看出，当氮含量较高时，轧板的抗拉强度 σ_b 以及规定非比例延伸强度较高。这是因为氮在钢中是以间隙溶质原子形式出现，占据在八面体间隙位置，易于在固溶体中均匀分布，氮化物易形成弥散的细小强化相。另外氮降低了奥氏体中密排不完全位错，限制了含间隙杂质原子团的位错运动，高氮奥氏体钢中的平面位错间的距离更大，使蠕变期间出现的位错攀移矢量增加，所以钢的蠕变速率减小。终轧温度较低的轧板的室温抗拉强度和规定非比例延伸强度明显高于终轧温度较高的轧板。低温下轧制板带的晶粒细化，根据霍尔-佩奇关系，材料的屈服强度随着晶粒尺寸的降低而提高。

表4-11 轧板力学性能

材料 \ 性能指标	抗拉强度 σ_b /MPa	规定非比例延伸强度 $\sigma_{0.2}$/MPa	断后伸长率 δ/%
轧板1-1	1160	1070	23
轧板1-2	1180	1090	23
轧板2-1	1000	890	断标外
轧板2-2	1050	890	27.5
轧板3-1	950	595	38
轧板3-2	1000	665	38
轧板4-1	950	650	47.5
轧板4-2	910	615	48
轧板5-1	895	580	43
轧板5-2	920	525	45
轧板6-1	945	565	39
轧板6-2	890	535	42

轧制工艺类似、氮含量不同对力学性能的影响也较大。轧板3、4、5、6的轧制工艺较为类似，均为6道次轧制，终轧温度均在1100℃左右，轧后均出现了回复再结晶现象。但是，由于轧板3、4的氮含量明显地高于轧板5、6的氮含量（见表4-10），所以轧板3、4的抗拉强度σ_b以及规定非比例延伸强度高于轧板5、6的。

表4-12为18Mn18Cr高氮钢热加工前后以及护环锻件JB/T 7030—2002标准中的室温力学性能。从表4-12中可以发现，热加工可显著提高Mn18Cr18钢的强度。锻件的抗拉强度σ_b由初始电渣重熔铸锭时的737MPa提高到1103MPa，轧板的抗拉强度σ_b也由初始真空感应熔炼铸锭时的787MPa提高到1100MPa左右，均提高了350MPa以上。而屈服强度$\sigma_{0.2}$得到更大的提高，均提高了500MPa即1倍以上。同时对比1号、2号钢板发现，终轧温度越低强度越高、伸长率越低。

表4-12 Mn18Cr18高氮钢的力学性能

编　号	抗拉强度 σ_b/MPa	屈服强度 $\sigma_{0.2}$/MPa	断面收缩率 ψ/%
JB/T 7030—2002 护环锻件	≥970	970～1100	≥55
电渣重熔锭	737	447	35
试验锻件	1103	975	54
真空感应锭	787	503	65
1号轧板	1170	1080	23
2号轧板	1025	890	27.5

从面缩率指标可以看出，由于采用多向锻造，断后温度较高，有回复再结晶的产生，锻件内部晶粒得到细化且没有形成织构，因此面缩率由35%提高至54%。而轧板内部由于终轧温度较低，来不及产生回复再结晶以及轧制为单向的，从而造成了轧制织构的存在，面缩率由65%降低至25%左右。

4.4 高氮奥氏体不锈钢的应用

作为最主要的一种高氮钢——高氮奥氏体不锈钢是近年来随着冶金科技的进步出现的一种新型工程材料，目前受到国内外的广泛重视。氮合金化不锈钢发展的主要趋势有3个方面：

（1）高强高韧钢。即主要利用氮能提高钢强度又不降低韧性的特点，通过适当的冶金工艺和合金设计，将氮固溶于钢中，制备出超高强度、超高韧性的不锈钢。目前已经研究出在固溶状态下屈服强度超过2000MPa，冷加工后超过3600MPa的超高强度钢。

（2）高耐蚀类钢。即利用固溶氮可提高不锈钢的耐点蚀和局部腐蚀的性能，并兼顾其在力学性能上的影响，针对特殊服役环境的一系列新型超级不锈钢。

（3）节镍经济型不锈钢。即利用氮可扩大奥氏体相区、改变钢组织的性能，部分或全部替代贵重金属镍，使得钢在较低的原料成本下仍保持奥氏体组织，从而保证奥氏体不锈钢的优良特点。

目前国内外正在开展和已经实用化的高氮不锈钢品种集中在发电、高强用钢、生物医学领域。

4.4.1 提高耐应力腐蚀能力——发电机转子护环

发电机转子护环是汽轮发电机的一个关键零件，其作用是固定转子两端绕组，保证铜线圈不受离心力破坏，不让转子在离心力作用下向外飞逸。由于处在高速旋转状态下，它的应力很高，如200MW护环设计应力为400MPa，600MW的设计应力为690MPa，所以护环材料必须是高强度的。又为了避免涡流导致的能量损耗，减少转子端部的漏磁，所以对于大容量机组的护环，必须是非铁磁性的，并且应具有高的强度、足够的塑性和韧性、较高的屈强比和抗腐蚀性能。

过去对护环材质问题没有引起足够重视。近30年来，我国在大型的氢冷发电机中，转子护环应力腐蚀问题逐渐引起了大家的注意。据有关统计资料，1987年以来，华北电网42台发电机转子护环进行了超声波检查和覆膜金相检查，发现有应力腐蚀的护环占25.7%，因应力腐蚀而更换的护环占16.6%，护环应力腐蚀问题已严重地威胁着发电机的安全运行。

在发电机运转过程中，由于冷凝作用和冷却截至的渗漏会使转子潮湿。实践表明，发电机内部氢气湿度过高是发电机转子护环发生应力腐蚀裂纹的主要诱因，18Mn5Cr这种材料对氢气湿度也十分敏感，容易使护环产生应力腐蚀，而应力腐蚀开裂将导致转子爆炸，造成危险。

为了避免上述材料的缺陷，除了提高钢水的洁净度，改进锻造工艺和细化晶粒外，应从开发新钢种方面进行研究。近几年替代其应用的主要有18Mn18CrN高氮奥氏体不锈钢。该钢种不但具有高的强度和塑性，具有良好的抗力比，其抗应力腐蚀能力也非常强。

如图4-20所示，18Mn5Cr钢在潮湿条件下，即使在纯水中也对应力腐蚀开裂具有很高的敏感性，相反，18Mn18Cr0.6N钢在40℃的工作温度时，其应力腐蚀开裂倾向并不明显。因此，使用该钢种之后的数十年里，应力腐蚀开裂的问题似乎已经解决了。

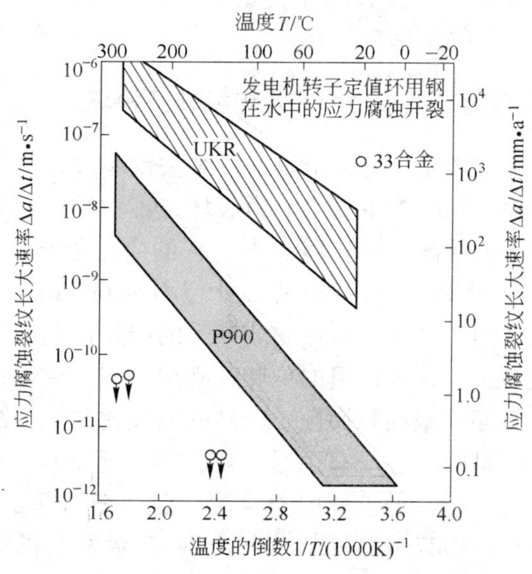

图4-20　18Mn5Cr在纯水中的应力腐蚀裂纹长大速率很小，而18Mn18Cr0.6N的耐蚀性更好

4.4.2　在高强用钢领域的应用

石油钻探用钻杆非磁性套环为外径ϕ100～300mm、长度9～

10m、两端带螺纹的管。因管内要设置各种测量探头，故为避免电磁干扰而要求管子是非磁性的，小直径范围的钻探还要求管子具有高的耐力和韧性，并能保证钻探环境下的耐腐蚀性。为满足这些需求，今年来开发了多种高氮 Cr-Mn 系钢。含氮最高的钢种是 P580，即 21.5Cr23Mn2.5Ni1.5Mo0.9N，其屈服强度达 1000MPa。

汽车发动机的排气阀也用高氮钢制造。如 1960 年在美国开始使用的 21-4N 钢，即 SUH35（Fe0.5C9Mn4Ni21Cr0.4N），该钢种与铬系耐热钢比有更好的耐热性和耐铅腐蚀性，与高镍钢比有更好的性价比。

SUS304、SUS316、SUS317 等通用不锈钢中添加氮后，强度和耐腐蚀性都显著提高。SUS304 和 SUS316 为基的含氮钢种可用于水闸、角钢、隧道、水槽、螺丝、非磁性阀簧、非磁性轴等要求高强度、非磁性的部件。耐蚀性高的 SUS316LN、SUS317LN 多用于化工反应罐等腐蚀性的容器。含有大量铬和钼的高氮钢具有更高的耐腐蚀性，多用于海水环境、化工厂的排烟脱硫装置、废液处理装置、污泥处理装置、水泥厂的烟筒、烟道内衬等高温腐蚀性环境。

4.4.3 人体植入医疗用材

统计表明，最近几十年来对镍过敏的人数显著增多。据外刊报道，医学临床上已有因戴含镍金属眼镜架而引起皮肤病的大量病例，硬币计数员有发生镍致皮炎的病例，妇女接触含有镍成分的首饰等会引发皮肤病。有人在分析不同皮肤病患者的观察结果后得出结论，在与人体接触时，镍离子可通过毛孔和皮脂腺渗透到皮肤里面去，引起皮肤过敏发炎，其临床表现为皮炎和湿疹。很多人对不锈钢假牙不适应，其主要症状为由镍过敏引起的卡他性口腔炎，如镍致湿疹、过敏性皮炎、假牙口腔炎。甚至有学者指出，镍对细胞的代谢产生有害影响，对人体有致癌作用。

镍对人体产生的致敏反应和致癌影响，已引起欧美医学界和材料界的重视。各国对日用和医用金属材料中的镍含量限制越来越严格，标准文件中所允许的最高镍含量也越来越少。

高氮、无镍的奥氏体不锈钢最近已经应用于制造与人体体液接触的部件。如表壳、牙齿矫正器、人工关节，例如含 15% ~17% Cr、4.3% ~5.9% Mo、11.2% Mn、0.9% N 的稳定奥氏体组织不锈钢，这种钢的 Cr、Mo、N 含量高，因此耐腐蚀能力很强，人体组织液及汗液都不能让其溶解腐蚀，并且不形成对人体有害的离子，另外还具有高强度和高塑性的良好配合。

5 变形镁合金

镁储量占地壳的2.5%，仅次于铝和铁。镁合金是目前工业应用中最轻的金属结构材料，它的抗拉强度与一般铝合金相当，明显高于工程塑料。镁合金的弹性模量低，在同样的受力条件下，可消耗更大的变形功，故镁合金减振性能好，可承受较大的冲击负荷。镁还具有优良的吸湿能力、尺寸稳定性、机械加工性能和电磁干扰屏蔽性能。同时，镁合金与塑料相比易于二次回收。镁的这些优异性能，使镁合金在航空工业、汽车、摩托车、自行车、机械设备和电子产品等领域有着非常广阔的前景。

镁合金加工分为铸造和变形两种方法，当前主要使用铸造加工工艺。压铸是应用最广的镁合金铸造成形方法，镁合金产品的80%是通过压铸方法获得的。虽然目前铸造镁合金产品用量大于变形镁合金，但经过塑性变形可以生产尺寸多样的板、棒、管、型材及锻件产品，变形后晶粒细化的作用使镁合金材料强度与韧性同时提高，可以满足不同场合结构件的使用要求。因此，开发变形镁合金，是其未来更长远的发展趋势。国际镁协会（International Magnesium Association, IMA）在2000年便将开发变形镁合金作为发展镁产业的长远计划。

镁合金可以用轧制、挤压、冲压、热锻及超塑性成形等方式进行加工。镁合金管、棒、带、型材主要采用挤压方法加工成形，因为挤压工业最适用于低塑性材料的成形加工。大部分变形镁合金如AZ31B、ZM21、ZK60等均可用挤压法生产。塑性加工生产出的零件，其力学性能较压铸法生产的要高很多，而且表面光洁，无需再经打磨，可用于汽车承载件，如坐架、底盘框、轮毂和汽车窗框等。

5.1 镁的结构和特性

镁，原子序数为12，相对原子量为24.305，是碱土金属中最轻的结构金属。镁为银白色金属，熔点为648.8℃，沸点为1107℃，密度为1.74g/cm^3。纯镁的优点很多，如密度低、比强度高、很好的导热与导电性、易于机加工、减振效果好等，但如表5-1所示，其力学性能较差，一般不能直接做结构材料使用。镁与铝、锌等元素结合，可组成很有工业应用价值的合金。

表5-1　纯镁的力学性能

加工状态	抗拉强度 σ_b/MPa	屈服强度 σ_s/MPa	弹性模量 E/GPa	伸长率 δ/%	断面收缩率 ψ/%	硬度 HBS
铸　态	11.5	2.5	45	8	9	30
变形状态	20	9.0	45	11.5	12.5	36

镁具有密排六方晶体结构，其晶体结构如图5-1所示。在25℃时的晶格常数 $a = 0.3202$nm，$c = 0.5199$nm，晶胞的轴比为 $c/a = 1.6237$，配位数等于12时的原子半径为0.162nm。室温滑移系少，

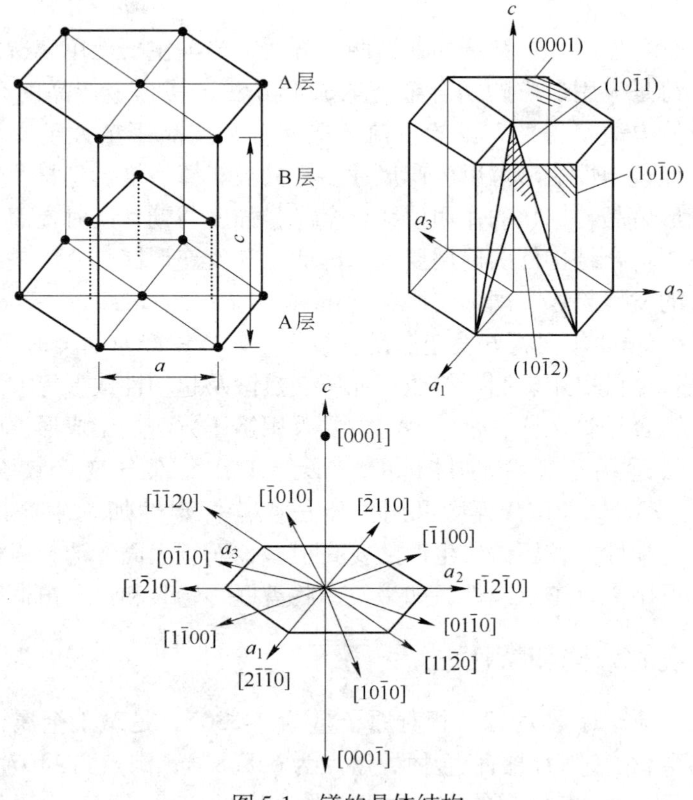

图5-1　镁的晶体结构

冷加工成形困难。

温度是影响镁合金塑性变形能力的关键因素，低于225℃时，多晶镁的塑性变形仅限于基面{0001}<1120>滑移和锥面{10$\bar{1}$2}<1120>孪生。孪晶对塑性变形量贡献较少，其主要作用为改变晶体方向、参与协调变形。高于225℃时，由于温度升高增加了原子振动的振幅，最密排面和次密排面的差别减小，这时会激活潜在的棱柱面和锥面滑移系统，镁呈现明显的延性转变，塑性大大提高；同时由于发生连续再结晶而造成的软化，也会使镁及镁合金具有较高的塑性，所以镁合金的压力加工通常在高温下进行。此时在角锥平面{10$\bar{1}$1}上产生滑移并抑制孪晶形成。

5.2 影响镁合金塑性变形能力的因素

5.2.1 合金元素

5.2.1.1 Al

Al是镁合金最重要的合金元素，它在镁中的固溶度很大，Al与Mg能形成有限固溶体。当在437℃时发生共晶反应，溶解度达到最大（12.7%），随着温度下降溶解度降低，至100℃时降为2.0%左右。因此，Al不仅可以产生固溶强化作用，而且可以进行淬火、时效热处理，使镁合金产生沉淀强化。Al在提高强度的同时还能改善氧化膜的结构，但是有形成显微缩孔的倾向。

Al不仅能提高镁合金的强度，少量的Al含量还能改善镁合金的塑性。图5-2所示为Zn含量0.38%时不同Al含量的金相组织。如图5-2*a*所示，当镁合金中不含Al时，没有析出物，组织极为粗大。此时，合金的强度低塑性差，如图5-3所示，σ_b = 120MPa，$\sigma_{0.2}$ = 40MPa，δ = 6%。当加入1.96% Al之后，如图5-2*b*所示，组织中有细小的$Mg_{17}Al_{12}$相析出，强度尤其是塑性得到大幅度提高，σ_b = 175MPa，$\sigma_{0.2}$ = 55MPa，δ = 17%。当Al含量继续增加时，晶粒尺寸增大，$Mg_{17}Al_{12}$相增多，且沿晶界网状分布，粗大的枝晶组织更加明显。合金强度继续上升、塑性开始下降。当Al含量增加至6%左右时，σ_b = 210MPa，$\sigma_{0.2}$ = 70MPa，δ = 12%。

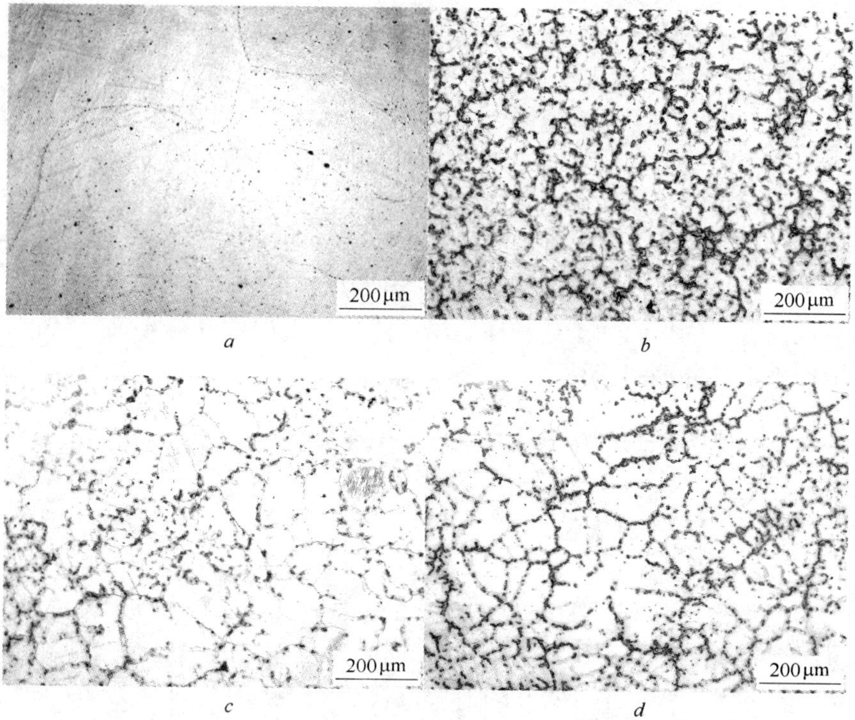

a　*b*

c　*d*

图 5-2　不同 Al 含量镁合金的铸态组织，Zn = 0. 38%

a—Al = 0. 01%；*b*—Al = 1. 96%；*c*—Al = 3. 89%；*d*—Al = 5. 98%

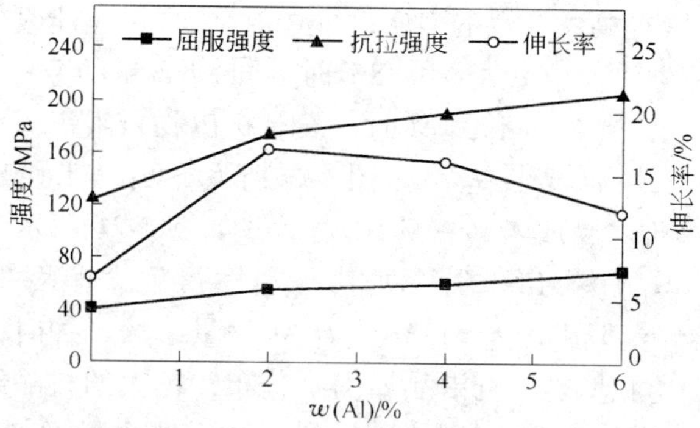

图 5-3　不同 Al 含量镁合金的室温力学性能［w(Zn) = 0. 38%］

Al含量越高，材料的强度越高，耐腐蚀性越好。但是，应力腐蚀敏感性随着Al含量的增加而增加。Al含量过高时，合金的应力腐蚀倾向加剧，脆性提高。由于Al含量过高，$Mg_{17}Al_{12}$相在晶界上呈网状析出，特别是在AZ91合金中这一析出量会达到很高，将降低合金的抗蠕变性能。所以工业镁合金中Al的含量一般都小于10%。当Al含量为6%时，合金的强度和延展性匹配得最好。

5.2.1.2 Zn

Zn是除Al之外的另一种非常有效的合金化元素，它在镁中的固溶度最大为6.2%，主要以固溶状态存在于α-Mg固溶体和二元Mg-Al合金中，不形成新的化合物相。但是随着温度的降低，Zn的固溶度减小，Zn通常与Al结合来提高镁合金的室温强度。Zn也同Zr和稀土结合，形成强度较高的沉淀强化镁合金。因此Zn对镁合金具有固溶强化和时效强化双重作用。此外，Zn也能减轻因铁、镍存在而引起的腐蚀作用。但是，高锌镁合金由于结晶温度区间间隔太大，合金流动性大大降低，从而使铸造性能变差。

当Al含量固定为6.0%而Zn含量从0变化至2.69%时，从图5-4可以看出，镁合金的组织未出现明显变化，均为花瓣状的枝晶组织，并且晶粒尺寸没有明显差别。说明Zn元素既不与Mg、Al结合形成新的化合物析出，也不改变Mg-Al二元合金中$Mg_{17}Al_{12}$相的析出方式、析出数量和析出形貌。

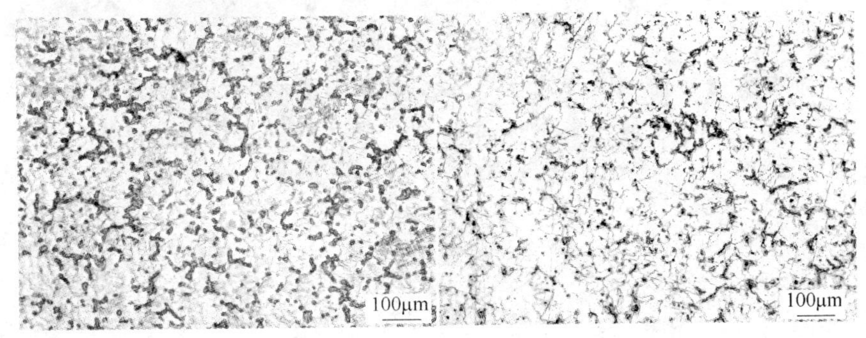

a *b*

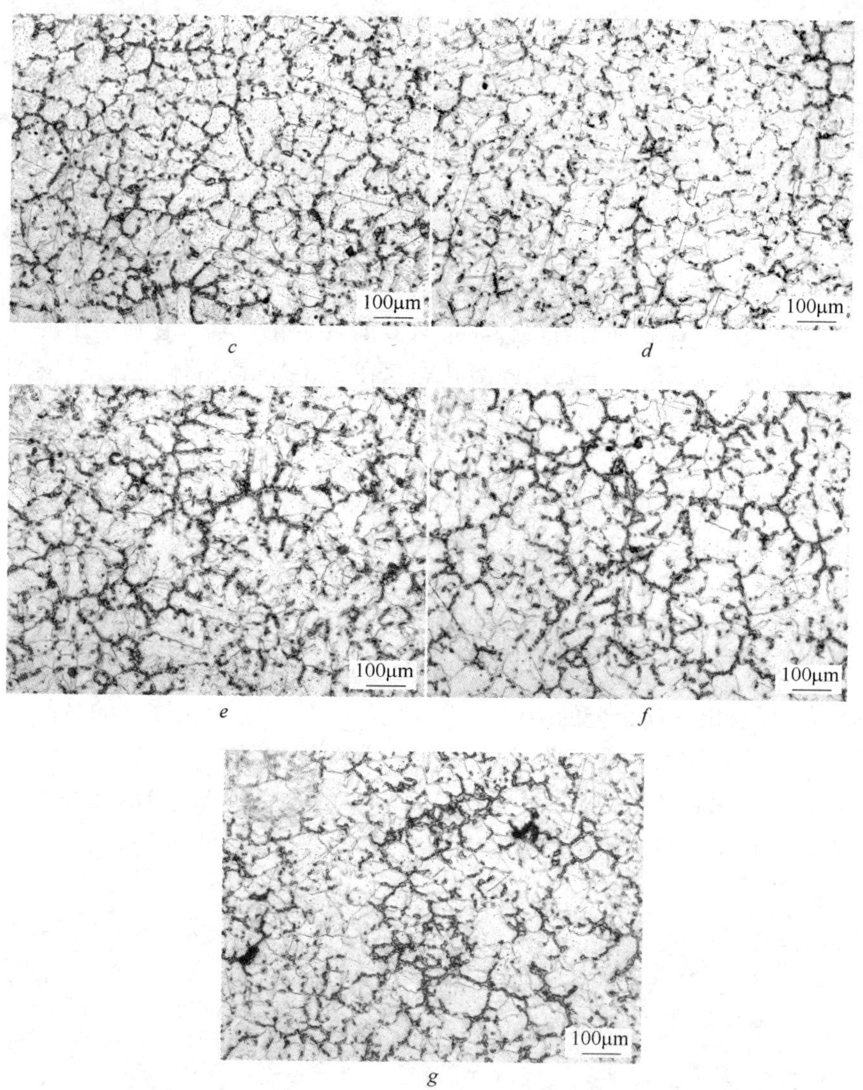

图 5-4　不同 Zn 含量镁合金的铸态组织[w(Al) =6. 0%]

Zn 含量的质量分数分别为：*a*—0. 0015%；*b*—0. 43%；*c*—0. 61%；*d*—1. 08%；*e*—1. 44%；*f*—1. 88%；*g*—2. 69%

从图5-5所示的力学性能测试结果来看，当Al含量为6.0%、Zn的含量在0～2.69%范围内时，随Zn含量增加合金的伸长率由13%～14%降至6%～7%，而其抗拉强度未见明显变化，而当Zn含量0～1.44%时，屈服强度未见规律性变化，当Zn含量高至1.88%～2.69%时，屈服强度提高了10MPa。

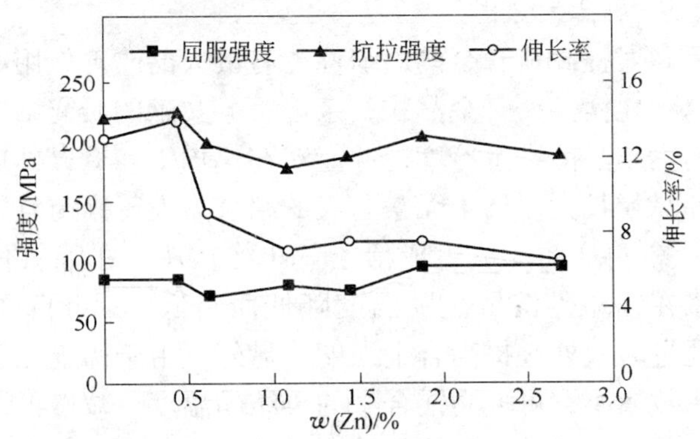

图5-5 不同Zn含量镁合金的室温力学性能[w(Al)=6.0%]

5.2.1.3 Mn

Mn在镁基体中的固溶度很小，极限溶解度为3.4%。在镁中加入Mn对合金的强度性能影响不大，但加入1%～2.5%Mn后，可以提高合金的抗应力腐蚀倾向，从而提高耐蚀性能和改善镁合金的焊接性能。Mn不与镁生成化合物，它具有细化晶粒的作用，因为Mn可以和严重损害镁合金耐腐蚀性能的杂质Fe反应生成高熔点化合物而沉淀出来，这样就减小了Fe的有害影响，从而提高了耐腐蚀性。此外，Mn还可以提高镁合金的抗蠕变抗力。

5.2.1.4 Zr

由于Zr在镁基体中的固溶度很小，所以固溶强化作用很小。但在1937年，德国IG法本工业公司Sauerwald发现，Zr对镁具有很强的细化晶粒的作用。一般认为，同为hcp结构的Zr，其晶格常数与镁非常接近，在凝固过程中先形成的Zr的固相微粒子为镁晶粒提供异质形核核心。但在含有Al、Mn元素的合金里，Zr将和Al、Mn形成稳定化合物而沉淀，因而不能起到细化晶粒的作用。所以，Mg-Al系和 Mg-Mn 系合金中不加 Zr，而在 Mg-Zn 系合金中通常会加入 Zr 来细化晶粒。含 Zr 的镁合金在退火或热加工后，弥散分布的 Zr 相细小颗粒可起到强化镁合金的作用，从而提高镁合金的综合力学性能。

另外，Zr 能与合金中的杂质 Fe、Si、H、O 等形成稳定化合物而净化熔体，改善质量。

5.2.1.5　稀土元素

稀土元素对提高镁合金的组织性能有极大的改善作用。适量的稀土元素可以细化镁及镁合金晶粒，余琨、黎文献的研究结果指出，稀土元素可增大结晶前沿过冷度，并能够在热加工和退火处理过程中阻碍再结晶和晶粒长大。稀土元素与氧的结合力大于镁与氧，因此易于还原熔体中的 MgO 而反应生成稀土氧化物，从而去除氧化杂质。由于稀土元素在镁中的溶解度随温度降低而降低，因此除了固溶强化外，还可通过时效处理提高合金强度。另外，由于稀土元素在镁基体中的扩散系数较小，可提高镁合金的再结晶温度，减慢再结晶形核长大的速度，并增加时效和脱溶相的稳定性，析出非常稳定的弥散相粒子，从而大幅度提高合金的热稳定性、高温强度和高温抗蠕变性能。

此外，其他元素如 Fe、Ni、Cu、Co 等虽然在镁合金中的固溶度很小，但是对镁基体产生非常有害的影响，严重影响镁合金的耐腐蚀性能，应尽量去除。

5.2.2　晶粒尺寸

在多晶体金属中，晶界原子的排列是不规则的，局部晶格畸变十分严重，还容易产生杂质原子和空位等缺陷的偏聚。当位错运动到晶界附近时容易受到晶界的阻碍。在常温下多晶体金属受到一定的外力作用时，首先在各个晶粒内部产生滑移或位错运动，只有当外力进一步增大后，位错的局部运动才能通过晶界运动，从而出现更大的塑性变形。晶界可以起到强化作用，金属晶粒越细小，晶界在多晶体中占的体积分数就越大，它对位错运动产生的阻碍也越大，因此细化晶粒可以对多晶体金属起到明显的强化作用。

同时，在常温和一定的外力作用下，当总的塑性变形量一定时，细化晶粒后可以使位错在更多的晶粒中产生运动，这就会使塑性变形更均匀，因而不容易产生应力集中，所以细化晶粒在提高金属强度的同时也改善了金属材料的塑性。晶粒愈细，处于有利位向的晶粒愈多，滑移在更多的晶粒内开始，各晶粒的变化比较协调，内应力较小，金属在破裂前能够产生较大的塑性变形，即塑性较好。因强度和塑性都提高，故细晶粒金属的韧性也较好。因此，在生产中，细化晶粒是提高金属强韧性的重要手段。

对于镁合金来说，大量的研究显示出，细化晶粒可以大幅度提高塑性，当晶粒小于一定尺寸后，镁合金就呈现出明显的塑性转变。如图 5-6 所示，当纯镁的晶粒尺寸细化到 8μm 以下时，延性转变降至室温。

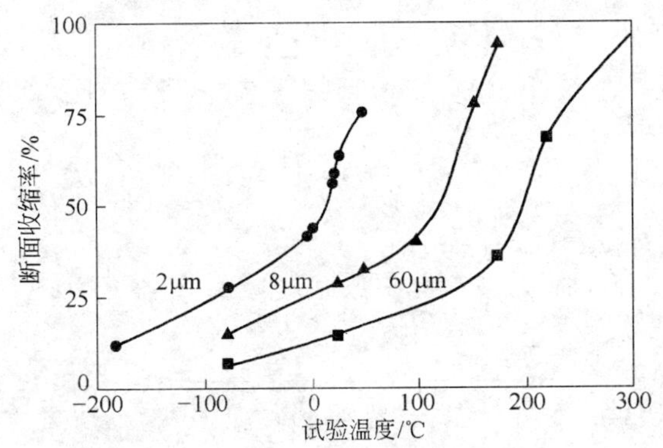

图 5-6 晶粒尺寸对延性转变温度的影响

Mg-Al-Zn 系合金晶粒大小对其性能有较大的影响。图 5-7 所示为相同成分、不同晶粒尺寸的一组 Mg-Al-Zn 系镁合金铸锭的组织和相

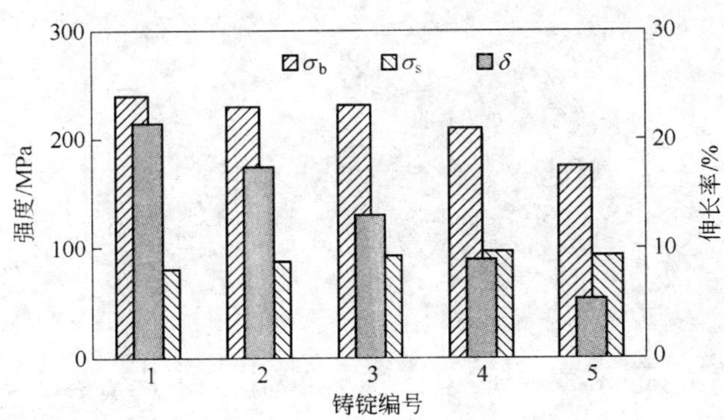

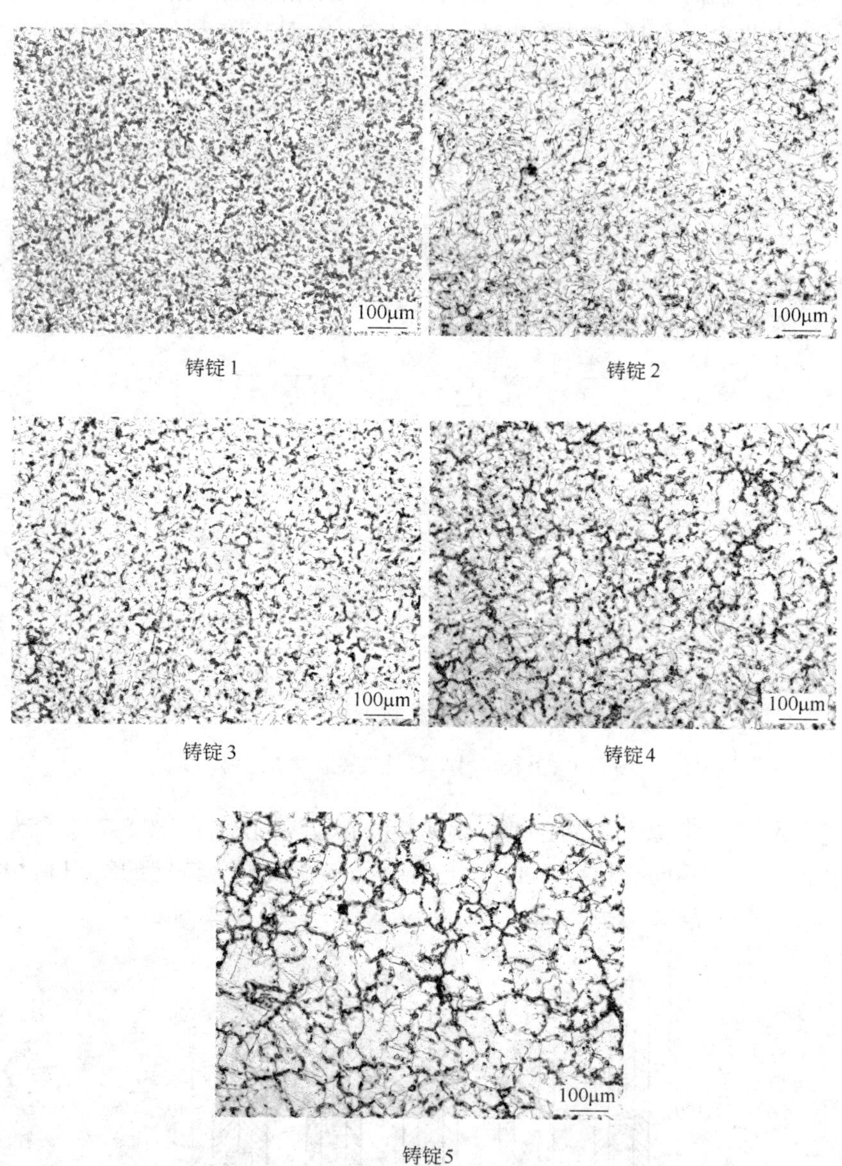

图 5-7　Mg-Al-Zn 系镁合金铸锭的组织和相应的力学性能指标

应的抗拉强度、屈服强度、伸长率。从图可以看出，随着晶粒尺寸增大、二次枝晶间距加大，合金的屈服强度未见明显变化，但是抗拉强度、伸长率不断下降。

5.2.3 变形温度

镁合金具有密排六方（HCP）晶体结构，当晶体所处的应力状态达到临界剪切应力（Critical Resolved Shear Stress，CRSS）时，将产生滑移而发生塑性变形，滑移的本质是位错的运动。镁合金在不同滑移面上的剪切应力与温度有密切关系。温度低于225℃变形时，镁合金非基面滑移系的临界剪切应力比基面滑移系要大两个数量级左右，因此，镁合金的塑性变形仅限于基面 $\{0001\}$ $\langle 1120 \rangle$ 滑移和 $\{10\bar{1}2\}$ $\langle 1011 \rangle$ 孪生，塑性变形非常困难。当温度高于225℃时，由于原子活动能力增强，非基面滑移系与基面滑移系之间的临界剪切应力差值减小，$\{1010\}$ 棱柱面和 $\{10\bar{1}1\}$ 以及 $\{10\bar{1}2\}$ 角锥面等潜在非基面滑移系被激活，使镁合金具有 Von-Mises 准则所要求的5个以上独立滑移系，从而使镁合金的塑性变形能力得到大幅度提高。

5.2.4 应变速率

应变速率对滑移的影响主要通过两方面发挥作用。首先是热效应，即在变形过程中引起变形体的温度变化，进而影响滑移及其他热变形行为。其次，应变速率会对镁合金的加工硬化行为及位错运动产生影响。应变速率过高时，不利于相邻晶粒之间滑移的传播的连续性，容易引起晶界附近较大的应力集中，此时单纯的滑移难以释放应力，必须依靠孪生或裂纹的萌生和扩展来协调形变并释放应力。

Zener-Hollomon 参数综合了温度和应变速率的影响，引入 Z 参数来分析热变形组织的晶粒尺寸，Z 值与变形温度和应变速率的关系为：

$$Z = \dot{\varepsilon}\exp\left(\frac{Q}{RT}\right) \tag{5-1}$$

式中 $\dot{\varepsilon}$——应变速率；

Q——镁合金的变形激活能；

T——变形温度；

R——气体常数。

由表 5-2 所示可知，AZ91D 镁合金在高温下，当应变速率 $\dot{\varepsilon}$ = 0.05s^{-1}时呈现非常好的塑性，在 380℃ 时面缩率达到最高值（42.86%）。随着应变速率的提高，试样面缩率下降，当 $\dot{\varepsilon}$ = 5s^{-1}时，拉伸试样在高温下几乎没有发生颈缩就直接脆断，只有 360℃ 和 380℃时略有些颈缩，说明当应变速率为 5s^{-1}时，AZ91D 镁合金的高温塑性变形能力非常差。

表 5-2　AZ91D 镁合金在不同应变速率和温度下等温拉伸试验的断面收缩率

温度/℃	断面收缩率 ψ/%		
	$\dot{\varepsilon}$ = 0.05s^{-1}	$\dot{\varepsilon}$ = 0.5s^{-1}	$\dot{\varepsilon}$ = 5s^{-1}
300	16.48	11.64	0
320	27.75	20.83	0
340	28.45	30.13	0
360	23.28	20.09	12.59
380	42.86	37.59	7.26
400	34.40	30.79	0
420	6.31	13.88	0

5.3　镁合金的塑性变形机理

5.3.1　孪生

孪生因为所需的临界切应力一般比滑移大，因此在滑移系比较多的体心立方和面心立方金属中，形变孪晶很难发生。但是在密排六方金属中，由于可启动的滑移系很少，各种温度下孪生均可发挥重要作用，并对金属的塑性流动行为具有很大的影响。

5.3.1.1　孪生在镁合金塑性变形过程中的作用

孪生所引起的晶体变形量不大，因此它对镁晶体形变的影响与滑移相比只占次要地位，一般不超过 10%。孪生对镁合金塑性变形的最重要作用是改变晶体取向，使得初始取向不利于滑移和孪生的晶粒通过孪生改变方向，促使新的滑移和二次孪生的产生。

孪生的作用在于调节晶体的取向，激发进一步的滑移和孪生，使滑移和孪生交替进行，从而获得较大的变形。孪生及孪晶在塑性变形过程中的作用可归纳为以下几点：

(1) 作为一种补充变形机制，提供附加的独立滑移系，提高低温塑性变形能力。

(2) 改变晶粒取向，使不利于滑移或孪晶的晶体学取向变得有利，促进持续变形。

(3) 孪晶之间相互作用，发生二次或高次孪生，提高合金的塑性。

(4) 释放局部应力，减小裂纹形核，钝化裂纹尖端，阻碍裂纹的扩展。

(5) 与滑移相互作用，激活锥面滑移。

(6) 成为动态再结晶的形核点，增大动态再结晶的温度范围，细化晶粒，提高均匀塑性变形能力。

(7) 使孪晶可以较好地满足相邻晶粒之间的弹性应变不相容性。

吕宜振等人的研究表明，孪生在 Mg-Al-Zn 系合金的塑性变形中起着非常重要的作用，如孪生改变了晶粒的取向，使不利于滑移或孪生的晶体学取向变得有利，从而可以较好地满足相邻晶粒之间的弹性应变不相容性；孪晶之间的反应生成二次孪晶，提高合金的整体塑性；释放局部应力，减小裂纹形核，并且钝化裂纹尖端，阻碍形核。

5.3.1.2 孪生变形机理

形变孪晶是在切应力作用下原子移动和重新排列的过程。即切应力作用下，晶体的一部分沿着一定的晶面（称为孪生面）和一定的晶向（称为孪生方向）发生均匀切变的过程。切变区的宽度较小，在金相显微镜下通常呈针带状或凸透镜状，如图 5-8 所示。

由于镁合金晶体轴比 c/a 的值接近理想密堆值，当宽度为 a 的位错芯局部分布在孪晶界上时，由于不但具有尖锐的台阶而且能量较高，于是孪晶的可动性差，不易在宽度方向上扩展，只能在长度方向上生长，最后形成细长的针状。当宽度为 $6a$ 的位错芯大量地分布在孪晶界上时，孪晶的可动性好，孪晶变宽，最后形成透镜状。

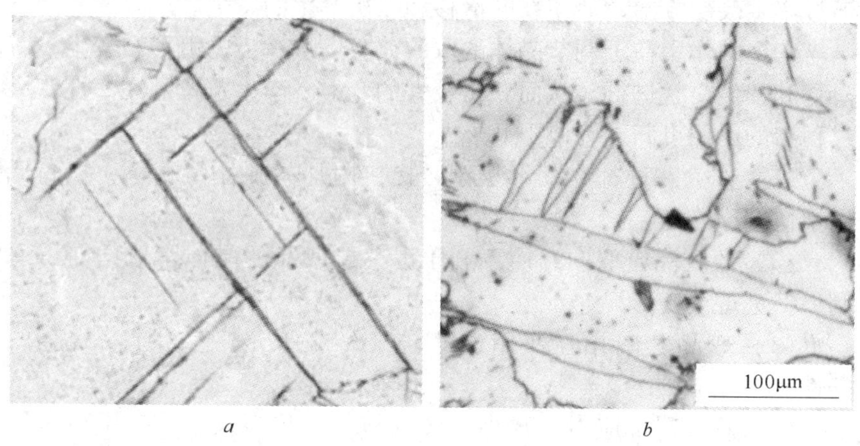

a　　*b*

图 5-8　AZ31 镁合金孪晶的两种形貌

a—针状孪晶；*b*—透镜状孪晶

孪生核心大多产生于晶体内的局部高应力、高应变区。孪生核心一旦形成，它就很迅速地沿平行于孪生面的方向扩展，直到其两端穿出晶体表面为止，而孪生沿着垂直于孪生面的方向扩展很慢，因此一般形成条带状，界面完全共格。但若孪晶在扩展中其前端呈楔形时，就出现不完全共格界面，这样的界面能量较高，不稳定，一旦有条件它就会自发地向外扩展而转变为共格界面，这时孪晶就变成平直的了。因此，透镜状或半透镜状的孪晶只是一种处于发展过程中的、不稳定的中间形式，它是为了适应孪生引起的应力而造成的。

大量研究表明，孪生主要发生在粗晶内部而细晶镁合金中只有当变形温度很低、变形速度极快时才会产生大量的孪晶。这是因为粗晶内位错滑移程大，晶界附近应力集中严重，而细晶组织不仅位错滑移程短，且细晶镁合金容易通过交滑移、非基面滑移和 GBS 以及动态回复等过程来释放局部应力集中，应力状态难以满足孪晶形核要求。孪生的发生率和晶粒尺寸究竟存在怎样的定量关系并没有研究明确。

张永刚等人研究了镁铝合金中孪生及其交互作用，发现在基体内部，当正在发生的孪晶和业已存在的孪晶相遇时，通常其长大过程会受到一定程度的阻碍。但在一定条件下两个孪晶之间也可能发生交互作用，即一个孪晶进入另一个孪晶的内部，两个孪晶之间发生交割或绕过障碍孪晶，同时产生一个切变量。孪晶之间的相互作用不仅对于合金的塑性变形，而且对于合金的硬化和断裂都会产生重要的影响，但目前对于镁合金孪晶之间的交互作用机理研究甚少。

5.3.1.3 孪生现象

图 5-9 为 AZ31 镁合金在温度 300℃，压下 10% 的变形后的孪晶形貌 TEM 图及电子选区衍射图，其中 *a* 为孪晶形貌图，*b*、*c* 为 *a* 的电子选区衍射谱。从图中可看出，*a* 图中的孪晶互相平行，经过计算

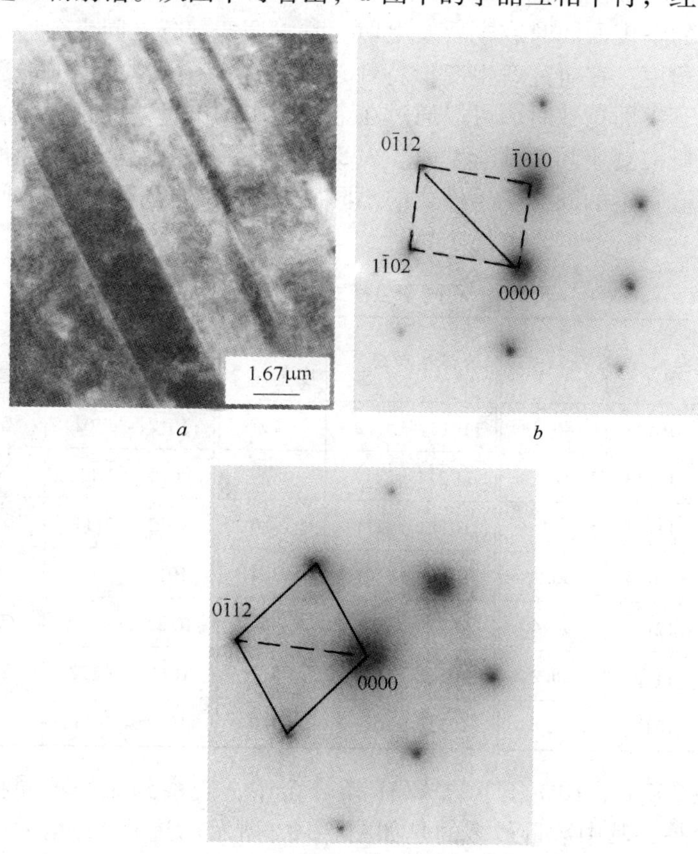

图 5-9 镁合金孪晶 TEM 形貌及电子选区衍射

a—孪晶形貌；*b*，*c*—电子选区衍射谱

b、c 图中晶面夹角和晶面间距来标定衍射斑上的晶面指数，通过三指数和四指数转换以及晶带轴的计算，可得出图 a 中的孪晶为 $\{10\bar{1}2\}$ $\langle10\bar{1}1\rangle$，该孪晶为拉伸孪晶。根据最小切变量准则，切变量小的孪生优先发生。在密排六方结构中，角锥面 $\{10\bar{1}2\}$ 的孪生切变量最小，因而最容易发生。

5.3.1.4　温度对孪生的影响

镁合金在孪生变形过程中，切变部分与未切变部分形成镜面对称，孪生切变使晶粒转动而与基体形成一个特定的角度。研究表明，当不同的孪生面同时或先后发生切变时，切变部分之间也会形成相应固定的角度。在研究孪生变形特性过程中，当不需要通 TEM 检测其精确的孪生面指数时，可以通过在金相图中的平行孪晶相交的固定角度去大概推测或判断其孪生面。表 5-3 归纳了镁合金常见的 4 种孪晶系中可能发生的同一孪生模式的不同面之间或不同孪生模式之间孪晶的夹角。

表 5-3　不同孪生模式之间孪晶的夹角

孪生模式	取向角度差/(°)	孪生模式	取向角度差/(°)	孪生模式	取向角度差/(°)
$\{10\bar{1}2\}$-$\{10\bar{1}2\}$	86.3	$\{10\bar{1}2\}$-$\{01\bar{1}2\}$	40	$\{10\bar{1}2\}$-$\{1\bar{1}02\}$	72.7
$\{11\bar{2}1\}$-$\{\bar{1}2\bar{1}1\}$	57.1	$\{11\bar{2}1\}$-$\{\bar{2}111\}$	68.3	$\{11\bar{2}1\}$-$\{\bar{1}\bar{1}21\}$	34.2
$\{10\bar{1}2\}$-$\{11\bar{2}1\}$	39	$\{10\bar{1}2\}$-$\{\bar{1}2\bar{1}1\}$	77.6	$\{10\bar{1}2\}$-$\{\bar{2}111\}$	69.4
$\{10\bar{1}1\}$-$\{10\bar{1}1\}$	56.1	$\{10\bar{1}1\}$-$\{1\bar{1}01\}$	52.4	$\{10\bar{1}1\}$-$\{0\bar{1}11\}$	80.3
$\{10\bar{2}2\}$-$\{\bar{1}2\bar{1}2\}$	50.4	$\{11\bar{2}2\}$-$\{\bar{2}112\}$	85	$\{10\bar{2}2\}$-$\{\bar{1}\bar{1}22\}$	63.2
$\{10\bar{1}1\}$-$\{11\bar{2}2\}$	26.2	$\{10\bar{1}1\}$-$\{\bar{1}2\bar{1}2\}$	75.7	$\{10\bar{1}1\}$-$\{\bar{1}\bar{1}22\}$	66
$\{10\bar{1}2\}$-$\{10\bar{1}1\}$	18.8	$\{\bar{1}012\}$-$\{10\bar{1}1\}$	74.9	$\{10\bar{1}2\}$-$\{10\bar{1}1\}$	50

在 300℃，10% 压下的 AZ31 镁合金中，观察到 3 种不同相交角度的孪晶，其中数量最多的是如图 5-10a 所示的近 90°夹角的两簇孪晶。对应表 5-3 中比较接近的有 $\{10\bar{1}2\}$-$\{10\bar{1}2\}$ 和 $\{11\bar{2}2\}$-$\{\bar{2}112\}$。根据孪生的最小切变原理，在镁合金中最易开动的孪生是 $\{10\bar{1}2\}$ 孪生。这种孪生模式包括等效的六个面组成，所以两个不同方向的

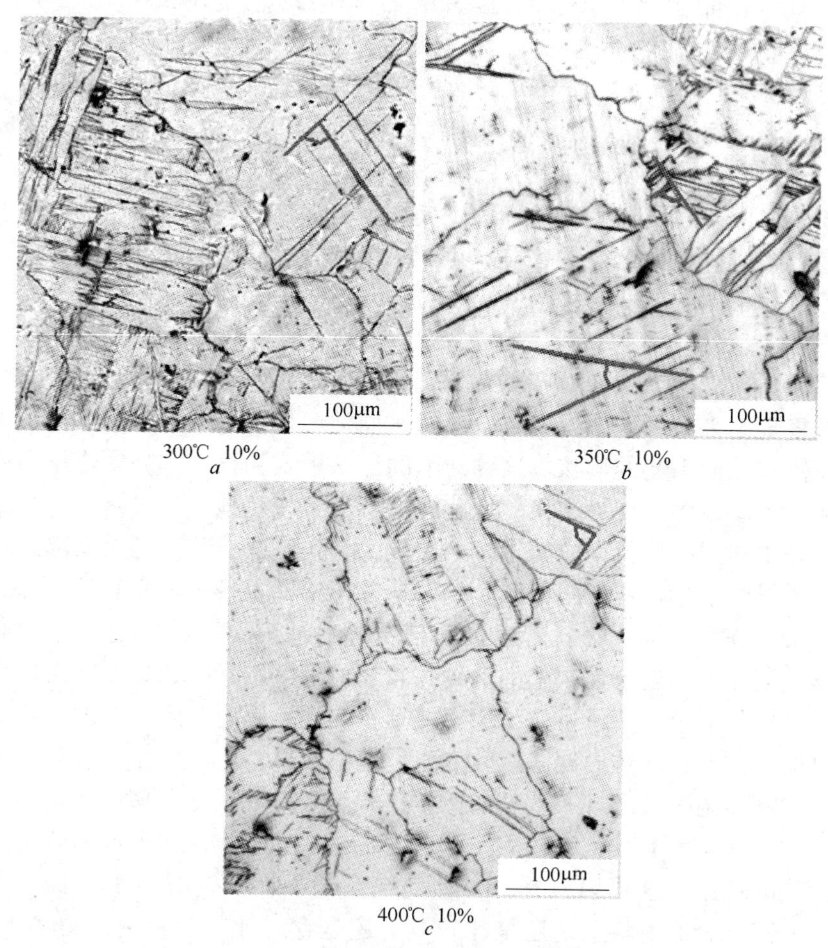

图 5-10 AZ31 镁合金在高温下变形孪晶夹角

$\{10\bar{1}2\}$ 孪生可以交叉在一起呈 86.3°。在金相中还观察到呈 58.03°、55.60°、41.61°、41.60°、36.27°交叉的孪晶，可判断出该条件下还存在 $\{11\bar{2}1\}$、$\{\bar{1}2\bar{1}1\}$ 孪生。

用同样的方法计算了 AZ31 镁合金在 350℃、10% 压下后的孪生角度差，发现存在 $\{10\bar{1}2\}$、$\{10\bar{1}1\}$、$\{11\bar{2}1\}$ 和 $\{01\bar{1}2\}$ 孪生。400℃时，发现存在 $\{10\bar{1}2\}$、$\{101\bar{2}\}$、$\{10\bar{1}1\}$ 和 $\{01\bar{1}2\}$ 孪生。

从上面的大致的统计可以看出来，{$10\bar{1}2$}孪生在300℃、350℃、400℃都是存在的，这是因为根据最小切边准则，切边量最小的孪生优先发生。在350℃和400℃最明显的变化是它们都出现了{$10\bar{1}1$}、{$01\bar{1}2$}孪生。

温度对孪生模式的影响机制是复杂的，均匀形核理论认为，当外加剪切应力达到临界值（CRSS）时，就可发生孪生变形，它是由于晶格的机械不稳定性引起的，和温度没有关系。这个理论可以解释为什么在不同的温度，甚至更低的温度都出现了大量的{$10\bar{1}2$}孪生。

但是均匀形核理论无法解释为什么随着温度的升高出现了{$10\bar{1}1$}孪生，而在300℃的时候不明显。因而就需要孪晶的非均匀形核理论来解释这个现象，孪晶的非均匀形核理论认为，孪晶是基于晶体缺陷而引起的形核。这种缺陷的形核模式为，一部分位错排列分解成单层或多层堆垛层错，这些层错形成了孪晶核。一般认为，孪晶界是由刃形晶格位错的密集排列形成的高角度晶界，它是由局部区域内大量的滑移位错聚集而产生的，通过位错的重排形成孪晶从而降低能量。陈振华等认为：孪生过程是由一些缺陷形成特定的排列而激发，但在一些近于无缺陷的晶粒在较高应力下变形时，也可能发生孪晶的均匀形核。所以可以认为孪晶形核与温度是有一定关系的，随着温度的提高，晶体内缺陷运动能强，能够更多地形成特定的排列，所以能在高温时会出现一些新的孪生模式。但是在其他金属中都认为孪生与温度是没有太大直接关系的，而在镁合金中出现了温度影响孪生模式的现象。这可以解释为，即使在高温下镁合金开动了锥面滑移系，镁合金的滑移系统还是比较少，还是存在比较严重的应力集中，所以能够达到孪生产生的CRSS，而在其他的体心立方或者面心里面金属中，高温下的塑性是很好的，不容易产生应力集中，所以就没有办法开动孪生。其次，温度对孪生模式的影响是通过其他间接方式，例如温度影响了滑移，使镁合金中开动了新的滑移系，滑移的切变量比起孪生来说要大很多，所以如果开动了新的滑移系，就会很大地改变晶粒的应力集中状态，在某些方向的应力集中能得到释放就不会产生那个方向的孪生了，同时在其他方向还会产生新的孪生。温度还可以通过影响再结晶和晶粒大小等影响孪生模式。

随着温度升高，镁合金的孪晶数量减少，孪晶界逐渐锯齿化，但是孪晶在厚度方向上的长大非常困难。图 5-11 所示为 AZ31 镁合金在不同温度、相同变形量 10% 条件下的孪晶照片。从图中可以看出，孪晶首先在应力集中的晶界上形成，随温度升高，透镜状孪晶界锯齿化，而孪晶的厚度没有发生变化。温度升高至 400℃时，一些孪晶界弓出形成细小的晶粒，即在孪晶界上再结晶迅速形核并长大，最终导致孪晶界消失。

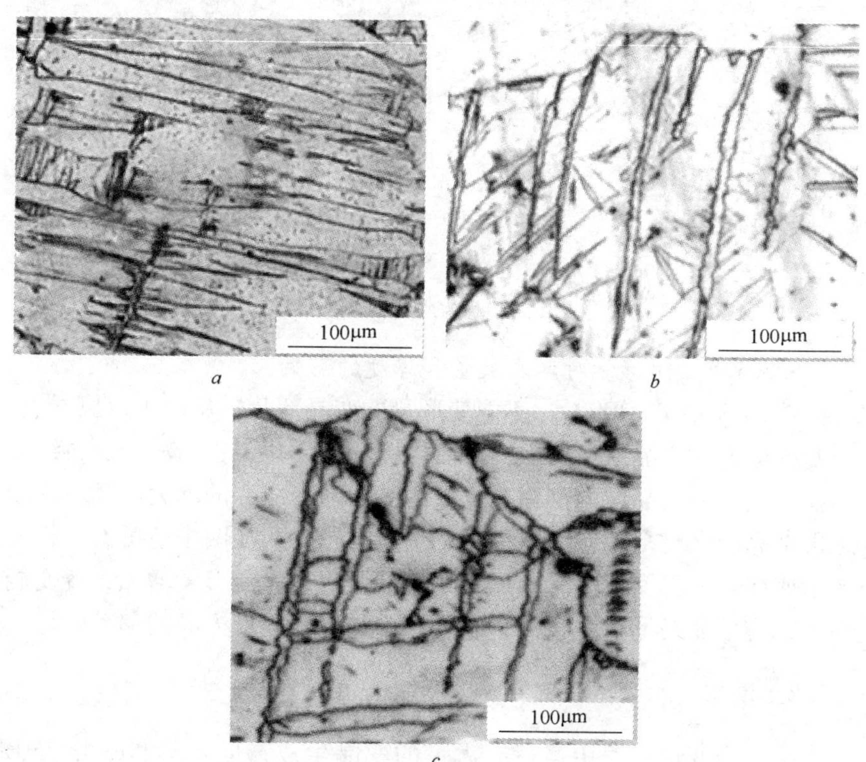

图 5-11　镁合金在 10% 压下量、不同温度下变形后的孪晶照片

a—T = 300℃；*b*—T = 350℃；*c*—T = 400℃

变形过程中，孪晶之间还会发生相互作用，并产生二次孪生。即生长着的孪晶遇到已变形孪晶发生碰撞，或在晶格取向发生转动的已

变形孪晶内部，变形继续进行。二次孪生有利于已变形孪晶再次处于有利取向，二次或多次孪生能极大地改善材料的塑性变形能力。图5-12为AZ31镁合金压缩变形二次孪生的金相图。

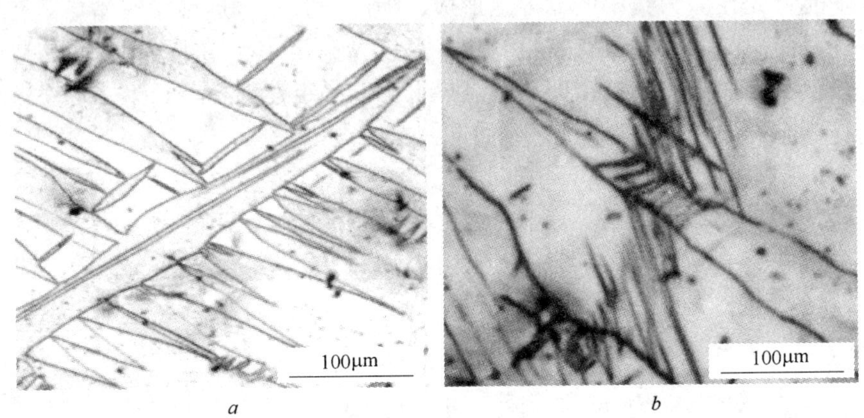

图5-12　$T=300℃$，$\varepsilon=10\%$ 变形后AZ31镁合金晶粒内的二次孪生

5.3.1.5　变形量对孪晶数量和厚度的影响

图5-13是 $T=300℃$，不同变形量的孪晶照片。从图中可以看出，当变形增大，孪晶数量减少，孪晶界逐渐锯齿化，逐渐演变成再结晶晶粒，最后在大晶粒内部存在少量孪晶。随着应变的增大，晶粒内动态再结晶越来越多，应力减小，孪生越来越少。从图中还可看出，变形量增加，孪晶厚度没有明显变化。其原因是，变形量增加，畸变能增大，再结晶易形核并长大，阻碍了孪晶界在厚度方向的移动。

5.3.2　滑移

镁合金变形过程中虽然有大量的孪晶生成，但是其90%的变形量是通过位错的滑移完成的。

小池淳一等认为在具有微细晶粒的多晶镁合金中，室温时棱柱面滑移与基面滑移的CRSS值在1.1～5.5之间。因此，微晶镁合金即使在室温条件下也容易发生棱柱面滑移。S. Ando等认为，镁合金中存在的位错主要为a位错和a+c位错，a位错是镁合金中运动能力最

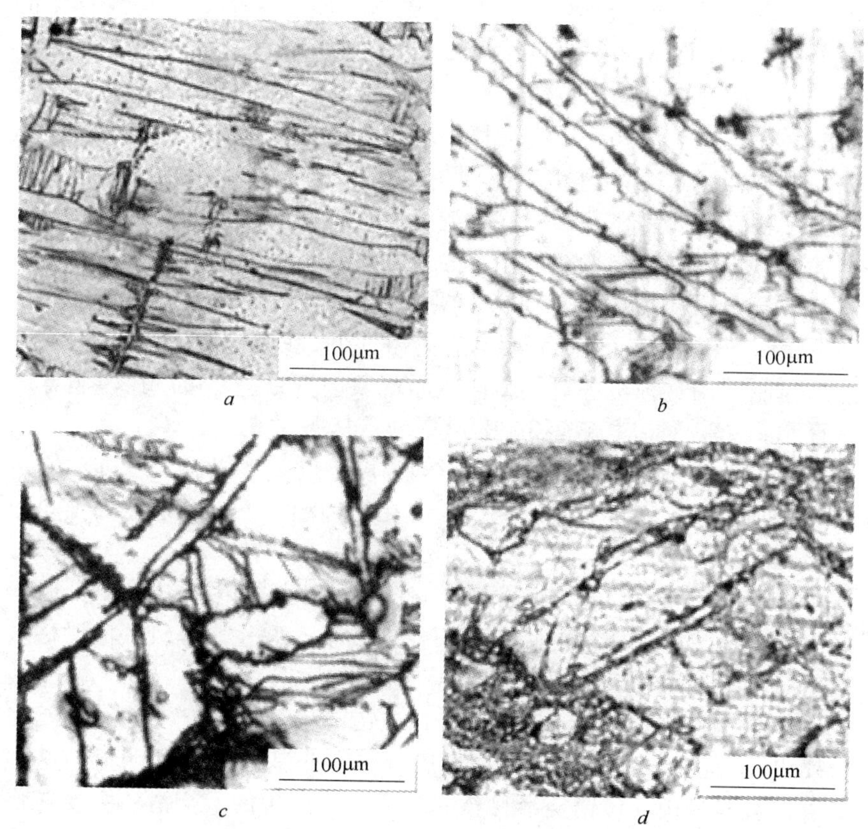

图 5-13 $T=300$℃，不同变形量下孪晶照片

a—$\varepsilon=10\%$；b—$\varepsilon=20\%$；c—$\varepsilon=40\%$；d—$\varepsilon=60\%$

强的位错，能沿基面、棱柱面及锥面发生滑移。而 c + a 刃形位错有 A、B 两种不同类型的结构。A 型位错是一种全位错，常延伸至基面，不能发生滑移。当 A 型位错在基面上的分量较小时，能在外加应力的作用下转化成 B 型位错。而 B 型 c + a 位错由两个不全位错构成，能沿 $\{11\bar{2}2\}$ 晶面滑移。大量研究表明：镁合金多晶体内锥面滑移一般发生在应力高度集中的区域，如晶体表面或者界面、晶界和孪晶界附近及晶粒内部 a 位错和 c 位错的交界处。

交滑移在镁合金的塑性变形机制中占有十分重要的地位，例如很多人都将微晶镁合金塑性的大幅度提高归因于交滑移。交滑移中的Friedel机制最早是由Friedel在1959年提出。该模型指出：在应力作用下，基面上分解的a位错可以在一个足够长的范围内重新结合，以便能够在棱面上滑移，即交滑移。具有刃形分量的位错通过交滑移在棱面上滑移，直至穿过整个晶面，与正负相反的位错结合或遇到阻滞。这种阻滞如果在螺形位错附近发生，则螺形位错自动分解为基面上的分量，以降低能量。进一步的滑移需要基面上的刃形分量的不断重新组合，以便在棱面上形成螺形位错。根据Friedel交滑移模型，在600～750K和大于2.5MPa的应力条件下，镁的塑性变形行为由交滑移控制。用这种机理对其塑性变形现象进行分析，可以比较满意地解释Mg的激活能对温度和应变速率的依从关系。

Galiyev A等研究了ZK60在不同温度下的变形机制。通过对位错的发展和流动应力行为的研究认为，在三种温度下出现了三种不同的变形机制：

（1）在低温时（164℃以下），变形机制主要以基滑移和机械孪晶为主，基滑移上所需的临界剪切分力较小，并且孪晶较其他滑移系容易启动。这是镁合金典型的低温变形机制。

（2）在中温时（164～250℃），位错滑移系统与交滑移有关。在523K时，显示出在原始晶粒内的基滑移和非基滑移特征明显。这种交滑移可能是由a位错交滑移至非基滑移面产生的。交滑移主要在临近原始晶界处应力高度集中区域激活。

（3）在高温时（250℃以上），ZK60变形镁合金的变形行为是受扩散过程控制的，并且伴随有位错攀移。攀移是主要的变形机制。

5.3.3 再结晶

镁合金具有较低的层错能（60～78mJ/m^2），大大低于铝合金的层错能200mJ/m^2，因而镁合金的回复较为困难，在较低的温度下易于发生动态再结晶。动态再结晶作为一种有效的软化和晶粒细化机制，对控制镁合金的变形组织，改善镁合金的塑性变形能力以及提高材料的力学性能具有重要的意义。

当变形温度在250～350℃范围内，镁合金易发生非连续动态再结晶（Discontinuous dynamic recrystallization，DDR）。该机制主要以晶界的弓出和亚晶的长大为特征。发生非连续动态再结晶包括三个阶段（如图 5-14 所示）：

（1）在位错密度较大的晶界处，由于应力不平衡，晶界发生“弓出”。

（2）非平面的晶界滑移能导致晶界附近变形不均，晶界位错源为了协调塑性变形向晶粒内部发射位错。

（3）这些位错与基面位错相互作用形成亚晶界，亚晶界切断晶粒的“弓出”部分，随后发展成大角度晶界。

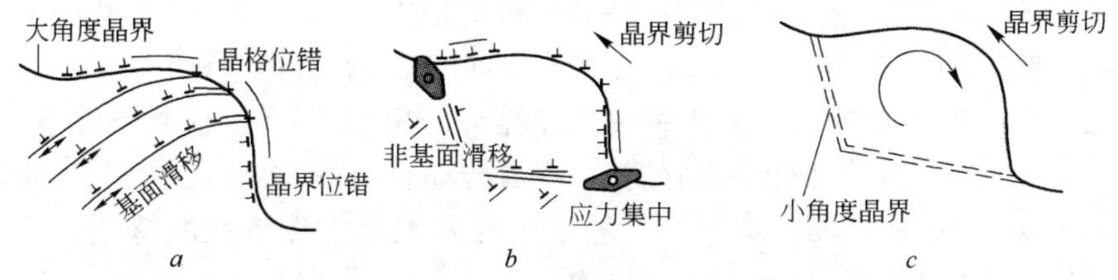

图 5-14 非连续动态再结晶示意图

a—晶界弓出；*b*—形成应力集中；*c*—小角度晶界形成

Ion 等人分析了 Mg-0.8Al 合金热压缩过程中剪切变形区的形成机理，并认为是由热变形过程中旋转动态再结晶（Rotation dynamic recrystallization，RDR）机制造成的。在镁合金变形初始阶段，由于易在 {1012} 面发生孪生，因此，孪生使晶粒的基面与压缩力轴变得更加垂直，这时难以发生基面滑移，随着变形量进一步加大，晶界发生大量扭曲，在扭曲的晶界处发生动态回复形成亚晶，亚晶通过晶界迁移和合并围绕晶界形成再结晶晶粒，如图 5-15 所示。

动态再结晶是在变形的过程中形核并长大的，因此变形温度、变形程度以及应变速率对动态再结晶的形核和晶粒大小有着密切的关系。同时，原始晶粒组织对动态再结晶也有一定的影响。

5.3.3.1 温度对镁合金再结晶的影响

大量研究表明，变形温度不同时，镁合金动态再结晶形核机制也有区别。

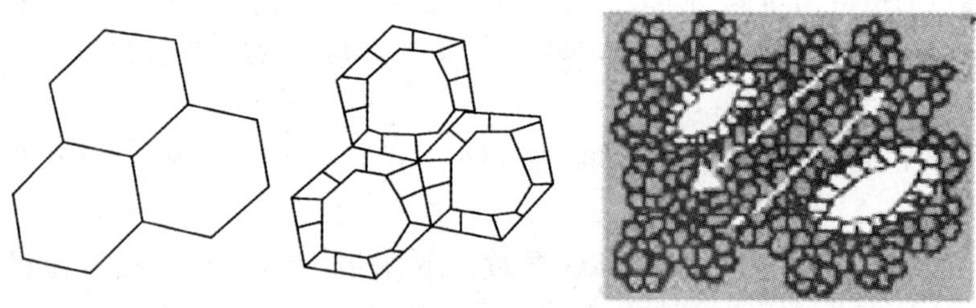

图 5-15　旋转动态再结晶组织演变

300℃，10% 压下量时，AZ31 镁合金中没有发现大量明显的再结晶晶粒，但是能够看到许多再结晶形核的地方。图 5-16*a* 中①处透镜状孪晶延伸到了晶界上，使晶界产生了锯齿状的突起。图 5-16*a* 中②处三个晶粒交界处出现了少量再结晶晶粒。400℃同样变形量条件下，镁合金已经能够发现再结晶晶粒，主要分布在有孪晶界或晶界上，如图 5-16*b*。再结晶晶粒都很小，但是已经呈现出了珠链状的特征。它们主要出现在孪晶交互作用比较激烈或三个晶粒交界的地方。

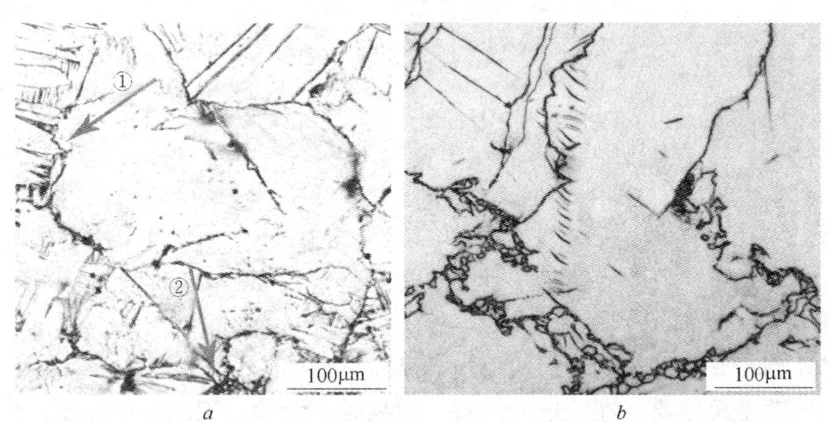

图 5-16　在 10% 压下时 AZ31 镁合金的再结晶形核

a—300℃；*b*—400℃

温度不仅对再结晶晶粒数量有很大的影响，而且对晶粒尺寸也有重要影响。镁合金动态再结晶是由大小不均的等轴晶粒组成，晶内位错密度较低。当变形温度较低时，动态再结晶形成的新晶粒尺寸特别细小，随着变形温度升高，新晶粒也出现不同程度的粗化。通过测试各状态下的平均晶粒直径，可得出300℃、350℃和400℃变形60%时，再结晶晶粒的平均直径依次为4.19μm、4.38μm和5.88μm。

5.3.3.2 变形速率对镁合金再结晶的影响

大量研究表明，降低变形速度可促进镁合金动态再结晶的发生。由于应变速率过高时，位错急剧堆积，应力集中得不到释放，从而抑制了动态再结晶的形核。一般认为，变形速度对晶粒尺寸的影响应与变形温度综合考虑。由 Z 参数的公式可以得出，降低温度以及提高应变速率都可以使 Z 值升高，而增大 Z 参数可以获得晶粒细化效果。

5.3.3.3 变形程度对镁合金再结晶的影响

变形程度是影响镁合金动态再结晶的一个重要因素。动态再结晶只有当实际变形程度超过临界变形程度时，动态再结晶才能形核，且与静态再结晶相比，动态再结晶一般所需的临界变形程度更大（稍低于达到峰值应力时的应变）。

图5-17为AZ31镁合金在400℃不同变形量时的再结晶组织图。从图中可以看出，随变形量增大，再结晶数量增多。当变形量为10%时，在原始晶界处特别是三叉晶界处最先出现项链状再结晶晶粒，同时晶内还存在大量的孪晶。新晶粒主要通过原始晶粒晶界的局部迁移形核，发生晶界迁移时，晶界所扫过的区域位错实现重排并形成小角度晶界，这些小角度晶界可通过不断吸收新的位错而转变成大角度晶界。因此，这种项链状晶粒可以认为是晶界弓出形核并长大形成的。当变形量为20%时，孪晶晶界发生弯曲，部分演变成再结晶晶粒，孪晶数量减少，同时原始晶界处再结晶晶粒增多，并向晶内扩展。此时发生了连续动态再结晶。当变形量为40%时，再结晶晶粒大量吞噬原始晶粒，晶粒大小不均匀，原始晶粒的面积越来越少。因为此时变形较大，基面织构的形成使在晶界附近畸变严重的区域发生动态再结晶形成具有不同取向的细小新晶粒并环绕在原始晶粒周围，随着变形增大，新晶粒增多，织构减弱。此时发生了旋转动态再结晶。当变形量为60%时，新晶粒所占体积分数进一步增大，而且在一定的条件下动态再结晶过程可重复进行，因此使晶粒得到明显

细化。

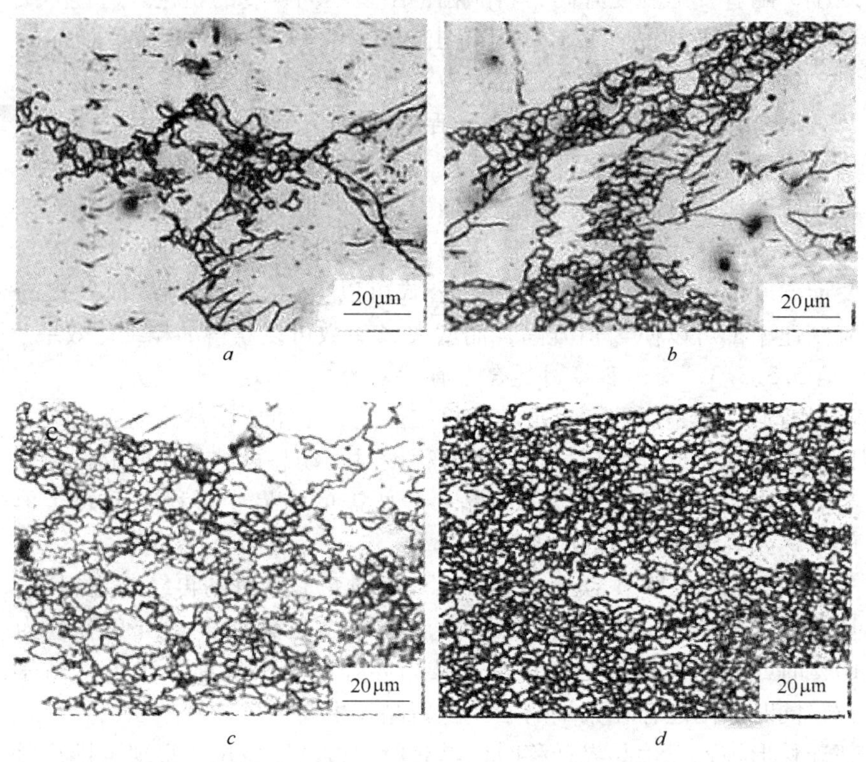

图 5-17　400℃不同变形量时镁合金的再结晶

a—10%；*b*—20%；*c*—40%；*d*—60%

由于在大的变形量下，大量的塑性变形造成金属晶体结构的严重畸变，为再结晶的产生提供了有利的条件。再结晶时从晶格严重畸变的高能位区域产生大量的晶核，新的晶粒又在正长大的再结晶晶粒边界形核长大，从而导致晶粒细化。

动态再结晶的发生不仅与变形温度、速度、变形量的大小有关，而且受材料特性，特别是层错能大小的影响。镁合金由于其层错能低，扩展位错很宽，难以从节点或位错网中解脱出来，也难以通过交滑移和攀移与异号位错相互抵消，动态回复过程进行得很慢，亚组织中位错密度较高，剩余的储能足以引起再结晶。

5.3.3.4 再结晶分数的计算

再结晶分数可以通过多种方法来确定。金相法确定再结晶分数是目前最直观的一种方法，可直接在金相显微镜或图像分析仪上测得。但试样经压缩变形后需要立即对其淬火以保存高温变形组织，淬火时间对保护变形组织起着重要的作用，因此，此种方法对动态再结晶晶粒和动态再结晶过程易引起误差。用能量法测量再结晶分数是通过计算原始和变形瞬时储存能的比值来得到的。然而储存能的测量并非容易和准确。所以通过应力-应变曲线来计算再结晶分数是最简单和准确的。该种方法是通过计算发生加工硬化的应力值与发生动态再结晶的应力值的差值除以饱和应力与稳态应力的差值来确定。其表达式为：

$$X_d = (\sigma_s - \sigma)/(\sigma_s - \sigma_{ss}) \tag{5-2}$$

式中 X_d——动态再结晶体积分数，%；

σ——流变应力，MPa；

σ_{ss}——稳态流变应力，MPa；

σ_s——饱和应力，MPa。

外推得到不发生再结晶的流动应力为 σ_s（即饱和应力），如图5-18所示。当变形位于再结晶临界点以后峰值应力之前时，式（5-2）

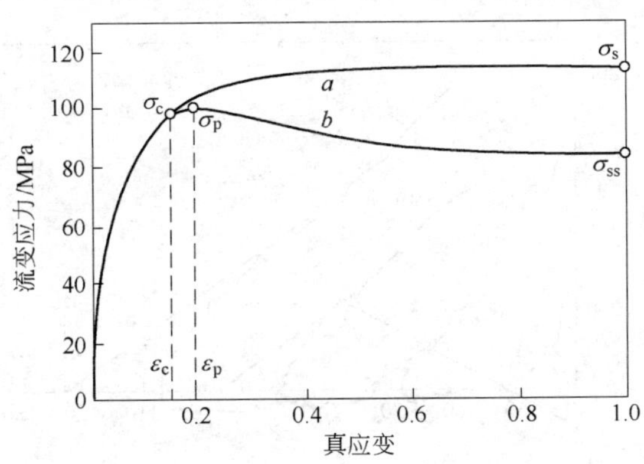

图 5-18 真实应力-应变曲线及外推曲线

a—外推曲线；*b*—真实应力-应变曲线

计算出来的再结晶分数和实际相反，因此，该式只能反映峰值应力以后的再结晶体积分数。因此，需要对再结晶的临界应力值的确定才能准确反映发生再结晶的数量。于是对上式进行修正后得到：

$$\begin{cases} X_d = (\sigma_s' - \sigma)/(\sigma_s - \sigma_{ss}) & (\varepsilon_c \leqslant \varepsilon \leqslant \varepsilon_p) \\ X_d = (\sigma_s - \sigma)/(\sigma_s - \sigma_{ss}) & (\varepsilon_p \leqslant \varepsilon) \end{cases} \tag{5-3}$$

式中　σ_s'——不发生再结晶的瞬时应力，MPa。

由式（5-3）可知，确定发生再结晶的临界应力 σ_c 值是计算结晶体积分数的关键。再结晶体积分数可以通过临界应力 σ_c、饱和应力 σ_s 和稳态应力 σ_{ss} 来求得。如果不发生动态再结晶，应力-应变曲线会按照加工硬化阶段的曲线趋势直到最大的饱和应力值，而不会产生峰值应力和随后应力减小的流变软化特征。所以饱和应力为不发生动态再结晶时应力-应变曲线的最大值，当应力对应变求导后，其值应为硬化率曲线方向不发生改变时的零点。

图 5-19 是加工硬化速率与流变应力之间的关系曲线，图中 σ_p 代表峰值应力。从图中可以看出，在不同温度下，当应力达到一定值时，加工硬化速率随流变应力的继续增加而减小，当流变应力增大到峰值应力 σ_p 时，加工硬化速率减小为零，此时动态软化作用与加工硬化作用平衡。变形继续进行，随着流变应力减小，加工硬化速率继续减小至最低后上升至零点，此时达到动态平衡，流变应力达到稳态

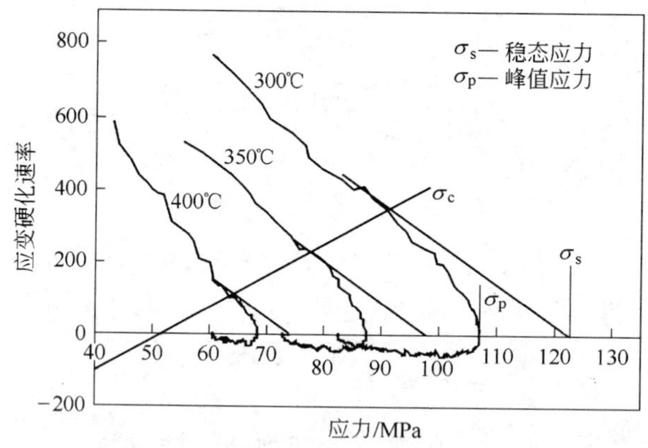

图 5-19　硬化速率与流变应力之间的关系

值。从图中还可以看出，变形温度越高，峰值应力 σ_p 越低，σ_s 越低，σ_c 越低。当变形温度为300℃时，σ_p 为107MPa；当变形温度为350℃时，σ_p 为87MPa；当变形温度为400℃时，σ_p 为67MPa。σ_s 与 σ_c 的确定及意义将在后面阐述。

为了求出 σ_c 与 σ_s 的值，只需要求峰值应力之前的加工硬化率对流变应力的偏导与流变应力的关系即 $-\partial\theta/\partial\sigma \sim \sigma$ 曲线，如图5-20所示。曲线上的最低点对应的应力就是发生动态再结晶的临界应力值 σ_c，相应的应变即是发生动态再结晶的 ε_c 临界应变。从图5-20可以得出，当变形温度为300℃时，σ_c 为90MPa，ε_c 为0.09；当变形温度为350℃时，σ_c 为76MPa，ε_c 为0.07；当变形温度为400℃时，σ_c 为62MPa，ε_c 为0.06。由以上数据可得，在变形量为10%之前就发生了动态再结晶，温度越高，发生再结晶的临界应变越小。

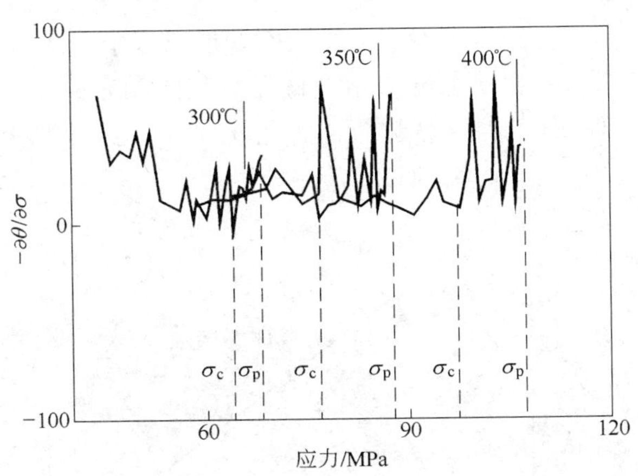

图5-20　不同温度下 $-\partial\theta/\partial\sigma \sim \sigma$ 曲线

如图5-19所示，在 $\sigma-\varepsilon$ 曲线上，饱和应力 σ_s 为临界应力 σ_c 的外推应力，在加工硬化速率与流变应力的曲线上，饱和应力 σ_s 是曲线上临界应力 σ_c 点之前的应力的线性延长线与横轴流变应力的交点。通过计算，当变形温度为300℃、350℃、400℃时，σ_s 分别为123MPa、98MPa、75.5MPa。不同变形温度下的各应力值详见

表 5-4。

表 5-4　不同温度下动态再结晶过程各参数值

温度/℃	σ_c/MPa	σ_s/MPa	σ_p/MPa	σ_{ss}/MPa	$\sigma_p-\sigma_c$/MPa
300	90	123	107	82	17
350	76	98	87	73	11
400	62	74.5	67	61	5

如图 5-20 所示，随着变形温度的升高，σ_p 与 σ_c 的距离减小。通过计算 σ_p 与 σ_c 的差值并得出与变形温度的关系，如图 5-21 所示。从图中可以看出，当变形速率为 0.1、变形温度在 300℃时，$\sigma_p-\sigma_c$ 为 17MPa；当变形温度在 350℃时，$\sigma_p-\sigma_c$ 为 11MPa；当变形温度在 400℃时，$\sigma_p-\sigma_c$ 为 5MPa。$\sigma_p-\sigma_c$ 的值随变形温度的升高而减小，说明温度越高，动态回复作用越快。其原因是变形温度越高，加工硬化速率就越小，在到达峰值应力之前的变形过程中，相对于加工硬化作用，由动态回复和动态再结晶对材料引起的动态软化作用就越大，导致两者达到平衡的时间就越短，因此 $\sigma_p-\sigma_c$ 的值就越小。

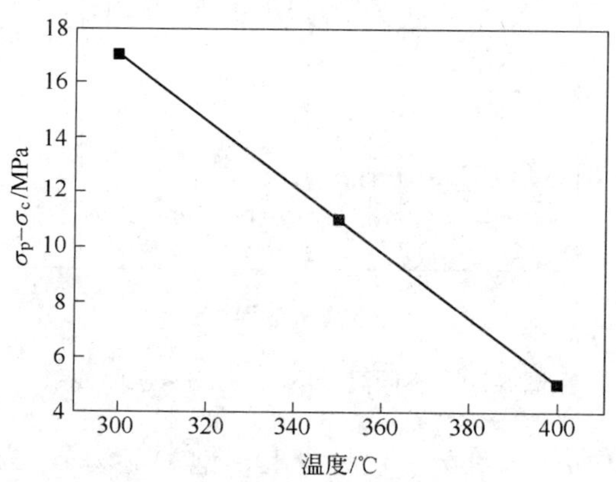

图 5-21　$\sigma_p-\sigma_c$ 与变形温度的关系

图 5-22 是通过式（3-3）及表 5-4 得出的不同变形温度下动态再结晶的体积分数。从该图中可以看出，当变形量为 10%，变形

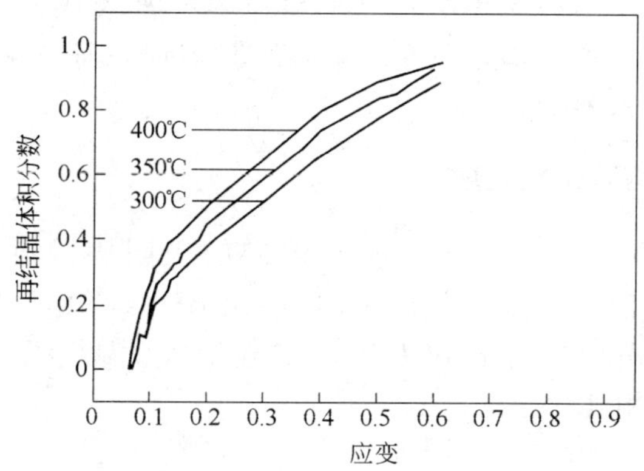

图 5-22 不同变形温度下发生动态再结晶的体积分数

温度为 300℃、350℃、400℃时，再结晶体积分数分别为 16%、23%、30%；当变形量为 20%，变形温度为 300℃、350℃、400℃时，再结晶体积分数分别为 38%、42%、48%；当变形量为 40%，变形温度为 300℃、350℃、400℃时，再结晶体积分数分别为 61%、74%、79%；当变形量为 60%，变形温度为 300℃、350℃、400℃时，再结晶体积分数分别为 89%、93%、95%。随应变量增加，再结晶体积分数逐渐增大，当变形达到 60% 时，再结晶体积分数达到 90% 左右，但还未发生完全再结晶。此时，材料的塑性较好。此外，变形温度对再结晶体积分数也有较大的影响，从整体趋势来看，相同应变量下，变形温度越高，再结晶越多。这是由于变形温度越高，发生再结晶的驱动力就越大，再结晶形核率和长大速度就越快。因此，变形温度越高，发生再结晶的体积分数就越大。

综上所述，再结晶易于在晶界处形核。温度升高，再结晶数目增多，发生再结晶的临界变形量降低；变形量增大，再结晶数目增多，发生再结晶的临界温度降低。

5.4 镁合金的挤压成形

挤压具有强烈的三向压应力状态，金属可以发挥其最大的塑性变形潜力。镁合金挤压主要工艺参数包括模具预热温度、铸锭加热制度、挤压速度、挤压比、润滑剂等。另外铸锭均匀化处理对挤压产品的质量也有重要影响。

5.4.1　铸锭均质化预处理

如图 5-23 所示，Al 在 Mg 基体中的极限固溶度为凝固时的 12.7%，随着温度降低，合金中不断析出 β($Mg_{17}Al_{12}$)相。室温时的平衡组织中，Al 的固溶度仅为 2%，镁合金的室温组织为 α(Mg) + β($Mg_{17}Al_{12}$)两相共存。

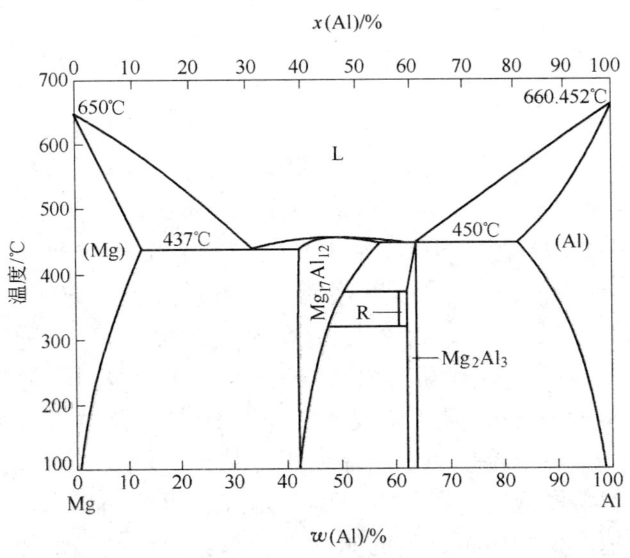

图 5-23　镁铝合金的二元相图

由于镁合金在凝固时，液相中析出的 α(Mg) 中溶质 Al 来不及均匀扩散，富集在未凝固的液相中，使得镁合金铸锭中存在着严重的区域偏析和枝晶偏析。铸造时冷却速度越大，非平衡凝固偏离平衡态越远。图 5-24 所示为 AZ91D 镁合金铸态组织，除了 α(Mg) 基体外，存在着大量粗大的网状 β($Mg_{17}Al_{12}$) 相，主要以不规则形状连续分布在晶界上。图 5-24 中白色的 β($Mg_{17}Al_{12}$) 相周围存在颜色较深的灰色部

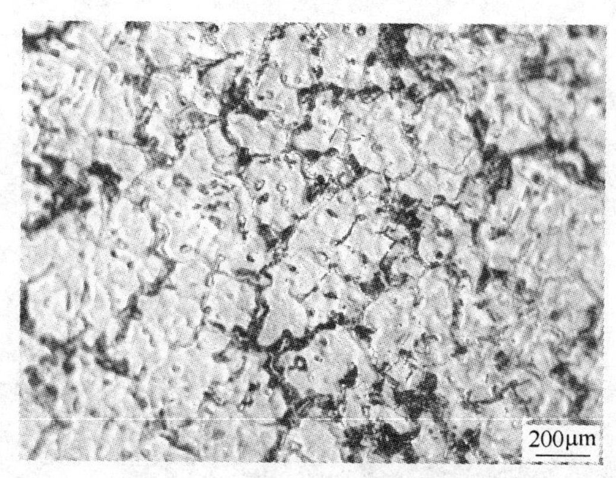

图 5-24 AZ91D 合金的铸态组织

分，被认为是非平衡凝固产生的 β($Mg_{17}Al_{12}$)相离异共晶体，由共晶反应后的冷却过程中 α(Mg)固溶体中析出的二次 β($Mg_{17}Al_{12}$)相和 α(Mg)组成。这些缺陷的存在造成铸锭成分组织的不均匀，合金塑性降低，并降低镁合金的耐腐蚀性能。而铸锭的均质化处理是消除枝晶偏析和非平衡相，提高合金组织成分均匀性的重要热处理工艺。

均质化预处理的实质是铸锭在高温加热条件下，通过相的溶解和原子的扩散来实现组织均匀化。对于一定的合金，完全消除浓度偏析的均匀化时间仅与扩散系数有关。均匀化温度越高，原子扩散系数越大，完全消除浓度偏析所需的时间就越短。由于镁合金中的原子扩散速度慢，所以强化相的溶解需要较长时间。为了获得均匀组织，保证在良好塑性状态下挤压，因此需要长时间均质化处理。

AZ91D 镁合金在 350℃、380℃、420℃均匀化退火不同时间的组织如图 5-25 所示。由图可知，在同一温度下，随着退火时间的延长，枝晶偏析减少，第二相数量也减少，分布变得越均匀；而在相同的退火时间下，随着退火温度的升高，枝晶偏析减少，第二相数量也减少，分布变得越均匀。由图 5-25 可知，在 350～420℃、5～24h 的条件范围内，提高均匀化温度对 AZ91 镁合金组织的影响比延长保温时间的影响要显著得多。

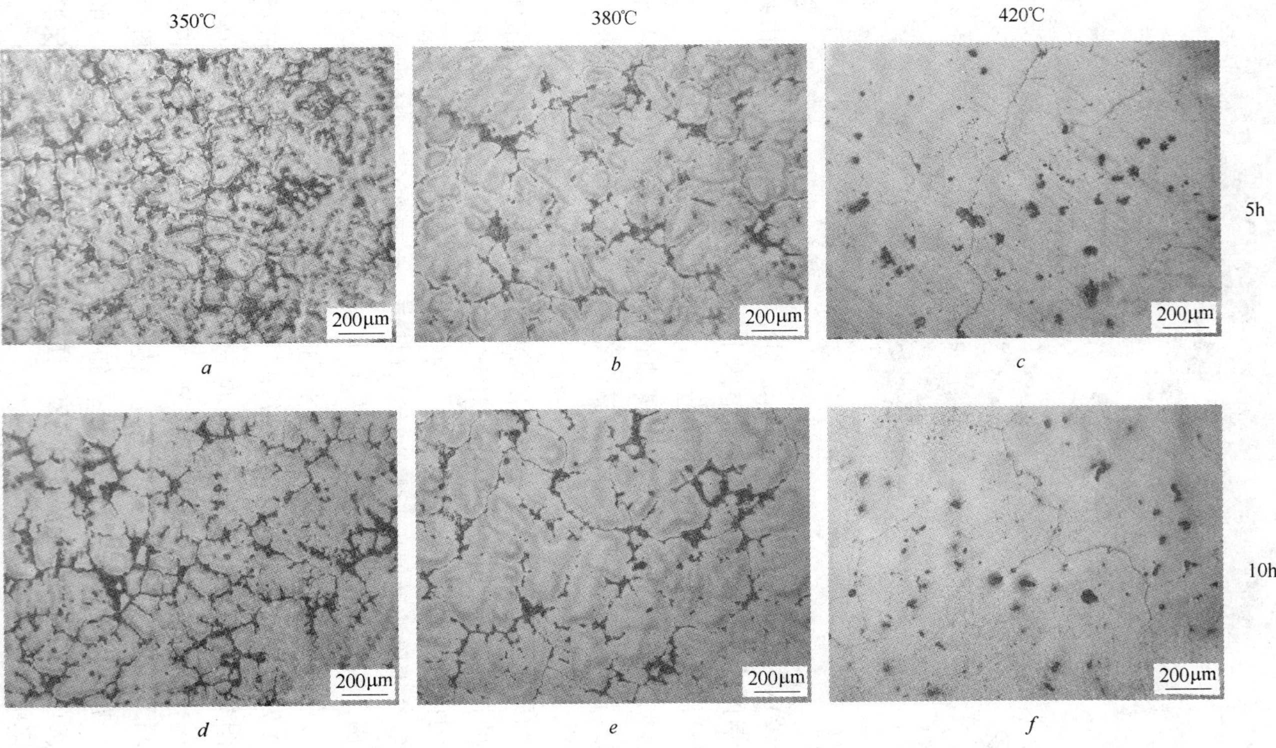

350℃
380℃
420℃
5h
10h
200μm
a
b
c
d
e
f

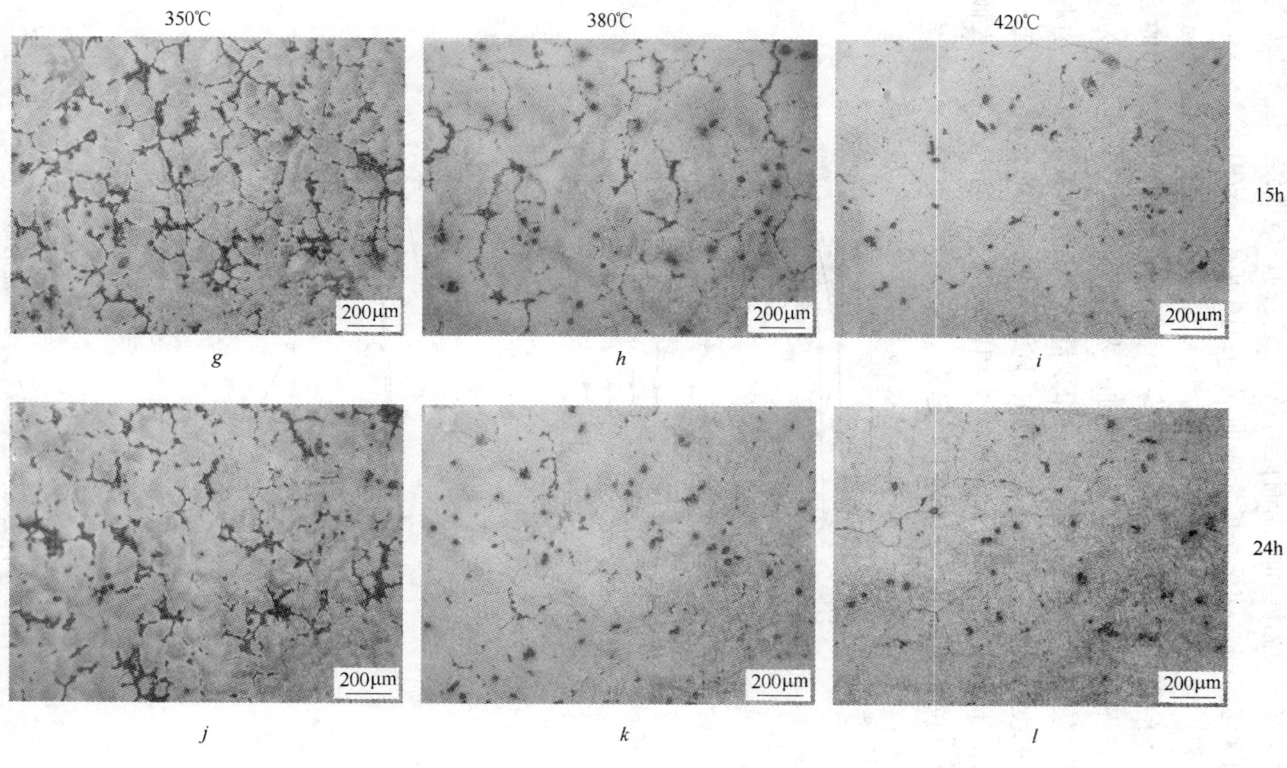

图 5-25 AZ91 均匀化后的部分组织

图 5-26a 为温度和保温时间对抗拉强度的影响曲线。图 5-26b 为温度和保温时间对伸长率的影响曲线。由图可知，AZ91 合金铸态时的抗拉强度约为 163MPa，伸长率约为 3.2%。保温时间对抗拉强度和伸长率的影响规律一致。在不同均匀化温度下，随着保温时间的延长，抗拉强度和伸长率都呈现先增加，然后降低的趋势。这是因为均匀化退火使得位于晶界的粗大第二相数量减少，分布变得均匀，有利于抗拉强度的提高。由图 5-25 可知，随着保温时间的延长，第二相进一步溶于基体，晶界上弥散的第二相颗粒减少，且晶粒有长大倾向，故抗拉强度和伸长率均呈下降趋势。

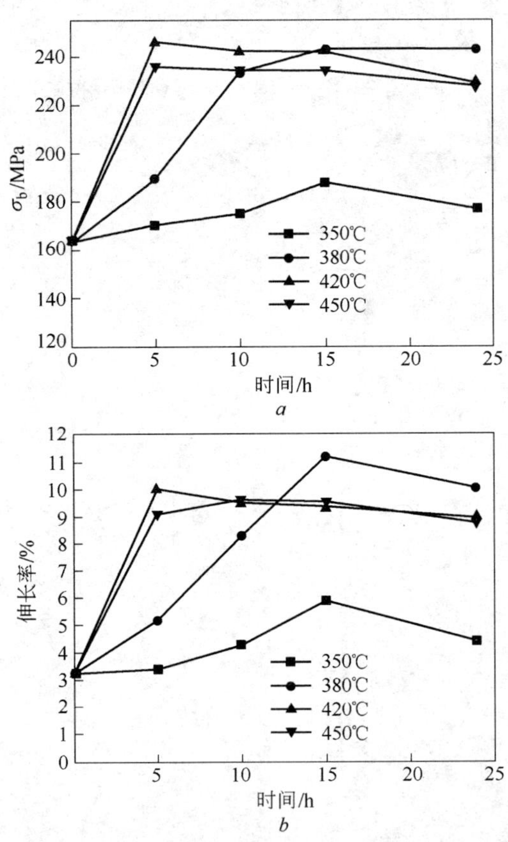

图 5-26　退火工艺参数对力学性能的影响

均匀化温度对抗拉强度和伸长率的影响呈现两种不同的规律。在较低温度下（350℃和380℃）均匀化时，抗拉强度和伸长率在保温时间为15h处达到最大值；在较高温度下（420℃和450℃）均匀化时，抗拉强度和伸长率在保温时间约为5h处达到最大值，此后随保温时间的延长抗拉强度和伸长率缓慢降低。可见，在均匀化退火温度较低时，需要相对较长的保温时间才能达到理想的均匀化效果；而均匀化退火温度较高时，较短的保温时间就能达到理想的均匀化效果。此外，图5-26的结果表明，均匀化退火温度在380℃以上时，可通过选择不同的退火保温时间获得显著的均匀化退火效果；而当均匀化退火温度为350℃时，无论选择多长的退火保温时间，均难以获得显著的均匀化退火效果。

AZ91合金的抗拉强度在420℃、5h的均匀化条件下达到最大，约为246MPa，此时伸长率为10%；而在380℃、15h的均匀化条件下伸长率达到最大值，约为11.2%，此时抗拉强度约为243MPa。以上两种均匀化退火制度所得到的抗拉强度几乎一致，而伸长率有一定的差别。从工业应用的实际角度看，选择420℃、5h的均匀化退火条件较为有利，可获得较理想的均匀化效果，抗拉强度和伸长率都得到了显著提高，且均匀化时间较短，有利于缩短生产周期。

5.4.2 挤压前坯料及模具的加热

5.4.2.1 挤压坯料的加热温度

金属镁具有密排六方晶格，室温下只有基面｛0001｝产生滑移，因此镁合金常温下容易脆裂，难以进行塑性成形加工；在200℃以上时，第一类角锥面｛1012｝也可能产生滑移，塑性因此明显提高；225℃以上时，第二类角锥面｛1012｝也可能产生滑移，塑性提高更大。因此，镁合金宜在200℃以上成形，但是镁合金在高温下尤其420℃以上时很容易发生氧化。因此镁合金的热加工范围较窄，一般在300～420℃之间。从AZ31镁合金的塑性加工图5-27中可以看出，在350～400℃的温度范围内塑性最高，挤压时坯料加热温度为400℃。

确定挤压温度的原则是应保证在所选择的温度范围内金属具有良好的塑性及较低的变形抗力，同时要保证制品获得均匀良好的组织性

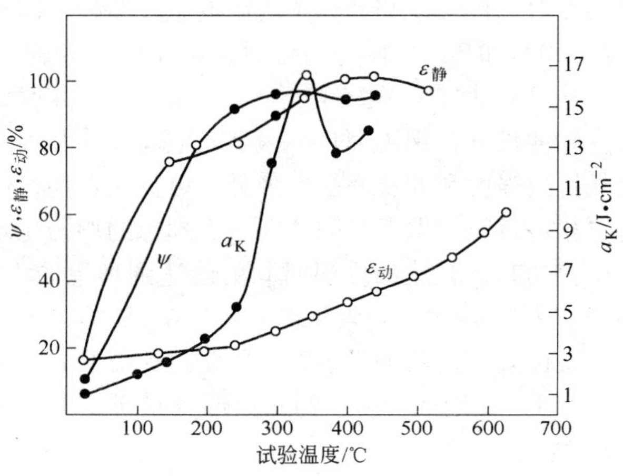

图 5-27　镁的塑性加工图

能。在确定挤压温度时,可首先根据“三图定温”的原则,即根据合金的相图、金属或合金的塑性图及变形抗力图和第二类再结晶图,还要考虑挤压加工的特点,如挤压金属或合金的特点、挤压方法及变形热效应等。

由图 5-27 镁合金的塑性变形图可看出，镁的塑性变形对温度非常敏感，在温度升高到 498K 时，镁的塑性得到了很大的提高，当温度升高到 623K 时，塑性提高尤其明显，所以镁合金的生产多在 623K 以上进行热加工。

5.4.2.2　*挤压坯料的加热设备及方法*

加热之前，镁合金坯料须清除掉油渍、镁屑、毛刺及其他脏物，以防止燃烧。在加热时，必须保证炉内没有钢料，而且不使镁合金与加热元件接触，使其相隔一定的距离，或在电阻丝旁安装保护板，以免过热和引起燃烧。坯料应均匀地放置在炉底上，保持一定的间隔。

镁合金的热导率高，可将炉子预热到规定的温度之后，直接高温装炉，这样可缩短加热时间，避免晶粒长大。如果炉子刚刚在更高的温度下加热过坯料，则应先冷却炉子，使低于规定的温度 50 ~ 100℃，然后再升高到该种合金所规定的温度，保持 20 ~ 30min 后，再装入坯料。加热时间应从坯料入炉后炉子温度升高到规定温度时算起。

5.4.2.3 挤压坯料的加热时间

镁合金的导热性好，因此，任何尺寸的镁合金锭坯都可以直接高温装炉加热。镁合金挤压坯料的加热时间也可以参照锻造时的方法来计算，即对于直径小于50mm的毛坯，按每毫米直径或厚度加热1.5min计算；直径大于100mm的毛坯，按每毫米直径加热2.5min计算；对直径在50～100mm范围内的毛坯，加热时间可按下式计算。

$$T = [1.5 + 0.01 \times (d - 50)]d \tag{5-4}$$

式中 T——加热所需要时间，min；

d——坯料的直径，mm。

如果挤压过程被迫中断的时间不超过2h，坯料可以留在炉内，但应降低炉温（约120℃）。当继续挤压时，坯料应重新加热到挤压温度上限，这时的加热时间的计算，是按炉温达到规定的温度时算起，每毫米（直径或厚度）所需的加热时间为上述计算时间的一半。若挤压过程中断超过2h，则需将坯料从炉内取出，置于静止空气中冷却，以后再重新加热挤压。

5.4.2.4 模具的预热

镁合金导热性好、变形温度范围窄，遇到冷模具会因激冷而产生裂纹。为了使坯料温度降低得不要太快，有利于材料流动性能，必须对模具进行预热，但不能高于其回火温度，以保证模具的强度。另外，在挤压过程中，坯料由于剧烈变形而释放热量，使坯料和模具的温度升高。为保证在变形的全过程中坯料和模具保持在预定的温度范围内，模具预热温度要根据坯料温度变化而变化，应比坯料温度低30～50℃。

5.4.2.5 润滑剂的选用

挤压时使用润滑剂可减少坯料与挤压筒和模具之间的摩擦，改善金属的流动性。润滑剂可降低摩擦阻力，还可以起到隔热作用，因而可以提高模具寿命。生产中常使用的润滑剂有石墨水剂、石墨机油剂、石蜡和玻璃润滑剂等。

石墨水剂和石墨机油剂，均可在挤压筒内壁形成一层致密的石墨薄膜，因此润滑效果较好，但是石墨容易附着在制品表面，很难清理，并容易划伤和腐蚀挤压材表面。而石蜡在融化后的涂抹过程中，燃烧很严重。目前玻璃润滑剂是较好的选择，其优点体现在：（1）绝热性好，从而使模具寿命提高及防止毛坯迅速冷却；（2）不会产生增碳现象；（3）挤压件表面可保持清洁；（4）在工作温度下玻璃成胶黏状，因而可以不断通过模具间隙进行润滑。这就意味着有可能进行长时间的挤压，进而提高了生产效率；（5）挤压型材和空心断面时，可得到比较清晰的棱角形状。

5.4.3　模具结构对挤压成形性的影响

模具是挤压生产中最重要的工具，模具的结构和尺寸对挤压力、金属流动的均匀性、制品尺寸的精度、表面质量及模具使用寿命都有极大的影响。实心棒材模的结构参数主要包括模角、锥面形状、定径带长度和直径等。

模面的形状对金属流动均匀性和挤压力也有相当大的影响。针对平模、锥模、流线模进行了 AZ91D 镁合金的挤压试验研究和数值模拟仿真。结果显示，在相同的条件下平模是最不利于金属流动，锥模次之，流线模有利于金属的流动，但对于制品表面质量则是平模最好。根据经验与挤压的产品表面质量，设计不同的模面形状。随着定径带长度的增加，克服定径带摩擦阻力所需的挤压力增加，但过小的定径带对于棒材尺寸稳定性、组织致密化有不利影响。

所采用的模具如图 5-28 所示，模孔直径为 25mm，挤压比约为

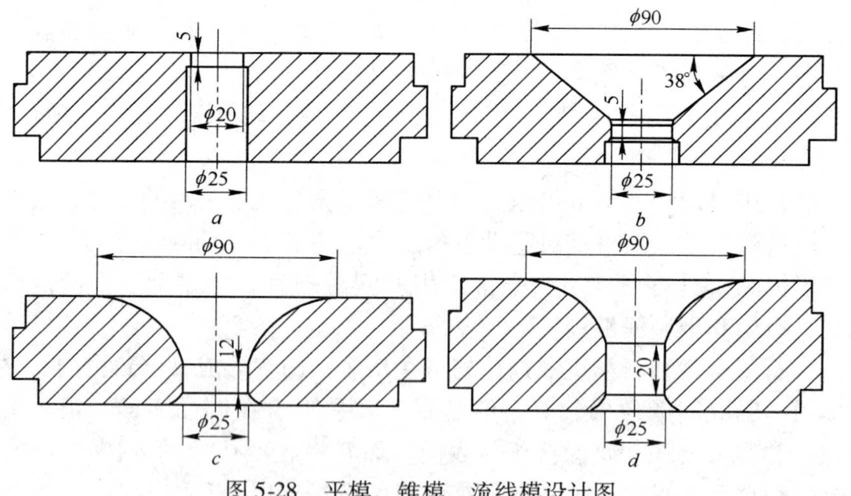

图 5-28　平模、锥模、流线模设计图

14.4，定径带长度为 5 ~ 25mm，挤压数值模拟的初始边界条件和工艺参数如表 5-5 所示。

表 5-5 初始边界条件和工艺参数

坯料初始温度	380℃	挤压筒初始温度	350℃
模具初始温度	300℃	挤压轴速度	5mm/s
挤压垫温度	30℃	棒材与环境的传热系数	0.1W/(mm^2 · K)
坯料与模具的摩擦因子	0.4	坯料与模具的传热系数	11W/(mm^2 · K)

经有限元数值模拟计算，AZ91 镁合金稳态挤压时的温度场分布情况如图 5-29 所示。由图可看出，坯料与挤压垫接触部位由于大温差所引起的热传导作用而使温度下降显著，在平、锥、流线三种模具条件下温度变化规律基本相同。当坯料逐渐进入变形区（即等高线 G

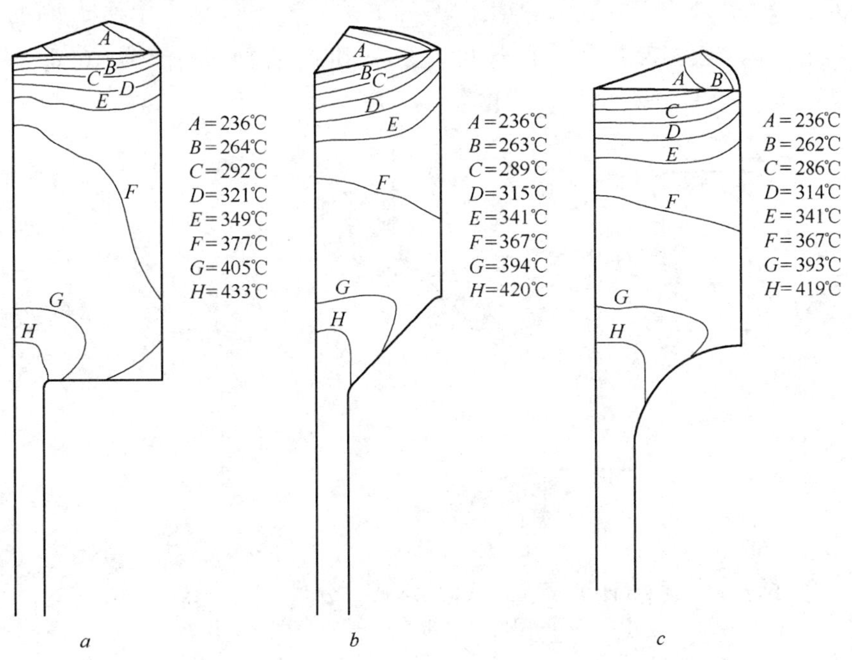

图 5-29 稳态挤压时的坯料温度分布（挤压速度 5mm/s）
a—平模；*b*—锥模；*c*—流线模

和 H 所在区域），三种模具结构导致温升情况不同。合金在平模模孔附近的等效应变为 4. 45，变形剧烈，合金温度升高较快，在出口附近达到 433℃，而合金在锥模和流线模模孔附近的等效应变分别为 3. 80 和 3. 57，变形较均匀，温升较少，出口处温度分别为 420℃和 419℃。

图 5-30 所示为挤压变形区内金属流动速度的分布，从变形区入口至出口，金属流动速度逐渐增大。平模和锥模由于在定径带入口处有“拐点”，在其附近流动速度变化快，使整个速度场变化集中在定径带入口处，而流线模则在整个变形区内较为均匀分布。定径带内沿半径方向上的速度分布如图 5-31 所示，其中坐标原点为模孔的中心，r 为棒材制品的半径。从图中可以看出，由于合金与模具间的摩擦阻力作用，在定径带内出现心部与表层的速度差。采用平模时，从棒材中心至 $r = 10.3$mm 的范围内速度均匀，为 72. 2mm/s，但在表层 2. 2mm 厚度范围内，速度急剧下降至 55. 2mm/s，即在仅 2. 2mm 厚的表层内，产生了 17mm/s 的速度差。采用锥模时，在表层 2. 4mm 厚度范围内产生 13. 1mm/s 的速度差，采用流线模时，在表层 6mm 厚度范围内产生 6. 9mm/s 的速度差。

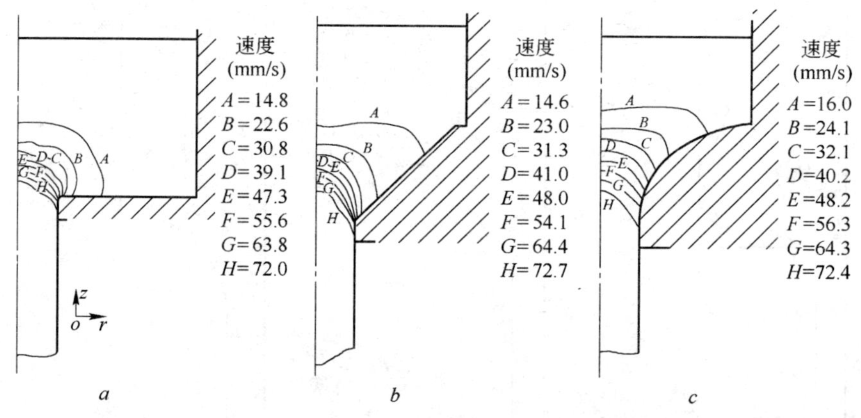

图 5-30　稳态挤压时变形区内的流动速度分布（挤压速度 5mm/s）

a—平模；*b*—锥模；*c*—流线模

定径带内横断面上速度差的存在，使得挤出棒材的心部受压应力、表层受拉应力，并且在模具出口处表层的拉应力达到最大值。计算表

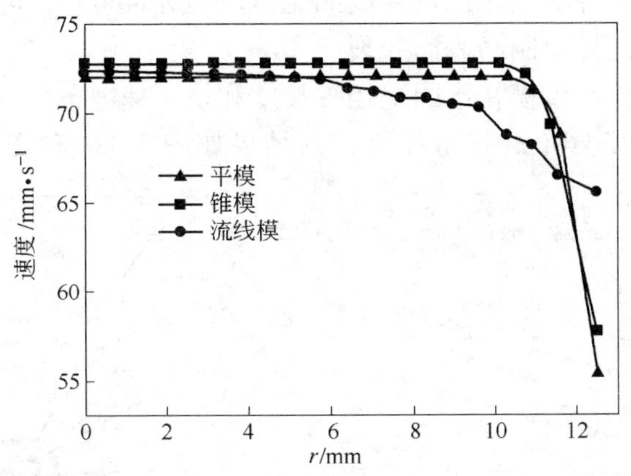

图 5-31 定径带内横断面上的速度分布(挤压速度 5mm/s)

明，对于平模和锥模，表层产生的轴向附加拉应力值最大为 102MPa 和 80MPa。根据温度场的分析，此时模孔出口温度分别为 433℃和 420℃，而应力-应变关系表明此温度下的抗拉强度分别为 60MPa 和 70MPa。因此，采用平模、锥模挤压将导致棒材表面开裂。当采用流线模（定径带长度为 5mm）时,模具出口温度为 419℃,表层最大附加拉应力为 72MPa。虽然最大附加拉应力比平模、锥模有所降低,但仍然高于相应温度下合金的抗拉强度,因此棒材表面仍会产生裂纹。

虽然采用流线模挤压变形较为均匀，模孔出口处轴向附加拉应力较小，但当定径带长度为 5mm 时，制品表面仍然产生裂纹。为此，在不同挤压速度 1mm/s、2.5mm/s、5mm/s、7.5mm/s、10mm/s 条件下，对定径带 $L=10$mm，15mm，20mm，25mm 的三种模具挤压时模孔出口处的温度与附加应力进行分析。

AZ91 镁合金挤压过程中温升较大，且随挤压速度和定径带长度增加，挤压出口温升增加。从图 5-32*a* 所示流线模挤压的结果可以看出，当挤压速度为 10mm/s、定径带长度为 5mm 时，模孔出口温度已经超过 AZ91 镁合金中低熔点相 $Mg_{17}Al_{12}$的熔点 462℃，易导致挤出制品开裂。当挤压速度为 7.5mm/s 时，定径带长度小于 20mm 时，可保证模孔出口处制品温度低于 460℃。挤压速度在 5mm/s 以下时，各定径带长度条件下模孔出口处制品温度均低于460℃，可保证不因出口温度过高而导致制品表面开裂。

对于平模和锥模在不同定径带长度和挤压速度条件下，模孔出口处棒材温度场分布进行了计算，其结果如图5-32*c*和图5-32*e*所示，

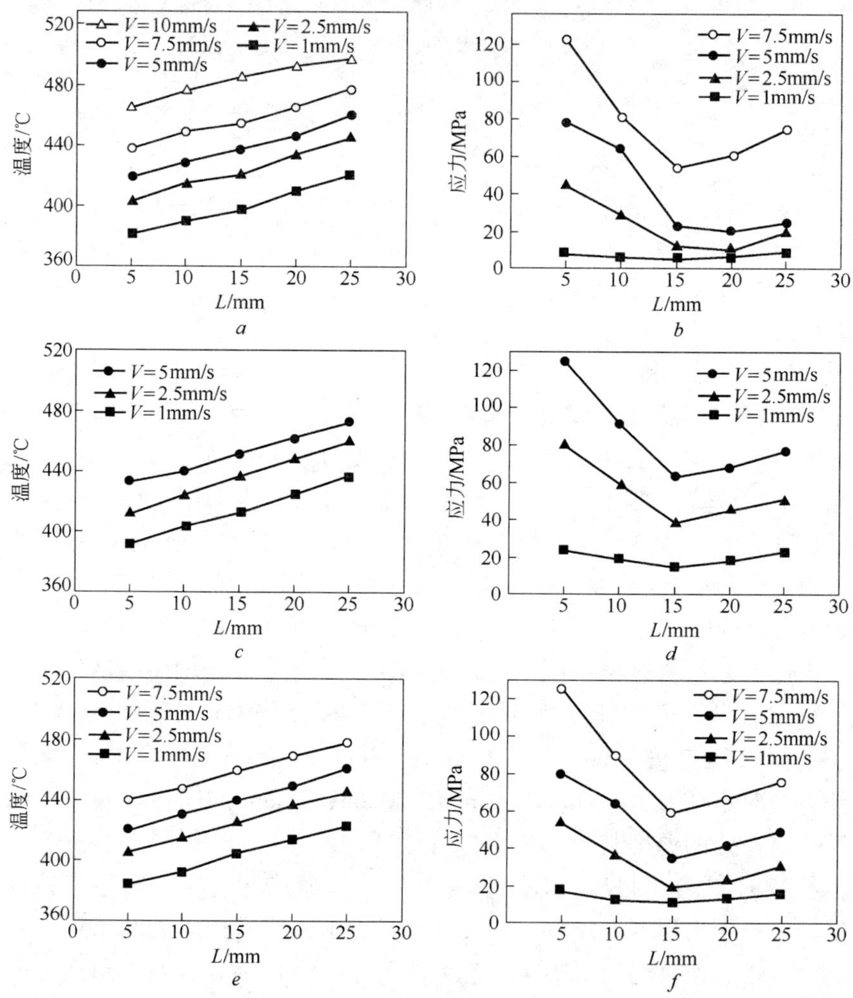

图5-32　模孔出口温度、最大附加拉应力与挤压速度、定径带长度的关系（挤压坯料温度380℃）

a，*b*—流线模；*c*，*d*—平模；*e*，*f*—锥模

从图中可以看出，采用平模、锥模挤压时温升高于流线模，其可挤速度明显低于流线模。为了提高挤压速度，可以降低坯料温度，以防止模孔出口处制品温度过高，但坯料温度过低，挤压力能消耗显著增加，对挤压生产经济性产生不利影响。

造成 AZ91 镁合金挤压制品开裂的另一因素，是模孔出口处制品表层附加拉应力。随挤压速度、定径带长度变化，制品表面最大附加拉应力如图 5-32（*b*、*d*、*f*）所示。从图中可以看出，挤压速度越快，表层附加拉应力越大。定径带长度对其影响是非线性的，即在 $L=15\sim20$mm 时，附加拉应力最小。当定径带过短，即为 5mm、10mm 时，由于定径带处的摩擦阻力不足，无法对变形区内的合金产生足够高的静水压力，因此在刚离开挤压模时会产生开裂。适当增加定径带长度可使得变形区内合金处于更为强烈的三向压应力状态，利于成形。而当定径带过长，即为 25mm 时，由于摩擦力过大又会使得附加拉应力上升。

从结果可以看出，对于平模，当挤压速度为 1mm/s 时，在定径带长度 5 ~ 25mm 范围内，附加拉应力小于 25MPa；当挤压速度为 2.5mm/s 时，在定径带长度 10 ~ 20mm 范围内，附加拉应力小于 60MPa，均低于相应温度下合金的抗拉强度。对于锥模，当挤压速度不大于 2.5mm/s 时，在定径带长度 5 ~ 25mm 范围内，附加拉应力小于 55MPa；当挤压速度为 5mm/s 时，定径带长度在 15 ~ 20mm 范围内，产生的附加拉应力为 30 ~ 45MPa，低于相应温度下合金的抗拉强度。对于流线模，当挤压速度不大于 2.5mm/s 时，在定径带长度 5 ~ 25mm 范围内，附加拉应力小于 50MPa，低于相应温度下合金的抗拉强度。当挤压速度为 5mm/s 时，定径带长度在 15 ~ 25mm 范围内，产生的附加拉应力为 20 ~ 30MPa，不易引起挤出制品开裂；而当定径带长度为 5 ~ 10mm 时，附加拉应力达到 65 ~ 80MPa。当挤压速度为 7.5mm/s 时，只有定径带长度为 15mm 时挤出制品表面的附加拉应力为 58MPa，略低于相应温度下合金的抗拉强度。

AZ91 镁合金挤压后制品的表面形貌如图 5-33 所示，平模挤压后棒材表面出现粗大的环状周期性裂纹，裂纹宽度及深度都较大；锥模挤压后棒材表面也呈周期裂纹，但与平模挤出的情况相比，裂纹宽度

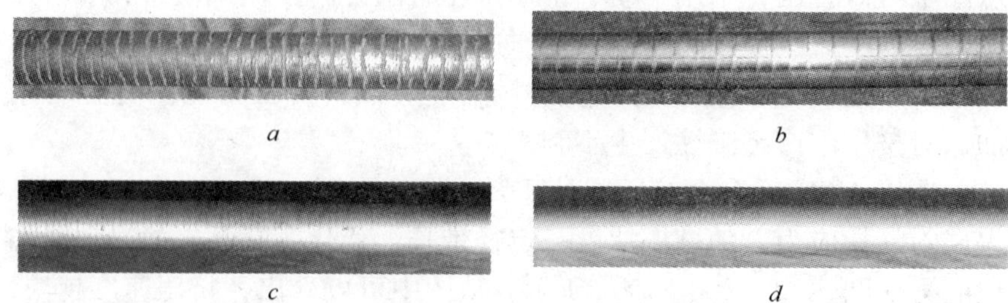

图 5-33　AZ91 镁合金挤压棒材表面形貌（挤压速度 4.6mm/s，流出速度 3.97m/min）

a—平模挤压后棒材表面产生的周期裂纹；*b*—锥模挤压后棒材表面产生的周期裂纹；*c*—$L=10$mm 的流线模挤压后棒材表面产生的周期裂纹；*d*—$L=20$mm 的流线模挤压后的棒材表面光亮无开裂

和深度有所减小；采用 $L=10$mm 的流线模挤压时，棒材制品表面出现的裂纹较细小；采用 $L=20$mm 的流线模挤压后，棒材制品表面光亮无裂纹。

5.4.4　挤压比和挤压速度的选择

挤压比按下式计算：

$$\lambda = \frac{F_0}{F_1} \tag{5-5}$$

式中　λ——挤压比；

F_0——挤压筒的横截面积，mm^2；

F_1——挤压出产品的断面面积，mm^2。

按照塑性理论和金属挤压理论，挤压时的平均真实延伸应变 ε_e 和平均应变速率 $\dot{\varepsilon}$ 可分别用式（5-6）、式（5-7）表示：

$$\varepsilon_e = \ln\lambda \tag{5-6}$$

$$\dot{\varepsilon} = \frac{\varepsilon_e}{t_s} \tag{5-7}$$

式中　t_s——金属质点在变形区内停留的时间。

单孔模挤压圆棒时 t_s 可用下式计算：

$$t_s = \frac{(1 - \cos\alpha)(D_t^3 - d^3)}{3\sin^3\alpha \cdot d^2 \cdot V_f} \tag{5-8}$$

式中 α——挤压模模角；

D_t——挤压筒直径；

d——棒材直径；

V_f——制品流出速度。

从式（5-3）可以看出，挤压变形过程中，平均延伸应变等于挤压比的自然对数。也就是说，挤压比越大，材料在挤压时产生的应变就越大。镁合金挤压件的宏观组织及力学性能与总的变形程度有很大的关系，变形程度大的镁合金挤压件比变形程度小的镁合金挤压件组织细小、力学性能高。为了使镁合金挤压件获得一致的力学性能，挤压的总变形程度应不小于75%。但对于镁合金这样的低塑性成形材料来说，挤压比太大时，随着总应变、挤压力和应变速率的上升，挤压材出口温度上升、表面质量急剧下降、裂纹也很容易产生。通常，镁合金挤压时允许的最大挤压比 $\lambda_{max} \leqslant 60$。

挤压速度对合金材料的变形热效应、变形均匀性、再结晶、制品力学性能及制品表面质量均有重要影响，因此挤压速度大小的设定需根据合金成分、铸锭组织、挤压温度、模具结构及润滑条件的不同而设定。在保证制品不产生表面裂纹、毛刺、弯曲、扩口等缺陷的情况下，在挤压机能力允许下，挤压速度越快越好。但镁合金本身的塑性变形能力较差，当挤压速度较高时，引起的热效应使毛坯温度升高，增大应变速率，使应变速率效应加剧。挤压材的表面可能出现裂纹等缺陷。

挤压速率提高，金属质点在变形区内停留的时间变短，挤压的应变速率增加，Z 值增加，则变形后的再结晶晶粒尺寸变小。挤压时，摩擦及变形内能等因素常使变形区内金属温度剧烈升高。随着挤压速率的增大，挤压后棒材温度 T 也增加，在挤压过程中的变形温度也必然升高。因此，挤压速率升高，挤压温度升高，也就是变形温度升高，Z 值减少，再结晶晶粒尺寸变大。所以当挤压速率增加时，变形速率与温升从两个相反的方向影响晶粒的大小，两者在挤压过程中对晶粒尺寸的贡献相当，以致挤压速率对晶粒尺寸影响不明显。

挤压速度对挤压材出口温度有很大影响。利用镍铬-镍硅 K 型热电偶对 AZ91D、AZ31、M1 合金挤压圆棒时的模具温度进行了测量。在模具的定径带的入口处开一个通孔，在挤压时将热电偶的接触丝插入小孔直至接触面的地方测量挤压过程的温度变化。表 5-6 所示为 AZ91D 镁合金在挤压比为 14、挤压速度为 4.6mm/s、挤出长度 2.5m 条件下挤压圆棒时的模具温度上升值。

表 5-6　挤压 AZ91D 镁合金时模具温度的变化（挤压速度 4.6mm/s）

编　号	1 号	2 号	3 号	4 号	5 号
挤压开始温度/℃	268	239	224	209	227
挤压结束温度/℃	340	340	310	312	320
挤压温升/℃	72	101	86	103	93

从试验结果可以看出，镁合金坯件在挤压成形过程中会生成大量的热，尤其当挤压比越大、挤压速度越快时，挤压温升越大。同时发现，同样挤压速度条件下，Mg-Al-Zn 系合金的挤压温升高于 Mg-Mn 系合金；同样温升情况下，Mg-Al-Zn 合金表面氧化比 Mg-Mn 合金严重；在 Mg-Al-Zn 系合金中，Al 含量越高，挤压速度对合金表面质量影响越大，挤压速度越快，挤压材表面越容易开裂。

Mg-Al-Zn 系镁合金的表面质量受挤压速度影响很大，如图 5-34

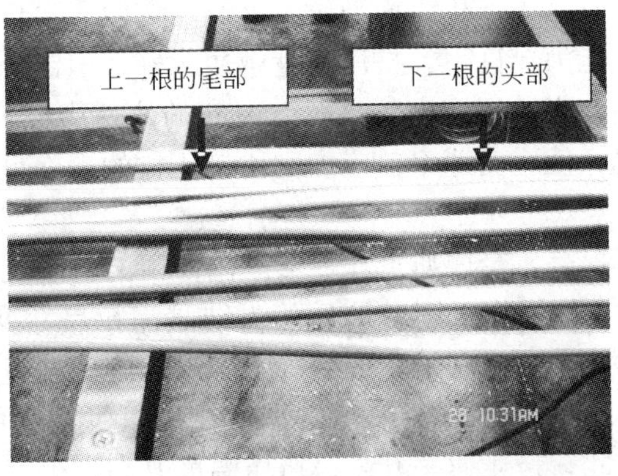

图 5-34　不同挤压速度下 AZ31 镁合金挤压棒材首尾相接处的表面状况

所示为 AZ31 镁合金在不同挤压速度条件下挤压棒材表面氧化情况。从图中可以看出，当挤压速度较快时，挤压材出口温度迅速上升，使得棒材后半段发生氧化，表面发黄、变黑。而 Mg-Mn 系合金的表面氧化现象则不明显。

5.4.5 挤压变形后镁合金的组织与性能

铸造组织中有很多诸如疏松、偏析、晶粒粗大等铸造缺陷，经过塑性变形，合金组织可得到改善。尤其挤压变形过程中，材料承受三向压应力，在近似封闭的工具内承受很高的静水压力，因此有利于消除铸锭中的气孔、疏松和缩孔等缺陷，提高材料的可成形性，使材料在一次成形过程中能承受较大的变形量，从而改善产品性能。经过挤压的镁合金，由于柱状晶和粗大枝晶被破碎，使晶粒得到大幅度细化，其屈服强度、抗拉强度和伸长率较铸态合金均有明显的改善。在挤压比 $\lambda=14$、坯料加热温度 $T=380$℃时，镁合金挤压前后的金相组织如图 5-35 所示。从图中可以看出，挤压前经过均质化处理的镁合金晶粒直径为 200 ~ 300μm，经过挤压后，晶粒细化至 30 ~ 50μm。

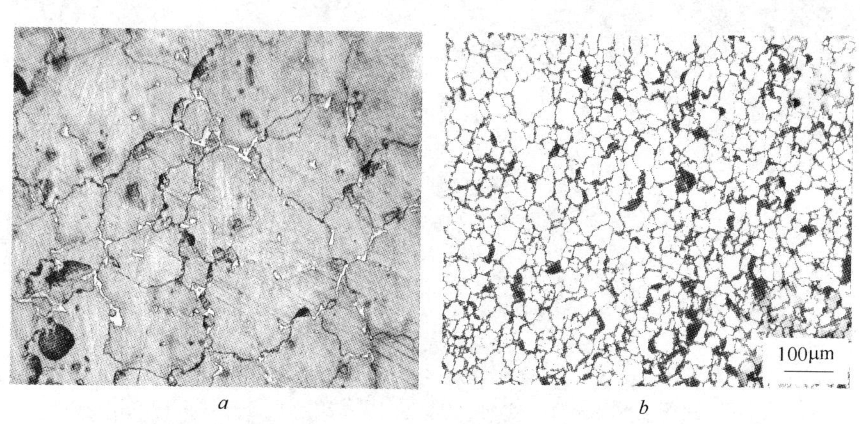

图 5-35 镁合金在 $\lambda=14$、$T=380$℃时挤压前后的组织

a—挤压前；*b*—挤压后

变形程度对棒材的显微组织也有很大影响。当形变量较小时，晶粒被拉长，在晶界周围和孪晶界附近有细小的等轴晶粒，它们是在塑

性变形时发生动态再结晶的结果，组织不均匀，并发现在低形变量下发生动态再结晶产生的晶粒极其细小。随着形变量的增大，动态再结晶晶粒增多，组织逐渐均匀化。晶粒的内部呈现亚结构，其取向基本一致，取向差较小。

图5-36*a*所示为AZ91D镁合金，在挤压比λ为5时由于变形量太小，合金发生了不完全再结晶，棒材组织为混晶组织。在粗大的初生α相晶界处发生再结晶，细小的等轴再结晶晶粒从晶界开始逐步蚕食原始α晶粒，同时，在挤压力作用下粗大的α晶粒被拉长。当挤压比λ为9时，如图5-36*b*所示，晶内已发生了完全再结晶，但晶粒的大小相差较大，原晶界处的再结晶晶粒比晶粒内部小，晶粒直径为10～40μm。当挤压比提高至14时，如图5-36*c*所示，挤压过程中

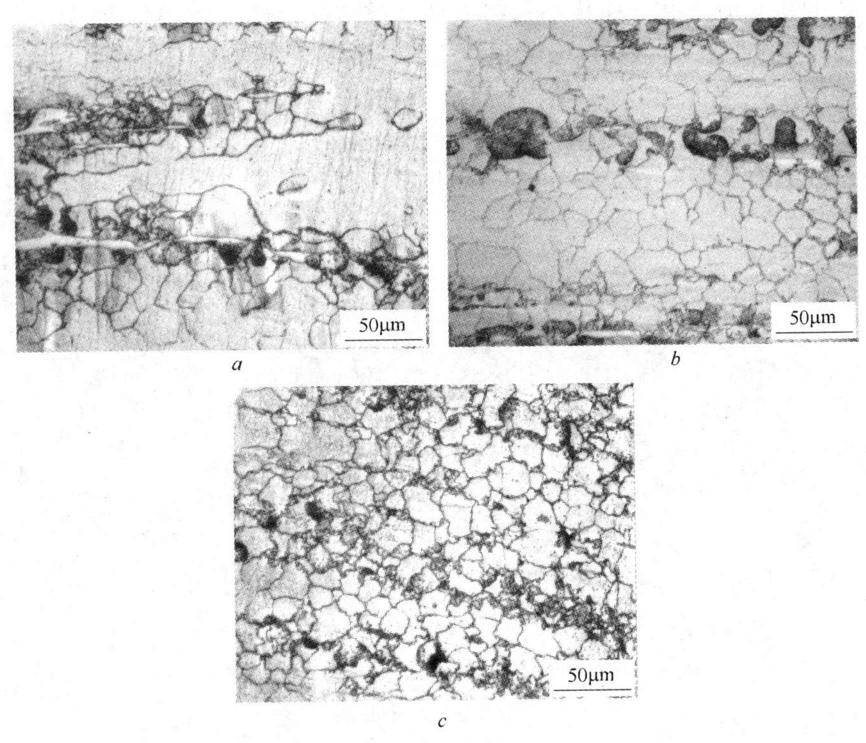

a　　*b*

c

图5-36　不同挤压比的金相组织

a—λ=5；*b*—λ=9；*c*—λ=14

发生了完全再结晶，生成细小的等轴晶组织，平均直径 20μm。

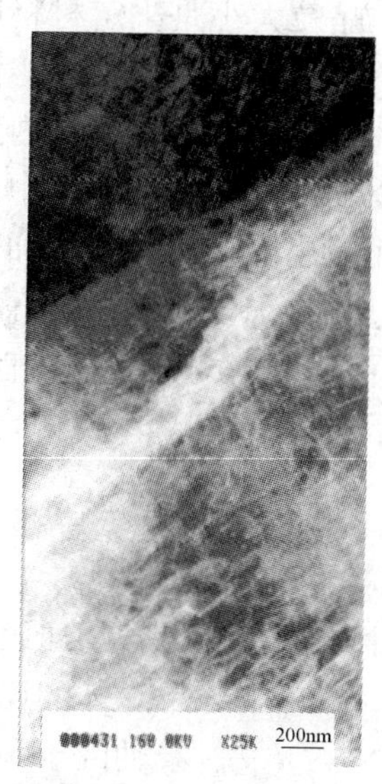

图 5-37 AZ31 镁合金挤压棒材的 TEM 照片

图 5-37 是 AZ31 镁合金挤压棒材的 TEM 照片。可以看出在晶界附近存在有位错堆积。在三维应力的作用下，通过自适应转动并调整滑移方向，同时产生大量位错，并沿着挤压方向发生塑性流变最终被挤成纤维状。此时，变形逐渐进入稳定状态。其特点是变形纤维长而直，且相互平行。按照“堆垛层错能”理论，金属再结晶过程分为形核和长大两个阶段。由于镁合金具有较高的堆垛层错能，易于形核，再结晶主要取决于迁移和扩散速率，驱动力决定再结晶特征。经过大变形形成的平行纤维组织，在挤压应力和挤压热的作用下，首先沿晶界形成亚晶结构，进而通过亚晶合并机制形成较大尺寸的大角度亚晶，随后，通过晶界迁移，亚晶进一步合并和转动，发生动态再结晶，最终形成细小的大角度晶粒，如图 5-38 所示。

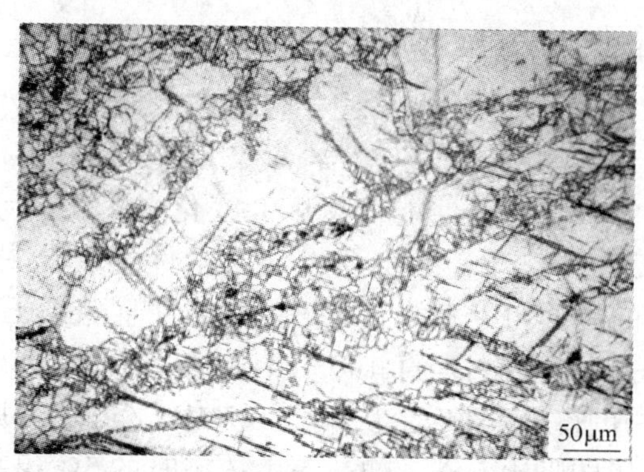

图 5-38 挤压后镁合金室温下的压缩变形组织

晶粒大小是决定材料性能的重要指标，晶粒越小，材料的性能越好。晶粒大小影响材料的性能是晶界影响的反映，因为晶界是位错运动的障碍，在一个晶粒内部，必须塞积足够数量的位错才能提供必要的驱动力，使相邻晶粒中的位错源开动并产生宏观可见的塑性变形，因而减小晶粒尺寸将增加位错运动障碍的数目使屈服强度得到提高。通过晶粒细化能获得良好的力学性能，它在提高屈服强度的同时，又不降低其塑性和韧性。许多金属和合金的屈服强度与晶粒大小的关系在常温下均符合霍尔-佩奇公式，即有：

$$\sigma_y = \sigma_0 + Kd^{-\frac{1}{2}} \tag{5-9}$$

$$K \propto M^2 \tau_c \tag{5-10}$$

式中 σ_y——材料的屈服强度；

σ_0——单晶体的屈服强度；

M——泰勒因子（Taylar' s Factor）；

τ_c——剪切应力；

K——常数；

d——晶粒直径。

由式（5-9）可知，晶粒越细，枝晶间距越小，屈服强度越高。根据式（5-10）可知，常数 K 与泰勒因子 M 的平方成正比，通常泰勒因子依赖于滑移系的数目。同面心立方金属（如铝合金）相比，密排六方的镁合金的滑移系有限，泰勒因子较大，镁合金的 K 值约为铝合金的 4 倍（Mg 的霍尔-佩奇系数 $K=280\text{MPa}\cdot\text{m}^{-\frac{1}{2}}$，Al 相应系数 $K=68\text{MPa}\cdot\text{m}^{-\frac{1}{2}}$）。因此，镁合金晶粒尺寸的大小对强度影响更大。

晶粒细化使得镁合金性能发生极大变化。图 5-39 所示为不同挤压比条件下 AZ91D 镁合金的室温拉伸力学性能。由图中可以看出，挤压后镁合金的拉伸力学性能有明显提高，并且随挤压比增大，强度不断提高。$\sigma_{0.2}$ 由铸态时的 190MPa 在挤压比 λ 为 5 时提高为 318MPa，当挤压比 λ 为 14 时上升至 347MPa。而塑性则呈先提高后下降的趋势，随挤压比上升，伸长率由铸态时的 5% 提高至 13.3% 又下降至 12%。这是由于镁及其合金的性能与织构具有强烈的依赖关

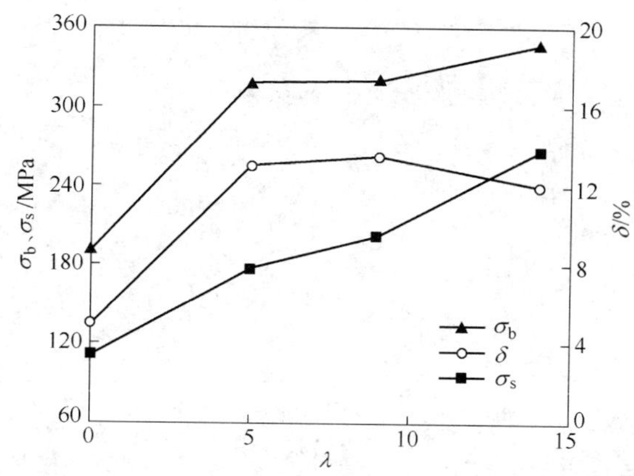

图 5-39 不同挤压比时 AZ91D 挤压棒材的力学性能

系。镁合金经挤压后，沿挤压方向形成基面织构，而沿基面拉伸的强度性能要高于其他方向。正是由于织构的形成，也使得 $\lambda=14$ 时伸长率有所下降。

5.5 变形镁合金的应用

与镁合金压铸件相比，变形镁合金由于经历了塑性变形，材料的组织和力学性能具有明显的优势，而且还可以通过热处理工艺对材料的组织和性能进行调整和优化。因此，镁合金管、棒、型挤压材以及板、带、箔轧材的应用前景被广泛看好。图 5-40 为部分实用化的镁合金产品。

5.5.1 镁合金牺牲阳极

近年来，镁牺牲阳极棒材的用量迅速增长，市场前景看好。目前，镁牺牲阳极主要用于石油、天然气、煤气和海水钢结构件的防腐保护，以及热水器、冰箱、储罐、高温锅炉内的金属保护、防高压干扰用的接地电极，也用于土壤中保护天然气输送金属管道，其需要量不断上升。

$\phi50\sim320$mm 挤压阳极有很高的电流质量比，能够提供足够的阴

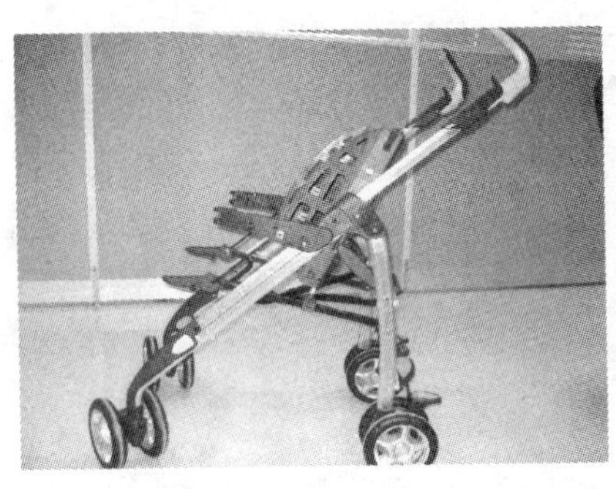

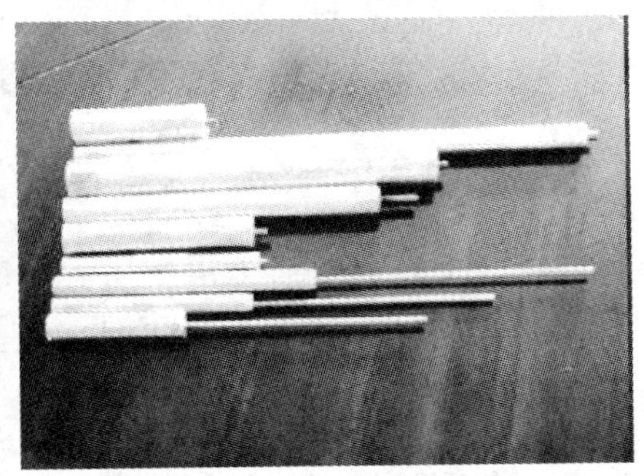

图 5-40　变形镁合金产品

极电流，适用于在要求阳极直径非常小的地方使用，主要分为高电位（Mg-Mn 合金）和低电位（AZ31 合金）挤压阳极。据估计，目前全球用作各种牺牲阳极的镁合金每年为 6 万 t 左右，并以 5% 左右的速率增长。我国镁牺牲阳极市场刚刚起步，随着国民经济的高速持续发展和人民生活水平的不断提高，镁阳极的应用范围和数量会成倍增长。

5.5.2　镁合金自行车零部件

自行车是人力驱动的工具，减轻重量可以方便使用。自行车生产商一直积极探索并不断使用新材料和新技术，生产公众需要的更轻便的车架。作为自行车架，镁合金具有密度小、含量丰富、可加工性好、减振性能优异（单位减振性能比硬铝高 100 倍、比合金钢高 20

倍、比钛合金高 300 ~ 500 倍）等优点。另外，镁合金制品具有较高的抗侧向冲击与负载的能力。

中国台湾自行车工业研究发展中心联合多家自行车厂，已经开发完成镁合金自行车，计划每年生产镁合金自行车 10 万辆，三年内达到 300 万辆，每辆售价为 450 美元，销往欧美市场。我国大陆近年来也在开发镁合金自行车，由北京首钢集团特钢公司与保定远东集团组建成的北京首特钢远东镁合金制品公司，已开发出“远东美”镁合金自行车，车架由镁合金压铸而成，其余部件为铝合金，整车质量约 8 ~ 10kg，现已上市。

5.5.3 汽车零部件

由于资源不可再生和环境保护要求，交通运输工具的减重成为重要的话题，为此汽车制造商提出新概念汽车，采用镁合金铸件、型材合理替代原来的钢铁制件和铝制件，图 5-41 为未来汽车应用镁合金制造的零部件。如果平均每辆汽车增加使用镁合金 3kg（估计全球每年增加汽车 2000 万辆），需要使用镁合金 6 万 t。如其中三分之一是变形镁合金产品，则年需求镁合金型材 2 万 t。

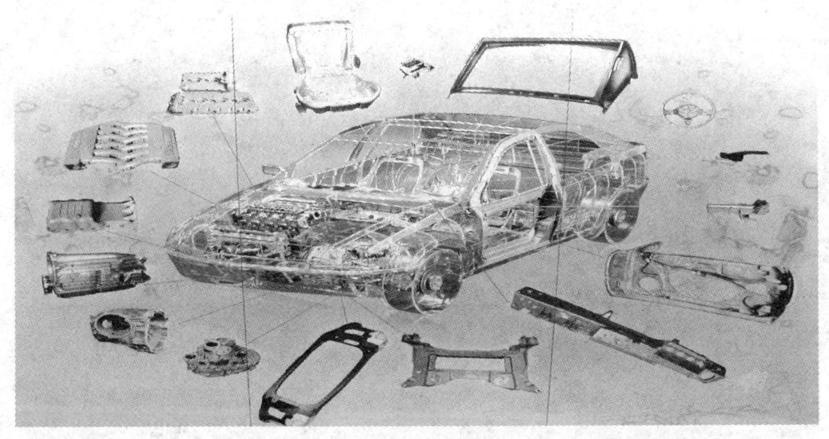

图 5-41 镁合金将应用于未来汽车的零部件示意图

5.5.4　航空航天领域

航空航天工业是高科技领域，结构减轻和结构承载与功能一体化是航空材料发展的重要方向，在极端条件下工作的航空航天产品对所用的材料密度、刚度和热导率、减振能力提出了苛刻的性能要求。

镁合金的锻造件已用作航空部件、发动机及机轮。在相同工作条件下，比铝合金轻三分之一，能够替代所有铝合金部件。因此，航天器特别是导弹、卫星及飞机上大量应用各种变形镁合金。例如 B-36 重型轰炸机每架使用了 4086kg 镁合金；喷气式歼击机“洛克希德 F-80”由于采用了镁合金部件，使结构零件的数量从 47758 个减少到 16050 个。“德热米纳”飞船的启动火箭“大力神”中使用了 675kg 的变形镁合金。变形镁合金已经开始应用于汽车、航空、航天、国防军工等领域，进入 20 世纪 90 年代后期，变形镁合金产品开始用于汽车、交通车、电子以及其他民用产品领域。

在飞机、导弹、宇宙探查、火箭等领域，目前应用较多的变形镁合金国内牌号有 MB2、MB8、MB15、MB22、MB25 等，其他合金系美国牌号有 ZM21、ZM31、ZM61、HK31、HM21、HZ11、LA141 等。

6 泡沫金属材料

6.1 概述

具有胞状（或蜂窝状）结构的多孔材料能将一些看似矛盾的物理、力学性能综合起来，比如密度小但强度较高、热导率低但散热能力强。因此，在自然界中多孔材料的结构和功能特征得到了广泛的应用，如树木、骨骼、珊瑚等。而在人造的多孔材料中，泡沫塑料、多孔陶瓷、泡沫金属较为常见，它们在结构、缓冲、减振、隔热、消音、过滤等方面占据着举足轻重的地位。就承受载荷的构件而言，聚合物的刚度不够，而陶瓷又太脆，则多孔金属为较好选择。与聚合物泡沫材料相比，泡沫金属具有耐热、不老化，受热时不产生毒气等优点；与泡沫陶瓷相比，泡沫金属的热性能、电性能及成形性能都具有优势。此外泡沫金属可回收，不存在污染和废弃物，使其越来越具有开发、应用的潜力。

多孔性金属是一种在金属基体内随机分布着孔洞（不是缺陷）的新型材料。它把实体金属相如强度高、导热性好的特点与分散（或连续）空气相的阻尼、减振、隔声等特性有机地结合在一起，是一种具有多种优良性能的轻质结构功能材料。如果这些孔洞之间相互独立，互不连通，则称为闭孔结构，这类材料最初采用发泡法制备，一般称之为泡沫金属；如果孔洞之间相互连通，则形成通孔（开孔）结构，称为多孔（结构）金属。目前这两类都可统称为泡沫金属或多孔金属或多孔泡沫金属。本章主要介绍泡沫金属的主要制备方法及应用。

6.2 泡沫金属的制备及评价技术

从 1948 年美国科学家 B. Sosnick 在熔融铝中加入了汞进行金属发泡的尝试开始，1956 年 J. C. Elliot 用可热分解气体的发泡剂代替了汞，1959 年 B. C. Alle 开发了 PCF（powder compact foaming）金属泡沫制备技术，在随后的40多年里新的泡沫化技术不断发展，涌现了一些泡沫金属的应用及专利技术，如固-气共晶凝固法、将金属喷射到填料的空隙中，填料通过化学反应或热分解而去除等，总的来看这些技术方法都致力于获得孔隙率高、结构均匀、力学性能优良的泡沫金属。而泡沫金属制备工艺的发展在很大程度上依赖发泡剂发泡产生孔隙的技术（熔体发泡法、粉末致密化发泡法等）和预置/制泡沫填料骨架技术（渗流铸造法、金属沉积法等）的进步，本章将依此为分类依据介绍泡沫金属的主要制备方法（见图6-1），并对近20多年来得到迅速发展的泡沫铝的制备工艺进行详细论述，最后简单介绍泡沫金属的基本结构表征技术。

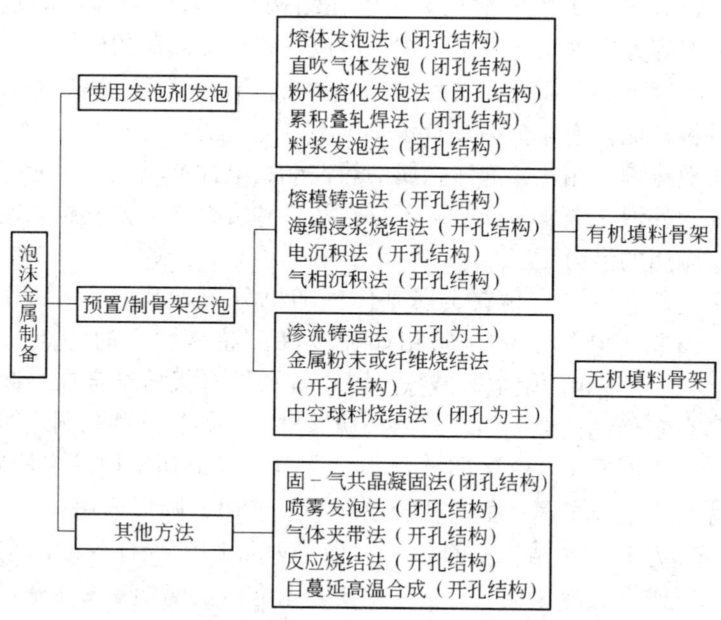

图6-1　泡沫金属的主要制备方法

6.2.1　使用发泡剂发泡的制备技术

泡沫金属的研制和开发最先以轻金属为对象，尤其以低熔点泡沫铝的研究最为广泛。最常见的是纯铝或锻造合金，如2×××、

6×××、7×××合金，AlSi7Mg 及 AlSi12 等铸造合金因熔点低及良好的起泡性能也常被用于制备泡沫金属。目前高熔点泡沫金属如泡沫钛、泡沫镍，甚至泡沫铁的研究也逐渐成为热点。

6.2.1.1 使用发泡剂制备泡沫铝

在泡沫金属中，泡沫铝由于其轻质和高比强度的特点，从 20 世纪 90 年代初开始就一直备受关注。作为一种功能材料，它兼具阻尼减振、吸声降噪、吸收冲击能等多种功能，同时又具有一定的结构强度，弥补了传统功能材料在结构上的不足。因此，泡沫铝在新材料领域中占有不可取代的地位。

由于泡沫铝的巨大应用潜力，出现了多种制备方法，如熔体发泡法、粉体熔化发泡法、累积叠轧焊法等。它们的共同点是利用发泡剂分解所释放的气体滞留在铝金属中而制备出多孔材料，尽管粉体发泡法和累积叠轧焊法的制备工艺从金属粉末开始，但真实的发泡行为是在混合物熔体状态下发生的。因此，发泡剂的作用至关重要，其影响着泡沫铝发泡效果、孔隙率和孔径均匀性。制备泡沫金属的发泡剂有碳酸盐、氢化物、硝酸盐和偶氮二甲酰胺（AC）等。$CaCO_3$ 是常用的碳酸盐发泡剂，其分解所产生的 CaO 在铝液中不能较好地润湿，且暴露在空气中容易吸水而潮解，产物腐蚀铝基金属，进而影响其在制备泡沫铝中的使用；TiH_2 和 ZrH_2 是常用的氢化物发泡剂，它们在 400～600℃释放出发泡气体——氢气，这与铝金属的熔点（660℃）和 $AlSi_7$ 合金的熔点（577℃）比较接近，此外 TiH_2 分解产生的 Ti 粉在空气中能稳定存在，且容易生成金属间化合物 $TiAl_3$，因此在制备泡沫铝的过程中氢化钛的发泡作用至今尚无法被其他发泡剂所取代。此外，考虑到成本和资源，TiH_2 的应用也更为普遍。

A 熔体发泡法

a 发泡原理

熔体发泡法（见图 6-2）是将 TiH_2、ZrH_2 和 CaH_2 等发泡剂加入熔融金属中使之分解而产生气体（不是吹入气体），由于气体受热膨胀而使熔融金属发泡，经冷却即可获得固体泡沫材料。TiH_2 在空气中加热到大约 390℃以上即释放出氢气，当发泡剂与熔融金属接触就会迅速分解，所以粉末的均匀分布直接影响着孔洞的均匀性。

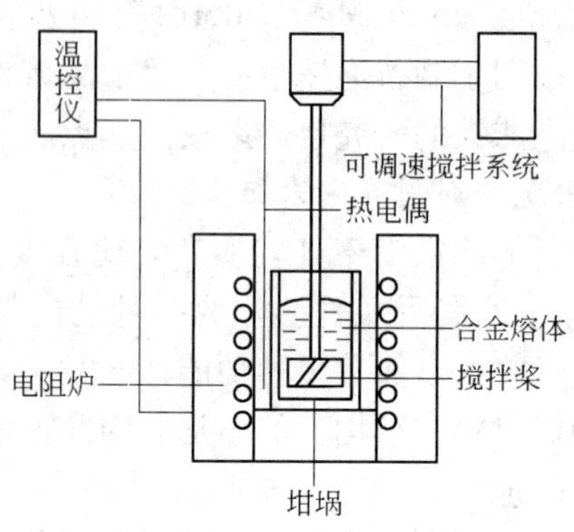

图 6-2　发泡剂发泡原理示意图

b　关键的工艺环节

熔体发泡法制备泡沫金属的工艺流程为：配料→熔化→增黏→熔体发泡→冷却。

（1）增黏。采用熔体发泡法时通常加入增黏剂来增加熔体的黏度，铝熔体的黏度直接影响泡沫铝的品质。黏度不够时，在随后的发泡过程中，产生的气体易从熔体中逸出，不能制得高孔隙率的泡沫铝；当黏度过大时，会使发泡剂的混合困难，不易均匀化，造成泡沫铝的孔结构很不均匀，而且气泡难以长大，孔之间的壁厚增加，孔隙率下降。

常在铝液中加入 1.5% ~3.0%（质量分数）的钙做增黏剂，它能够加速破坏熔体表面致密的氧化膜，空气中的氧随搅拌进入铝合金熔体中，加速熔体氧化，使得熔体中的固体颗粒增多；此外，伴随着钙的加入，生成了一种悬浮在熔体中的高熔点的金属间化合物 CaO、$CaAl_2O_4$ 及 Al_4Ca，两者结合起来，熔体内部摩擦力提高，其黏度增加。为制备孔结构较为均匀的泡沫铝，采用高速（1000r/min）搅拌发泡剂，使之在尽量短的时间内在熔体中均匀分布，图 6-3 为增黏剂钙的含量不同时，搅拌时间与铝熔体黏度的关系。

除了用钙之外，还可通过其他方法增大铝熔体的黏度，如向熔体中通入氧气、空气或其他混合气体（生产氧化铝），加入铝粉、碳化硅、铝渣或泡沫铝废料，或使用金属黏度增强剂。但很难得到理想的

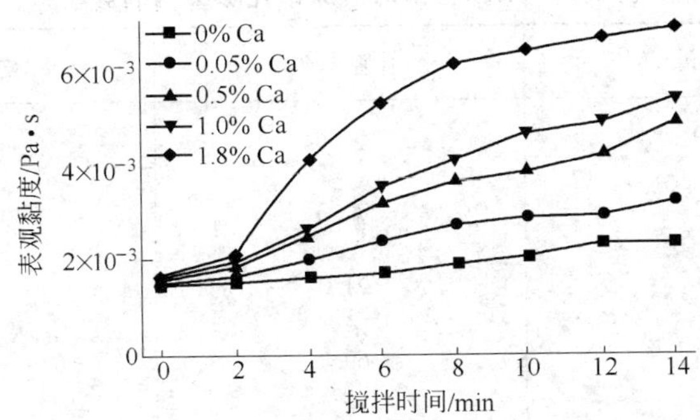

图 6-3 金属钙作增黏剂时搅拌时间对铝熔体黏度的影响

黏度，并且增黏过程需要复杂的温度循环和不断的机械搅拌。

（2）熔体发泡。影响熔体发泡效果的因素主要有：初始发泡温度、发泡剂加入量和保温时间等。

1）初始发泡温度对孔结构的影响。对于用熔体发泡法制备泡沫铝而言，初始发泡温度不但影响到发泡剂的产气速度（温度过高时，发泡剂刚加入熔体中就分解），而且直接影响到熔体的黏度；若提高发泡温度，熔体的黏度和表面张力降低，有利于气泡的形核和长大，但发泡温度过高，熔体黏度太小则气泡稳定性降低，容易聚集、逸出，不易得到孔洞均匀的泡沫铝样品。同样，若发泡温度过低，则熔体黏度过大，发泡剂不易混合均匀，气泡的形核和长大阻力变大，不利于熔体发泡。

2）发泡剂加入量对孔结构的影响。由表 6-1 可以看出，TiH_2 含量为 1.2% ~1.6% 时，试样的平均孔隙率和孔结构均匀性最佳，试样的平均孔隙率随 TiH_2 含量的增加先增加后减少。如果 TiH_2 含量过低分解出的 H_2 量相对较少，熔体中的气体含量低，则气体分解压低于气泡核长大所需的内压力，部分气泡因没有长大驱动力而自发消失，易于出现局部区域无气泡的实体。而当 TiH_2 含量过高时，分解出的 H_2 使熔体达到过饱和，多余的 H_2 就会从熔体中逸出，同时还会出现 TiH_2 在局部区域聚集形成大孔的现象。因此并不是 TiH_2 含量越高越好，有一个最佳值。

表 6-1　TiH_2 含量对泡沫铝孔隙结构的影响

TiH_2 含量/%	孔隙率/%	均匀性
1.0	62.6	差
1.2	72.3	好
1.4	71.3	好
1.6	69.7	一般
1.8	63.5	差

3）保温时间对孔结构的影响。在其他条件相同的情况下（发泡剂加入量、增黏剂加入量、搅拌时间等），随着保温时间的延长，泡沫铝的孔径和孔隙率都有所增大。发泡搅拌后滞留在熔体中的多为形核不久的直径较小的气泡，随着保温时间的延长，在保温阶段继续产生的氢气大多溶入遍布在熔体的小气泡中，使得气泡的直径不断增大，从而使得泡沫铝的孔径随着保温时间的延长而增大，同时由于发泡剂产气量的增多，孔隙率也随之增大。但保温时间过长，样品的孔径因熔体内气泡的并聚而显著增大，影响了孔结构的均匀性。并且由于发泡剂已经大量分解，产气速度降低，新产生的氢气不足以弥补熔体表面的气体逸失，此外伴随着气泡的长大，气泡间变薄的液膜在表面张力的作用下收缩，含气量减少，最终使得泡沫铝的孔隙率降低。

（3）冷却。当熔体膨胀到一定程度后便开始萎缩。因此，在泡沫铝制备过程中，在熔体开始萎缩之前，应通过冷却中断发泡过程，使泡沫铝凝固而稳定下来。理想的冷却方式是熔体内外同时凝固，使气泡滞留在原处，但实际上是不可能的，只能使熔体尽量达到同步凝固。

c　TiH_2 的缓释技术

熔体发泡法制备泡沫材料的最大缺陷是材料中孔洞分布不均匀，主要因为 TiH_2 发泡剂的分解温度较熔体温度低及熔体的黏度等参数不好控制，使发泡剂 TiH_2 在短时间内很难在金属熔体中分散均匀。

为确保 TiH_2 加入黏度适中的铝熔体中混合均匀并在混合过程中尽量减缓放氢反应速度，使得 TiH_2 的分解温度与铝熔点温度尽量匹配，可采取 TiH_2 的缓释技术：包覆法、化学改性法和热处理法等。用金属包覆 TiH_2 作为制备泡沫铝的发泡剂可使 TiH_2 的剧烈分解时间从10～30s 延长到120s 左右，从而大大延长搅拌混合时间，保证与铝熔体的均匀混合。用该种技术制备出的泡沫铝孔径为2～8mm，孔隙率约为85%，孔结构基本均匀；采用 SiO_2 凝胶包裹于发泡剂 TiH_2 外表，有效地延迟发泡剂的开始释气时间，使释氢时间推迟了30s；采用铝无机盐溶液制备氧化铝前躯体包覆技术，研究了 Al_2O_3/TiH_2 包覆粉体的制备方法，该包覆层对 TiH_2 的释氢行为有明显的延迟作用；Kennedy 在空气中对 TiH_2 热处理15min，发现在500℃的热处理条件下发泡高度大约增高13%，并且发泡时间也明显延迟。主要是生成了 TiO_2 层覆盖在 TiH_2 的表面，延迟了释氢时间；但是这种热处理会导致氢气的损失，需要加大发泡剂的用量。可见采用包覆法、化学改性法和热处理法对 TiH_2 进行预处理是有一定的实用价值的，为泡沫铝制备中的孔洞控制问题提出了新思路。

d 工业化生产

从1986 年开始，日本的 Shinko Wire 公司已经将熔体发泡法（其工艺过程如图 6-4 所示）用于小规模的商业生产，每天可生产1000kg 的泡沫金属，其产品为“Alporas”。图 6-5*a* 为熔体发泡法制备的典型 Alporas 闭孔泡沫形貌，可见 Alporas 泡沫具有较规则的孔结构，胞壁的显微组织见图 6-5*b*。

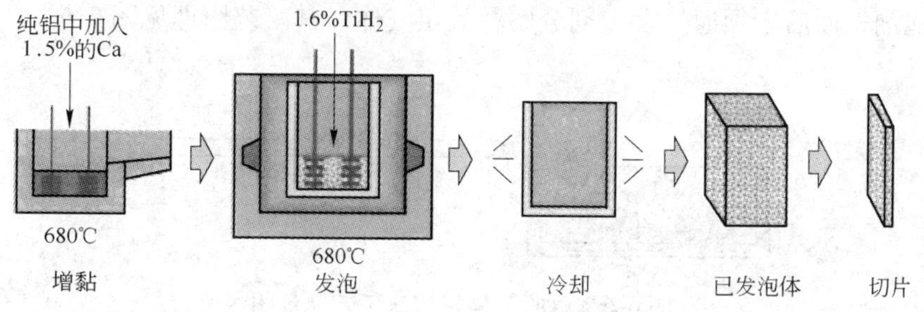

图6-4 “Alporas”泡沫制备工艺

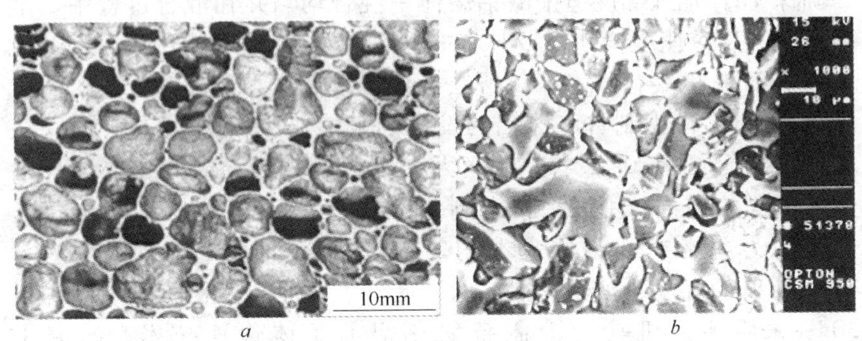

图 6-5　以 TiH_2 为发泡剂制备的泡沫铝闭孔结构

a—宏观结构；*b*—胞壁的 SEM（扫描电镜）组织

Shinko Wire 公司生产的泡沫铝规格为 2050mm × 650mm × 450mm，泡沫铸块的质量为 160kg，包括外表面在内的总体密度为 0.27g/cm³；切掉铸块表面后的密度一般为 0.18 ~ 0.24g/cm³，平均孔径为 2 ~ 10mm；沿泡沫铸块水平和垂直方向都存在密度梯度，最低密度出现在铸块的中上部。最后依需要将铸块切成薄板（5 ~ 250mm，标准厚度为 10mm）。

B　直吹气体发泡法

直吹气体发泡法又称为 Cymat/Aclan 和 Norsk Hydro 工艺，主要用于泡沫铝的制备，是一种简便、快速且低消耗的方法。该工艺由 Alcan 和 Norsk Hydro 在 20 世纪 80 年代末到 90 年代分别同时开发成功，后由加拿大的 Cymat Aluminum 公司获得了专利授权。直吹气体发泡法的工艺流程与前面讲的熔体发泡法相似，不同的是前者直接通入气体做发泡剂，而后者须通过发泡剂分解释放出气体，其工艺原理见图 6-6。

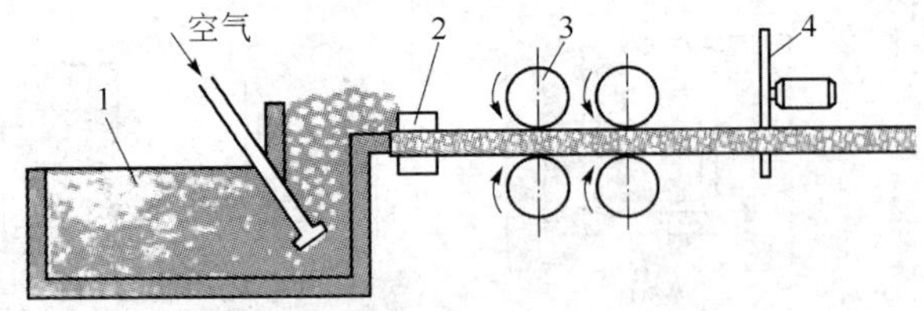

图 6-6　直吹气体发泡法工艺原理图

1—保温炉；2—结晶器；3—拉辊；4—飞锯

首先将铝或铝合金熔化，然后在铝熔液中加入碳化硅、氧化铝或氧化镁等高熔点的细小颗粒而使铝熔体增加黏度，以防止气泡从熔体中逸出。当熔融铝液按照发泡工艺控制温度、增黏搅拌并发泡之后，控制发泡液面的高度，当发泡铝液靠本身静压力作用从顶端溢出和结晶器接触时，立即冷却形成结晶器的内腔形状，随着金属的热量散出，液体金属迅速结晶，最后经拉辊带动拖走。

该装置中采用旋转桨或振动喷嘴将发泡气体（氧气、氩气、空气、水蒸气、二氧化碳等）通入熔体中，旋转桨或喷嘴的作用是在熔体中产生足够多的优良的气泡并使它们分布均匀。

一般而言，强化颗粒的体积分数为 10% ~20%，平均粒度为 5 ~20μm，增黏颗粒聚集在孔壁上对泡沫稳定起关键作用。因为首先这种难熔颗粒增大了铝液的表面黏度，延缓了气泡薄膜的排液过程；其次，颗粒被熔体不完全润湿，润湿角必须在一定的范围内，润湿不够（接触角太大）或润湿过大（接触角太小）都没有稳定的作用。

气泡的平均尺寸受气体流量、搅拌速度、喷嘴振动频率和其他工艺参数的影响。工艺参数要控制得当，使得气泡始终保持在凝固区域附近而不能“窜入”液体中消失。气孔的形貌、大小、空间排列取决于熔体中的气体含量、熔体的化学成分、熔体上方的气体压力以及凝固速率和凝固方向。

直吹气体发泡法获得的泡沫铝的孔隙率为 80% ~90%，相对应的密度为 0.069 ~0.54g/cm^3，气孔的平均尺寸为 3 ~25mm，气泡壁厚为 50 ~85μm，图 6-7 为该法制备的泡沫铝板。该法的缺点在于由重力引起的排液现象会造成泡沫板沿垂直方向的密度、孔尺寸的梯度变化；传动皮带的剪切力会造成最终产品中的气泡斜向畸变；此外剪切泡沫金属时容易造成开孔，并且孔壁上聚集的强化颗粒造成金属基复合泡沫材料产生脆性，加工起来会比较困难。优点在于可连续生产大块低密度的泡沫金属，使金属基复合泡沫材料比其他多孔金属材料便宜。加拿大 Cymat 公司有一条生产线可以 1000kg/h 的速度生产宽 1.5m，厚 2.5 ~15mm 的泡沫金属。Hydro 铝业公司能以 500 ~600kg/h 的速度生产宽 70cm，厚 8 ~12mm，长 2mm 的泡沫板材。

图 6-7　直吹气体发泡法制备的两种不同密度和孔结构的泡沫铝板

C　粉体熔化发泡法

a　发泡原理

粉体熔化发泡法也称为“粉体致密化发泡法”。首先，将金属或其合金粉末及 TiH_2 发泡剂粉末按一定的配比混合均匀，再将其压制成具有一定密度的致密前躯体，然后在基体材料的熔点附近进行热处理。当均匀分散在致密前躯体中的发泡剂分解，释放出的气体使前躯体膨胀就形成了多孔结构，如图 6-8所示。如果用金属氢化物作发泡剂，一般含量不超过1%。

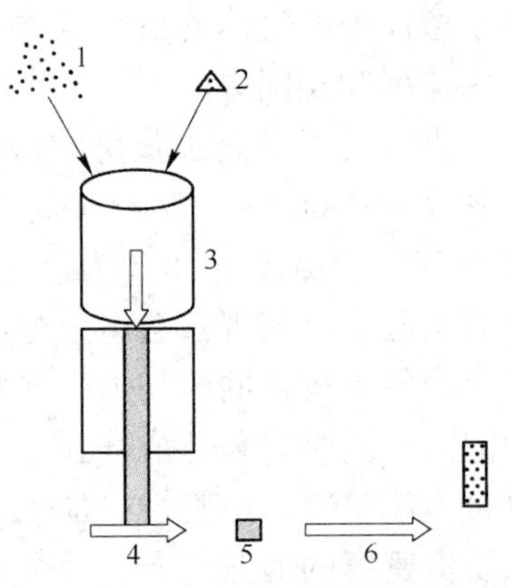

图 6-8　粉末冶金法发泡原理示意图

1—铝粉；2—发泡剂 TiH_2；3—混粉；4—压实；5—压坯；6—加热发泡

粉体熔化发泡法能够根据需求近终成形，将正在膨胀的泡沫注入合适的模子中可得到结构复杂的零件，无需加工和黏结，这可通过将预制的前躯体压入空心模中加热膨胀来实现。图 6-9 为其工艺过程，在一个封闭的容器中加热前躯体到熔点附近温度开始发泡，发泡过程中前躯体变成半固态，再用一个可移动的活塞将其注入一个模子内完

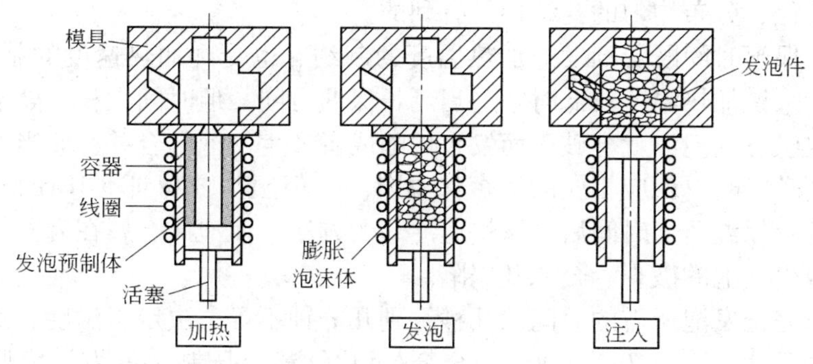

图 6-9 发泡体注入工艺

成膨胀发泡。如果过程控制不当，发泡体的孔结构会有缺陷。

b 关键的工艺环节

（1）混料。发泡剂在铝合金粉末中是否均匀分布亦即混料的均匀程度是决定发泡效果的重要因素，因此要求混料时做到尽可能地均匀。影响混料均匀程度的因素主要有球料比、混料时间和转速等。

（2）前躯体的致密化。制备前躯体时任何气孔或缺陷都会导致后续处理过程中产生不良的结果,所以应尽量减小空洞体积,堵塞内部气体外泄的每一个通道,从而得到低孔隙率甚至无孔隙制品。原则上只要能确保发泡剂完全嵌入金属基体中少留甚至不留下任何气孔的方法都可作为压制法,比如单向热压、等静压制、棒料挤压或粉末轧制等。目前,挤压法是最经济的方法。事实上如果对试样进行压制,只能尽量使其密度接近理论密度的90%以上即达到了较理想的致密化程度。

（3）发泡。粉体熔化发泡法在加热发泡处理时,必须控制好升温速率、发泡温度及保温时间等工艺参数。如果升温太慢,TiH_2 发泡剂产生的气体会从压制件的微孔中逃逸;如果保温时间太短,TiH_2 发泡剂可能分解不完全,而时间过长,则导致孔隙率的降低或泡沫体的坍塌。

熔体发泡的温度较高有利于起泡，但不利于气泡的稳定；而熔体的温度过低又不利于 TiH_2 的分解使熔体内形成气泡。最适合的发泡温度应当满足在该温度范围内发泡剂的分解压大于气泡核长大的阻力和熔体具有较高黏度的要求。如果能够在相对低的温度发泡，则金属的黏度提高，从而使金属中存在、保留的气孔的半径减小，对于获得小孔径、分布均匀的孔结构是有利的。

保温时间既受到发泡加热温度的制约，也受到加热速度的制约。一般来说加热温度较低时宜适当延长保温时间，但时间太长，处于不稳定状态的泡沫就会破灭而发生塌陷或者产生气泡的合并；而当加热温度较高时，就应相应的缩短保温时间，但至少要保证 TiH_2 的充分分解。保温适当时间后采取快速冷却的方法，使泡沫金属在凝固前尽量减少气泡的破裂、合并及塌陷。

完全发泡所需的时间从几秒钟到几分钟不等，决定于温度和前躯体的尺寸。图 6-10 为 6061 铝合金/氢化钛粉末压制块的发泡膨胀曲

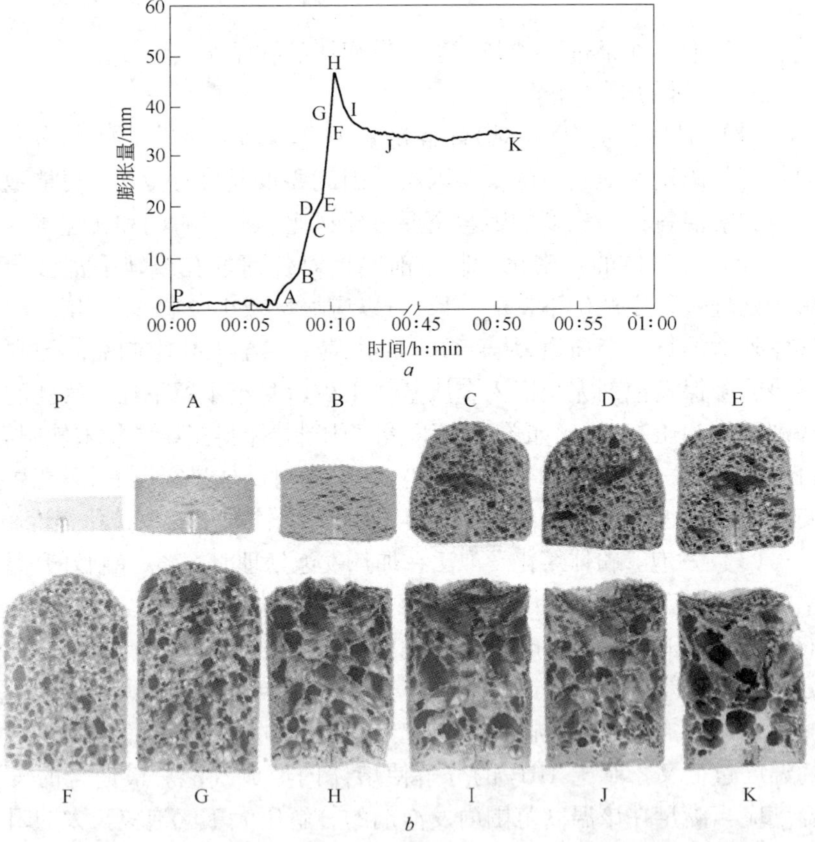

图 6-10　6061/TiH_2 致密体在 800℃下发泡时的发泡时间与膨胀量的关系(*a*)与不同发泡阶段的形貌(*b*)(未膨胀时预制块的高度为 9mm，直径为 31mm)

线。泡沫膨胀的体积和不同膨胀阶段的形态与时间有一定的关系，较大膨胀量对应均匀的泡沫形态，之后泡沫塌陷。最大膨胀程度以及相应固体泡沫金属的密度受发泡剂的含量和其他发泡参数（例如温度和加热速度）的影响。

c 工业化开发

粉体熔化发泡法可制备形状复杂的半成品尺寸的工件，若将预制的前躯体与金属板轧制后再发泡则可制备机械部件、汽车部件及三明治式泡沫铝材料（AFS，Aluminum Foam Sandwich），其结构如图 6-11 所示。该法在制备泡沫铝芯三明治结构方面与传统的胶粘结合相比具有抗老化的优点，且面板和泡沫芯为冶金结合，具有广阔的发展前景。压坯加热—粉末冶金法与轧制复合—粉末冶金法制备泡沫铝夹芯板就是典型的例子，它们的工艺流程见图 6-12 和图 6-13。

图 6-11 由泡沫铝芯材（12mm 厚）和两块钢质面板组成的 AFS 板

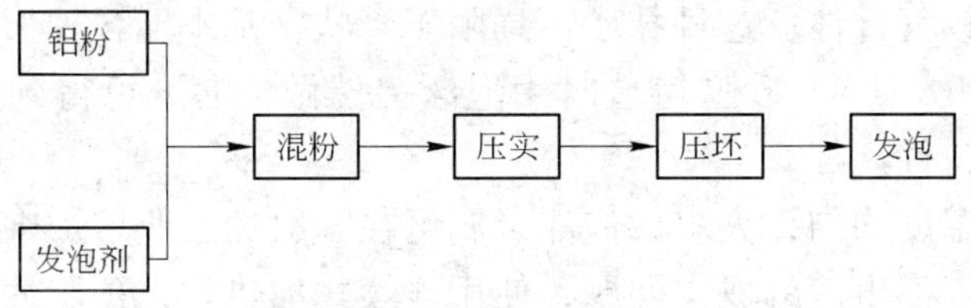

图 6-12 压坯加热—粉末冶金发泡技术工艺流程

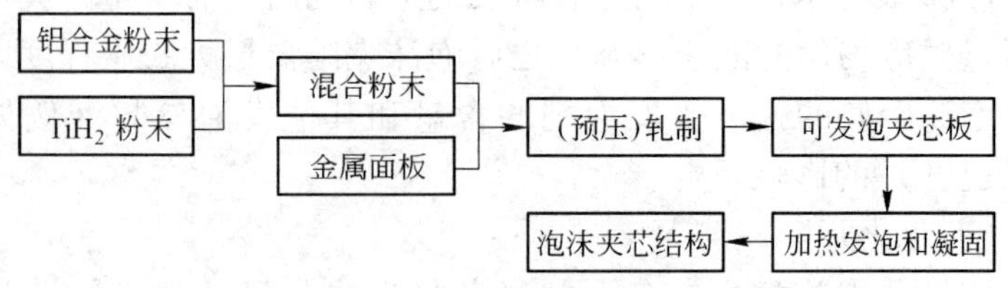

图 6-13　轧制复合—粉末冶金发泡技术工艺流程

采用粉末冶金的压坯加热发泡法制备泡沫铝夹芯板时，板/芯的结合主要依靠热压工艺完成，结合强度较低，芯层 TiH_2 粉末致密度不理想，并且受热压模具尺寸的限制，不能生产大规格的夹芯板材料。而采用粉末冶金的轧制复合发泡技术时，通过轧制复合工艺实现面板与可发泡夹芯板的有效结合，再对轧制复合板进行发泡，使芯层获得良好的泡沫结构，面板/芯层依靠扩散及相变行为实现理想的冶金结合，与压坯加热—粉末冶金发泡工艺相比，产品的界面结合强度进一步提高，并且解决了热压过程时间长、芯层 TiH_2 粉末致密度相对较低的问题。由于预压得到的可发泡夹芯板致密度有限，虽然经过轧制但仍很难得到组织细化、性能优良的泡沫铝夹芯板。

除了 AFS 结构外，可用不同的方法获得芯部填充了泡沫铝的管件或圆柱件：（1）将发泡材料前躯体插入一根管子中，然后放入熔炉中发泡，直至前躯体最终填满管子。这种方法的缺点是：只有管子的熔点比发泡材料的熔点高很多的情况下才适用，例如铝在钢管中发泡。（2）将两根同轴管共挤成一个复合体，内管为发泡材料，外管为一般铝合金。接下来的发泡阶段，内管朝中心膨胀，并最终填满管。（3）通过热喷镀将铝镀到已成形的泡沫铝上，形成具有致密表层的泡沫铝复合体。这种技术不局限于管状，基本上各种形状的泡沫体都可喷镀。（4）砂型铸造时用泡沫铝件做核芯，可得到核芯为泡沫材料的铸件。

如果温度均匀，大多数泡沫金属可在一般的工业熔炉中制备。但考虑到大规模生产的成本问题，使用连续式加热炉，预制的致密体在模具中以复合板的形式通过不同的加热区发泡，最终冷却。连续式加热可以避免每一个发泡周期后必须将模具冷却到环境温度，既可以节省很多能源，又可显著地减少单个泡沫零件的制造时间，最大限度地减少劳动量。

德国的 Schunk GmbH 和 Honsel AG 公司，奥地利的 Mepura 和 Neuman 公司目前已将粉体熔化发泡法应用于小规模的商业生产，生产出的泡沫铝产品名为“Foaminal”和“Alulight”。

D 累积叠轧焊法

日本学者 Koichi Kitazono 和 Eiichi Sato 等人提出采用累积叠轧（Accumulative Roll Bonding，ARB）技术制备泡沫金属的思路，其基本原理如图 6-14 所示。用累积叠轧技术（ARB）制备泡沫铝夹芯板时，采用工业化生产的板材，首先在两块金属板间加入适量的 TiH_2 粉末，然后以大于 50% 的压下量轧制并切成相等两段；进行表面处理，这两块板再叠起到原来的尺寸，再进行轧制。这一过程可重复进

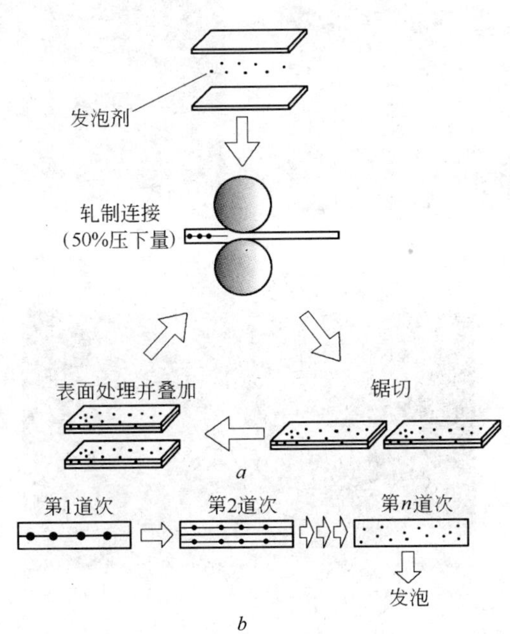

图 6-14 累积叠轧法制备泡沫铝原理图
a—ARB 工艺原理图；*b*—发泡剂颗粒随轧制道次的分布

行，几个道次后发泡剂颗粒可以均匀分布在金属基体上，然后在高温下发泡，获得所需的泡沫金属。

应用累积叠轧法制备泡沫金属时，采用高的 ARB 轧制道次有利于 TiH_2 粉末的均匀分布，如用 Al-Mg 合金（A5052）为原材料，TiH_2 粉末的直径小于 45μm，质量分数为 0.5%，第一道次轧制温度为 300℃，压下量为 50%，轧后的板材加热到 350℃保温 10min，轧 6 个道次后，得到含 TiH_2 颗粒的预制板，如图 6-15 所示，RD 表示轧制方向，ND 表示垂直轧制方向。两个道次轧制后焊合的结合面处可看见清晰的细线，而轧制 6 个道次后尽管包括 64 层铝和 32 层 TiH_2 粉末颗粒，但金相照片上已看不出这些细线，表明 TiH_2 颗粒均匀分布在铝基体中了。随后的高温发泡过程表明高的 ARB 轧制道次的预

a

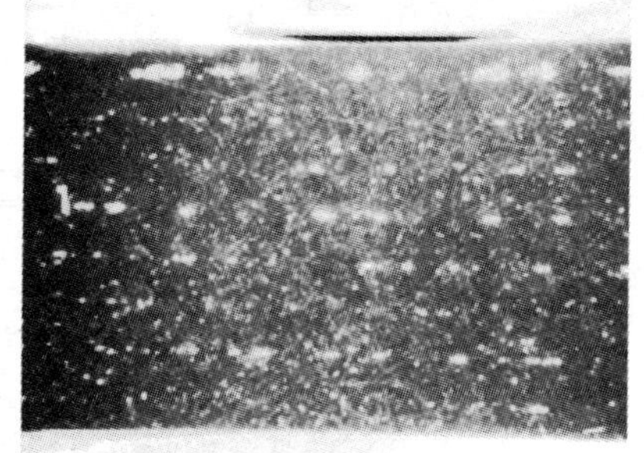

b

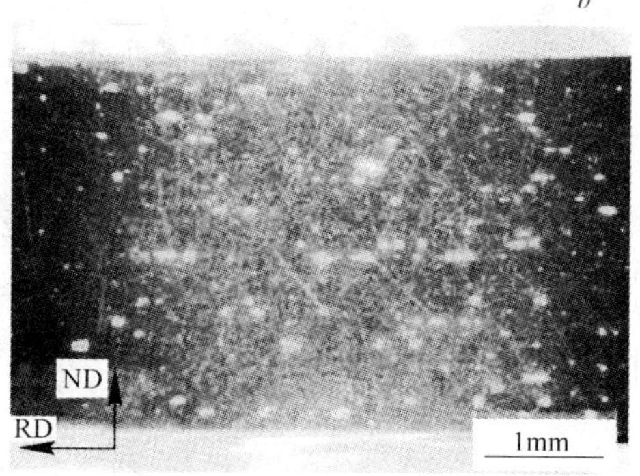

c

图 6-15　ARB 工艺预制板的显微组织变化

a—2 道次；*b*—4 道次；*c*—6 道次

制板可获得高的孔隙率和小尺寸的气泡，泡沫金属中孔洞的形态及 TiH_2 的分布与叠轧道次密切相关，ARB 工艺可优化泡沫金属的组织形貌。

在不同的温度下进行发泡试验，图 6-16 表示孔隙率与发泡温度的关系及孔隙率为 47% 时发泡试样的横断面组织。随着发泡温度的升高孔隙率增大，当温度升高到一定程度时孔隙率反而减小，当温度为 640℃，可得到最大孔隙率 47%，此时的发泡组织为闭孔结构，除了几个大孔外，泡沫孔的平均尺寸为 1.5mm。

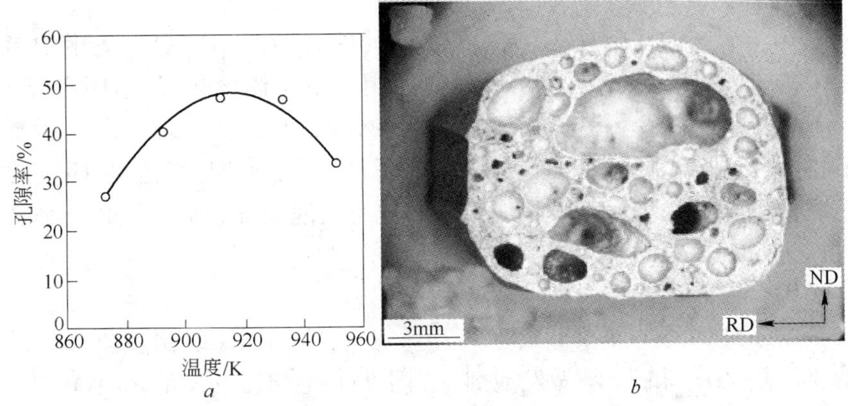

图 6-16 孔隙率与发泡温度的关系（*a*）与孔隙率为 47% 时的泡沫试样横断面组织（*b*）

累积叠轧焊法是采用工业板材以及通用的轧制和热处理设备，无需增加任何专用设备，生产工序少，降低了生产成本；并且多次反复轧制使得发泡剂颗粒细化并且致密化，结合强度高，因此有望得到组织细化，性能优良的泡沫铝夹芯板（AFS）。但用该方法制备泡沫铝夹芯板，国内尚处于起步阶段；此外，该方法只适合制备板状材料，产品的形状受到限制。

E 料浆发泡法

将金属粉末、发泡剂和反应添加剂一起制成混合料浆后，填入模具内并升温，在添加剂和发泡剂的作用下，浆料变稠并随着气体的释放而膨胀，最后经烧结、干燥而制得多孔材料。有人用磷酸或盐酸与氢氧化铝作为发泡剂，用铝粉制备出了泡沫铝材料，相对密度仅为7%，但存在强度不足和产品内部易生成裂纹的缺陷。

6.2.1.2　使用发泡剂制备非铝泡沫金属

前面对以氢化物为发泡剂制备泡沫铝进行了专门的论述，此时金属氢化物含量低于1.0%效果最好。锌、铅、钛或钢铁等其他金属及其合金也可用相似的工艺制备，但金属的凝固温度与发泡剂的分解温度范围相接近才能保证较好的发泡效果，所以要选择合适的发泡剂及工艺参数。

A　锌

用于生产泡沫锌的发泡剂有 MgH_2、ZrH_2 和 ErH_2 等，适用于铝的发泡剂（TiH_2）也可在此过程中使用。用粉体熔化发泡法制备泡沫锌的工艺与铝相似，但由于锌的熔点（419℃）比铝低，所以压制和泡沫化温度也要较低。此外，由于锌的熔化温度与发泡剂 TiH_2 的分解温度匹配性较好，所以金属的熔化与发泡剂分解形成气孔几乎是同时进行的，有利于获得高的孔隙率。

B　铅

由于纯铅的熔点很低只有327℃，其合金的固相线温度更低，因此不能用 ZrH_2 和 TiH_2 做发泡剂。用于制备泡沫铅的发泡剂有 MgH_2、ErH_2 和碳酸铅等，其中碳酸铅发泡剂在约275℃以上分解，释放出 CO_2 和水蒸气作为发泡气体，可得到好的泡沫铅。

C　钛

由于钛的熔点（1670℃）高，钛及其合金的发泡温度也较高，在高温时钛与其他任何非惰性气体均有很高的反应活性，也难以找到合适的发泡模具，因此一般不用发泡剂发泡法制备泡沫钛。但可采用与粉体熔化发泡法相类似的工艺，用造孔剂代替发泡剂，然后在低于钛及其合金熔点的温度将造孔剂去掉。如用尺寸为0.4~2.5mm的尿素颗粒作造孔剂，制备出了高孔隙率的多孔钛。将尺寸小于45μm的钛粉颗粒，加入用汽油润湿过的尿素颗粒造孔剂中，在166MPa的大气压下压制混合体，再进行热处理，热处理的初始温度为170℃，最终温度为1400℃，得到的孔隙率高达70%。

D 钢

铁基合金也能像铝或其他低熔点合金那样通过加入发泡剂和泡沫稳定剂来发泡，例如将钨粉加入铁熔体中发泡。但是，由于铁的熔点远高于铝，在高温状态下的铁熔体黏度低，很难得到理想的黏度，发泡剂分解释放的气体难以滞留，此外也难于找到一种合适的发泡剂。

粉体致密化发泡法制备泡沫铁是目前研究最为广泛的方法之一，常用金属氮化物或金属碳酸盐（如 $SrCO_3$、$MgCO_3$、$BaCO_3$、Mn_4N、Cr_2N 等）作发泡剂。理论分析表明，Fe-C 系和 Fe-B 系都可满足铁基金属泡沫的基本要求：具有与发泡剂的分解温度相匹配的熔点，相图上宽的两相区及由此产生的宽的发泡温度范围。

与前述高熔点的金属钛相似，可采用与粉体熔化发泡法相类似的工艺，用造孔剂代替发泡剂制备泡沫铁，也是常用的研究方法。

6.2.2 使用预置/制骨架发泡的制备技术

如前一节所述，在制备泡沫金属的过程中，发泡剂的处理方法和使发泡剂分散均匀技术的进一步研究仍然是泡沫铝制备技术的关键，而且获得的泡沫金属主要为闭孔结构。从另一角度，可首先预置/制多孔发泡骨架，预制件可为盐（如 NaCl）的烧结体，陶瓷颗粒及其空心球，聚合物颗粒及其空心球或金属及空心金属球的黏结体等，然后再利用预置/制的发泡骨架进行渗流、沉积、烧结等工艺，可获得以开孔结构为主的金属泡沫。

开孔泡沫的特点在于结构可控，但与发泡闭孔泡沫相比工艺过程相对复杂，增加了预制件成形工序和相关设备，且预制块（如 NaCl 等）对型模和环境的不良作用很大，故生产的规模化前景不如发泡法。但开孔泡沫金属附加值高，在功能应用上比闭孔泡沫有优势。

6.2.2.1 预置/制有机填料骨架

A 泡沫聚合物熔模铸造法

该法是先将三维网状结构的聚氨酯等有机泡沫填充一模具内，再用液态耐火材料（如莫来石、酚醛树脂和碳酸钙的混合物）填充该有机体，在耐火材料硬化后，升温加热使聚氨酯等分解，此时模具内就继承了母体材料的三维网状结构，将液态金属浇注到模具内，凝固后除去耐火材料，就可获得与原有机泡沫材料结构一致的泡沫金属，其工艺过程见图6-17。显然，该泡沫金属的密度和泡沫形貌取决于原始有机体，具有复杂结构的元件可通过将聚合物泡沫预先成形的方法来制得。熔模铸造法的难点在于如何使液体完全填充型腔，如何控制定向凝固以及在不破坏细微结构的前提下去除模型材料。

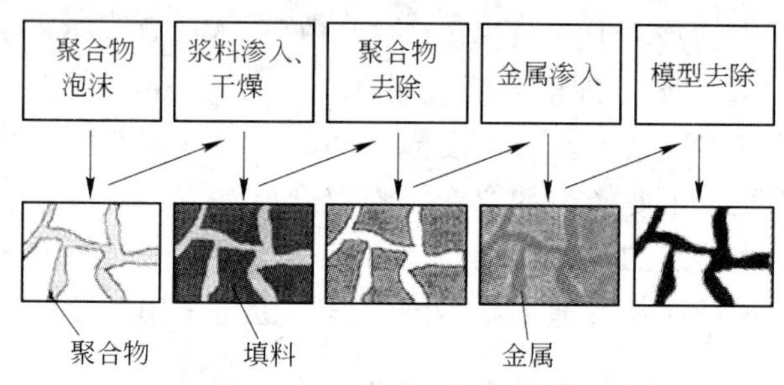

图6-17　熔模铸造法制备多孔金属的工艺过程示意图

一般来说，熔点较低的金属，如铝、铜、镁、铅、锡、锌及其合金适合用该工艺制备相应的泡沫材料，美国奥克兰的 ERG 公司以“Ducel”的商标注册了这种泡沫金属，下图6-18*a*为用这种技术制备的多孔铝的宏观照片，图6-18*b*为 SEM 照片，所制得泡沫金属的孔隙率一般为80%～97%。

a

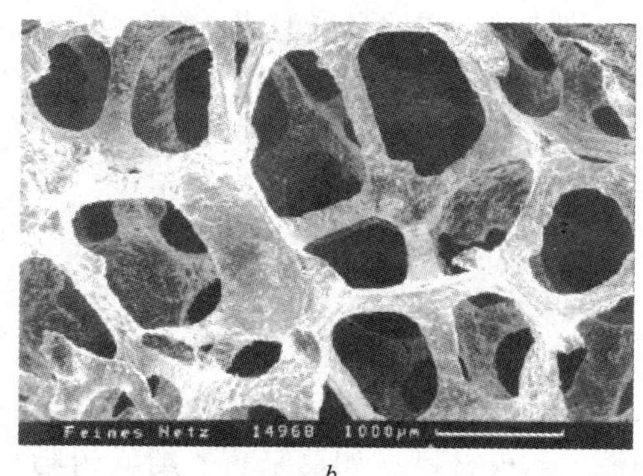

b

图6-18　熔模铸造法制备的泡沫铝

a—多孔铝的宏观照片；*b*—SEM组织

B 电沉积法

电沉积法是从金属的离子状态开始的，如电解液中的离子溶液。该法是把金属用电化学的方法沉积在易分解的泡沫有机物上，如聚氨基甲酸乙酯、聚酯、烯聚合物及聚酰胺等，然后用热处理的方法将有机物去除，烧结得到多孔金属，见图6-19。可见其工艺过程与前述的熔模铸造法类似，并不是真正的发泡过程，而是用金属取代泡沫聚合物的加工过程。由于泡沫有机物不导电，故须将其浸入导电浆料中进行导电化处理（电镀），从而在多孔基体孔隙表面形成导电性高分子层。电沉积后通过热处理将聚合物泡沫体从金属/聚合物混合体中除去，就得到了如图6-20所示的由中空金属棱杆组成的三维多孔金属结构。用这种方法制备的泡沫材料有2.5～30孔/cm的各种等级，相应的孔尺寸为3.2～0.5mm，表面积为500～7500m^2/m^3。

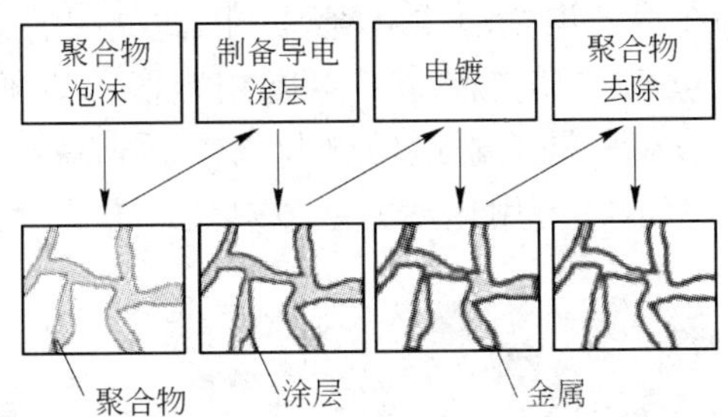

图6-19 电沉积法制备多孔金属的工艺过程示意图

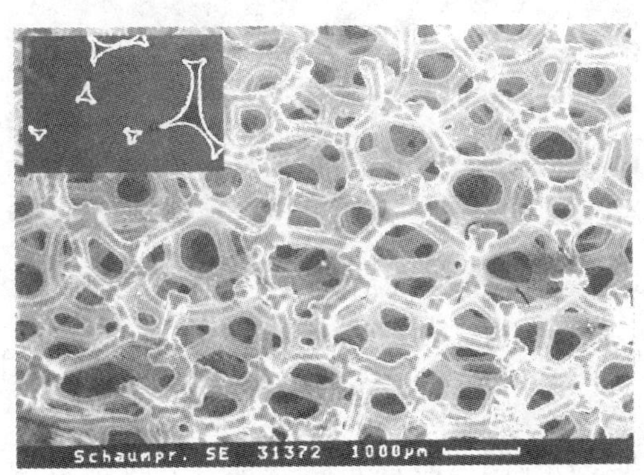

图6-20 电沉积法制备的泡沫镍结构
（左上角小图显示的是中空棱杆形态）

首选金属为镍或镍-铬合金，也可制备泡沫铜。泡沫镍-铬合金可通过先交替制备镍、钴涂层，然后进行热处理使这两种金属相互扩散，形成合金来制得。商业上已经有这种泡沫材金属出售，产品名为 Retimet（大不列颠邓洛普公司）、Celmet（日本住友电气工业株式会社）和 Recemat（荷兰希亚克公司）。

除了镍、铜、镍-铬合金以外，常见的镀液金属及合金还有铁、钴、银、金、钯、黄铜、青铜、铜-锌合金等。一些不适宜用水溶液电解的金属，可用特殊镀液，如铝和锗经常在有机镀液中电解或溶盐电解。电镀过程已有比较成熟的电镀工艺，但要选择合适的工艺参数。

C 气相沉积法

泡沫金属可由气态金属或气态金属化合物制得。金属在真空室中蒸发成气态，并在冷的聚合泡沫上凝固，因此凝固的金属形成一薄的密实的金属层而包裹在其上面。因温度相当低，原子难以迁移或扩散，故气态金属微粒只是疏松地堆砌起来，形成高孔隙的泡沫材料，如图 6-21 所示。聚合物可用化学方法或热处理方法去掉。

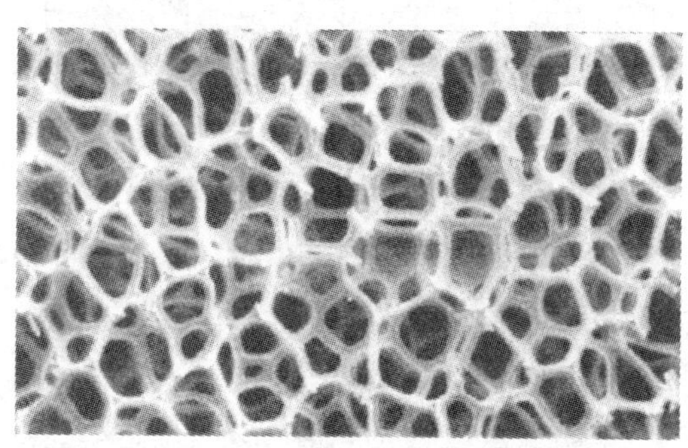

图 6-21 羰基镍工艺制备的“Incofoam”泡沫结构（20ppi）

该方法可制备泡沫镍，如“Incofoam”泡沫镍，其相对密度为 0.2～0.6g/cm^3，抗拉强度 0.6MPa。羰基镍的化学生成式为 $Ni + 4CO \rightarrow Ni(CO)_4$，把 CO 和 $Ni(CO)_4$ 混合气体导入反应器内，使其通过表面已处理过的聚合泡沫体，在一定波长的红外光照射下，$Ni(CO)_4$ 加热到约 120℃分解为 CO 和金属 Ni，Ni 沉积在泡沫体表面可制得泡沫镍。

D 海绵浸浆烧结法

将海绵状材料（如天然或人工合成的塑料海绵）浸于待加工金属粉末的浆液之中，使海绵饱和。取出干燥后，在高温下使海绵状材料分解或热解，最后将留下的金属体在更高的温度下进一步加热烧结，冷却后即可得到高孔隙率的三维孔结构的固体多孔材料。

6.2.2.2 预置/制无机填料骨架

A 渗流铸造法

渗流铸造法（见图 6-22）是先将可燃性粒子、可溶性粒子（通常为 NaCl 和 KCl 颗粒）或低密度的中空球状颗粒作为“占位粒子”直接堆积放置于铸模内，或制成多孔预制块后再放入铸模内，然后浇注使熔融液体渗入其中的间隙形成复合体，冷却凝固后可用溶剂溶解法或热处理法除去复合体中的颗粒载体，从而得到泡沫金属。膨化黏土颗粒松散块料、烧制的黏土圆球、砂球、泡沫玻璃球、氧化铝中空球等无机材料都可用来作为填充铸模的“占位粒子”；由于界面张力缘故，金属液有时不能进入到粒状物料周围的缝隙中，因此需要在熔体表面施加压力或使模具有适当的负压才可达到浇注目的。为了防止由于金属熔体和粒子的热交换而引起的过早凝固现象，必须对粒子以及模具进行预热。

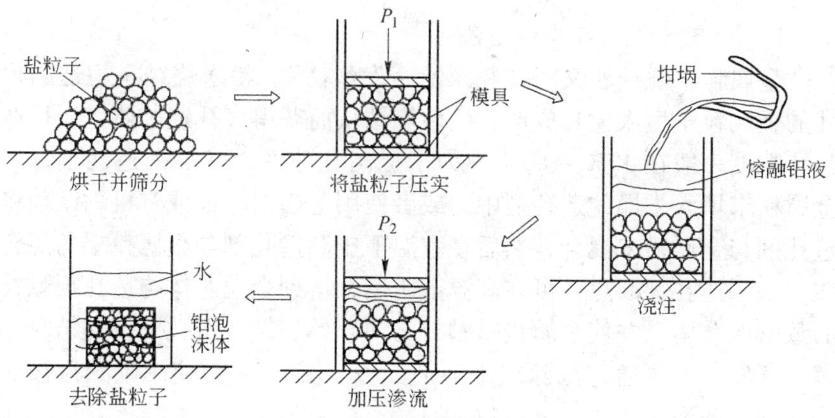

图 6-22 渗流铸造法工艺流程图

图 6-23*a* 为用 $MgSO_4$ 颗粒作为填料来制作预制块，采用真空渗流法制备的开孔泡沫镁，其平均孔径为 1 ~2mm，图 6-23*b*、*c* 为用 NaCl 颗粒作为填料制备的泡沫铝的 SEM 照片，可见渗流后的泡沫“凹坑”复制了渗流前占位的多面体盐的形状。渗流铸造法还可制备泡沫不锈钢、泡沫铸铁、泡沫镍、泡沫铜、泡沫锌、泡沫锡以及它们的合金，是目前制备通孔泡沫金属最有效的方法之一。此法的优点是所得试样孔结构均匀，孔隙率较高。

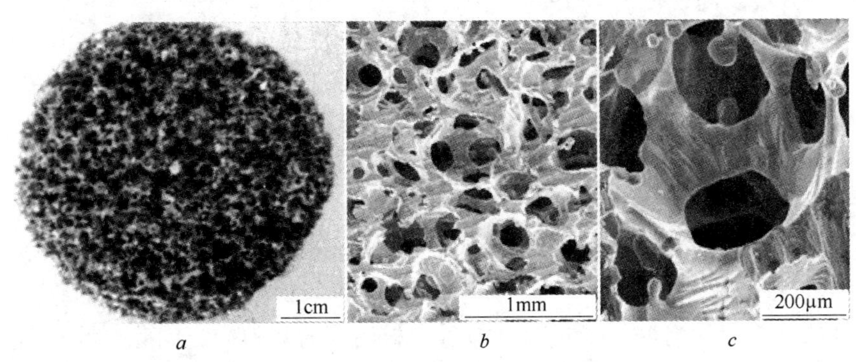

图 6-23　渗流法制备的多孔结构

a—泡沫镁的宏观组织；*b*—泡沫铝的 SEM 组织；*c*—对应于 *b* 的局部放大（显示了节点和连接棱杆形貌）

B　金属粉末或纤维烧结法

金属粉末烧结法又叫“粉末冶金发泡法”。粉末烧结是把适当尺寸的金属粒子填入模具成形，然后烧结从而获得多孔烧结体，所得产品孔隙度一般在 40% ~60%。为了提高孔隙率，常加入造孔剂，将金属粉末填入干燥的造孔剂中，或者使用适当的溶剂或有机黏结剂将造孔剂与金属粉末混合，然后在室温下压制造孔剂与金属粉末的混合体，如果造孔剂耐热，可在高温下压制，得到金属基体与造孔剂颗粒的致密混合体，并使金属粉末颗粒之间开始烧结。造孔剂在烧结时分解或挥发，也可通过滤除或水溶剂除去。图 6-24 为使用碳酸氢铵作造孔剂制备泡沫钛的工艺过程。

除了钛粉外，用黄铜粉或铁粉制成的泡沫金属，常作为过滤或吸

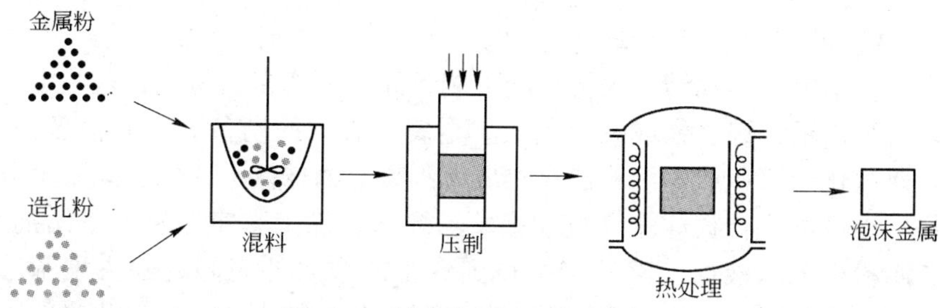

图 6-24 粉末烧结法制备泡沫钛

声材料使用，浸油处理后可作为含油轴承材料。铝合金粉末或颗粒一般比较困难，因为铝的表面通常覆盖着致密氧化层，阻碍颗粒烧结在一起。为解决这一问题，可在加工过程中使混合粉末变形从而破坏氧化层来使颗粒结合；或者引入铜、硅或镁粉等烧结辅助剂，在 595 ~ 625℃下烧结形成低熔点的共晶合金。

纤维烧结是用金属纤维代替颗粒制造多孔金属，图 6-25 为用该法制备泡沫钛的工艺过程：将按一定长度分布、直径分布和长径比范围的金属混合均匀分布成纤维毡，压制，在真空炉或者有保护气体的气氛炉中烧结制得多孔金属纤维材料。纤维烧结法制得的泡沫体孔隙度可达 98%，在最大的孔隙度下仍然保持了材料的结构性能。在相同的孔隙度下，其强度比用金属粉末烧结高出几倍。纤维烧结技术涉及机加工、拉伸制备金属及合金纤维，然后通过流态铸造或机械方法将纤维制成毡，最终烧结以获得所需的机械强度与孔隙度。

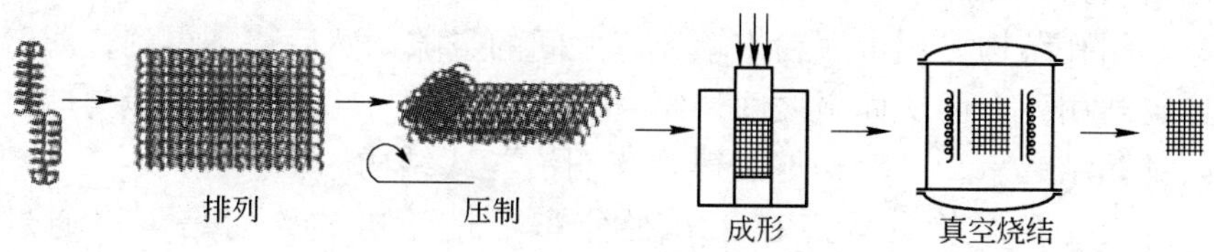

图 6-25 纤维烧结法制备泡沫钛

采用纤维烧结法可生产孔隙连通的高孔隙率产品，且产品孔隙率可在很大范围内变化。缺点是产品尺寸受限制，成本较高。常用于压力损失小或者要求大比表面积催化剂的场合。

C　中空球料烧结法

将中空球体黏结起来再烧结可制备高孔隙率多孔材料，这些中空球料可由铜、镍、铁或钛等制成。金属空心球的制备方法有很多种：可通过化学沉积或电沉积法将金属镀到聚合物球体上，然后除去聚合物；也可给聚合物球体（例如聚苯乙烯球）涂上一定厚度的黏结剂/金属粉末悬浊液层，然后烧结得到致密的金属外壳同时除去聚苯乙烯。或者用同轴喷嘴将金属粉末、金属氧化物粉末或金属氢化物粉末浆料吹成微型球状，然后将该微型球干燥，再烧结及除氧。还有一种方法是将金属熔体雾化，然后采取适当的方法，选择合适的工艺参数加工成金属球。

一般来说，球体的直径为0.8～8mm，壁厚为10～100μm。空心球可用来制备具有规则或不规则的开孔或闭孔结构的轻质材料。开孔结构可通过烧结金属空心球使邻近的球之间产生烧结颈来得到。如果烧结前球为规则排布（例如按布拉维点阵排布），那么可得到规则的孔隙。烧结过程中施加压力可使球变形成多面体，增大了烧结接触面，但是同时减小了开孔程度。使用黏结浆料可增大各个球体之间的接触，一种方法是用氧化物浆料将氧化物球黏结在一起，然后脱氧，同时烧结；或者给聚苯乙烯球涂上一层浆料，然后烧结黏合。要求用于制备开孔结构的球壁不能太薄。

用这种方法制备出的典型多孔金属为Ti-6Al-4V多孔铝，包含36%由空隙造成的孔和44%由球体造成的孔，固体体积为20%，总体密度为0.9g/cm^3。

闭孔结构可用金属粉末填充球之间的空隙，然后烧结得到，薄壁球也适用。在两块面板之间烧结空心球，使球与球之间及面板与球之间都黏结起来，可轻松地制得“三明治”式结构。

空心球结构的优点在于孔径分布不是随机的，而是可以通过挑选空心球来调整的。因此空心球结构的力学和其他物理性能比孔尺寸随机的“真正泡沫材料”的可预知性高。另一个优点是可用粉末冶金法加工的各个系列的金属（例如超耐热合金、钛合金及金属间化合物）都可采用这种方法加工，即空心球结构适用于高温。

6.2.3 泡沫金属的其他制备技术

6.2.3.1 固-气共晶凝固法

固-气共晶凝固法也称 Gasars 法。气体-金属共晶（如图 6-26 所示）与传统的二元合金的共晶类似，会在凝固过程中形成两相共同成对生长的共晶结构，主要区别就是其中的一相是气体。氢气和不会形成氢化物的金属之间形成的共晶系统存在一个三相平衡反应 $L \rightleftharpoons \alpha(S) + H_2$，在高压氢气气氛中（高达 5MPa）熔化金属，保温一段时间后，熔体中会溶解大量的氢气，然后降低温度，熔体会经历一个共晶转变，即由液相转变为固、气两相系统。定向凝固法与 Gasars 法原理相同，就是通过施加压力提高气体原子在熔体中的溶解度，借助于气体原子在金属中的溶解度差，然后按预定的冷却方式使熔体沿某个方向发生凝固，凝固时经高压溶入熔体的气体原子因溶解度降低产生过饱和而逐渐以气泡形式析出。选择适当的工艺参数确保气泡不会"漂进"液态中消失，而是保持在凝固区附近并最终留在固体中。气泡只能以一定的气液界面沿凝固方向生长，即气泡被拉长，最后沿凝固方向长成圆柱形孔隙，其制备原理如图 6-27 所示。气孔的形貌、大小、空间排列取决于熔体中的气体含量、熔体的化学成分、熔体上方的气体压力以及凝固速率和凝固方向。

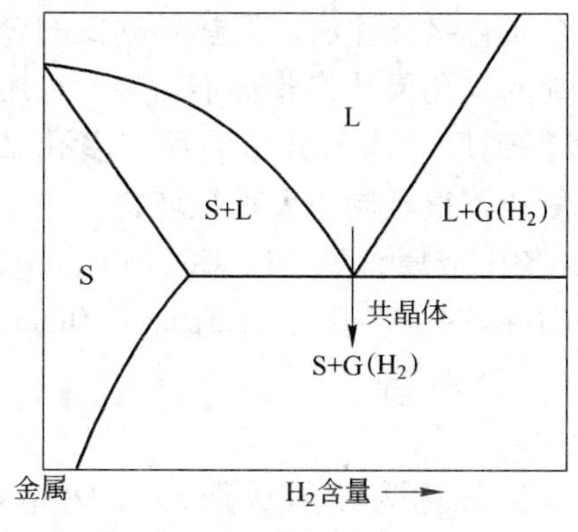

图 6-26 金属与气体二元相图

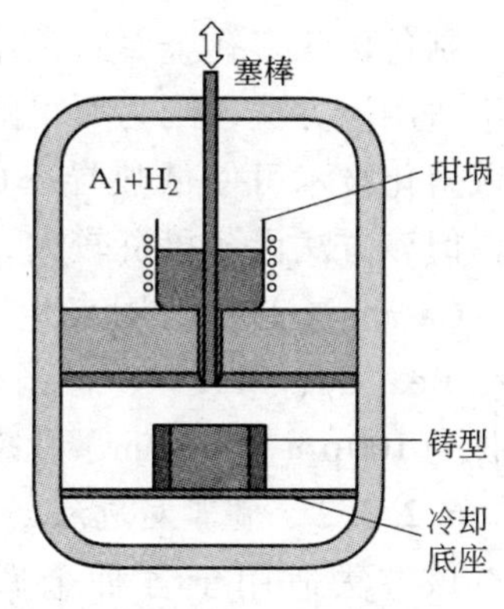

图 6-27 Gasars 工艺原理图

一般说来，该方法得到的多孔材料是平行于凝固方向拉长的圆柱状空孔，也称藕状多孔材料（结构与藕类似），图6-28为采用定向凝固法，在氢气压力为0.2MPa，熔体温度为1200℃的条件下制备的孔隙率约为48%的藕状多孔纯铜试样。气孔的尺寸分布一般存在大、中、小三个尺寸范围：中等尺寸范围的气孔最多，它由共晶反应形成；小尺寸气孔数目最小，它由固相中过饱和氢气形核长大而成；而大尺寸气孔是由过共晶区间液相中过饱和氢气形核长大而成。

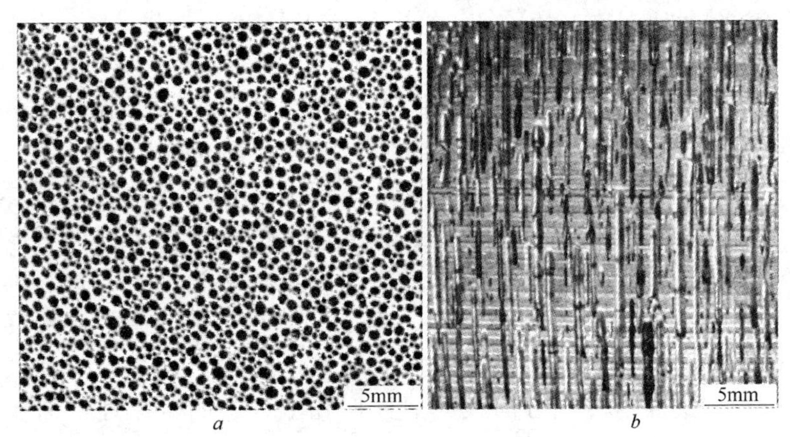

图6-28　藕状多孔纯铜棒坯孔隙形貌
a—横截面；*b*—垂直截面

制备藕状多孔金属时常用液态金属直接浇注法，但热导率低的金属不适用该方法，因为所得的金属锭的气孔尺寸将非常不均匀。采用区域熔化技术可使低热导率的金属得到尺寸均匀分布的藕状多孔结构，但该方法设备投资较大，控制复杂，很难制备大直径坯料。

Gasars法工艺已用来生产许多多孔金属，如Ni、Cu、Mg、Al、Mo、Be、Co、Cr、W、青铜、铜和不锈钢等。孔径为5μm～10mm，孔长为100μm～300mm，孔率在5%～75%之间。

6.2.3.2　喷雾发泡法

该方法适用于各种金属及合金，又称为喷射成形法（“Osprey法”）。是将金属熔体连续雾化，制成高速飞溅的金属小液滴，通过控制工艺参数可将小液滴在一定形状的基底上收集起来，按照基底形状形成密实的沉积层，如方坯板或管。然后使氧化物、碳化物或纯金属粉末被小液滴润湿并通过化学反应而沉积在基底上。由于金属粉末在雾化了的熔体中分解释放大量气体，凝固后在沉积层中就产生了大量气孔。用该工艺在碳钢喷雾中注入二氧化硅或氧化锰可制备出多孔铁，发生的化学反应为：$SiO_2 + 2C \rightarrow Si + 2CO$，在沉淀区产生大量的一氧化碳，凝固后得到泡沫铁。用这种方法制得的孔隙率可达60%，但是孔结构不均匀。

6.2.3.3 气体夹带法

该法系将金属粉末压成密实的坯块，在压制的同时让气体夹在其中，然后加热坯块，由于气体的内压使坯块受热膨胀而得到泡沫金属。由于膨胀是在固态下发生的，因此称之为固态蠕变更为确切。

美国的波音公司已采用该法制造了飞机用的泡沫钛材料。

6.2.3.4 自蔓延高温合成法

自蔓延高温合成法是利用化学反应的强烈放热制备高熔点化合物的材料，当反应被引发后，随着燃烧波的推进，反应物转变成生成物。由于自蔓延高温合成过程中高的反应速度，以及高的温度梯度，造成生成物的晶体点阵具有高密度的缺陷，易生成多孔的骨架结构，使生成物具有很大的表面积。该方法的优点是工艺设备简单、成分均匀和制造周期短，制备成本低，缺点是采用自蔓延高温合成法只能制备出成分有限的泡沫钛合金制品。

6.2.3.5 反应烧结法

在多组元系统中，各组元相互之间具有不同的扩散系数，从而在扩散较快的系统中留下孔隙。金属粉末混合体如 Ti + Al，Fe + Al 或 Ti + Si 可通过反应烧结法制得多孔结构。

6.2.4 泡沫金属的基本结构评价

泡沫多孔金属的性质不仅与基体材料本身的性质有关，而且与孔洞的结构关系密切。泡沫金属的主要特征是孔径较大且孔隙率较高，正是由于这一特征使它成为一种新型的结构功能材料。

泡沫金属的多孔结构是由其制备工艺决定的，常用来描述多孔金属的术语有“Alporas”、“Alulight”、“Cymat”或“Incofoam”，但这样并不能准确而定量地描述它们的基本结构。由于泡沫金属制备工艺的多样性和复杂性，泡沫金属的表征也比较复杂且不够完善。对多孔金属材料而言，常用的描述其结构的参数有：

（1）孔径。孔径是多孔金属的基本参数之一，孔径分为体孔径和面孔径。对多孔金属而言，体孔径指具有相同体积的球的等效直径，如果是闭孔，该参数不便直接测量；面孔径是指孔的截面多边形的等效直径，可取任意截面的试样测量，用与被测多边形面积相等的圆的直径表示。实际应用中常使用面孔径，可以用孔的最大、最小或者平均孔径一起来描述。一般把平均孔径大于50μm的多孔材料叫做粗孔材料，孔径在2～50μm之间的为中孔材料，孔径小于2μm的为微孔材料。

（2）孔的形状。欧洲的学者将孔分为球形和多面体形。用熔体发泡法制备多孔金属时，熔体中气泡从生成到相互接触前，由于表面张力作用而呈球形，若此时气泡周围的熔体已凝固则获得球形孔；若熔体凝固前气泡相互接触，则由于表面张力的作用，气泡凝固后形成多面体形孔。对于平面状态，主要有三边形、四边形、六边形；对于三维空间，则有三棱柱、正八面体、五边形十二面体等。实际上多孔金属材料孔的形状较复杂，可能是球形和多面体形的混合形。

（3）孔的取向。孔的取向仅在确定了参考系时才有意义。为便于研究，参考轴的取向一般为工艺的主要方向，例如发泡的方向或传送带系统的供料方向。另一类参考系可根据加载方向确定。如Cymat泡沫就是一种与工艺相关的具有系统而明显取向的泡沫，而Alporas泡沫和Alulight泡沫上的孔并没有明确的取向。

（4）密度。泡沫金属的质量与其总体积之比为泡沫金属的表观密度。一般来说，表观密度的测量误差约为±2%，这其中包括了通常不知道密度和厚度的表皮层，使内部结构的表观密度测量误差显著增大。密度分布是最重要的结构特征之一，可改变孔径和孔隙度来获得所需的密度。随着孔隙率的提高，泡沫金属的密度降低，一般为同体积金属的1/50～3/5不等，如泡沫铝的密度范围在0.2～0.9 g/cm^3。表观密度的重现性取决于所用的工艺，用聚合物泡沫骨架制备的多孔金属具有高的重现性，但粉末致密化发泡法获得的泡沫金属，重现性只有 ±15%。

（5）孔隙率。孔隙率为孔隙所占体积与总体积之比，分为面孔隙率和体孔隙率。面孔隙率指试样横截面上孔洞总面积和试样横截面积之比，体孔隙率指所有孔隙所占体积与总体积之比。通常情况下，孔隙率指体孔隙率。由于骨架金属与母体金属为同一金属，故常用称重法测孔隙率：

$$\theta = \left(1 - \frac{\rho_f}{\rho_s}\right) \times 100\%$$

式中 ρ_f——多孔材料的表观密度；

ρ_s——基体的密度；

θ——孔隙率。

泡沫铝具有高孔隙率，一般为 40% ~90% 或更大。孔隙率大于 63% 的泡沫铝合金，其密度可小于 1.0g/cm^3，能够浮于水面上。

（6）比表面积。比表面积即一定体积的泡沫金属的表面积与其体积之比。因为泡沫铝的孔隙率较高，其比表面积也较大，一般为 $1000 \sim 4000\text{m}^2/\text{m}^3$，而密度只为同体积金属的 1/10 ~ 1/2。

6.3 泡沫金属的应用

泡沫金属具有综合的物理性能，其多种性能受孔结构及试验条件的影响，具有较强的结构敏感性及工况敏感性。对于泡沫铝，当孔隙率大于 63% 时，其密度小于 1kg/cm^3，能够浮于水面上，而孔隙率小于 63% 时，则沉于水中；对于阻尼性能，振幅对其较为敏感，而频率则是不敏感的参量；对于压缩性能，孔隙率对其较为敏感，孔径则不敏感；闭孔泡沫金属可用作隔热材料，而通孔金属在强迫对流条件下则具有较好的散热能力；闭孔泡沫金属可用于隔声，通孔金属则用于吸声，而通孔与闭孔的组合结构则兼容吸声、隔声性能。

因此，孔结构是决定泡沫金属应用的主要因素，许多应用需要介质、液体或气体能够通过多孔材料，这就需要完全开孔结构，而承载件就要求闭孔结构的泡沫金属。图 6-29 表示不同应用领域对孔形态的要求。根据应用范围的不同，可将泡沫金属的应用分为两类：结构

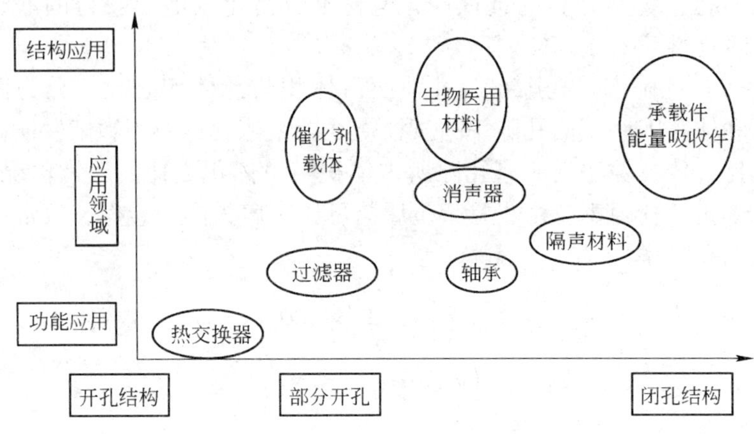

图 6-29 孔形态对应用领域的影响

材料应用和功能材料应用，既可作为工程结构材料用于汽车、航空航天、造船、机械制造和建筑等方面，也可作为功能材料用于催化剂载体、消声器、电池电极、隔热、散热、水净化及声音控制等方面。

6.3.1 结构应用

6.3.1.1 汽车工业

未来汽车要求更加轻便节能、安全、有良好的抗振性。如果采用泡沫铝材制造盖板、卡车盖与滑动顶板等可减轻重量并提高刚度。德国卡曼汽车公司与夫霍弗研究所都使用泡沫铝“三明治”板制造轿车的顶盖板。其刚度比原来钢构件大 7 倍左右，而其质量却比钢件小 25%。此外，这种泡沫铝还具有更高的吸收冲击能和声能的效果。

6.3.1.2 航天工业

泡沫金属的轻质结构在航空航天领域具有非常重要的应用前景，例如，减轻航天器的重量是航天产品设计的重要课题之一，目前每送入轨道 1kg 有效载荷，发射费需用上万美元，如果把泡沫铝用在航天器上，经济效益将是显而易见的。目前泡沫铝在航天方面的应用取向为：支撑高精度的一般光学系统、用于光学系统大型支架、取代蜂窝铝以承受多向应力、用作航天器承力筒和空间热交换器等。

用泡沫铝夹层材料替代昂贵的蜂窝夹层结构件，在获得更高性能的同时又使成本大幅度下降。波音公司试验了用泡沫钛和泡沫铝夹层材料制成直升机的尾架，与以往的蜂窝夹层材料相比这种材料还可制成弯曲甚至三维的形状。因此，一些直升机制造商正考虑用泡沫铝夹层材料部分替代蜂窝夹层材料。

6.3.1.3 建筑业

建筑设施有许多构件需用质轻、刚性大与不燃性的材料制造。如用泡沫铝材料制造电梯可大大减轻其重量，从而减少能量消耗，而且泡沫铝优良的能量吸收性能又保证了电梯的安全性。此外，如果泡沫铝作为装饰材料，既轻便美观，又可起到防火、隔音的效果。

6.3.2 功能应用

6.3.2.1 过滤器

过滤器主要是从液体中分离固体颗粒或从气体中分离固体和液体。多孔金属材料具有优良的渗透性，因此过滤与分离又是其应用的一大热点。泡沫钛材料集高温耐热性、抗氧化性能和渗透性为一体，可用于高温条件下的粉尘过滤器；多孔青铜和多孔不锈钢是使用最广的金属过滤器材料，能从液体中过滤分离出固体或悬浮物。

日本住友电气工业公司在世界上首次开发出容易净化柴油机废气，并且实用而廉价的柴油机微粒过滤器（DPF）系统，采用的过滤材料是孔隙率为 85% 的三维网状 Ni_2Cr_2Al 合金多孔体。经过青铜、不锈钢、镍等多孔金属过滤器净化的空气，已广泛用于各种厌氧细菌的生长，它几乎取代了原用的活性炭加脱脂棉的空气过滤器。

6.3.2.2 阻燃和热交换材料

泡沫金属既有很好的流体穿透性又可有效阻止火焰的传播，且自身有一定的耐火性能。把泡沫材料放置在输送可燃性液体或气体的管道内可防止火焰的传播。高热导性泡沫金属可以作为热交换器材料，如泡沫铝可以制成一种紧凑的散热器，用于微电子装置高密度发热元件的冷却，或对计算机的集成电路和电源的冷却。

6.3.2.3 催化剂载体

高效催化剂要求在与气体、液体反应时有大的接触面积，由于多孔金属有大的表面积，同时有很好的塑性和导热性，所以可充当催化剂载体。如催化剂浆料就可以被注入薄的铝泡沫结构表面，然后通过成形（如轧制）和高温处理，可用于电厂废气氮氧化物（NO_x）等的处理。同时催化剂在泡沫铝中可保持良好的机械完整性，即使在经历多次升降温循环后，催化剂性能基本没有损失。

6.3.2.4　冲击吸能及防护材料

汽车、火车上对撞击的安全防护是至关重要的，尤其在城市中运行的轻轨列车，经常面临与汽车或其他目标相撞的危险，在汽车及火车的头部安装上填充泡沫铝的保险杠或用泡沫铝制作的吸能块可有效地吸收正面撞击能量。日本已在火车的头部安装了一块2.3m^3的Alporas泡沫铝，以提高火车相撞时的防护能力。

据报道，密度比为0.05～0.15的泡沫铝可吸收的能量为20～180MJ/m^3，而相同条件下钛合金的冲击性能将更为优良。利用其优良的抗冲击性能，使得泡沫钛可能用作汽车的保险杠、宇宙飞船的起落架、升降机传送安全垫、各种包装箱，以及火箭和喷气发动机的保护材料。

6.3.2.5　阻尼及消声材料

在汽车、火车或其他机械系统中难免存在震动，震动会引起系统的损坏和噪音，泡沫铝具有良好的阻尼性能，因此可有效地将系统的震动能转变为热能，减小震动、降低噪音。同时，通孔的泡沫铝还可具有良好的吸收噪音的功能，当声波压迫空气在泡沫铝中细小的、相互连通的孔洞中流动时，通过与孔壁的摩擦产生紊流而消耗能量，因此，泡沫铝可作为噪音环境下的吸声材料，在日本已将泡沫铝（Alporas）用作高速公路两侧的吸音墙以减少噪音，并用于铁路隧道中来衰减声波。

6.3.2.6　电池电极材料

随着汽车、火车、轮船用电设备越来越多，功率逐渐变大，要求电源有更高的比能量和比功率。此外，由于环境污染等问题，电动车、混合动力车和电动自行车得到快速发展，这对动力电源有了更高的要求。一般铅-酸蓄电池所提供的能量、功率，已经不能满足现代设备的要求，采用泡沫铅板栅替代铸造铅板栅，来提高电池的比能量和比功率。

采用具有高孔隙率和大比表面积的泡沫钛材料作为燃料电池的气体扩散层材料，可大大提高电化学反应过程中能量的释放。因为多孔气体扩散电极一方面应增加电极的真实表面积，另一方面应尽可能减少液相传质的边界厚度，这样可以大大提高电极的极限电流密度，减少了浓差极化。把泡沫镍作电极材料用于Ni-Cd电池，电极的气液分离好，过电压低，能效极大提高，并可快速充电。

6.3.2.7 生物医学移植材料

生物医学应用同时具有结构和功能两方面的含义。钛合金由于兼备优越的生物亲和性、耐腐蚀性以及力学性能而成为重要的人体植入材料，广泛地应用于骨骼、关节、血管以及牙齿的修复等。但是一般钛合金的杨氏模量高于骨头的杨氏模量，可能导致转移至人工骨周围的自家骨上的载荷不足，当自家骨所承受的拉伸、压缩或弯曲载荷减少时，骨头的厚度会减小，导致人工骨的松弛，出现应力屏蔽的问题。此外，致密钛合金不利于水分和养料在植入体内传输，所以减缓了组织的再生与重建，钛合金泡沫金属的应用很好地解决了这一问题。

通过控制泡沫钛合金的孔隙率，可改变其杨氏模量（见表6-2），使制备的泡沫钛合金的杨氏模量与骨头非常相近。且能根据人体骨的组织、结构和性能随个人性别和年龄的差异而设计制备出因人而异的人造骨。

表6-2 泡沫钛合金的压应力和杨氏模量

相对密度	杨氏模量/GPa	压应力/MPa
0.20	2.90	25
0.30	3.40	53
0.39	4.05	122
0.48	5.13	208
0.57	7.24	329
0.65	10.30	478

多孔镁因具有生物降解及生物吸收特性也被列入植入骨用生物材料的行列。

6.3.2.8　电磁屏蔽材料

多孔金属材料的孔道对电磁波有很好的吸收能力，因此可用作电磁屏蔽材料，其电磁屏蔽性能远比纯铁、含铜粉涂料的优良。泡沫铝由于对电磁波特别对高频电磁波的屏蔽效果好，可以用来建造电子装备室、电子设备等。日本已将 Alporas 泡沫铝用于制作电子仪器外壳和电屏蔽室等结构，它的屏蔽效果远高于导电性涂料与导电性材料。

6.3.2.9　其他

泡沫金属作为一种新材料，不仅被工业界的人士所重视，而且也受到了设计师和艺术家们的重视。与普通材料相比，在装饰领域，泡沫金属材料可以给人们一种独特的视觉效果。以金、银为基体的泡沫材料被认为是一种有很大潜力的珠宝材料，泡沫铝已被用来制作奇特的家具、钟表、灯具等。

总之，用何种金属或合金制备所需的多孔结构很重要。承受载荷的结构要求轻，否则就无法体现出结构的优越性，因此，常用铝、镁、钛等轻金属来制备多孔金属。当多孔材料应用在热交换或过滤系统中，孔径是一个重要的特性。对医学应用，首先考虑多孔钛，因为它能与人体组织相容。此外，不锈钢和钛合金制成的多孔材料还适于腐蚀介质或高温环境使用。

6.4　泡沫金属的发展状况及展望

6.4.1　泡沫金属的国外发展现状

国外泡沫金属技术和产业发展得较早，早在 1940 年，美国就首先对泡沫铝进行了研究。美国人 Sosnik 在 1948 年提出利用汞在铝熔体中气化制取泡沫铝的想法，获得了有关泡沫铝的第一个专利。随后的 20 多年里涌现了一些泡沫金属的应用及专利技术，在 20 世纪70 ~ 80 年代，研究主要集中在泡沫金属的制备方面，而且取得了很大的成果。比如，在制备泡沫金属铝时增黏问题的解决对泡沫铝的制备有很大的推动作用；另外，气泡核心机理的提出及应用对泡沫金属的制备又是一次很大的突破，这种理论就如同金属凝固过程中加入形核剂一样，使气体依附它们形核长大，成为稳定的泡沫金属液，对泡沫金属的直接成形提供了可能。在20世纪90年代以前，泡沫金属的制备和研究工作都处于较低迷的状态。现在，泡沫金属的研究开发工作已处于高水平状态，已有了各种各样的工业应用。德国的IFAF研究所、美国的DUOCEL、加拿大的CYMAT、日本的ALPORAS公司均分别采用不同的方法成功制备出自己的泡沫金属。目前已经商品化的泡沫产品主要有：用熔模铸造法生产的Duocel开孔泡沫铝、用沉积法生产的Incofoam开孔泡沫镍、用熔体发泡法生产的Alporas闭孔泡沫铝、用SiC或Al_2O_3作为增强剂和泡沫稳定剂，通过直吹气体发泡法生产的Cymat闭孔泡沫铝、用粉末加工致密化发泡法生产的Alulight闭孔泡沫铝等。

目前，发达国家中以美国、德国、日本等对泡沫金属的应用研究最为活跃，在低熔点的泡沫金属（如泡沫铝）的制备和应用研究逐渐走向成熟的基础上，高熔点泡沫金属（如泡沫铁、泡沫钛）的研究也日益增多。由于钢固有的远高于铝的强度、耐高温性能、可焊接性及低的导热性，加之铝制品通常含有多种金属杂质，不能像废钢制品那样可以整体重新熔炼加以回收利用而造成环境污染，使汽车制造商在尝试使用泡沫铝作为减振吸能材料的同时，认为泡沫钢将是未来新概念汽车的最佳材料，并预测将来20%的汽车零件可用泡沫钢来制作，如用泡沫钢做成的夹层板可用于制作汽车的发动机罩、行李舱盖板和滑动式活动车厢，大大提高汽车在受撞击时的安全性。为此，1999年美国TRW基金和日本HondaR&D美国分公司共同资助五所大学（哈佛大学、普林斯顿大学、弗吉尼亚大学、佐治亚大学及南加州大学）联合进行泡沫钢的开发研究。与此同时，德国IFAF研究所的科学家们也正为泡沫钢的研制继续努力。泡沫钛的研究停留在材料力学性能和生物相容性两个方面，基本上都以生物医学材料应用为背景，在传统的应用领域如航空、化学工程和体育设备以及在燃料电池气体扩散层等应用为背景的工作开展得较少。对于结构（如孔隙形态、孔隙率与孔的分布等）和性能（如能量吸收性能、电磁波屏蔽性能）以及两者之间的影响机制的研究也较少，而且许多以生物医用材料为背景的研究也仅仅局限在实验室范围内，还没有完全达到实际应用的需求。

6.4.2　泡沫金属的国内发展现状

国内自20世纪80年代中期开始进行泡沫金属的研究，与国外一些先进的工业国家相比起步较晚，但也取得了一系列的研究成果。在泡沫金属的制备方面，国内对熔体发泡法、渗流铸造法和粉末冶金法研究的比较多。渗流铸造法已经实现了产业化，生产了500mm×500mm规格的通孔泡沫铝板材；熔体发泡法也能生产出800mm×1800mm规格的闭孔泡沫铝板材。依然存在产品的品种单一、成材率低、不能自由控制产品的密度和孔隙结构等问题，更无法满足特殊装备和场合的要求。

在泡沫金属的理论、性能方面的研究，国内进行了大量的研究工作，如对泡沫金属结构参数的测定、发泡过程的动力学及热力学、发泡过程黏度的变化、压缩性能、降噪性能、吸声性能、阻尼性能等方面都取得了一定的成绩。使用发泡剂制备泡沫金属的研究表明：开发不含或者少含脆性相的制备方法，可以减少泡沫中的脆性相（如大的陶瓷颗粒和氧化物薄膜）对泡沫金属力学性能，特别是剪切断裂韧性和抗弯强度的不利影响。如果能在10^{-1}mm尺度上获得均匀细小的泡沫孔结构，对泡沫金属在弯曲导致的拉伸应力下低的拉伸强度及过早失效等问题就可望得到解决，有利于发挥其显著的能量吸收特性。虽然在理论、性能方面的研究提出了很多应用的可能，但与国外相比实际应用的很少。

6.4.3　泡沫金属的发展趋势

随着对泡沫金属研究的深入，新的制备工艺以及新的应用研究成果不断涌现，但还有许多问题尚不够清楚，有待进一步深入研究。

（1）泡沫金属是一种宏观结构、性能一体化材料，性能对结构的依赖性很强，因此，关键的问题还是获得结构可以控制的泡沫金属及相应的、具有良好重复再现性的、低成本的工艺技术。现有的一些工艺均受到不同程度的限制，尚没有一种工艺过程真正达到了像聚合物泡沫生产那样能够准确控制结构组态的水平。

（2）用泡沫材料代替某些致密材料，不仅可以节省资源，还可以发挥泡沫材料的优异性能。泡沫金属的研制和开发已经从低熔点金属扩展到高熔点金属，但与致密材料相比，泡沫材料的种类还比较少，实用化的泡沫材料就更少，现有的制备工艺获得的泡沫金属材料或者性能指标不够，或者价格太高，或者无法进行大规模的工业化生产而急需完善。以更清洁的方法制备更多种类的泡沫金属，并进一步将其用于更多的工业应用是今后发展方向。

（3）泡沫金属虽然具有广泛的应用前景，但实际应用的范例还很少，而且这些应用仅涉及泡沫金属很少一部分性能，这与其所具有的诸多优良性能是不相称的。

泡沫金属的应用必须考虑的是加工和成本问题。金属泡沫通常在型模中发泡成近终型构件，近终型构件的机加工会破坏较致密的表皮层，将孔的内部结构显露出来，因此在设计时应尽可能地避免采用机加工。然而，即使精心设计的构件也需要进行切削、钻孔等，如用传统的方法进行机加工难以得到高质量的表面，甚至会导致表面的扭曲变形或破坏，因此其加工成本比传统材料要高得多。

目前，尽管铝基多孔金属极有可能应用于汽车制造，但还没有系列化的产品。众所周知，汽车车体大都是以钢铁材料为基础，因此，由于一系列的有关焊接、公差及腐蚀问题的出现，铝泡沫芯结构的成本还是显得过高了。应有将泡沫金属加工成所需形状和将其装配入机器和汽车中以发挥其功能的相应的配套技术。同时，如果不能以合理的价格制成成品，那么泡沫金属及其制作技术将是无用的。

将多孔泡沫金属用于夹层板或与其他结构混合使用的可能性已经存在，不过，对于这种材料，其系列产品的生产带来了诸如复合结构的连接等新问题，应研究有效的低成本连接技术、开发研究与钢结构混合使用条件下的腐蚀防护技术。此外，汽车的设计过程及设计标准必须考虑到 AFS 夹层板的使用，以便充分发挥这种材料的性能从而获得最大的效益。

（4）泡沫金属的研究涉及多学科交叉渗透领域，在过去 60 多年的发展过程中侧重于制备技术的研究，21 世纪应更加注重这一新材料在高新技术及民用领域的应用开发，组织各方面人才，进行多学科渗透，将泡沫材料的制备与功能结合起来。

（5）关于泡沫结构的表征与测试还没有统一的标准。描述多孔材料组织特征的参量至少要包括：孔隙率（或密度）、孔径、孔形状及孔的连通性等。例如，我们通常所说的孔隙率实际上包含了开孔孔隙率和闭孔孔隙率，对于具体的泡沫样品，这两种孔隙率的比例是多少、如何测定等问题现在还没有标准可依，而这些对泡沫金属性能的影响是非常重要的。

7 金属粉末材料

7.1 粉末锻造的特点及适用范围

7.1.1 粉末锻造方法

从冶金学角度上讲，熔铸法和粉末冶金法是材料制备与加工的最基本的两种方法，熔铸法是将熔化后的金属或合金浇注到铸模中，经冷却凝固后得到具有一定形状、尺寸制品的材料成形方法。采用熔铸法可直接生产铸件，或者浇注出铸锭，然后通过轧制、锻造、挤压、拉拔和机械加工方法将铸锭制成产品。粉末冶金法是以金属粉末，也就是分割成很细小的金属做原料，而不是采用熔炼金属，金属粉末通过固结成为具有一定形状的制品，因此，粉末生产和粉末固结是粉末冶金的基本工序。像熔铸法一样，采用粉末冶金方法，可以得到所需形状的制品，或者得到粉末坯料，然后通过轧制、锻造、挤压和机械加工方法将粉末坯料制成产品。目前，粉末冶金正向着更高级的新材料、新工艺的方向发展，如金属陶瓷、弥散强化材料、粉末高速钢、粉末超合金、氧化物超导材料、金属间化合物、磁性材料、非晶态材料的制备与加工等。

粉末冶金技术的迅速发展，使粉末锻造随时面临着新的挑战。传统的粉末冶金产品由于具有一定的孔隙，使其强度和韧性大大降低，为使粉末冶金产品能够在较高负荷条件下使用，从20世纪60年代开始研究和发展了粉末锻造技术。粉末锻造汲取了传统粉末冶金和塑性加工的优点，是现代加工技术中制造结构零件和部件的一种非常重要的方法。粉末锻造工艺流程如图7-1所示，可分为如下3种类型：

（1）粉末原料准备、粉末成形、烧结、锻造；

（2）粉末原料准备、粉末成形、锻造；

（3）可采用两种形式，一种是粉末原料准备、粉末成形、粉末包覆、锻造；另一种是粉末原料的准备、粉末包覆、锻造。

从图 7-1 中可以看出，粉末锻造涉及粉末原料准备、粉末成形、粉末包覆、烧结和锻造等基本工序。

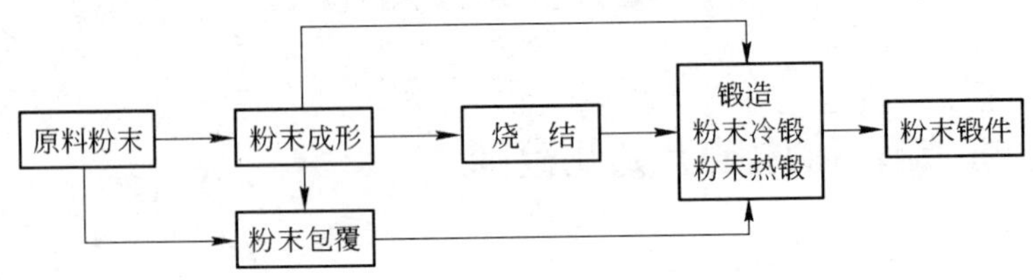

图 7-1 粉末材料塑性加工工艺流程

7.1.2 粉末锻造的特点及应用

粉末锻造由于汲取了传统的塑性加工和粉末冶金的优点，使其本身的技术和经济上的特点更为突出。

7.1.2.1 可提高产品的力学性能

用粉末冶金方法所得到的烧结制品，通常含有 10% ~30% 的孔隙，其力学性能如抗拉强度、伸长率以及疲劳强度均比同类致密材料低。采用粉末锻造方法可以提高材料的密度，从而提高产品的力学性能。用低合金雾化钢粉制造的锻件，在抗拉强度、伸长率、冲击值、硬度及疲劳强度等方面，都达到或超过了同类致密材料锻钢的水平。表 7-1 为英国 GKN 公司粉末锻件的性能。对于汽车零件来说，疲劳性能比冲击值更重要，实验表明，粉末锻件连杆与普通模锻连杆相比，具有较高的疲劳寿命，这是因为粉末锻件具有各向同性结构，即不存在纤维组织，从疲劳强度看，普通锻钢纵向与横向疲劳强度的差值可达到 50%，而粉末锻件所有方向都是相等的。粉末锻造高速工具钢可将合金偏析降至最小，使刀具寿命得到大大提高。

表 7-1 GKN 公司粉末锻造材料力学性能

钢 粉	碳含量 /%	热处理	抗拉强度 /MPa	弹性极限 /MPa	伸长率 /%	断面收缩率/%	冲击值 /J
W166	20 ~0.40	锻造态	420 ~600	247 ~500	12 ~20	25 ~60	7 ~13
W4	35 ~0.45	淬火态	695 ~849	540 ~670	>10	>22	10
W32	22 ~0.24	渗碳、淬火	649 ~849	458 ~680	12 ~18	25 ~35	12 ~25
W73	20 ~0.26	渗碳、淬火	849 ~1236	696 ~1013	6 ~14	20 ~30	12 ~30

7.1.2.2 可以得到高精度的制品、减少甚至省略后续加工

根据不同加工方法所得制品的尺寸精度见表7-2。从表7-2中可以看出，粉末锻造制品的尺寸精度比其他加工方法制成的制品高。

表7-2 几种加工方法的尺寸精度

尺寸精度	粉末锻件	烧结件	普通锻件	铸 件
轴向/mm	0.2~0.3	0.2~0.5	0.5~1.0	1.0~2.0
径向/mm	0.03~0.10	0.015~0.030	1.0	2.0

传统的塑性加工制品，由于成形精度较低，一般均需要后续的机械加工，而粉末锻造制品由于尺寸精度高，通常可以减少甚至省略后续加工工序。根据所需要的尺寸精度的程度不同，后续精加工的省略程度也不一样，对于需要切齿和铣切的零件，就更能反映出粉末锻造的优越性。

7.1.2.3 可提高材料的利用率

采用粉末锻造方法，可以制造与最终产品形状相接近的机械产品。因此提高了产品的利用率。粉末锻造制品的材料利用率一般可达80%以上，而传统锻件的材料利用率通常在50%以下，尤其是一些非对称零件以及带孔的扁平零件等可以大幅度地提高材料的利用率，这是传统的塑性加工和机械加工工艺所不能比拟的。节省原材料可以适当地弥补粉末原料成本较高的不足。

7.1.2.4 适用性强

粉末锻造对材料种类以及产品形状的要求不像传统的塑性加工那样苛刻，因此，适用性很强，可以成形那些一般称为不可锻的金属或合金，例如高熔点金属。粉末锻造还可以成形复合结构产品，例如表面采用耐磨粉末材料，而基体为高韧性粉末材料的齿轮，与切削后进行表面硬化处理的齿轮相比，不仅齿根强度高，而且齿面疲劳强度也较好。

7.1.2.5 变形力降低

由于坯料内部有孔隙存在，坯料形状也接近于最终制品的形状，所以可以降低变形所需要的压力，模具磨损也较轻。丰田汽车公司粉末锻造连杆的能量消耗，为普通锻造的49%。

由于粉末锻造工艺克服了传统粉末冶金零件密度低的不足，使得粉末锻件的物理力学性能达到，甚至超过普通锻件的水平，同时又保持了粉末冶金少、无切削工艺的优点，因此得到了几乎所有工业国家的普遍重视。

美国通用汽车公司（GM）早在40年代初，就开始对粉末锻造技术进行了研究，1964年美国GKC公司为了提高汽车零件的性能，采用粉末锻造方法研制了汽车发动机连杆，该研究对粉末锻造技术的发展，起到了积极的推动作用。同年英国GKN公司对粉末锻造材料、工艺及预成形坯的力学、物理性能进行了研究，使Porsche 928连杆粉末锻造的生产获得了成功。1970年美国通用汽车公司建成了汽车后桥差速器齿轮粉末锻造生产线。1972年Federal Mogul公司则大规模生产粉末锻造齿轮，用于自动变速机构，随后是轴承坐圈，在1976年这两条粉末锻造生产线的年产量达到60万件。

进入20世纪80年代，德国蒂森公司实现了小批量生产928型赛车上用的零件。1981年日本丰田汽车在新型发动机上采用粉末锻造连杆，并建立了粉末锻造生产线，模具寿命达到了10万件，该产品属于中等尺寸的汽车发动机连杆，重量较大，使粉末锻造的优势得以充分发挥，引起了世界各国的瞩目。1987年Ford公司，在多年的开发研究基础上，研制成功了Escort Linx用1.9L发动机连杆，由于连杆与传统的产品相比，具有精度高、重量容易控制，而且省略了后续的切削工序等优点，目前，正逐渐地被使用到V-6、V-8等大型发动机上。美国通用汽车公司在1993年，正式将粉末锻造连杆用在CadillacV-8型发动机上。美国Chrysler公司也在1994年正式使用了粉末锻造连杆。美国俄亥俄州克利夫兰市变形控制技术公司设计了粉末锻造预制坯的“专家系统”，利用计算机软件来设计粉末锻造预制坯，这种软件可以根据已获得的粉末锻造的经验，不断加以更新、修改和强化，以处理更复杂的工艺条件和材料种类等粉末锻造预制坯的设计问题。目前粉末锻造进入实用化阶段的产品，除连杆、各种齿轮外，还有刹车导轨、转子、凸轮环、汽车用变速器、扳手、棘爪、摇臂杆、传动链轮、法兰、轴承等。

粉末锻造的发展前景，主要取决于该工艺与其他工艺的竞争能力，目前影响该工艺的经济效益的主要因素是原料价格过高，对于500g的粉末锻造制品，原料粉末的价格占粉末锻造制品价格的40%左右。随着粉末锻造制品重量的增加，这一比例也随之增大。一般来说，粉末的价格大约是同种成分钢材的1.5～2倍。因此，采用钢材加工产品时，当材料利用率在67%以下时，采用粉末锻造工艺具有一定的优势。粉末与钢材价格差与生产批量有关系，随着粉末产量的增加，二者的价格差也会随之减小。如果粉末锻造制品的产量能够稳定增长，钢粉需要量不断增加，价格下降是无疑的。随着粉末锻造生产方式的确立与低合金雾化钢粉价格的不断降低，粉末锻造将会得到迅速的发展。随着材料科学的发展，各种新型的结构材料和功能材料不断涌现，例如超导材料、非晶态材料、粉末超合金以及金属间化合物等，因此，针对新材料研究与发展的趋势，不断地研究和开发不受材料变形能力束缚的、较为灵活的成形技术，以适应科学技术的发展，是粉末锻造领域中的重要发展方向之一。

在粉末塑性加工方法中，粉末锻造是粉末冶金加工技术中最有潜力的一种，是国外近年来用于制造汽车高精度、高强度粉末冶金零件的重要工艺。粉末锻件的强度与普通锻件相同，某些性能例如疲劳性能，甚至超过普通锻件。至于其他的塑性加工方法，由于粉末原料的特殊性，其发展是缓慢的，有些还停留在实验的水平上。但是随着社会的发展，人们对产品质量的要求越来越高，从而必将推动粉末锻造的进一步发展。

7.2　粉末锻造时原料粉末的选择

粉末锻造工艺应用于制造力学性能高于传统粉末冶金制品的结构件。为了获得均匀的组织，降低成本，粉末锻造主要采用水雾化低合金钢粉。在合金化粉末工业生产方法中，高压水雾化法是非常经济的一种方法。由于水雾化法可以获得不规则的颗粒形状，颗粒成分均匀，当允许少量的氧化，或其氧化物可以在还原退火中消除的前提下，可以制备任何合金粉末，为制造高强度粉末制品提供了较好的粉末原料。在世界各国的努力下，目前低合金钢粉的质量也有了很大的提高，氧含量已降低到 1000×10^{-6} 以下，有的可达到 300×10^{-6}。碳合金可控制在 0.01% 以下，为粉末锻造的发展奠定了基础。

为了提高粉末锻造的性价比，粉末原料的选择要考虑以下几个方面，即采用廉价的合金元素、未还原粉末、再生粉末以及高品质粉末。

7.2.1 廉价合金元素的利用

AISI4600 钢粉（Ni-Mo 系钢）氧化倾向比较小，是比较典型的粉末锻造用原料粉末，由此可以制造高质量的粉末锻件。但是 AISI4600 钢粉价格较高，并且淬透性较差，因此不适于要求高强度和高韧性等综合性能好的零件。近几年来，国外一些制粉公司为了降低钢粉成本，正在研究用廉价的 Mn 和 Cr 取代 Ni、Mo。与 AISI4600 钢粉相比，Mn-Cr 系粉末不仅价格低，而且具有良好的淬透性。但是，由于 Mn 和 Cr 为强氧化物生成元素，采用水雾化法生产 Mn-Cr 系预合金粉末时，在粉末表面容易生成 MnO、$FeCr_2O_4$ 等氧化物，在通常的还原条件下，较稳定的 MnO、$FeCr_2O_4$ 很难被还原。较高的氧含量不仅影响淬透性，而且使锻件的强度、韧性降低。

为了获得氧含量低的粉末锻造制品，可以采用两种方法，即在真空中还原退火，制成低氧粉末，在无氧化气氛中进行烧结；将氧含量高的粉末通过高温烧结或真空烧结，进行强制还原。使用低氧粉末，虽然可以获得高品质粉末锻造制品，但是，采用通常的烧结方法，在加热过程中会再次发生氧化。

制造低氧的 Mn-Cr 合金钢粉末的主要方法是高温还原、真空还原和惰性气体雾化。高温还原法是将水雾化粉末放入低露点的还原气体中，在 1000~1200℃ 的高温条件下进行还原退火的方法。虽然该方法的松装密度仅为 3.1~2.77g/cm³，但是却可以将氧含量降至 0.1% 以下。真空还原是预先在钢粉中添加碳，通过 $MO + C \rightarrow CO\uparrow$ 化学反应，还原钢粉表面上的氧化物的方法。由于减压，CO 分压降低，使得还原过程比常压条件下更容易进行。例如在还原 MnO

时，在1000℃、H_2环境下的平衡露点为-60℃，在1000℃，氧化还原反应平衡点的CO分压为146.65Pa(1.1torr)，目前这种真空度是很容易实现的。

7.2.2 未还原粉的应用

对于粉末冶金，通常有两次还原工序，即制造粉末时的还原退火和成形体烧结过程。将这两个还原过程合并为一次，对于降低粉末成本、节约能源是非常有利的。大野等人提出了将热可塑性的酚醛树脂涂敷在未还原的水雾化粉末表面，在氮气环境中进行烧结，还原氧化物的方法。采用该方法，将作为碳先驱物和黏结剂的蔗糖放入未还原的水雾化粉末中，通过加热、锻造，所制成的汽车用环形齿轮的性能，达到了经两次还原工序制造的锻件水平。

7.2.3 再生粉的应用

再生粉利用废合金作为第二资源是生态环境材料研究的重点之一，使废合金再生的二次冶金技术是解决金属资源危机和保护生态环境最有效的途径。以铸铁为例，一般铸铁的切削消耗在10%以上。目前处理这些废屑的方法主要是压团、重熔和做热处理填料，不仅浪费大，而且损失了大量的合金元素。用粉末冶金方法将废屑加工成粉末，并进一步制成粉末冶金或粉末锻造制品是最为合理和最有价值的工艺途径。

将铸铁屑加工成粉末，加工过程简单，耗用能源少，其成本仅为一般还原铁粉的1/2～1/3。采用铸铁屑生产的粉末，通过控制碳含量，可以制造出含油轴承、铁基结构零件、汽车摩擦零件、金刚石磨轮等一系列具有良好性能的制品。例如，铸铁母材强度为150～200MPa，而加工铸铁屑所生产的Fe-C合金粉烧结件强度为400MPa，经锻压后可达到900～1000MPa。所以，利用铸铁屑制取粉末冶金制品，是制取高性能制品的有效途径，有着可观的经济效益。

国外，特别是日本，早在20世纪70年代就开始进行回收铸铁屑制取粉末冶金制品的研制，到了20世纪80年代，用Fe-C合金粉末制取的铁基含油轴承和铁基结构零件已经投入了工业化生产，同时，开始开发和生产制造高质量的Fe-C合金粉末冶金高强度制品和Fe-C合金基金刚石磨轮。用Fe-C合金粉末生产的含油轴承，其使用性能和寿命都优于铸铁的油润滑轴承。铸铁基金刚石磨轮对陶瓷刀具的磨耗比青铜基金刚石磨轮高4~5倍。Fe-C合金基粉末冶金结构件的性能取决于含碳量，如含碳1.4%的Fe-C合金粉制品，在烧结状态下强度为500MPa，锻造后提高到1000MPa。含碳2.0%的Fe-C合金粉制品，在烧结状态下为300MPa，锻造后为750MPa。这两种粉末所制取的制品性能都大大超过了母材150~200MPa的性能指标。

日本每年利用铸铁屑制成的铁粉大约为1000t，俄罗斯产量还要多些。用回收的铸铁屑，制成的粉末冶金零件，其性能优于还原铁粉做成的零件。它可做成高密度零件，如各种齿轮。做成的汽车刹车片摩擦系数高、刹车性能好。由于用铸铁屑制成的铁粉价格低，故制品价格也比还原铁粉制成的价格低，而且性能优越，所以在市场上有更强的竞争力。

7.2.4　高品质粉末

粉末锻造对原料粉末的纯度要求比普通粉末冶金材料严格，普通粉末冶金制品由于孔隙的存在，少量杂质对材料或制品性能的影响不太显著，而粉末锻造制品由于其密度已接近于材料的理论密度，因此，杂质的影响就显得十分明显。尤其是氧化物含量对材料的抗拉强度、伸长率以及冲击韧性的影响非常显著，因此，必须提高粉末原料的纯度。

粉末原料纯度与制粉方法有密切的关系，用不同方法生产的铁粉、合金钢粉制成的粉末热锻件性能的比较如表7-3和表7-4所示。虽然电解粉纯度高，但考虑到电解粉成本高，不适于作粉末锻造原料。目前一般采用还原粉末和雾化粉末。其中适应性最强的是雾化法，采用该方法比较容易制取合金粉末，而且可以很好地控制粉末性能。

表 7-3 不同类型的铁粉热锻后的力学性能

铁粉类型	粉末粒度/目	锻件密度/g·cm^{-3}	锻造状态		退火状态	
			抗拉强度/MPa	伸长率/%	抗拉强度/MPa	伸长率/%
还原铁粉	-100+150	7.76	350	18.6	280	25.0
	-270+325	7.78	380	19.0	290	22.3
电解铁粉	-100+150	7.78	340	14.0	280	35.7
	-270+325	7.81	350	9.0	300	44.5
雾化铁粉	-100+150	7.80	320	19.0	290	33.5
	-270+325	7.80	360	13.4	280	31.5

注：100 目的筛孔大小为 0.147mm，150 目为 0.104mm，270 目为 0.053mm，325 目为 0.043mm。

表 7-4 不同类型的合金粉末热锻后的性能

合金粉末类型	化学成分(质量分数)/%					密度/g·cm^{-3}	抗拉强度/MPa	伸长率/%	冲击韧性/J·cm^{-2}	硬度/HV	备注
	C	Ni	Mo	Mn	Fe						
还原铁粉	0.5	2.0	—	—	余	7.5	600	12	50	150	混合粉末
	0.5	2.0	0.5	—	余	7.5	800	8	50	170	混合粉末
雾化预合金钢粉	0.27	1.90	—	—	余	7.8	680	15.9	140	240	锻造状态
	0.25	0.26	0.2	Cr 0.26	余	7.8	670	14.9	70	210	锻造状态
	0.31	1.6	0.4	—	余	7.8	710	15.3	87	237	
	0.32	—	—	—	余	7.8	800	6~10	50~100	250~290	锻造状态
	—	1.9	0.6	0.18	余	7.8	900~1000	7~13	70~150	300~360	淬火600℃回火
	0.65	—	—	—	余	7.8	1500~1600	2~6	20~90	440~520	淬火600℃回火

采用水雾化预合金粉末，价格较低，但是不可避免地要发生表面氧化现象。FeO 和 NiO 较容易被还原，而较稳定的 MnO 和 Cr_2O_3 很难被还原，为了使含 Mn 和 Cr 的预合金粉末预成形坯中的氧含量降至 1000×10^{-6}以下，必须在很干燥的氢气氛中及较高的温度下进行烧结才有可能，残余氧化物不仅影响淬透性，更主要的是降低零件的冲击韧性。

采用雾化法生产的预合金粉末，一种是含碳的，一种是不含或含有很少量的碳。后一种情况可以根据性能对含碳量的需要，在预合金粉末中加入不同量的石墨进行混合压制预成形坯，这样就必须在较高的温度下烧结，以使碳产生表面吸附或扩散，若使用含碳预合金粉末，可以在相对较低的温度下烧结，然而含碳预合金粉末的缺点是压制密度相同的预成形坯时，所需要的压制力较高，为了保证预成形坯的强度，必须在较高的压制力下成形，这样会降低模具寿命。

7.3　预成形坯的设计与制备

7.3.1　预成形坯设计

7.3.1.1　相对密度与孔隙度

粉末冶金及粉末锻造所研究的对象是由大量的粉末颗粒及颗粒之间的孔隙所构成的集合体，通常称为粉末体，简称粉末。由于孔隙的存在，使得粉末体的密度小于同种材料致密体。在粉末冶金中，通常用相对密度和孔隙度来描述粉末体的密度。相对密度是粉末体的密度与粉末材料的理论密度（同种材料致密体或通常所说的固体的密度）的比值，通常用ρ来表示。即

$$\rho = d/d_{理} \tag{7-1}$$

式中　d——粉末体的密度；

$d_{理}$——同种材料致密体的密度。

孔隙度通常用θ来表示，显然有

$$\theta = 1 - \rho \tag{7-2}$$

7.3.1.2　预成形坯密度

粉末锻造的最大特点是通过塑性变形使粉末材料接近甚至达到真

实密度。由于粉末预成形坯密度的高低,对最终塑性加工制品的力学性能几乎没有影响,所以不必苛求具有较高密度的粉末预成形坯。粉末预成形坯的密度越大,所需的压制力也越大,不仅需要较大吨位的设备,而且也降低了模具寿命。一般情况下,采用普通模具材料制成的预成形坯模具,要想使预成形坯的相对密度达到90%以上,是非常困难的。

低密度的预成形坯不仅压制压力小、模具寿命提高，而且在随后的塑性加工时，其变形量大，变形抗力也较小，可以在较低的压力下获得高密度的塑性加工制品（见图7-2）。但是，过低的预成形坯密度，在操作及搬运过程中，其外形容易崩坏缺损，在变形过程中也很容易发生破裂。实践证明，比较适宜的预成形坯密度，一般选在材料理论密度的80%左右，对于铁基制品，预成形坯密度大致在6.2～6.6g/cm^3 范围内。为了保证生产无飞边锻件，预成形坯重量误差必须控制在±0.5%以内。

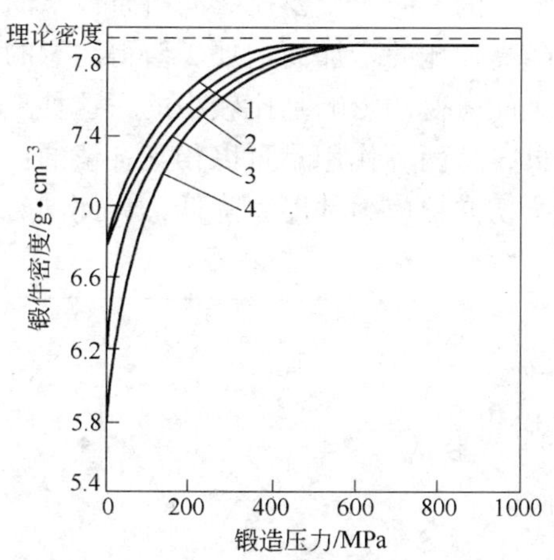

图7-2　锻造压力与锻件密度的关系（$D/D_0=1.17$）

1—预成形坯密度6.65g/cm^3，锻造速度5～6m/s；2—预成形坯密度6.65g/cm^3，锻造速度0.15～0.25m/s；3—预成形坯密度5.8g/cm^3，锻造速度5～6m/s；4—预成形坯密度6.65g/cm^3，锻造速度0.15～0.25m/s

7.3.1.3　预成形坯形状

致密材料在断裂之前，首先在杂质或其他结构不均匀处形成空穴，这些空穴沿着最大的剪切面聚集，并导致材料的完全断裂。对于粉末材料而言，由于预先存在一定的孔隙，就不需要韧性断裂过程的第一步，即形成空穴，而仅仅需要孔隙的聚集，因此，孔隙对粉末材料塑性的影响是非常大的。如果含有孔隙的第二相出现的话，则由于具有一定成分和杂质含量，使粉末材料的塑性进一步降低。由于这个原因，粉末材料的可加工性受到严格的限制。

粉末圆柱体在两平板之间的单向压缩过程中，由于工件与平板间的摩擦阻力，阻碍了材料的径向外流，因而导致圆柱体自由表面出现鼓形，鼓形表面的曲率随摩擦阻力的增加和高径比的减小而增加。这种不均匀变形导致了切向拉应力的产生，由于孔隙的存在，使得粉末材料的抗拉强度很低，因此，在工件的自由表面上很容易产生裂纹。图 7-3 给出了 601AB 铝合金粉末圆柱体热镦粗时，在自由表面出现裂纹时的高向应变与高径比的关系。从图中可以看出，在润滑条件下进行镦粗，产生裂纹时的高向应变要比无润滑条件下的大得多，并且断裂时的高向应变随高径比的增加而增加。值得注意的是材料的原始孔隙率对断裂时的高向应变的影响是比较小的，这种现象可以解释为两种相反作用的结果，这两种作用是可以相互补偿的：当原始孔隙体积增加时，材料抵抗切向拉应力的能力降低，与此同时，塑性变形时的

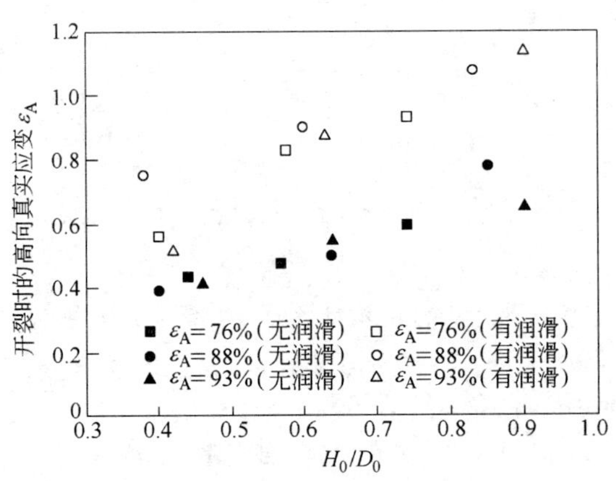

图 7-3　601AB 铝合金粉末圆柱体在热镦粗过程中发生断裂时的高向应变与高径比

泊松比随孔隙率的增加而降低，所以，横向流动也随之减少了，形成鼓形的倾向和与之相应的切向拉应力也会降低。

确定断裂标准的方法与致密材料相同，可通过一系列圆柱体试样的镦粗试验，测定断裂点的压应变（高向真实应变）和拉应变（切向真实应变）。由此可以得到粉末材料断裂时的高向应变与拉应变之间的关系曲线（如图 7-4 所示），称为断裂应变迹线。从图 7-4 中可以看出，试验材料的断裂应变迹线均为一条斜率为 1/2 的直线。曲线下面为安全区，曲线上面为断裂区。粉末锻造使低塑性的预制坯通过较大的塑性流动并进行适当的复压使锻件致密化，同时达到高的性能指标。但预制坯的设计不能只考虑金属的流动和致密化，而需在裂纹产生之前，使预制坯已经受到模壁的约束，以保证粉末锻件质量。

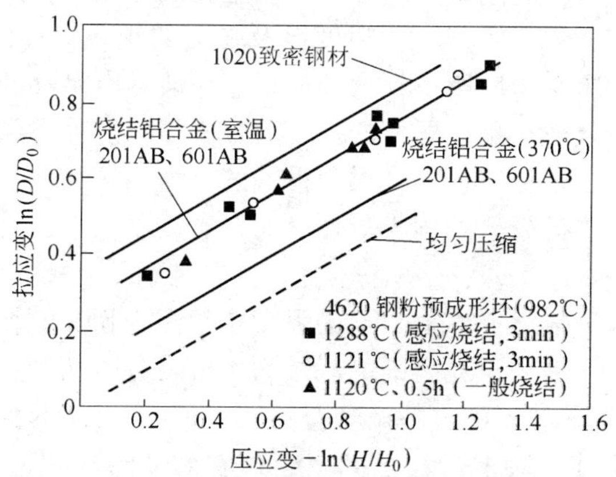

图 7-4 粉末烧结体和致密钢坯镦粗过程中侧表面开裂时的高向应变与拉应变的关系

根据断裂应变迹线可以对预成形坯的形状进行合理的设计。预制坯的几何形状大体可分为以下两类：

（1）简单形状预成形坯。简单形状预成形坯在锻造时多为压入成形，在热锻过程中塑性变形量较大，有利于提高粉末锻件的力学性能，并且预制坯制作简单。

然而由于塑性变形量较大，不仅模具的磨损比较明显，而且可能在锻造时使预成形坯发生开裂。所以，必须适当增加预制坯的密度，使之具有较高的塑性。

（2）近似形状预成形坯。为了便于粉末锻件的成形，避免开裂，复杂形状的锻件可以采用近似粉末锻件的形状。锻造时，发生一定量的镦粗变形，然后靠复压致密，即镦粗/复压方式成形并致密化。由于锻造时材料仅发生少量的侧向流动即接触模壁，可避免锻件自由表面开裂。相似形状预制坯在镦粗成形时金属变形流动少，对模具的磨损少，模具寿命可达 25000 次，较常规钢模提高了 3 ~ 4 倍，但预制坯制作比较困难。

7.3.2　预成形坯制备

粉末预成形坯的制备是粉末冶金的主要工序之一，是将金属粉末制成具有一定形状、尺寸、孔隙度以及强度的预成形坯的加工过程。金属粉末经过压制之后所得到的预成形坯一般具有足够的强度，以致在搬运时不会破裂。预成形坯的强度与金属粉末的种类和所施加的压力有关系，对于软金属粉末，采用很低的压力，例如低于 35MPa，就可以生产能够进行搬运的预成形坯。而对于较硬粉末，就需要较高的压力。

粉末预成形坯之所以有一定的强度，是因为粉末颗粒之间的联结力作用的结果。粉末颗粒之间的联结力大致可分为两种：

（1）粉末颗粒之间的机械啮合力。一般粉末的外表面是凸凹不平的，通过压制，粉末颗粒之间由于位移和变形可以互相啮合在一起。粉末颗粒形状越复杂，表面越粗糙，则粉末颗粒之间彼此啮合得越紧密，压坯的强度越高。

（2）粉末颗粒表面原子之间的引力，在粉末处于压制后期时，粉末颗粒受强大压力作用而发生位移和变形，粉末颗粒表面上的原子就彼此接近，当进入到引力范围内时，粉末颗粒便由于引力作用而联结起来，粉末颗粒之间的接触区域越大，预成形坯的强度越大。

假设粉末颗粒材料为致密体，则粉体预成形坯所受的压力可用下式给出，即

$$p = \Sigma a_i p_j(\rho) \tag{7-3}$$

式中 p_j——按不同类型的变形与断裂模型得到的单位压力，是相对密度的函数；

a_i——常数。

粉末颗粒在压力作用下，其变形过程是非常复杂的，变形与断裂的形式也是多种多样的，因此，在理论分析时，通常采用简化形式，例如镦粗、挤压以及各种断裂过程等。镦粗包括圆柱体镦粗、矩形截面坯料镦粗、圆环镦粗以及球体镦粗等；挤压包括圆形截面挤压、矩形截面挤压等。

预成形坯的制备方法很多，比较典型的有钢模压制、粉末轧制、粉末挤压、冷等静压、热等静压等方法。各种粉末成形方法均具有各自的特点，应根据产品的尺寸、形状以及生产条件来选择合适的粉末预成形坯的制备方法。

7.3.3 预成形坯烧结

粉末锻造所采用的坯料有预成形坯和将预成形坯进行烧结后所得到的烧结体。对于预合金粉末预成形坯，可以直接加热到一定的温度进行塑性加工，并且可以得到与烧结体塑性加工同样性能的制件。对于采用混合元素粉末原料和不含碳的部分预合金粉末制成的预成形坯，一般采用烧结体塑性加工。烧结的目的是为了合金化或成分更均匀，提高预成形坯的密度和力学性能。另一方面，烧结还可以进一步降低制品的含氧量，使含氧量在0.01%～0.1%以内。烧结工艺所需控制的主要工艺参数为烧结温度、烧结时间及烧结气氛。

降低预成形坯的含氧量是提高粉末锻造制品密度和性能的关键因素之一。特别是水雾化含Cr和Mn的预合金粉末，在一般的烧结温度（1100℃）下很难使氧含量降低。只有在较高的烧结温度（1200℃）下，才会使氧含量降低到0.05%以下。对于混合元素粉末预成形坯的烧结，由于合金元素的固相扩散速率比较低，因此，在高温、长时间的烧结条件下，才能使其合金化较均匀些。对于雾化预合金粉末，为了改善压制性能，通常采用不含碳的预合金粉末。具有一定碳的预合金粉末预成形坯，要保持在烧结过程中不脱碳，也不增碳，应选择可控碳烧结炉进行烧结。烧结工艺参数对粉末锻造件性能的影响如表7-5所示。

表7-5　烧结工艺参数对粉末锻造件性能的影响

粉末类型	烧结温度/℃	烧结时间/h	屈服强度/MPa	抗拉强度/MPa	伸长率/%	断面收缩率/%	备　注
还原铁粉加入2.5% Ni，0.5% Mo，0.5% C	1150	0.5	400	533	26	47	混合元素粉末，锻后油淬，600℃回火
	1150	1	420	554	25	47	
	1300	1	440	570	22	35	
	1300	2	480	645	19	30	
4600加入0.5% C	1150	1.5	578	844	15	45	预合金雾化粉，锻后油淬，600℃回火
	1300	1	640	900	15	49	
	1300	2	640	860	19	58	

在粉末锻造中，常规的加热烧结常被高频感应加热烧结所代替，有时可能省去单独的烧结工序，但这要视产品性能的要求来定。

7.4　粉末塑性变形与致密

粉体材料的成形是以细小的金属或非金属粉末颗粒做原料，通过压制成形和烧结获取制品的方法，由此可以制造传统成形方法所无法获得的材料和制品，例如难熔材料、厌溶材料、多孔材料等，并且材料利用率高，产品尺寸精度高，产品设计灵活。随着材料科学的发展，各种新型的结构材料和功能材料不断涌现，例如超导材料、非晶态材料、粉末超合金以及金属间化合物等，使粉体材料成形方法的应用领域不断扩大。

7.4.1　质量不变条件

致密材料在塑性变形过程中，遵循着体积不变条件。而粉体材料为松散材料，在成形过程中，其体积发生变化，此时体积不变条件已不适用，为了描述粉体材料的成形与致密，需要采用质量不变条件，即

$$-\frac{d\rho}{\rho} = \frac{dV}{V} = d\varepsilon_V = d\varepsilon_1 + d\varepsilon_2 + d\varepsilon_3 \tag{7-4}$$

式中 ρ——粉体材料的密度与粉体材料真实密度之比，称为相对密度；

$d\varepsilon_V$——体积应变增量；

$d\varepsilon_1$，$d\varepsilon_2$，$d\varepsilon_3$——真实应变增量。

由此可以看出，质量不变条件是描述变形与致密的一种更普遍的规律，既适合于粉体材料的变形与致密，又适合于致密材料的塑性变形，因此，用质量不变条件可概括粉体材料的成形和致密化的双重特性。

7.4.2 泊松比与相对密度

材料在压缩过程中的横向流动是塑性加工的主要变形特性，横向流动通常由泊松比 ν 来度量。致密材料的变形，遵循体积不变条件，其泊松比 $\nu=0.5$，并且在塑性变形过程中，其值保持不变。

粉体材料的变形是由基体变形和孔隙的变形所构成的，即变形与致密是同时进行的，力总是通过基体来传递的。基体的变形是主动的，遵循致密体变形的一切规律。基体材料的应力、应变状态除与外加载荷有关外，还与孔洞的形状、大小以及方位有关。孔洞的变形由孔洞的形状变化和体积变化两部分组成，其变形是被动的。即孔洞变形是通过基体的塑性变形产生的，也就是说，基体与孔洞的变形是相互关联的。

由于粉体材料在成形过程中同时产生变形和致密，遵循着质量不变条件，其体积是不断减少的，塑性变形时消耗了部分能量来减少粉末材料的孔隙，所以，粉体材料与致密体相比具有较小的横向流动，其泊松比 ν 小于 0.5，并且在整个塑性变形过程中，ν 值是变化的。因此，较小的横向流动，是粉体材料塑性加工最突出的变形特性之一。

对于圆柱粉体的无摩擦单向压缩变形，设高向应变增量为 $d\varepsilon_h$，横向应变增量为 $d\varepsilon_D$，相对密度应变增量为 $d\varepsilon_\rho$，当圆柱粉体产生单向压缩变形时，其高度方向应变为

$$d\varepsilon_h = -(d\varepsilon_\rho + 2d\varepsilon_D)$$

将上式改写为

$$\nu = -\frac{d\varepsilon_D}{d\varepsilon_h} = \frac{1}{2}\left[1 - \left(-\frac{d\varepsilon_\rho}{d\varepsilon_h}\right)\right] \tag{7-5}$$

从式（7-5）可以看出，粉体材料的泊松比之所以在变形过程中

是变化的，是因为变形与致密的比例在变形过程中是变化的。变形与致密的比例关系，除取决于相对密度外，还受到粉体材料内部孔隙分布的影响。由于孔隙的不均匀分布，即使相对密度相同，变形与致密的比例关系也会不同；而当相对密度不同时，横向应变也会出现相同的情况。因此，泊松比 ν 通常由经验公式来描述。表 7-6 给出了常用的泊松比 ν 与相对密度的关系。

表 7-6　常用的泊松比 ν 与相对密度的关系

函数形式	线性方程	幂函数方程	指数方程
泊松比 ν	$\nu = 0.93\rho - 0.34$	$\nu = 0.5\rho^n$	$\nu = 0.5e^{-12.5(1-\rho)^2}$

注：n 为常数。

从表 7-6 中可以看出，泊松比只与相对密度有关系，与材料性质和初始相对密度无关，这与实际情况相符。表 7-6 中公式的计算值与实测值的比较如图 7-5 所示。从图中可以看出，线性方程和幂函数方程适合于相对密度较低的情况，当相对密度较高时，指数方程与实验值吻合较好。

7.4.3　低屈服强度和低伸长率

如图 7-6 所示，假设粉体材料内的孔隙分布是均匀的，粉体材料的横截面积为 A，相对密度为 ρ，屈服强度为 σ_s，同种材料致密体的

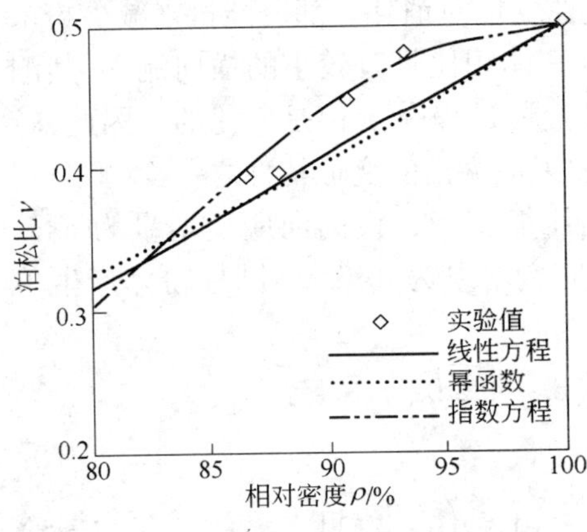

图 7-5　泊松比与相对密度的关系
（铁粉末烧结体，$n = 1.92$；$a = 12.5$）

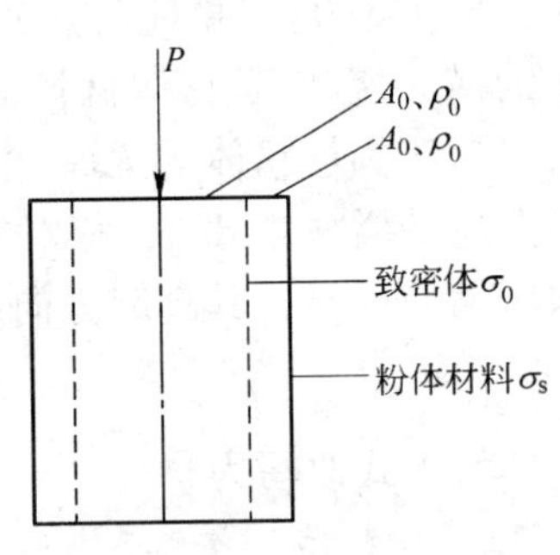

图 7-6　粉体材料屈服强度模型

屈服强度为 σ_1，相对密度为 ρ_0，（除去孔隙后的）横截面积为 A_0，粉末材料内每个颗粒的变形与致密体相同。在外力 P 作用下，粉体材料发生屈服时，有

$$P = \sigma_s A \tag{7-6}$$

同一质量、同一高度的致密体发生屈服时，有

$$P = \sigma_0 A_0 \tag{7-7}$$

由式（7-6）、式（7-7）可得

$$\sigma_s = (A_0/A)\sigma_s \tag{7-8}$$

由于假设了粉末材料内部的孔隙分布是均匀的，所以有

$$A_0 = \rho A \tag{7-9}$$

将式（7-9）代入式（7-8）可得

$$\sigma_s = \rho\sigma_0 \tag{7-10}$$

式（7-10）给出了粉体材料的屈服强度与致密材料屈服强度之间的（线性）关系，由于 $\rho \leqslant 1$，所以 $\sigma_s \leqslant \sigma_0$，即粉体材料的屈服强度小于（同种材料的）致密体的屈服强度。

由于粉体材料内的孔隙分布是不均匀的，所以在实际应用中，可以将式（7-10）修正为

$$\sigma_s = \rho^n \sigma_0 \tag{7-11}$$

由式（7-11）可以描述实际粉体材料的屈服强度与（同种材料的）致密体屈服强度之间的关系。对于平面应变，可将式（7-11）变成如下形式，即

$$\sigma_s = 1.15\rho^n \sigma_0 \tag{7-12}$$

式中，1.15 为考虑平面应变条件的系数。

图 7-7 是取 $n=2$，铁致密体单向拉伸时的屈服强度 $\sigma_0 = 125\text{MPa}$ 时所得到的计算结果与实验值，可见二者吻合较好。与致密材料相比，粉体材料中的孔隙对拉应力是非常敏感的，因此，粉体材料在拉应力状态下，具有低塑性、低韧性的特点。实验表明，当粉体材料的密度达到一定程度时，会使产品的性能有一个突变。对于传统的粉末冶金工艺来说，是很难达到这一临界值的，因此，粉体热等静压、粉

体塑性加工得到了迅速的发展。

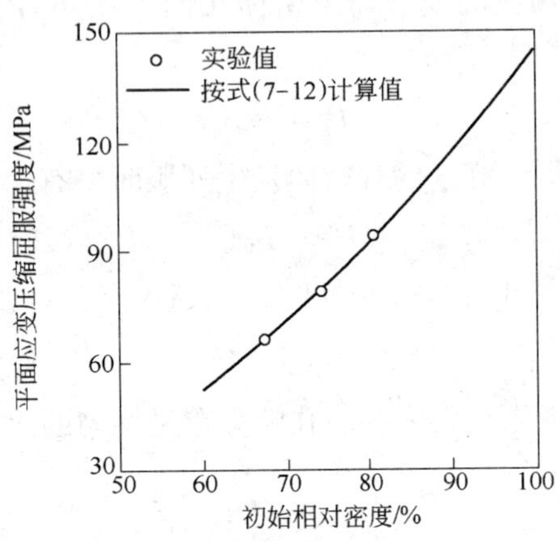

图 7-7　还原铁粉体材料平面应变压缩时的屈服强度

7.4.4　粉末锻造的力学基础材料的屈服准则与应力应变关系

7.4.4.1　粉体材料的屈服准则

粉体材料是由大量颗粒构成的，每一个颗粒均可以视为完全致密体，其变形行为可以用传统的塑性力学来描述。但是由这些颗粒所组成的粉体材料，其中含有一定的孔隙，是一个非连续体，这种非连续体的变形是一个非常复杂的过程，需要以各个颗粒的变形以及各颗粒之间的谐调关系来研究其整体变形，即粉体材料的塑性变形与致密问题，其处理手段为非连续介质力学，其整体变形符合质量不变条件，颗粒变形遵循体积不变原则。由于非连续介质力学的基础还很不完善，使其在工程上的应用受到了一定的限制，若将粉体材料作为非连续体来研究其变形将会给问题的研究带来很大的不便，目前对粉体材料塑性变形理论的研究，是在将粉体材料作为连续体的假设基础上进行的，即将粉体材料视为“可压缩的连续体”，这样就可以应用连续体塑性力学的理论，来研究粉体材料的塑性变形。

同致密材料一样，粉体材料塑性理论的中心内容是屈服准则，粉体材料的屈服准则是描述不同应力状态下变形体内某点进入并使塑性状态继续进行所必须遵守的条件，因此，又称为塑性条件或屈服条件。为了与致密材料相区别，有时也称为粉体成形条件。

由于粉体材料中含有一定的孔隙，等静压力影响粉体材料的屈服，因此，粉体材料的屈服准则需要考虑如下两个问题：（1）粉体材料在塑性变形时的体积变化；（2）粉体材料的屈服应力与相对密度有关系，相对密度越大，变形所需要的应力越大。

从 20 世纪 70 年代初开始，许多学者先后提出了粉体材料的屈服准则，基本上都是从经典的 Von Mises 理论引伸出来的，都建议粉体材料的屈服准则是应力张量第一不变量 J_1 和应力偏量第二不变量 J'_2 的函数，材料状态只与相对密度有关。各学者给出的屈服准则均可以写成一个通式，即

$$f(J_1,J'_2,\rho)=C, f(J_1,J'_2,\nu)=C \tag{7-13}$$

由于粉体材料的屈服准则在主应力空间可以用一个回转椭球表面来表示，因此，其基本函数一般的可以写成如下形式，即

$$f=\sigma_s=\sqrt{a_1 3J'_2+a_2 J_1^2} \tag{7-14}$$

式中 a_1，a_2 ——相对密度的函数；

f——屈服函数。

a_1、a_2 可由下面的边界条件给出，即

$$\sigma_s\big|_{\sigma_2=\sigma_3=0}=\sigma_1, \left.\frac{\mathrm{d}\varepsilon_2}{\mathrm{d}\varepsilon_1}\right|_{\sigma_2=\sigma_3=0}=\nu \tag{7-15}$$

由式（7-14）和式（7-15），可求得 a_1、a_2，即

$$a_1=\frac{2}{3}(1+\nu), a_2=\frac{1}{3}(1-2\nu) \tag{7-16}$$

将上式代入式（7-14），可得

$$\sigma_i=\left\{\frac{1}{3}(1+\nu)\left[(\sigma_x-\sigma_y)^2+(\sigma_y-\sigma_z)^2+(\sigma_z-\sigma_x)^2+6(\tau_{xy}^2+\tau_{yz}^2+\tau_{zx}^2)\right]+3(1-2\nu)\sigma_m^2\right\}^{\frac{1}{2}} \tag{7-17}$$

式中 σ_i——等效应力；

σ_m——平均应力。

式（7-17）是 Kuhn 于 1973 年提出的，称为 Kuhn 屈服准则。Kuhn 屈服准则在主应力空间的几何图形如图 7-8 所示，为一个回转椭球体。该回转椭球的离心率为

$$e = \sqrt{\frac{1 - 2\nu}{1 + \nu}} \tag{7-18}$$

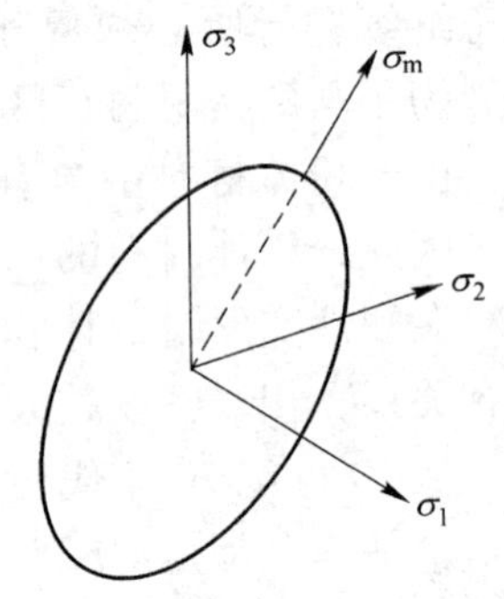

图 7-8　粉体材料屈服准则在主应力空间的几何图形

离心率确定了粉体材料的屈服准则在主应力空间的几何形状，因此，是粉体材料塑性变形的重要参数之一。离心率 $e=0$ 时，$\nu=1/2$，式（7-17）变为致密体的 Mises 屈服准则。Kuhn 屈服准则的物理意义是：当粉体材料内质点的单位体积弹性总能量达到某一临界值时，粉体材料进入屈服状态。

7.4.4.2　粉体材料塑性变形时的应力应变关系

实验结果表明，在粉体材料的成形过程中，应力主轴与应变增量主轴基本上是重合的（如图 7-9 所示），因此，可将式（7-17）作为塑性势 $f=\sigma_i$，则与此相关联的流动方程为

$$d\varepsilon_{ij} = \frac{\partial f}{\partial \sigma_{ij}} d\xi \tag{7-19}$$

式中　$d\xi$——正的瞬时常数。

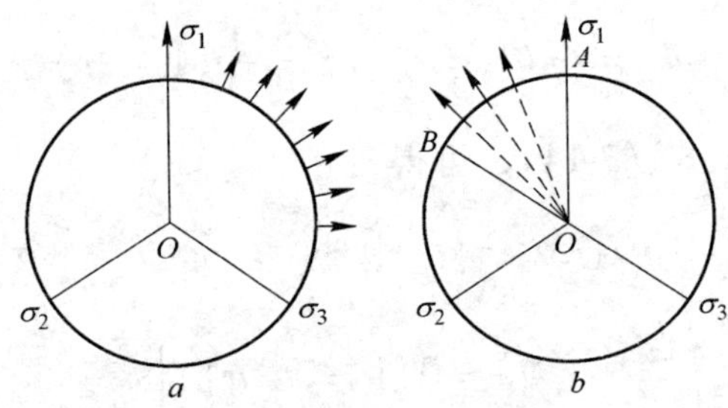

图 7-9　π 平面与应变增量

a— 铜粉体；b— 陶瓷粉体

由式（7-19）可以得到

$$\left.\begin{aligned}
d\varepsilon_x &= \frac{d\xi}{f}[\sigma_x - \nu(\sigma_y + \sigma_z)]d\xi,\ d\gamma_{xy} = d\gamma_{yx} = 2(1+\nu)\tau_{xy}\frac{d\xi}{f} \\
d\varepsilon_y &= \frac{d\xi}{f}[\sigma_y - \nu(\sigma_z + \sigma_x)]d\xi,\ d\gamma_{yz} = d\gamma_{zy} = 2(1+\nu)\tau_{yz}\frac{d\xi}{f} \\
d\varepsilon_z &= \frac{d\xi}{f}[\sigma_z - \nu(\sigma_x + \sigma_y)]d\xi,\ d\gamma_{zx} = d\gamma_{xz} = 2(1+\nu)\tau_{zx}\frac{d\xi}{f}
\end{aligned}\right\} \tag{7-20}$$

在主坐标系中，设体积应变增量为 $d\varepsilon_V$，由式（7-20）可得

$$d\varepsilon_V = d\varepsilon_x + d\varepsilon_y + d\varepsilon_z = 6(1-2\nu)\sigma_m d\xi = -\frac{d\rho}{\rho} \tag{7-21}$$

7.4.4.3 等效应变

由式（7-17）、式（7-20），可得到等效应变增量 $d\varepsilon_i = d\xi$，即

$$(d\varepsilon_i)^2 = (d\xi)^2 = \frac{1}{3}\left[\frac{(d\varepsilon_x - d\varepsilon_y)^2 + (d\varepsilon_y - d\varepsilon_z)^2 + (d\varepsilon_z - d\varepsilon_x)^2}{1+\nu} + \frac{6(d\gamma_{xy}^2 + d\gamma_{yz}^2 + d\gamma_{zx}^2)}{1+\nu} + \frac{(d\varepsilon_x + d\varepsilon_y + d\varepsilon_z)^2}{1-2\nu}\right] \tag{7-22}$$

当 $\nu = 1/2$ 时，$d\varepsilon_V = 0$，式（7-22）中的最后一项为零，此时与致密材料的等效应变增量相同。式（7-22）在主应变空间也是一个回转椭球体，其回转轴线为 $d\varepsilon_V$（与 $d\varepsilon_1$、$d\varepsilon_2$、$d\varepsilon_3$ 等斜面的法线）方向。离心率与式（7-18）相同，所不同的是式（7-22）所表示的回转椭球的短轴是在 $d\varepsilon_V$ 方向（如图 7-10 所示）。

由式（7-20）、式（7-21）可以得到如下表达式（7-23）。

由此可知：(1) 对于稳定的材料（$\sigma_i = \sigma_s$ 已知），当三个主应变 $d\varepsilon_1$、$d\varepsilon_2$、$d\varepsilon_3$ 已知时，由式（7-20）可以求出主应力值，这一点与致密材料是不一样的，对于致密材料而言，当 $d\varepsilon_1$、$d\varepsilon_2$、$d\varepsilon_3$ 已知时，只能求得应

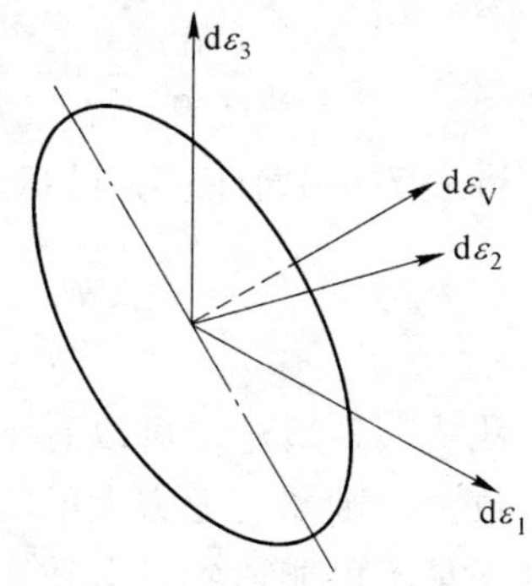

图 7-10 等效应变的几何意义

力偏量分量或正应力之差：$\sigma_1 = \sigma_2$、$\sigma_2 = \sigma_3$、$\sigma_3 = \sigma_1$，

$$\sigma_1 = \frac{\sigma_i}{(1+\nu)\mathrm{d}\varepsilon_i}\left[\mathrm{d}\varepsilon_1 + \frac{\nu}{1-2\nu}(\mathrm{d}\varepsilon_1 + \mathrm{d}\varepsilon_2 + \mathrm{d}\varepsilon_3)\right]$$

$$\sigma_2 = \frac{\sigma_i}{(1+\nu)\mathrm{d}\varepsilon_i}\left[\mathrm{d}\varepsilon_2 + \frac{\nu}{1-2\nu}(\mathrm{d}\varepsilon_1 + \mathrm{d}\varepsilon_2 + \mathrm{d}\varepsilon_3)\right] \tag{7-23}$$

$$\sigma_3 = \frac{\sigma_i}{(1+\nu)\mathrm{d}\varepsilon_i}\left[\mathrm{d}\varepsilon_3 + \frac{\nu}{1-2\nu}(\mathrm{d}\varepsilon_1 + \mathrm{d}\varepsilon_2 + \mathrm{d}\varepsilon_3)\right]$$

一般不能求出 σ_1、σ_2、σ_3，因为平均应力仍是未知数；（2）若两正应力相等，则相应的应变增量也相同，反之亦然；（3）若某一方向的应变增量例如 $\mathrm{d}\varepsilon_2$ 为零，则相应的应力 $\sigma_2 = \nu(\sigma_1 + \sigma_3)$。可见由于相对密度的影响，$\sigma_2 \neq (\sigma_1 + \sigma_3)/2$，这一点与致密材料也是不同的。

7.4.4.4　典型的变形方式

A　粉体圆柱体均匀单向压缩

粉体圆柱体均匀单向压缩是在两个无摩擦平板之间进行的。此时的应力状态为

$$\sigma_1 = \sigma_2 = 0, \sigma_3 = \sigma_s$$

设高向应变增量为 $\mathrm{d}\varepsilon_1$，径向应变增量为 $\mathrm{d}\varepsilon_2$，切向应变增量为 $\mathrm{d}\varepsilon_3$，由于是均匀变形过程，所以，有 $\mathrm{d}\varepsilon_2 = \mathrm{d}\varepsilon_3 = -\nu\mathrm{d}\varepsilon_1$，根据质量不变条件（7-4）可得

$$-\frac{\mathrm{d}\rho}{\rho} = \mathrm{d}\varepsilon_1 + 2\mathrm{d}\varepsilon_2 = (1-2\nu)\mathrm{d}\varepsilon_1 \tag{7-24}$$

将表 7-6 中泊松比与相对密度的指数关系式代入上式，可得

$$-\frac{\mathrm{d}\rho}{\mathrm{d}\varepsilon_1} = \rho\left[1 - \mathrm{e}^{-12.5(1-\rho)^2}\right] \tag{7-25}$$

从式（7-25）中可以看出，在均匀单向压缩条件下，如果要达到完全致密，则需要无穷大的高向压应变，即粉体材料在均匀单向压缩条件下是不可能达到完全致密的。将式（7-25）积分，可以得到粉体材料在均匀单向压缩条件下的相对密度与高向压应变之间的关系。

B 平面应变

对于平面应变问题，在主坐标系下，设 $d\varepsilon_2 = 0$，则有

$$\sigma_2 = \nu(\sigma_1 + \sigma_3)$$

将上式代入式（7-20），可得

$$d\varepsilon_1 = (1+\nu)[\sigma_1 - \nu(\sigma_1 + \sigma_3)]d\xi/f$$

$$d\varepsilon_3 = (1+\nu)[\sigma_3 - \nu(\sigma_1 + \sigma_2)]d\xi/f$$

由上两式可得

$$\frac{d\varepsilon_3}{d\varepsilon_1} = \frac{\sigma_3 - \nu(\sigma_1 + \sigma_3)}{\sigma_1 - \nu(\sigma_1 + \sigma_3)}$$

将上式代入质量不变条件式（7-4）可得

$$-\frac{d\rho}{d\varepsilon_1} = (1-2\nu)\rho\frac{1+\dfrac{\sigma_3}{\sigma_1}}{(1-\nu)-\nu\dfrac{\sigma_3}{\sigma_1}}$$

将泊松比与相对密度的关系代入上式，可得

$$-\frac{d\rho}{d\varepsilon_1} = [1 - e^{-12.5(1-\rho)^2}]\rho\frac{1+\dfrac{\sigma_3}{\sigma_1}}{1-\dfrac{1}{2}\left(1+\dfrac{\sigma_3}{\sigma_1}\right)e^{-12.5(1-\rho)^2}} \quad (7\text{-}26)$$

由式（7-26）可知，如果已知主应力的比值 σ_3/σ_1，就可以通过对上式的积分求出相对密度与高向压应变 ε_1 之间的关系。式（7-26）表明，在平面应变无摩擦压缩条件下，粉体材料也是不能达到完全致密的。对于特殊情况下，$\sigma_3 = 0$，则由式（7-26）可得

$$-\frac{d\rho}{d\varepsilon_1} = \rho[1 - e^{-12.5(1-\rho)^2}] + \frac{1-e^{-12.5(1-\rho)^2}}{2-e^{-12.5(1-\rho)^2}}\rho e^{-12.5(1-\rho)^2} \quad (7\text{-}27)$$

式（7-27）的左边第一项是均匀单向压缩的情况，第二项为平面应变压缩所引起的附加项，由于第一项和第二项的符号是相同的，因此，平面应变压缩的致密效果比均匀镦粗的情况要好一些。

C 轴对称状态

对于轴对称问题，设高向应力为 σ_h，切向应力为 σ_θ，径向应力为 σ_r，并且设 $\sigma_\theta=\sigma_r$，则由应力应变关系式（7-20）可得

$$d\varepsilon_\theta = d\varepsilon_r$$

$$\frac{d\varepsilon_\theta}{d\varepsilon_h} = \frac{(1-\nu)\sigma_\theta - \nu\sigma_h}{\sigma_h - 2\nu\sigma_\theta}$$

将上式代入质量不变条件式（7-4）可得

$$-\frac{d\rho}{d\varepsilon_h} = \frac{(1-2\nu)\rho\left(1+2\dfrac{\sigma_\theta}{\sigma_h}\right)}{1-2\nu\dfrac{\sigma_\theta}{\sigma_h}}$$

将泊松比与相对密度的关系代入上式，可得

$$-\frac{d\rho}{d\varepsilon_h} = \frac{[1-e^{-12.5(1-\rho)^2}]\rho\left(1+2\dfrac{\sigma_\theta}{\sigma_h}\right)}{1-\dfrac{\sigma_\theta}{\sigma_h}e^{-12.5(1-\rho)^2}} \tag{7-28}$$

上式表明，只要应力的比值 σ_θ/σ_h 已知，则将上式积分就可以得到轴对称应力状态（$\sigma_\theta=\sigma_r$）情况下的相对密度与高向压应变 ε_h 之间的关系。

D　复压

复压是在完全封闭的模腔内对坯料进行单向压缩的过程，坯料在整个变形过程中始终都是与压模侧壁接触。复压只有粉体成形才有，其目的是提高传统的金属粉体零件的密度，由于受到模具侧壁的限制，会产生横向压力。

复压时，由于受到模具侧壁的限制，在三个正应变中有两个正应变为零，例如 $d\varepsilon_x=d\varepsilon_y=0$，由式（7-20）可得

$$\sigma_x = \nu(\sigma_y+\sigma_z),\sigma_y = \nu(\sigma_z+\sigma_x)$$

由上式可得

$$\frac{\sigma_x}{\sigma_z} = \frac{\sigma_y}{\sigma_z} = \frac{\nu}{1-\nu} \tag{7-29}$$

设 σ_x、σ_y、σ_z 为主应力，则有

$$\frac{\sigma_2}{\sigma_1} = \frac{\sigma_3}{\sigma_1} = \frac{\nu}{1-\nu} \tag{7-30}$$

将上式代入屈服准则式（7-17），可以得到

$$\left(\frac{\sigma_1}{\sigma_s}\right)^2 = \frac{1-\nu}{(1+\nu)(1-2\nu)} \tag{7-31}$$

从式（7-31）中可以看出，当 $\nu \to 1/2$ 时，$(1-2\nu) \to 0$，而 $\sigma_s \neq 0$，则 $\sigma_1 \to \infty$，表明当相对密度接近于 1 时，所需压力为无穷大。因此，复压时不可能使粉体材料达到完全致密。

将泊松比与相对密度的关系代入上式，可得

$$\left(\frac{\sigma_1}{\sigma_s}\right)^2 = \frac{2-e^{-12.5(1-\rho)^2}}{[1-e^{-12.5(1-\rho)^2}][2+e^{-12.5(1-\rho)^2}]} \tag{7-32}$$

复压时的变形与致密，可由质量不变条件得到，即

$$-d\rho/\rho = d\varepsilon_1 \tag{7-33}$$

将上式积分后可得

$$\ln\rho = \varepsilon_1 + \ln C$$

式中常数 C 可由边界条件给出，即当 $\varepsilon_1 = 0$ 时，$\rho = \rho_0$（ρ_0 为坯料的原始相对密度）。

由此可得

$$\rho = \rho_0 e^{-\varepsilon_1} \tag{7-34}$$

E 等静压

粉体材料在等静压力作用下，有 $\sigma_1 = \sigma_2 = \sigma_3$，$\varepsilon_1 = \varepsilon_2 = \varepsilon_3$，由屈服准则式（7-17）可得

$$\frac{\sigma_m}{\sigma_s} = \frac{1}{\sqrt{3(1-2\nu)}} \tag{7-35}$$

将泊松比与相对密度的关系代入上式，可得

$$\frac{\sigma_m}{\sigma_s} = \frac{1}{\sqrt{3[1-e^{-12.5(1-\rho)^2}]}} \tag{7-36}$$

7.5　粉末锻造技术

7.5.1　预成形坯的加热

粉末锻造时的预成形坯的加热方法有两种，即直接加热和二次加热。直接加热是省去烧结工序，将粉末预成形坯加热到锻造温度后进行锻造的方法。二次加热是将粉末预成形坯经过烧结、冷却再次将其加热到锻造温度后进行锻造的方法。显然，直接加热方法具有节能、流程短，并且可以获得与烧结锻造同样性能锻件的特点。而二次加热方法操作简单。对于采用混合元素粉末原料和不含碳的部分预合金粉末制成的混碳预成形坯，为了合金化和组织的均匀化，进一步降低氧含量，一般采用烧结锻造。

预成形坯一般采用高频感应加热和炉内加热。与炉内加热相比，采用高频感应加热装置，便于实现自动化生产。但是，高频感应装置的加热效率受预成形坯形状、材料电阻的影响很大。对于形状简单的环形件，可以在烧结后利用高频感应装置进行加热。而对于不规则形状的连杆预成形坯，因加热效率比较低，不适于采用高频感应装置进行加热。图 7-11 、图 7-12 分别为日本丰田公司连杆粉末锻造自动生

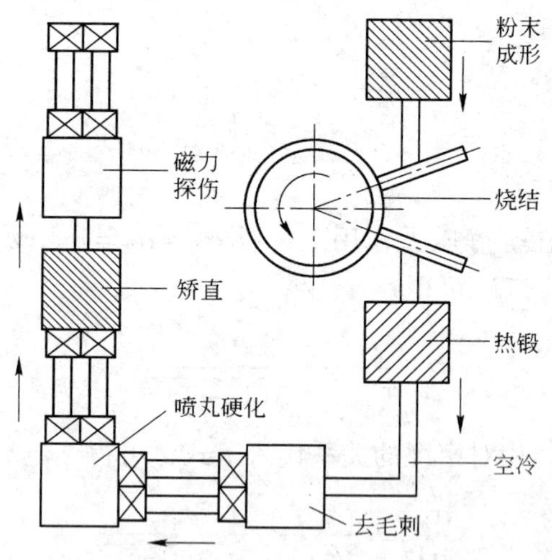

图 7-11　连杆粉末锻造自动生产线（日本丰田公司）

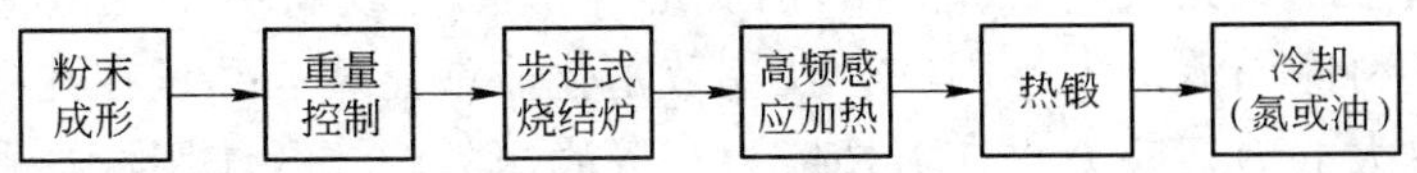

图 7-12 同步齿环粉末锻造自动生产线（德国 Krebs ŏ ge 公司）

产线、德国 Krebs ŏ ge 公司同步齿环粉末锻造自动生产线。日本丰田公司连杆粉末锻造采用的是回转加热炉，使用 $MoSi_2$ 加热器直接加热粉末预成形坯。德国 Krebs ŏ ge 公司同步齿环粉末锻造采用高频感应装置加热烧结后的坯料。预成形坯的烧结采用步进式烧结炉。

7.5.2 粉末锻造方式

粉末锻造比较接近于常规锻造中的精密锻造工序。但是，精密锻造时，毛坯是在封闭模腔中成形，锻造毛坯的重量、几何形状以及预热和锻造周期必须给予严格控制。尽管如此，即使在精密锻造中，还是形成飞边。飞边必须切掉，而且锻件一般是需要进行机械加工的。在粉末锻造中，毛坯是更精密的预成形坯，是利用金属粉末经过压制和烧结制成的。粉末预成形坯的锻造有三种不同的工艺途径。

7.5.2.1 热复压

热复压有时称为热致密化。热复压的预成形坯，除了在锻造方向上的长度较长些外，其形状接近于最终成品，在成形过程中没有宏观的金属流动。由于预成形坯内的孔隙主要通过等静压力来消除，而有限等静压力不可能使孔隙得到完全消除，因此，采用热复压方法，只能减小预成形坯内孔隙的尺寸，孔隙表面的氧化物及夹杂物不易破坏，致密化效果较低。并且由于该工艺方法在热锻时的模具与预成形坯之间的摩擦是非常大的，要达到完全致密化所需要的压力也非常大，模具的磨损比较严重，因此热复压可以用于密度要求不高的零件制造，一般成品的密度为98%理论密度。

7.5.2.2 闭式无飞边锻造

该方法在工业上应用非常广泛。采用闭式无飞边锻造时，一般预成形坯的形状比较简单，因此，锻件的最终形状需要较大的塑性变形来得到。为了获得精密的锻件，重量公差要求比较严格。

由于闭式无飞边锻造时的预成形坯形状比较简单，在锻造的初期，坯料侧向流动大，因此，初期致密化非常显著。并且在孔隙表面产生更大的剪切应力，在剪切应力和等静压力的综合作用下，孔隙被拉长、压扁，直至锻合。同时，易于破坏孔隙表面的氧化物及夹杂物，使其变成纤维状，易于达到完全致密的效果。在闭式无飞边锻造的后期，预成形坯接近模壁，变形方式与热复压相同。

7.5.2.3 开式小飞边锻造

开式小飞边锻造与常规锻造基本相似。预成形坯不像前述两种方法那样严格，重量的波动可以通过飞边来进行调整。该方法的技术关键在于如何通过有效的控制手段，得到较小的飞边。

由于粉末锻件并不总是要求全致密，而与产品性能有关。因此除密度指标外，还要根据锻件形状的复杂程度、锻造设备及工艺条件来选择合理的锻造方法。

7.5.3 粉末锻造设备与模具设计要点

粉末锻造工艺对设备的要求比传统模锻要严格。冲头的位移特性必须与预成形坯的变形、致密特点相匹配。坯料与模具的接触时间要尽可能短，设备要有良好的刚性，运动部件要有良好的导向精度，由此来保证粉末锻件的形状、尺寸。粉末锻造一般使用曲柄压力机、摩擦压力机等。

粉末锻造时的模具设计要点与普通锻造基本相同。但是，从经济上考虑，一般粉末锻件的形状是非常复杂的，为了保证复杂形状粉末锻件尺寸精度高，易于实现少、无切削的特点，粉末锻造时的模具设计精度通常比普通锻造时的要高。粉末锻造模具设计要点有以下几个方面：

（1）粉末锻造模具首先必须保证预成形坯几何形状的成形，同时要尽可能减少锻件密度的不均匀性，通过限制模具高度达到所需满足的密度指标，确保锻件的使用性能。

（2）为了提高生产效率，实现自动化生产，粉末锻造模具结构应确保预成形坯快速入模、自动找正及锻件快速、顺利地从锻模中脱出等。不同合金成分的锻件都有各自适宜的锻造温度，如果为找正预成形坯花费较长时间，则预成形坯将因在空气中暴露时间过长而氧化，同时温度下降，会引起锻件质量不稳定。此外，在合模时，如果预成形坯位置不正，上模易碰伤预成形坯，使锻件报废。

（3）为了使预成形坯在热锻时更好地充满模腔，在不影响零件装配使用的情况下，应将模腔内阻碍金属流动的尖角做成圆角。为了方便锻件的取出，在保证锻件尺寸精度的前提下，要合理设计脱模斜度。模具形状尺寸精度及表面质量应与粉末锻件相匹配。

（4）为了提高粉末锻造模具的使用寿命，模具材料应具有足够的强度和韧性，同时模具结构设计要合理。粉末锻造模具通常采用双层或三层预应力组合凹模结构，有时为了避免应力集中，防止开裂，可以采用镶块结构，此时应保证镶块容易更换。一般情况下，粉末锻造模具寿命至少应达到5000~10000件以上。

（5）在设计粉末锻造模具时，要尽可能地达到无飞边闭式锻造的水平，减少锻件的机械加工量，提高材料利用率，必要时，须留有出气孔，确保其锻件的高密度。

（6）模具设计时，也要考虑到模具制造、调整、装卸以及操作方便等。

图7-13为采用曲柄压力机制造连杆时的模具结构。粉末锻造时，模具的润滑和预热是两个重要的因素。粉末锻造润滑剂通常采用水基石墨悬浮液或胶体石墨悬浮液，也可以采用水溶性玻璃润滑剂。粉末锻造时，模具的预热温度一般为200~300℃。模具温度过低，会影响成形性和致密化。模具温度过高，会降低模具的使用寿命。在连续生产线上，模具温度应能自动控制。

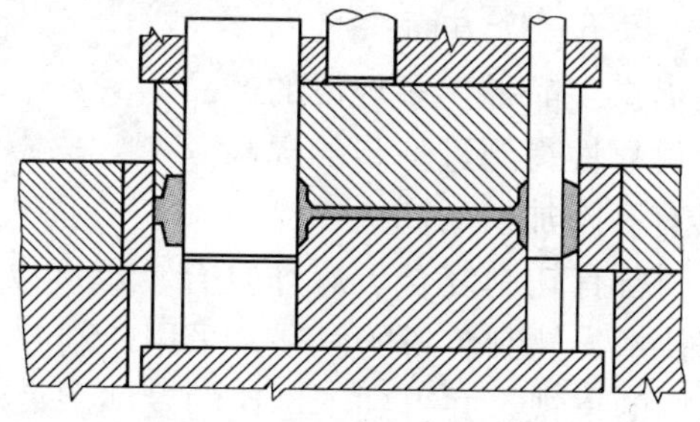

图7-13　采用曲柄压力机制造连杆时的模具结构

8 双金属塑性加工复合材料

8.1 概述

复合钢板通常是由两种或两种以上的金属以层状结合的形式复合而成的新材料。一般采用价格低廉、加工性能优良的软钢、低合金钢等作为基板，选择耐腐蚀性、耐热性、耐磨性好的，或者具有某种特殊性能的材料，如不锈钢、铜及铜合金、钛及钛合金等作为复板。为了满足不同领域的需要，复合钢板有单面复合板和双面复合板两种。

工业复合钢板是着眼于提高材料环境特性而开发出来的层状复合材料。目前，复合钢板发展的主流是不锈钢复合板、铜合金复合板以及钛合金复合板，其中不锈钢复合板约占复合钢板产量的90%以上。但不锈钢复合板仅占热轧不锈钢产量的1%以下，其原因之一是不锈钢复合板的经济效果并不明显。相比较而言，钛合金复合板属于高附加值产品，钛合金复合板是集钢铁材料所具有的优异的强度、传热性能以及焊接性能与钛合金的耐腐蚀性能为一体的新材料，目前其应用领域不断扩大。

随着人类社会的发展，人们对工业设备以及产品结构的要求是稳定性、长寿命以及维修方便等，因此，一方面追求装置的大型化、高效率，另一方面也追求装置结构的经济化设计、缩短工期、低成本化等。复合钢板既可以作为结构材料使用，也可以作为功能材料使用，其市场需求大致有以下三个方面：

（1）廉价地提供多品种、多规格的产品。

（2）产品的可靠性得到进一步的提高。

（3）制造具有高附加值的高级产品。

复合钢板的制备有轧制复合、爆炸复合、焊接以及堆焊等方法。其中，随着轧制技术、轧制装备的发展，采用轧制方法制备工业复合钢板逐渐引起人们的重视，并得到了迅速的发展。采用轧制技术生产的复合钢板与其他复合钢板相比，具有如下特点：

(1) 产品的尺寸、规格灵活。在满足材料变形特性的前提下，采用轧制技术可以制造幅面尺寸范围大的复合钢板，并且基板、复板以及产品的总厚度的变化范围也是非常大的。

(2) 生产效率高。采用轧制技术生产复合钢板的最大特点是容易实现机械化、自动化作业，不仅生产效率高、成本低，而且便于质量管理。

(3) 产品性能优良。随着轧制技术的进步，采用轧制方法可以制造尺寸精度高、表面质量好、结合性能稳定的复合钢板。

(4) 材料利用率高。复合钢板的轧制成形是根据金属在塑性状态时的金属体积转移而实现的，不产生切削，并且沿复合钢板的板面的结合性能差别较小，因此，材料的利用率是非常高的。

(5) 复板材料的化学成分不会因为与基板的结合而得到改变。对于轧制复合钢板，金属与金属之间为固相结合，除界面附近外，复板与基板的化学成分不会发生变化，因此，不会影响复板所具有的一系列特殊的性能。

8.2 轧制复合钢板的制造

利用轧制复合法生产复合板有冷轧和热轧两种。其基本原理是，通过高压或高温高压作用，使待复合的两金属表面破碎，并在整个金属截面内产生塑性变形，形成平面状的物理结合。该方法与单金属板轧制的根本区别在于必须施加较大的道次压下量，特别是初始道次压下量要大，只有这样才能使待复合的两金属表面产生破碎，获得洁净、活化的表面，促进复合面的物理结合。这种工艺方法的优点在于便于批量化生产，因而仍是当前生产不锈钢复合板的主要方法之一。此方法的缺点是在轧制过程中存在有基、复材变形是非常不均匀的、复层厚度不易控制、界面结合强度较低等问题。此外，为了达到良好的结合效果，轧制时需要达到足够大的临界变形量，需要大功率的轧钢设备。轧制复合钢板的工艺流程如图 8-1 所示。

8.2.1 复合坯的组装

根据用户的要求，选择基板和复板的材料种类。根据轧制装备条

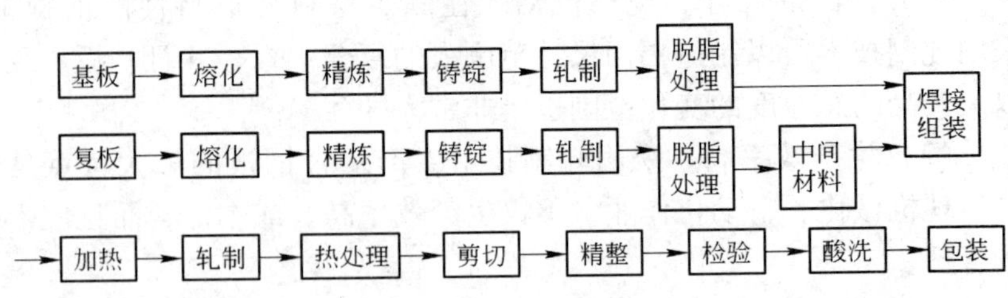

图 8-1　轧制复合钢板的工艺流程

件确定基板、复板以及复合坯的总厚度。将所选择的基板和复板材料分别经熔化、精炼后，浇注成铸锭，并轧制成所要求厚度的基板和复板。将基、复板进行脱脂处理后，将中间添加材料以片、箔或喷、镀、沉积层膜的形式添加在基板与复板之间，并沿结合界面的四周进行焊接，由此制备复合钢板的复合坯。通常将复板厚度与复合钢板总厚度的比值称为复合比。从节约稀有或贵重金属的角度考虑，实际采用的复合比一般为 10% ~20% 。

为了使基、复板得到有效的结合，通常将复合坯的基、复板之间进行抽真空处理或减压处理。

8.2.2　中间添加材料的选择

由于金属表面通常被氧化膜或水汽、有机或无机污染物等附着物所覆盖，因此，在大气中进行热轧复合时，因加热会在基、复板表面形成氧化膜，这种氧化膜与母材相比是比较脆的，通过热轧变形，会使氧化膜发生破碎而残留在界面上。对于真空热轧复合，当温度较低时，由于基、复板中原子的相互扩散，在结合界面形成固溶体，当温度过高，则会形成金属间化合物。一般当金属间化合物的厚度超过 2μm 时，会使界面结合强度急剧降低。

为了使基板和复板得到有效地结合，通常在二者之间添加中间材料。其中镍由于在各种材料中的固溶度大、塑性好，因此常作为中间添加材料来使用。中间添加材料通常是以片、箔或喷、镀、沉积层膜的形式添加在基板与复板之间的。

镍作为中间材料的作用如图 8-2 所示，在不锈钢表面，通常会形

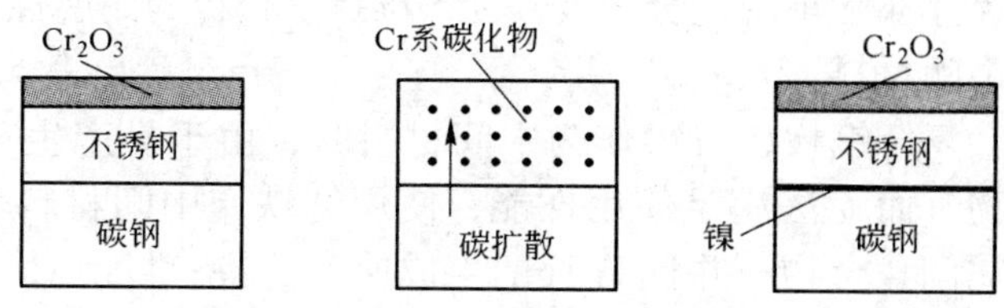

图 8-2 中间添加材料镍抑制碳扩散示意图

成耐腐蚀的 Cr_2O_3 薄膜。对于不锈钢/碳钢复合钢板，为了保持其耐腐蚀性能，在不锈钢一侧，也必须维持耐腐蚀 Cr_2O_3 薄膜的存在。但是，在制造不锈钢/碳钢复合钢板过程中，碳钢一侧的碳会扩散到不锈钢中，形成 Cr 系碳化物，这样就使得形成耐腐蚀薄膜 Cr_2O_3 的 Cr 含量不足，因此难以形成耐腐蚀 Cr_2O_3 薄膜，从而影响复合钢板的耐腐蚀性能。将镍作为中间材料，就可以降低碳原子的扩散速度，对碳原子的扩散起到阻碍作用，由此可以保持不锈钢复合板的耐腐蚀性能。

单纯从提高不锈钢复合板的结合强度的角度上看，当采用低速强力轧制制备金属复合钢板时，即使不添加中间材料也可以得到较好的复合效果。塑性较好的奥氏体不锈钢复合板（SB480/SUS304L）就是一个典型的例子，经正火、回火处理后也不会降低其结合强度（见表 8-1）。

表 8-1 奥氏体不锈钢复合板（SB480/SUS304L）**的界面剪切强度**

中间材料	界面剪切强度/MPa				
	轧制态	625℃ ×1h	900℃ ×1h	900℃ ×1h, 900℃ ×1h 625℃ ×1h	900℃ ×1h, 900℃ ×1h 625℃ ×1h, 625℃ ×1h
有	328	308	338	323	344
无	338	311	360	345	336

对于不锈钢复合厚板或复合比较大的不锈钢复合板，碳原子难以扩散到复合板的表面，因此，可以不必添加中间材料。但是，对于不

锈钢厚度尺寸非常小的复合薄板，为了维持复合板的耐腐蚀性能，应考虑添加中间材料。

对于钛复合钢板，将镍作为中间材料时，由于易产生 TiNi 等金属间化合物，而无法满足使用性能；使用纯铁作中间材料也会产生 FeTi 等金属间化合物，并且 FeTi 的生成速度更快。目前对于 Ti 复合钢板的制造，尚未找到能够起到避免脆性相析出问题的中间添加材料。一般采用无中间添加材料或超低碳钢作为中间添加材料的情况。

8.2.3　复合坯轧制

8.2.3.1　复合钢板轧制方法

轧制的目的有两个，一是给予复合坯较大的塑性变形量，利用金属的流动，使待复合的两金属表面产生破碎，获得洁净、活化的表面，以保证两种金属得到有效的结合；二是获得所要求尺寸、形状的复合钢板。

典型的复合钢板轧制工艺方法有三种类型（如图 8-3 所示），即

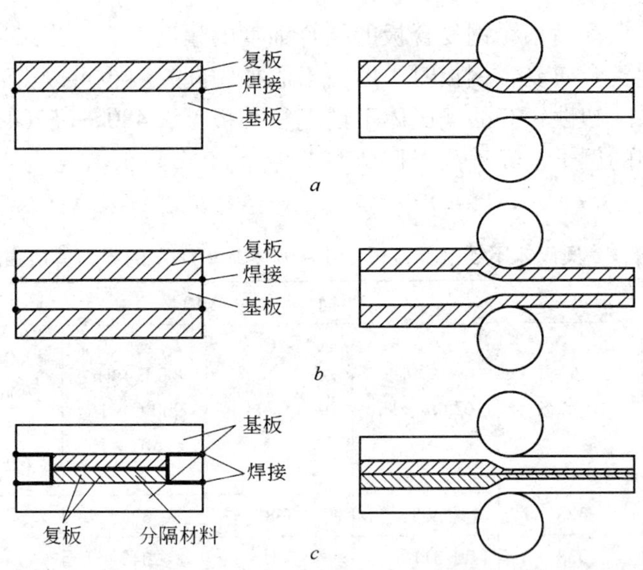

图 8-3　典型的复合钢板轧制工艺方法

a—单面复合钢板轧制；*b*—双面复合钢板轧制；*c*—多层复合钢板叠轧方法

单面复合钢板轧制、双面复合钢板轧制以及多层复合钢板叠轧法。单面复合钢板轧制比较适合于复合厚板轧制。在一般情况下，复板的厚度远小于基板厚度，因此，对于单面复合钢板轧制，基板与复板的结合界面距辊面较近，由此可以使结合界面附近获得较大的变形量，有利于两种钢板的有效结合。但是，由于基板与复板的变形抗力是有差别的，在轧制过程中，基、复板变形是非常不均匀的、复板厚度不易控制，容易发生翘曲现象，因此，多采用异步轧制技术。对于双面复合钢板轧制，由于复合坯料的对称性，可以避免因复合坯料的不对称性而引起的翘曲现象，因此，可以采用对称轧制。轧制是复合阶段促使界面金属原子充分扩散、结合的基本条件。虽然近年来，以钛合金为复板的复合钢板的需求量越来越大，并且板厚和规格也越来越大，但是，由于钛的化学活性非常大，所以钛合金与其他材料的复合难度是非常大的，因此难复合材料的制备是轧制复合面临的重要课题。

8.2.3.2 复合钢板轧制过程中翘曲问题

由于复合钢板是由两种或两种以上不同金属组合而成的，由于材料化学组成的不同，使得基板、复板的物理性能和力学性能有很大的差异，因此，在轧制过程中，很容易发生复合钢板的翘曲问题。并且复合钢板的翘曲方向随压下量、形状比（接触弧长投影/平均板厚）的不同而发生变化。复合钢板翘曲现象产生的主要原因是由于材料的不对称性而引起的。由于材料的不对称性通常采用不对称轧制技术，不对称轧制时的轧辊直径、轧辊线速度以及咬入条件、轧辊与复合坯料之间的摩擦也是不对称的。与普通的对称轧制方法相比，影响非对称轧制时的工艺因素多、控制过程复杂，难以对工艺参数进行有效的优化与控制。

采用对称复合坯料的双面复合钢板轧制以及多层复合钢板叠轧法是防止翘曲现象常用的技术，但是，双面复合钢板以及多层复合钢板叠轧法也会受到用户订货、复合钢板尺寸构成的限制。对于非对称轧制，为了抑制复合钢板的翘曲，需将翘曲方向置于下方，通过辊道来控制变形翘曲，同时选择良好的润滑方式和润滑条件，控制上、下轧辊与复合坯料之间的摩擦条件。采用单面冷却矫直技术可以防止轧后冷却时因基、复板传热性能的差异而引起的翘曲现象。

8.2.3.3　复合钢板厚度控制

复合钢板的厚度控制，包括产品总厚度控制，以及基、复板的厚度控制。尤其是复板的厚度控制尤为重要。从节约资源的角度来看，在满足使用性能的前提下，希望采用较小的复合比，即应尽量减小复板的厚度。但是，对于轧制复合钢板，由于基板与复板的轧制条件的不同，在轧制过程中，复合比是变化的，基、复板的变形抗力差别越大，复合比的变化越大。

图 8-4 为 Meester 归纳出的多层复合钢板叠轧时芯材的变形行为。其中图 8-4*a* ~ *h* 为与轧制方向垂直的板厚方向的变形情况；图8-4*i*为沿复合钢板的宽度方向的变形情况。从图 8-4 中可以看出，由于基、复板材料的变形抗力差别较大，在对复合坯进行轧制时，受轧制条件以及基、复板性能差别的影响，无论是沿横向，还是沿长度方向，复板的厚度分布都是不均匀的，由此影响到材料利用率，使复合板的成本增高。为了有效控制复合板的板厚，应从改善基、复板材料的状态、优化轧制工艺参数以及复合坯轧制前的温度控制等方面入手。例如在制成复合坯之前，可以采用对变形抗力低的材料进行预变形处

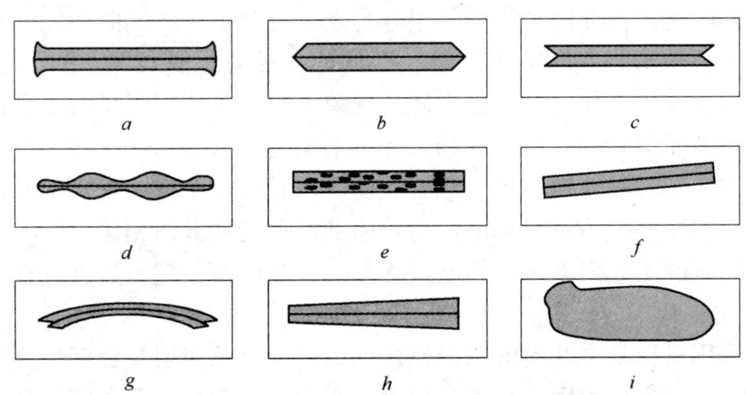

图 8-4　多层复合钢板叠轧时芯材厚度变化

a—芯材端部增厚；*b*—边部变薄呈锥形；*c*— 边部鱼尾状；*d*—芯材厚度不均匀；*e*— 芯材组织不均匀；*f*— 芯材转动；*g*—芯材弯曲；*h*— 芯材呈楔形；*i*—芯材宽度、长度方向变形不均匀

理，提高其变形抗力，使待复合的两种金属材料的变形抗力尽可能接近；为了改善复合钢板复层厚度的均匀性，可以考虑基、复板在边部以一定的锥度组合起来的复合坯制造方法；对于多层复合钢板叠轧，尽可能将基、复板的厚度接近一致；复合坯的温度分布对基、复板厚度及其分布有非常大的影响，因此，在轧制前，采用保温罩使复合坯上、下表面的温度趋于一致，也是复合钢板厚度控制的有效手段之一。

8.3 轧制复合钢板的界面特性及控制

8.3.1 轧制复合钢板结合性能评价方法

复合钢板通常是需要进行二次加工的，例如可以将复合钢板加工成各种压力容器等。比较典型的二次加工方法有拉深、胀形、冲裁以及普通旋压、强力旋压等。在进行二次加工时，即使原始结合强度较高的复合钢板也有可能发生剥离现象。因此，对复合钢板的结合强度应进行正确的评价。通常采用剪切试验、剥离试验以及弯曲试验方法对复合钢板结合性能进行评价。

8.3.1.1 *剪切试验方法*

采用剪切试验评价复合钢板结合强度的方法如图 8-5 所示。该方

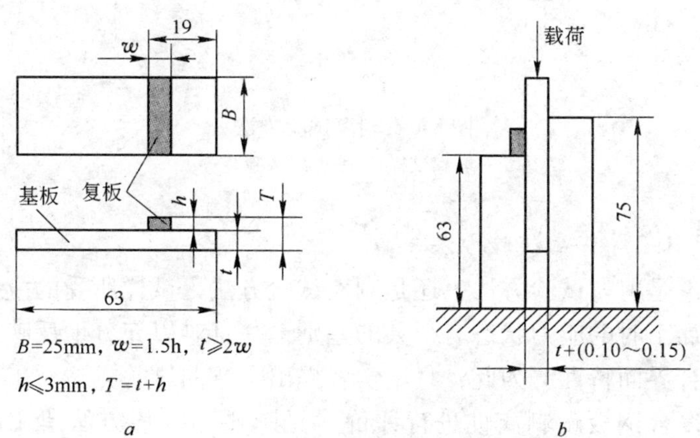

图 8-5 剪切试验方法

a—剪切试样；*b*—剪切试验装置

法试样加工容易、操作简单，是目前应用最普遍的一种方法。但是，采用该方法对复合钢板进行评价时，有时也会出现结合强度满足要求，但在进行二次加工时，也会出现复合钢板的剥离现象。尤其是当复合钢板较薄时，试样的加工精度、测试装置的刚度、尺寸精度以及试样与卡具之间的间隙对测试结果有很大的影响。

8.3.1.2　剥离试验方法

评价复合钢板结合性能的剥离试验方法如图 8-6 所示。该方法的试样加工是比较困难的，并且其测试结果无法与其他方法的结果进行比较，因此，还需要进一步完善。

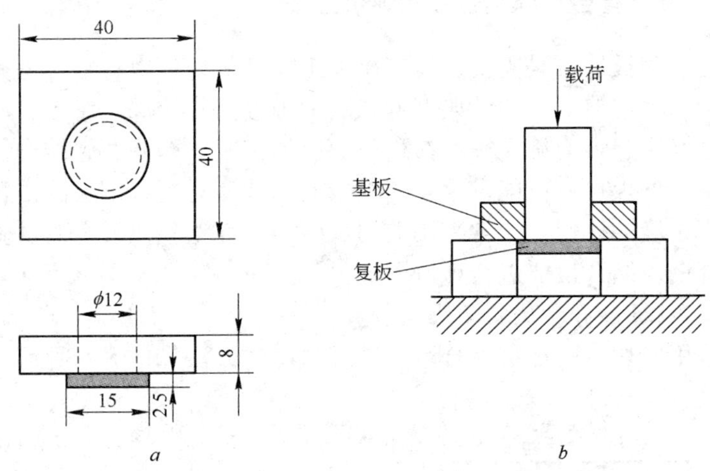

图 8-6　剥离试验方法
a—剥离试样；*b*—剥离试验装置

8.3.1.3　弯曲试验方法

无论是剪切试验方法，还是剥离试验方法，试样所受的应力状态与二次加工时的应力状态有很大的差别，并且难以充分地反映复合钢板的结合界面特性。为此，日本学者提出了弯曲试验方法。采用弯曲试验对复合钢板耐剥离性进行评价（见图 8-7）。该方法所用的是带缺口的试样，即将复合钢板中的包覆材料切开，经弯曲试验后，根据剥离的有无以及剥离的长度，对复合钢板耐剥离性进行评价。采用该方法对复合钢板耐剥离性进行评价时，冲头的曲率半径、板宽、切口宽度、复合比等试验条件，需要根据复合钢板的种类、尺寸以及二次加工时的变形程度来确定。该方法目前被认为是评价复合钢板耐剥离性的重要方法之一。但在试样形状、尺寸精度以及测试装置的尺寸精度等方面还需要进行系统的规范化工作。

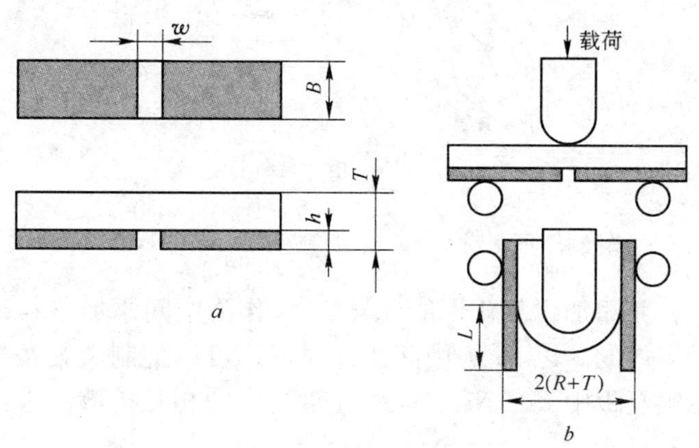

图 8-7 弯曲试验方法

a—弯曲试样；*b*—弯曲试验装置

B—试样宽度；*w*—切口宽度；*T*—复合板厚度；*h*—复板厚度；

R—压头圆角半径；*L*—剥离长度

8.3.2 轧制复合钢板的结合性能

8.3.2.1 轧制压下率对结合率的影响

图 8-8 给出了轧制压下率对 SUS316L/低碳钢结合率的影响。结合率通常用下式表示

$$结合率 = \frac{L_0 - \Sigma l}{L_0} \times 100\% \tag{8-1}$$

式中 L_0——试样的测试长度；

Σl——在测试长度上，长度大于 1μm 的氧化物或孔隙的未结合部位的长度之和。

从图 8-8 中可以看出，对于 SUS316L/低碳钢，通过结合部位的

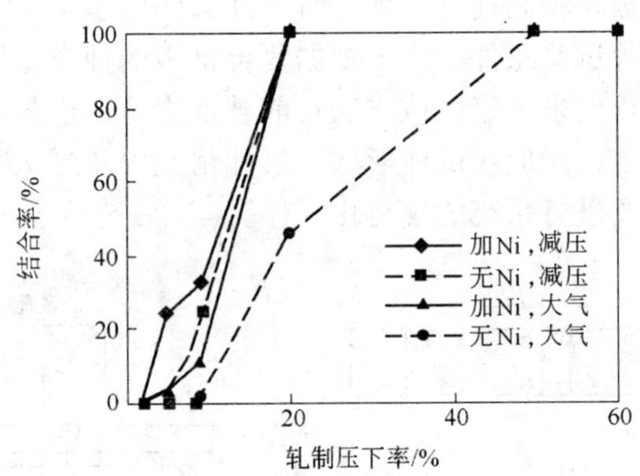

图 8-8　轧制压下率对 SUS316L/低碳钢结合率的影响（1200℃）

减压处理，并添加耐氧化性能优异的 Ni 作为中间添加材料，对提高结合率是有效的。以 Ni 为中间添加材料，可以抑制碳钢基板中的 C 以及不锈钢复板中 Cr、Ni、Mo 等元素之间的相互扩散，避免结合界面处产生不良产物。

8.3.2.2　结合率对结合强度的影响

图 8-9 为结合率对铝青铜复合钢板结合特性影响的评价结果。在制造铝青铜复合钢板时，采用扫描电镜可以观察在不同轧制条件下复合钢板的结合率。图 8-9*a* 结合率对铝青铜复合钢板剪切结合强度的

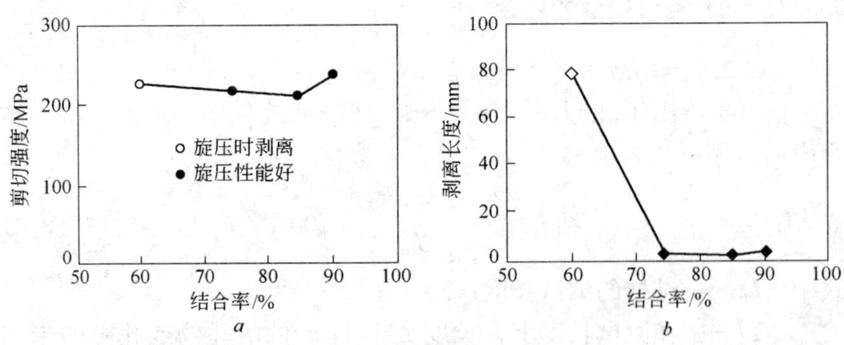

图 8-9　铝青铜复合钢板的结合特性

a—剪切结合强度；*b*—剥离长度

影响，图8-9*b*为结合率对铝青铜复合钢板剥离长度的影响，剥离长度是通过弯曲试验测定出来的。

对结合率分别为60%、90%的铝青铜复合钢板进行冷旋压时，结合率为90%的铝青铜复合钢板没有出现剥离现象，二次加工性能优良。而结合率为60%的铝青铜复合钢板则在界面发生了剥离现象。但从图8-9中可以看出，采用剪切试验无法判断铝青铜复合钢板的二次加工性能。而采用弯曲试验则可以对铝青铜复合钢板在二次加工时的耐剥离性进行正确的评价。

8.3.2.3　轧制温度对结合强度的影响

图8-10为首道次变形量为0.69，其余道次采用较小的变形量进行多道次轧制时的轧制温度与剪切强度的关系。从图8-10中可以看出，随轧制温度的提高，从770℃到870℃，剪切强度的提高是比较明显的，但超过870℃后，剪切强度迅速下降，这是因为，在较高的温度下进行轧制时，在结合界面产生了脆性的金属间化合物使结合强度降低的缘故。一般轧制TA1/Q235复合板采用的轧制温度范围为850~900℃。

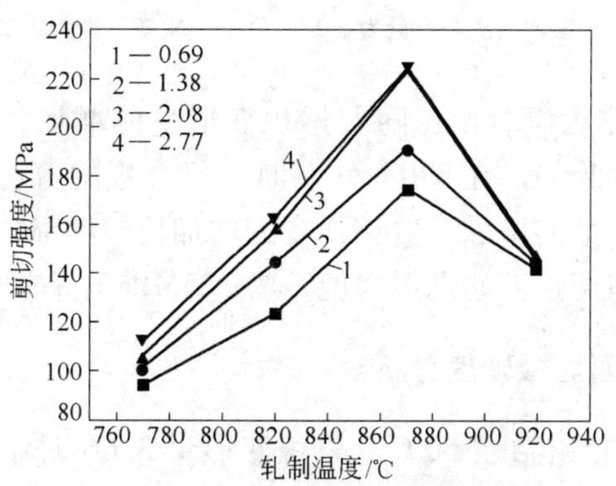

图8-10　多道次轧制后轧制温度与TA1/Q235钢复合板剪切强度的关系

（首道次变形量为0.69；第二道次变形量为0.13；第三道次变形量为0.15；第四道次变形量为0.18；第五道次变形量为0.22）

8.3.2.4　变形程度对结合强度的影响

图8-11为首道次变形量为0.69，其余道次采用较小的变形量进

行多道次轧制时的累积变形量对剪切强度的影响。其中，第二道次变形量为0.13，第三道次变形量为0.15，第四道次变形量为0.18，第五道次变形量为0.22。

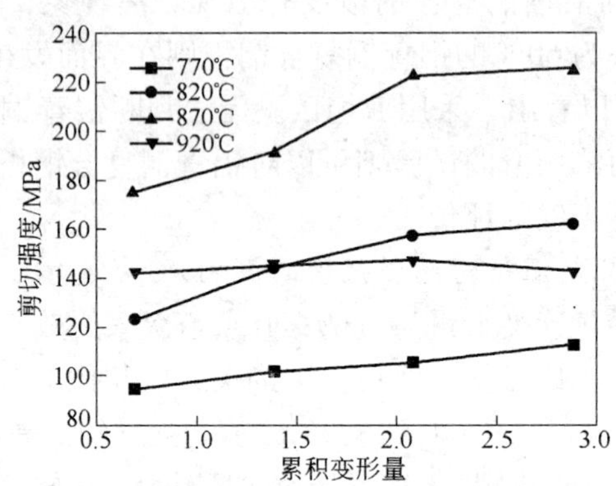

图 8-11　多道次轧制后累积变形量与剪切强度的关系
（首道次变形量为0.69；第二道次变形量为0.13；第三道次变形量为0.15；第四道次变形量为0.18；第五道次变形量为0.22）

从图8-11中可以看出：随着累积变形量的增加，复合板的剪切强度呈现增加的趋势。在870℃轧制时，复合板的剪切强度较高，而且随着累积变形量的增加，剪切强度的增加比较明显，当轧制到第四道次的时候，剪切强度达到最大值，为225MPa左右。

8.3.3　钛钢断面显微硬度分析

图8-12为轧制温度750℃、累积变形量3.66时结合界面附近的硬度分布。从图8-12中可以看出，显微硬度的数值在233HV和109HV范围内。两条曲线的变化趋势几乎相同。并且在结合界面附近的硬度变化非常规范。表明当累积变形量达到一定值后，复合板各点的变形趋于均匀。

图8-13为850℃单向累积压缩条件下的显微硬度，以TA1/Q235复合界面（图中黑色纵向直线）为准，无论钛侧还是钢侧的硬度值在接近结合界面的过程中都明显增大，结合界面附近的硬度要高于基

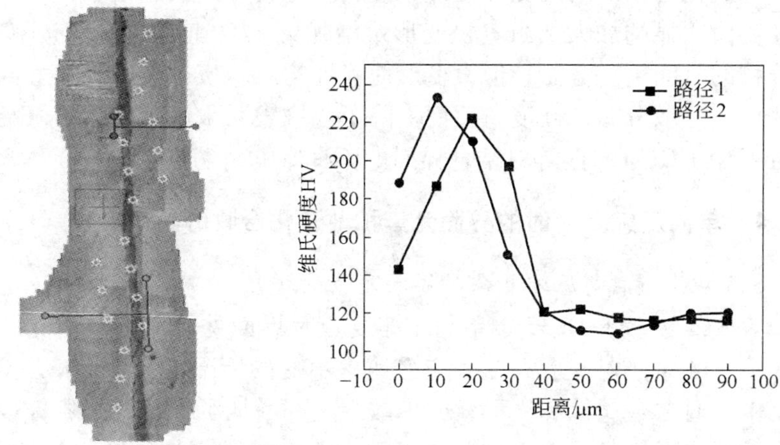

图 8-12　显微硬度点分布（轧制温度：750℃；累积变形量：3.66）

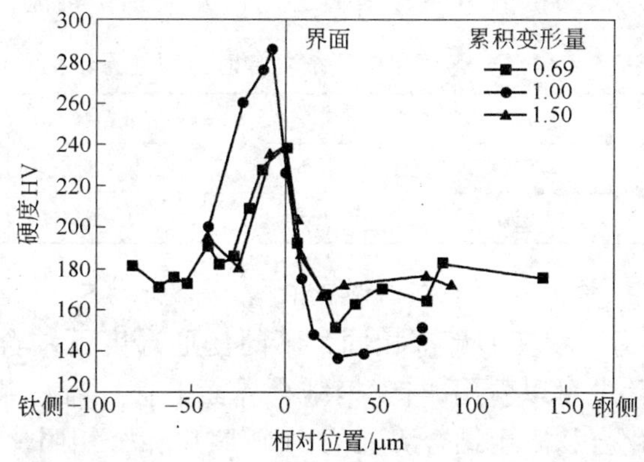

图 8-13　850℃时不同的累积压下量所得试样的显微硬度

体的硬度，且硬度值最高点分布在界面及附近偏钛一侧约 20μm 范围，其中累积压下量为 1.00 的试样增加幅度最大。其原因在于钛的化学活性很高，在高温条件下，易形成 TiC、Fe_2Ti 等高硬度的脆性物质化合物，因此造成了界面处偏钛侧硬度值最高。也由此可知热压过程中生成的这些脆性金属间化合物主要分布在界面及界面附近的钛侧。当累积变形量从 0.69 增加到 1.00 时，随着变形时间增加，界面附近形成化合物的时间更加充分，金属间化合物生成量增多，界面附近硬度值明显的加大。当累积变形量增加到 1.50 时，虽然生成脆性化合物的时间更充分了，但大变形使脆性物质受挤压破碎，并发生延伸变形，分散分布，硬度值反而下降了。这表明采用较大的累积变形量可减少 TiC、Fe_2Ti 等对结合界面的不良影响。

8.3.4　单向压缩复合时的界面元素扩散及化合物分析

8.3.4.1　单向压缩复合时界面元素的扩散

表 8-2 为 TA1/Q235 钢单向压缩复合时界面处元素扩散情况。从表 8-2 中可知，在变形温度和应变速率不变的情况下，变形量从 0.5 增至 1.5 时，金属钛和铁元素的扩散距离都增加了，也就是随着塑性变形的增加，新生界面面积增大，引起元素扩散更加活跃。从表 8-2 中可以看出，在应变速率和累积变形量不变的情况下，随着变形温度的升高，钛元素的扩散量明显增大，而铁元素的扩散距离更远了。

表 8-2　TA1/Q235 钢单向压缩复合时界面处元素扩散情况

变形速率/s^{-1}	变形温度/℃	变形量	Fe 扩散距离/μm	Ti 扩散距离/μm
2×10^{-2}	850	0.5	1~3	1~2
	850	1.5	1~6	1~5

8.3.4.2　单向累积叠压时界面化合物分析

图 8-14 为累积变形量都相同，不同变形温度下结合界面的 SEM 照片。从照片上可以看出，钛/钢结合界面上存在着一条白亮带，它就是金属间化合物。由结合界面的 SEM 照片和金相照片可知，850℃温度下，累积变形量为 0.7、1.0、1.5 时金属间化合物的厚度变化不明显，约 0.7~1μm，当变形量增加至 2.0 时，厚度约 1.7μm。累积变形量保持 1.0 不变的情况下，在 700~850℃ 时压制的试样界面化合物层厚度变化不大，平均约 0.8~1μm，900℃时其厚度增加了 1 倍多，950℃时，达到约 2.3μm。图 8-15 和图 8-16 是结合界面金属间化合物的厚度与累积变形量和变形温度的关系。从图 8-15 和图 8-16 中可以看出，累积变形量在 1.5~2.0 区间内，金属间化合物的厚度变化比较大。在 850~900℃ 温度区间内，金属间化合物的厚度变化

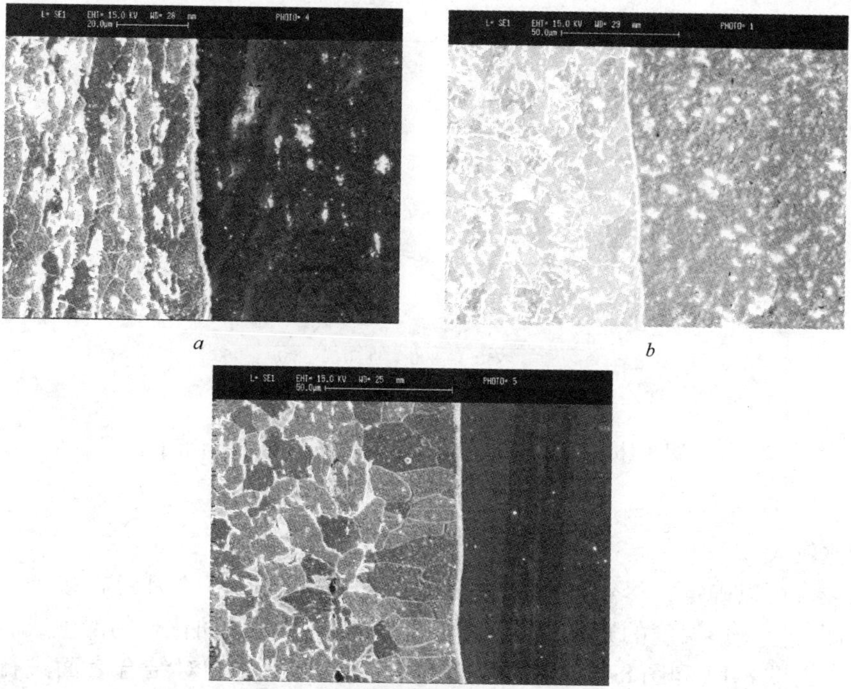

a

b

c

图 8-14 TA1/Q235 钢单向压缩复合时的 SEM 照片（单向压缩变形量：1.0）

a—变形温度 750℃；*b*—变形温度 850℃；*c*—变形温度 900℃

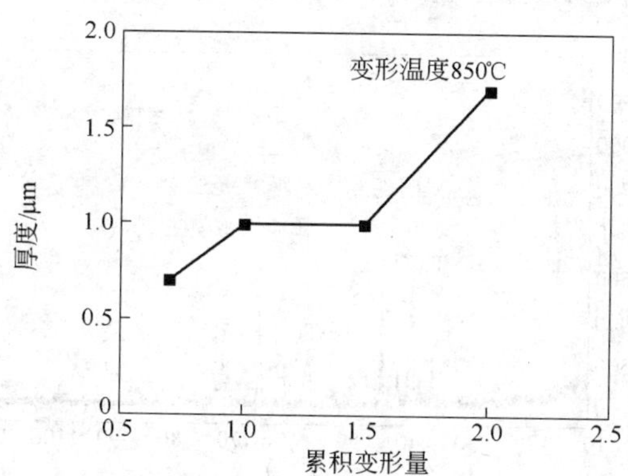

图 8-15 TA1/Q235 钢单向压缩复合时的界面间化合物的厚度与累积变形量的关系

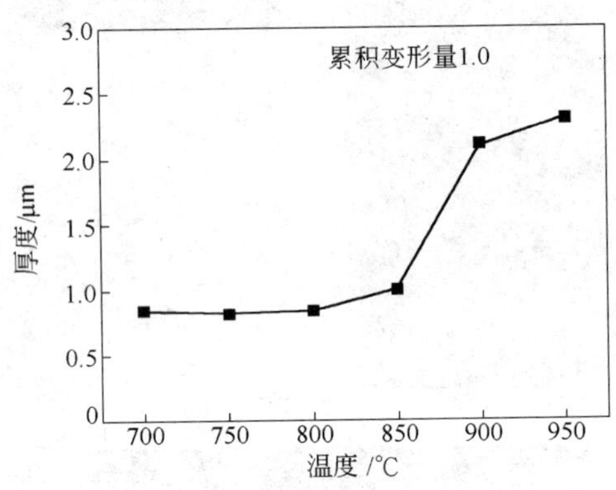

图 8-16　TA1/Q235 钢单向压缩复合时结合界面间化合物的厚度与变形温度的关系

比较大。

可以确定，尽管影响金属间脆性化合物生成量的因素有多个方面，但变形温度的升高和变形量的加大会促进金属间化合物的生成。

图 8-17 和图 8-18 是 850℃时压制后，经剥离后对结合表面进行的 X 射线衍射图，图 8-19 和图 8-20 是 900℃时压制的试样。表 8-3 是两种情况下的界面生成物的综合对比。850℃时，界面的脆性化合物主要是 TiC，也有少量 Fe_2Ti，但 X 射线衍射发现经剥离后的钢侧

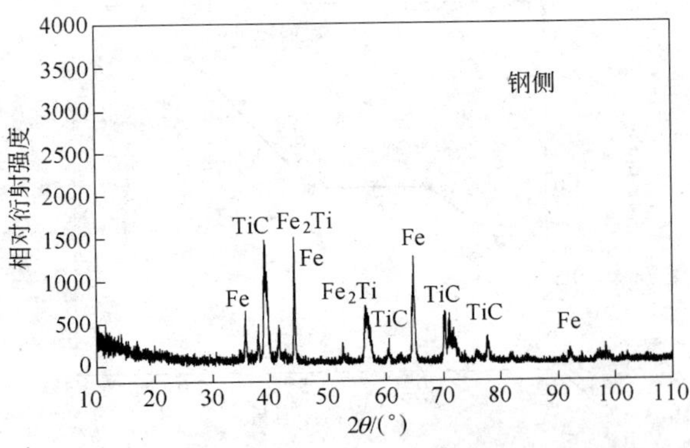

图 8-17　TA1/Q235 钢单向压缩复合时结合界面钢侧 X 射线相分析（变形温度：850℃）

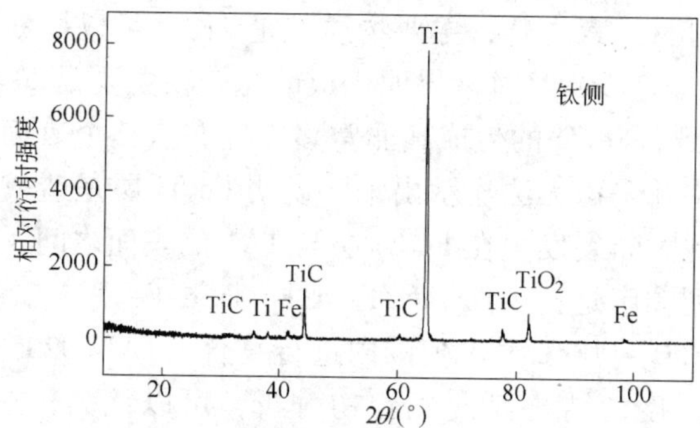

图 8-18 TA1/Q235 钢单向压缩复合时结合界面钛侧 X 射线相分析（变形温度：850℃）

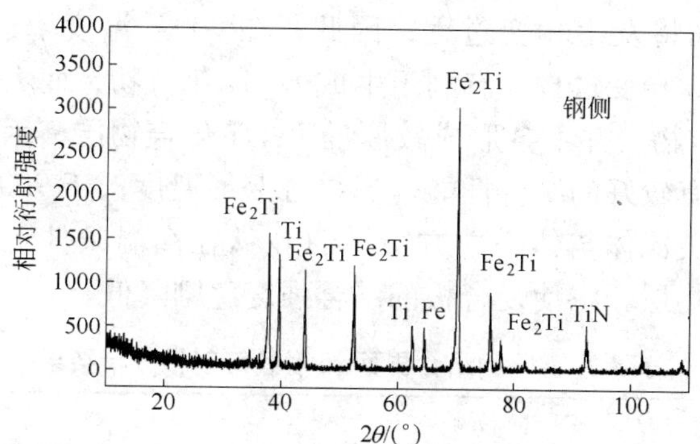

图 8-19 TA1/Q235 钢单向压缩复合时结合界面钢侧 X 射线相分析（变形温度：900℃）

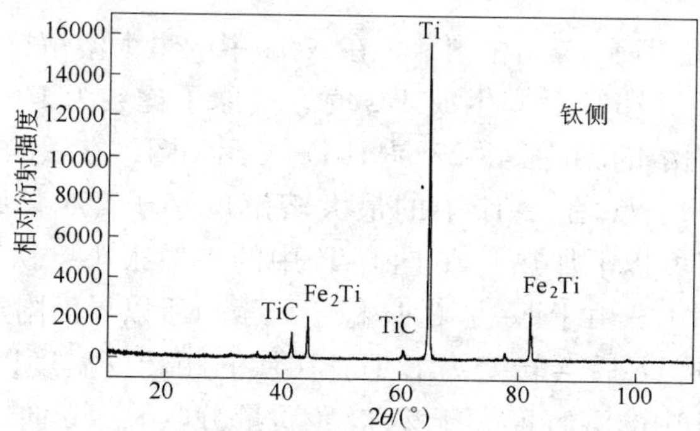

图 8-20 TA1/Q235 钢单向压缩复合时结合界面钛侧 X 射线相分析（变形温度：900℃）

和钛侧除了母材元素之外，主要物质都是 TiC，可以推断此时的断裂发生在 TiC 层内。900℃时，界面生成的化合物主要是 Fe_2Ti，而且由图 8-19 观察到，Fe_2Ti 的生成量非常多，并布满整个表面，以至于钢基体在分析中几乎都无法显示出来，说明 Fe_2Ti 层是造成试样开裂的主要原因，此时断裂发生在 Fe_2Ti 层与 TA1 的表面之间，这些金属间化合物的排列顺序是：α-Ti/TiC/FeTi/Fe_2Ti/α-Fe。

由于在 850～900℃温度范围内进行复合，TA1/Q235 复合板具有较高的结合强度，结合界面化合物分析，可以认为，在 850℃复合时，在结合界面生成 TiC 化合物，在大变形复合条件下，TiC 呈细小、弥散分布，不会影响复合板的结合强度；在 900℃附近，由于 TA1 和 Q235 将发生相变过程，因此，在 900℃温度下进行复合时，由于大变形和相变过程，有利于生成 Fe_2Ti 化合物，而大变形可以破碎 Fe_2Ti 化合物，并不会形成较厚的 Fe_2Ti 化合物层，因此，可以保证复合板具有较好的结合性能。当复合变形温度大于 900℃时，面心立方结构的奥氏体与体心立方结构的 β 钛在高温条件下易生成较厚的脆性化合物层，将使复合板的结合强度急剧降低。

表 8-3　钛/钢结合界面 X 射线衍射相分析结果

试样变形参数	钢　侧	钛　侧
850℃	主要 TiC，其次 Fe_2Ti 和 Fe	主要 Ti，其次 TiC，少量 Fe，微量 TiO_2
900℃	主要 Fe_2Ti，其次 Ti 和 Fe	主要 Ti，其次 Fe_2Ti，少量 TiC

图 8-21 是 Ti-C 二元相图，C 在 α-Ti 中的最大溶解度约 2%（原子分数）。当 Ti 和 C 反应生成 TiC 时，其原子比数为 1∶1，碳原子来源于钢中固溶的碳。图 8-22 是 Ti-Fe 二元相图，在钛的相转变温度（882℃）以下，Fe 在 α-Ti 中的最大溶解度小于 2%（原子分数），因此，在 882℃以下加热，Fe 向 α-Ti 中的扩散很小，钛和钢界面优先反应生成 TiC。由于 Fe 是 β-Ti 稳定元素，所以界面附近的 α-Ti 在溶入一定量的 Fe 后会转变为 β-Ti。在钛的相转变温度以上加热时，由 Fe 在 β-Ti 中的溶解度大于 22%（质量分数），Fe 向 β-Ti 中的扩散急剧增大，在钛/钢界面 Ti 和 Fe 反应生成 FeTi 和 Fe_2Ti 化合物。这与热轧钛/钢复合试样结合界面的实际分析结果比较吻合。

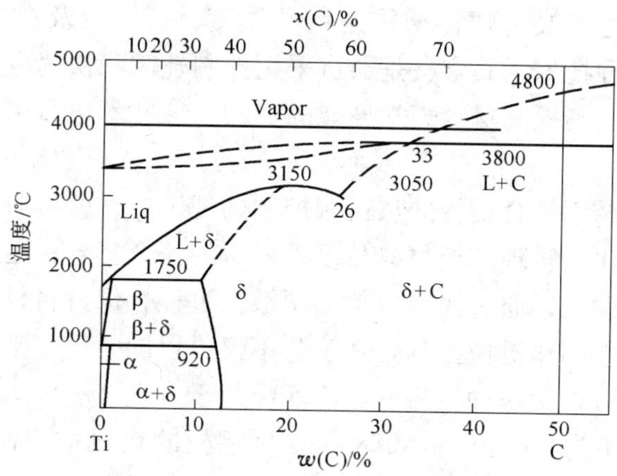

图 8-21 Ti-C 二元相图

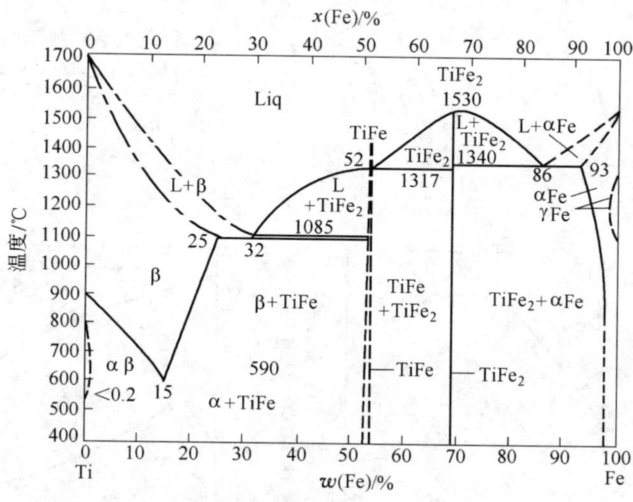

图 8-22 Ti-Fe 二元相图

8.4 双金属塑性加工复合技术

8.4.1 复合钢板的热机械控制处理工艺

热机械控制处理工艺（TMCP：Thermo-Mechanical Control

Process）是为了改善焊接结构用钢的强度、韧性以及焊接性能而开发出来的一种技术。其含义是通过采用控制轧制和快速冷却，控制材料的组织，达到提高材料力学性能的目的。该技术也适用于复合钢板的质量控制。

对于不锈钢复合钢板的热机械控制处理工艺，就是通过控制初期的高温压下比，实现基板材料与复板材料的完全复合，通过控制轧制提高基板的性能，通过快速冷却抑制敏化过程，保持材料的耐腐蚀性能。采用合理的热机械控制处理工艺不仅可以同时提高基板与复板的性能，而且可以使两种材料的性能匹配趋于合理。

图 8-23*a* 为 APIX65 + N08825 复合钢板的热机械控制处理工艺，

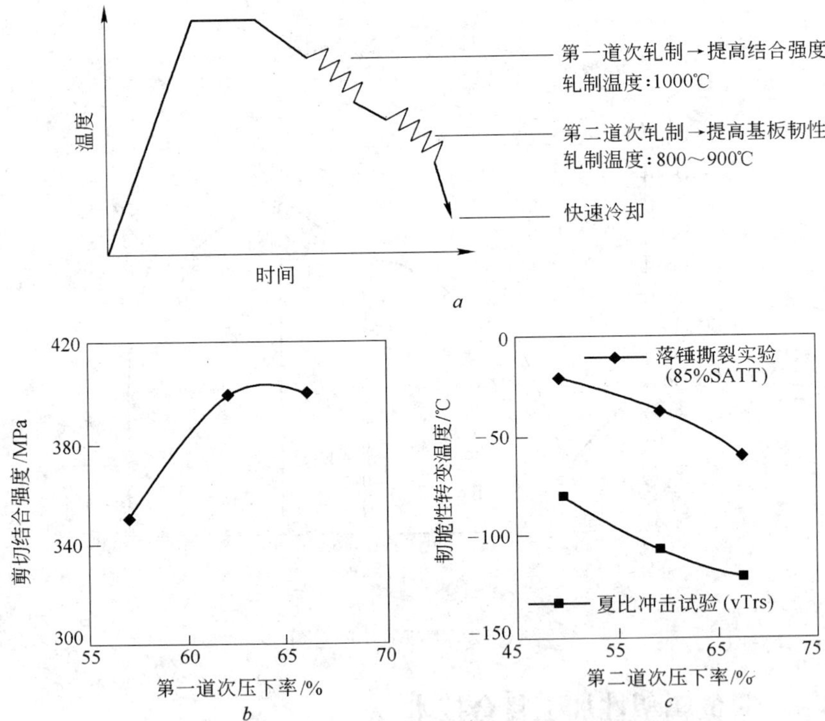

图 8-23　压下率对 APIX65/N08825 复合钢板剪切结合强度及基板韧性的影响
a—APIX65/N08825 复合钢板的热机械控制处理工艺；*b*—第一道次压下率对剪切结合强度的影响；*c*— 第二道次压下率对基板韧性的影响

轧制过程分为两道次进行。图 8-23*b* 为第一道次轧制时的变形量对复合钢板剪切结合强度的影响。第一道次变形量对复合钢板结合强度的影响是非常大的，为了使基板与复板得到良好的结合，第一道次压下量应达到某一定值，并且采用低速、强力轧制。图 8-23*c* 为第二道次轧制时的变形量对基板材料韧性的影响。第二道次轧制的作用是在提高基板材料韧性的同时，保证复合钢板的最终尺寸和精度。

采用连续快速冷却可以抑制因碳化物或金属间化合物析出而引起的敏化过程。图 8-24 给出了 SS400(25% Cr-20% Ni-4.5% Mo-0.2N) + Type310Mo 在假想海水腐蚀性环境中，冷却速度对临界点腐蚀温度的影响。由此可以看出，当以 SS400 为复板时，增加冷却速度对提高材料耐腐蚀性能是非常有效的。但是，对于热硫酸等氧化性强的环境中，即使不采用快速冷却，也可以获得较好的耐腐蚀性能。这是因为在这种环境中，所发生的不是局部腐蚀过程，而是整体均匀的腐蚀过程，此时，晶界析出的影响被掩盖了。

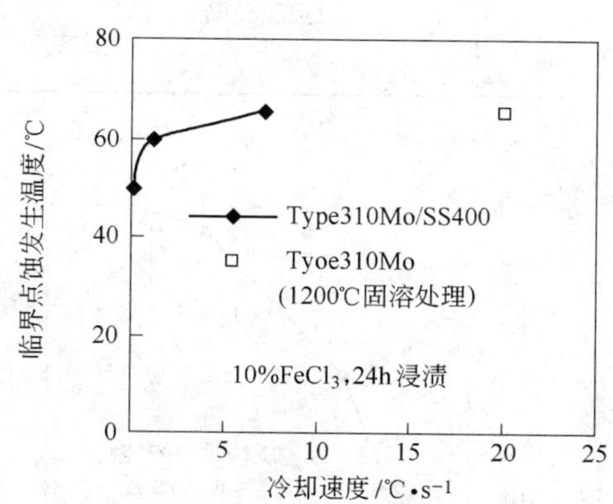

图 8-24 冷却速度与复合钢板耐腐

8.4.2 复合钢板的固溶处理

对于不锈钢等高合金复板材料，为了满足耐腐蚀性的要求，通常需要进行固溶处理。固溶温度一般是比较高的，在 1000 ~ 1150℃范围内，在此条件下，通常会使基板材料的韧性降低。因此，在这种情况下，可以通过成分设计来改善碳钢的强度、韧性以及焊接性能。

表8-4为制造固溶处理型复合钢板时基板材料的化学成分，表8-5为固溶处理型复合钢板的力学性能。为了充分发挥N06625合金的耐腐蚀性能，需要将其加热到1000℃，然后水冷。在此条件下，按表8-4所设计的基板材料，由于添加了Nb，降低了碳含量，并且通过控制轧制，因此，可以保持复合钢板较高的强度和韧性。如图8-25所示，在快速冷却条件下，降低碳含量对提高基板材料的韧性是非常有效的。从基板材料的组织来看，当碳含量较高时，为粗大的马氏体组织，而低碳的基板材料为细小的铁素体+贝氏体组织。

表8-4　固溶处理型复合板基板（API X60）的化学成分（质量分数，%）

C	Si	Mn	P	S	Cu	Ni	Nb
0.04	0.23	1.59	0.013	0.002	0.27	0.15	0.04

表8-5 N06625/API X60力学性能

屈服强度/MPa	抗拉强度/MPa	50% *FATT*/℃
539	616	-86

注：1000℃→水淬。

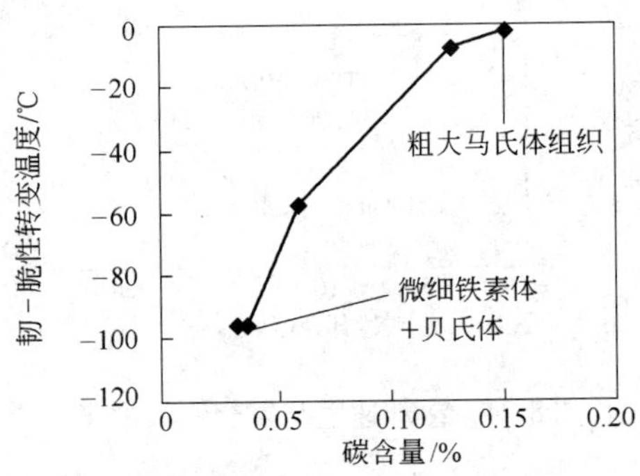

图8-25　碳含量对基板韧性的影响

8.4.3　真空轧制复合板

将金属材料在真空中加热并进行轧制的技术，是苏联于1953年针对 W、Mo、Nb、Ta 等稀有军工材料的加工而开发出来的。采用真空热轧技术，可以对在大气中氧化比较严重的金属进行有效的加工。由于是在无氧化气氛中进行加热、轧制，因此，可以得到无氧化的光洁表面，不仅省略了后续的表面加工工序，而且也大大地提高了材料的利用率，这一点对于稀有金属的加工是非常重要的。对于复合钢板来说，采用真空热轧技术，可以使不同种类的金属，在洁净的条件下得到有效的复合，获得具有良好结合性能的复合钢板。

复合钢板的真空轧制，可以采用通常的真空热轧设备来进行。表 8-6 为日本大野轧制公司制造的真空热轧设备的主要技术参数。

表 8-6 日本大野轧制公司制造的真空热轧设备的主要技术参数

轧　机		加热炉		真空泵	
轧辊尺寸/mm	$\phi168\times203$	发热体	Mo 线	容量/m^3	4
轧制速度/$m\cdot min^{-1}$	1 ~ 10	加热温度/℃	最大 1500	4.5m^3/min 回转泵/台	3
轧制压力/kN	最大 500	炉膛尺寸/mm	$\phi250\times300$	20m^3/min 罗茨泵/台	2
轧制力矩/N · m	最大 10000			18m^3/s 扩散泵/台	2

典型的复合钢板真空热轧工艺流程如图 8-26 所示。将经脱脂处理后的基板和复板在大气中进行叠合后，放入真空中进行加热、轧制，使基、复板得到有效的结合，然后将已复合的钢板在 Ar 气氛中进行再加热，并在大气中进行轧制。真空轧制的主要目的，就是提高基、复板的结合强度，复合后钢板的轧制与普通轧制相似，但是，为了防止复合钢板的翘曲，需要调整好压下量。

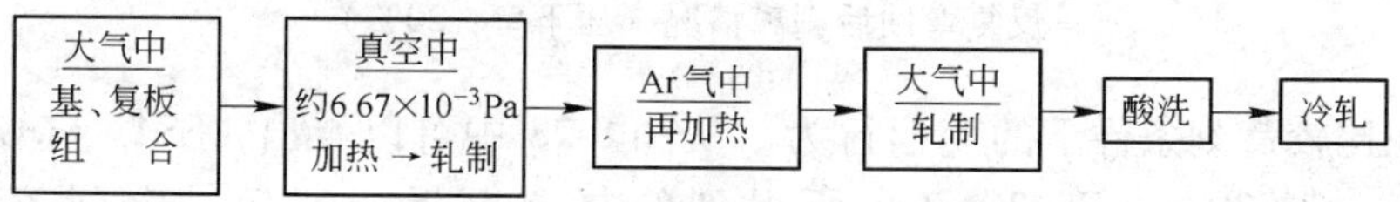

图 8-26 典型的复合钢板真空热轧工艺流程

采用真空热轧工艺制备出的复合钢板的剪切结合强度及经过反复弯曲实验（如图 8-27 所示）后的剥离情况如图 8-28 所示。反复弯曲实验可以使复合钢板的结合界面承受较大的拉力，由此可以复合钢板

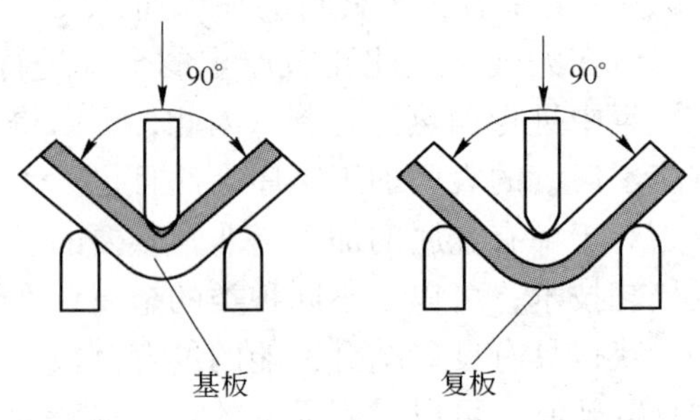

图 8-27 反复弯曲实验

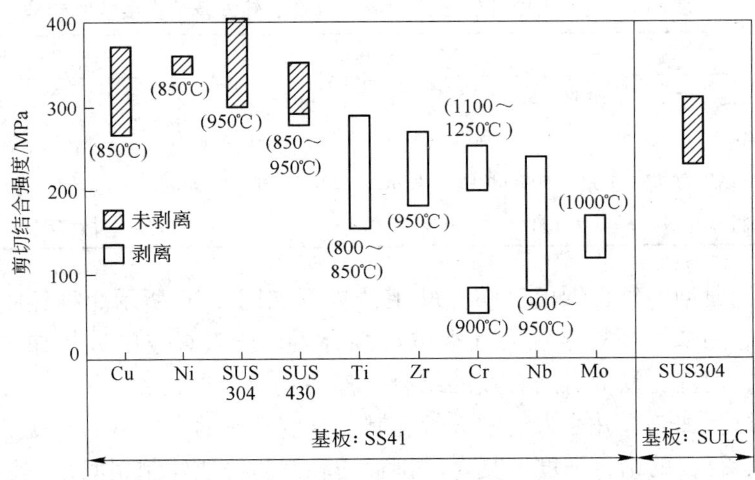

图 8-28 真空热轧复合钢板的剪切结合强度与
反复弯曲后剥离情况（压下率：20%）

在比较苛刻条件下的变形行为。从图 8-28 中可以看出，SS41 与 Cu、Ni、SUS304、SUS430 复合所得到的复合钢板的剪切结合强度在 300MPa 左右，并且在进行反复弯曲实验时，没有出现剥离现象。但 SS41 与 Ti、Zr、Nb、Mo 等复合所得到的复合钢板的剪切结合强度比较低，在进行反复弯曲实验时，均出现剥离现象。

图 8-29 给出了三种不同复合钢板在真空热轧条件下的轧制温度与剪切结合强度之间的关系，图 8-30 为压下率对剪切结合强度的影

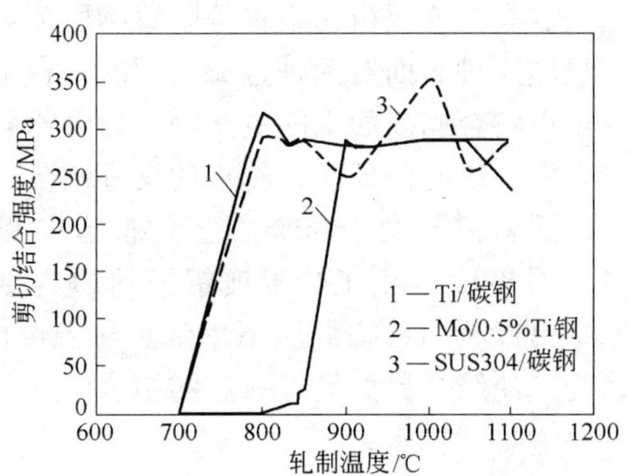

图 8-29 轧制温度与剪切结合强度的关系

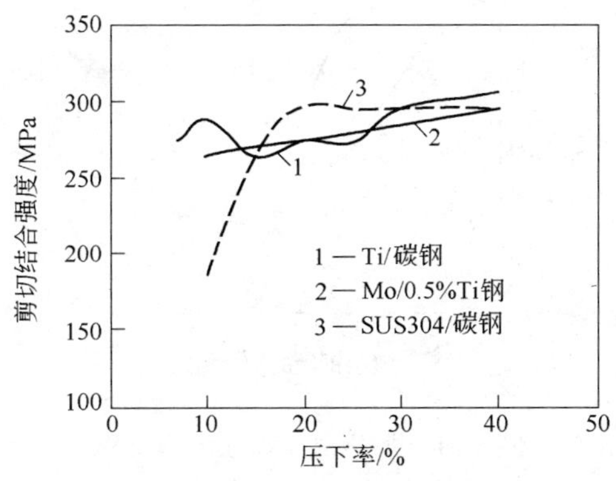

图 8-30 压下率对剪切结合强度的影响

响。从图 8-29、图 8-30 中可以看出，在真空条件下，采用较低的轧制温度和较小的压下率进行轧制复合，也可以得到较高的结合强度。

8.4.4 表面活性化处理-真空冷轧复合板

采用冷轧复合方法制备复合钢板，由于是在室温条件下进行复合过程，因此，可以避免因基、复板中元素相互扩散而在结合界面产生不良化合物的现象，可获得尺寸精度高、具有良好界面特性的复合钢板，并且成本低，适合于大批量生产。但是，在大气中，金属表面通常被氧化膜或水汽、有机或无机污染物等附着物所覆盖。并且其表面是凸凹不平的，显然这种表面对两种金属之间的复合是不利的。采用较大的压下量，可以将金属表面上的氧化物、附着物分散，形成更多的洁净、活性的表面，由此保证基、复板的良好结合。因此，采用冷轧方法进行复合，通常需要大于60%以上的首道次变形量，即需要大功率轧钢设备。图8-31给出了热浸镀铝板的加热温度与压下率之间的关系。从图中可以看出，临界压下率随加热温度的增加而增大，在室温下轧制，为了使结合界面具有一定的结合强度，需要较高的临界压下率。

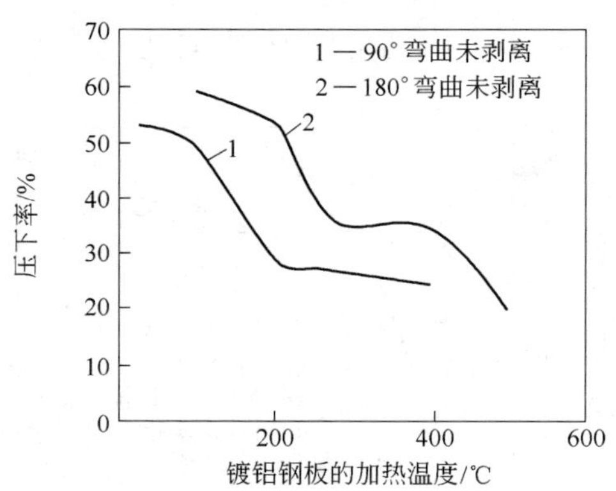

图8-31　加热温度与临界压下率

（热浸镀铝钢：1.2mm/Al1100：0.3mm）

表面活性化处理-真空冷轧工艺就是将两种待复合的基、复板表面通过研磨，并进行离子冲击处理，消除金属表面上的氧化物、附着物，使基、复板待复合的表面变为洁净、活性的表面，在此基础上，通过冷轧制备出具有良好结合特性的复合钢板。

该方法由于是使两种金属表面处于活性化状态，因此，即使采用非常小的压下量也可以得到结合特性优异的复合钢板。图8-32为表面活性化处理-真空冷轧工艺流程。

复合钢板的表面活性化处理-真空冷轧工艺由四个部分组成，即开卷、表面活性化处理、冷轧以及卷取等。每个室有各自独立的真空

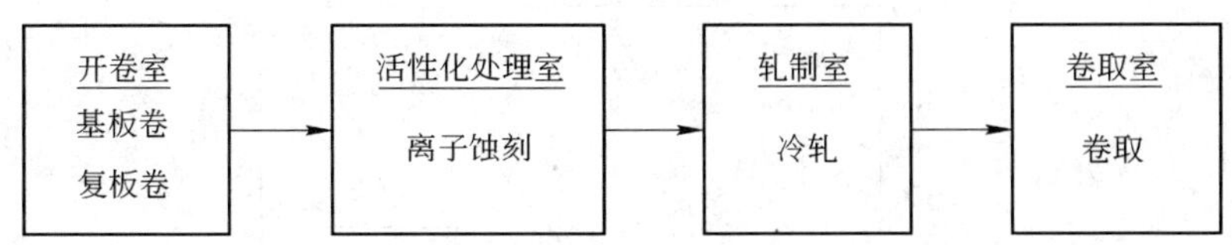

图 8-32 表面活性化处理-真空冷轧工艺流程

泵排气，真空度为 1×10^{-4}Pa 左右。表面活性化处理采用磁控管高频等离子蚀刻方法，由此可以将工业生产的冷轧基、复板表面的氧化物、附着物全部清除，形成洁净、活性的表面，为基、复板的良好结合创造条件。由于基、复板待复合的表面变为洁净、活性的表面，因此不需要较大的冷轧变形量，也可以获得具有较高结合强度的复合钢板。通常冷轧变形量大于 1% 即可。较小的冷轧变形量不会使结合前后基、复板的硬度发生大的变化，因此，采用表面活性化处理-真空冷轧工艺所制备出的复合钢板的基、复板的性能变化不大。

图 8-33 给出了 Al 表面 O、C 含量随蚀刻深度的变化，从图中可以看出，随蚀刻深度的增加，在 Al 表面上的 O、C 含量减少，当蚀刻深度大于 250nm 时，Al 表面 O、C 含量基本为零，氧化物、附着物得到全部清除，形成洁净、活性的 Al 表面，图 8-34 为 Al/碳钢复合钢板的剥离强度随蚀刻深度的变化，从图中可以看出，随蚀刻深度

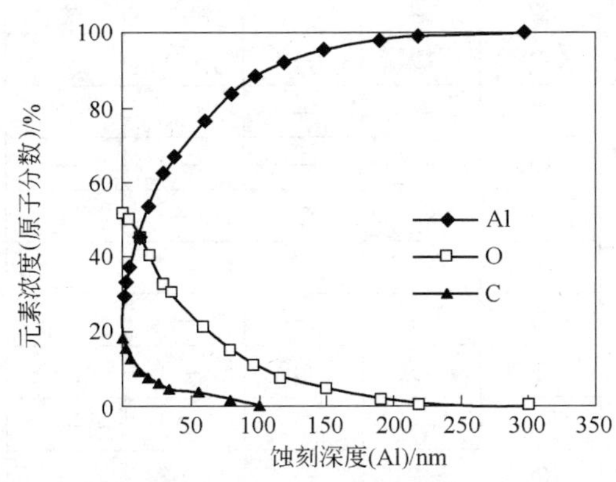

图 8-33 Al 表面 O、C 含量随蚀刻深度的变化

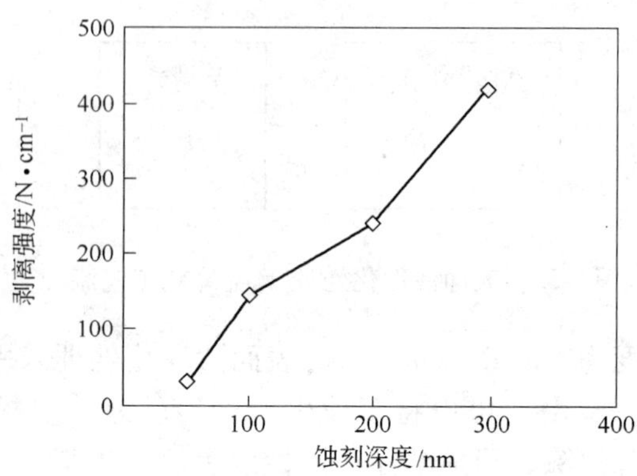

图 8-34　Al/碳钢复合钢板的剥离强度随蚀刻深度的变化

的增加，剥离强度增加的幅度是比较大的。

表 8-7 给出了目前采用表面活性化处理-真空冷轧工艺进行复合的材料组成。其中 Al 包括 1000、2000、3000、4000、5000 系等合金；Cu 包括 1100、1020、1201 系等合金；钢包括 SUS304、SUS316、SUS430、Invar、42alloy 等合金。

表 8-7　目前采用表面活性化处理-真空冷轧工艺进行复合的材料组成

材料	Al	Cu	Ni	Ag	Au	Pd	Pb	Sn
Al	○	○	○	—	—	—	○	○
Cu	○	○	○	○	○	—	—	○
Ni	○	○	○	—	—	—	—	○
Ag	—	○	—	—	—	○	—	—
Au	—	○	—	—	—	—	—	—
Pd	—	—	—	○	—	—	—	—
Pb	○	—	—	—	—	—	—	—
Sn	○	○	○	—	—	—	—	—
钢	○	○	○	○	—	○	○	○
Ti	○	○	—	○	○	—	○	—
Mo	○	○	—	—	—	—	—	—

注：○：结合性良好；—：目前无数据。

对于钢铁、Ti、不锈钢、Mo 等变形抗力比较大的材料，其结合强度与其本身强度相比还是很低的。但是，对于 Al、Cu 等变形抗力较低的材料，是可以得到接近于母材强度的复合板，尤其是对于 Pb/不锈钢、Al/不锈钢由于熔点、变形抗力差别比较大，并且在熔融状态浸润性差，采用传统的复合方法很难进行有效的复合，但采用表面活性化处理-真空冷轧工艺可以得到其结合强度与软质的基（或复）板材料强度相当的复合板。

8.4.5 利用液相结合原理制备钛合金轧制复合板

与钢铁材料相比，钛具有重量轻、比强度高、低温韧性优异、耐腐蚀性能突出等一系列特点，但钛的价格昂贵，使其在建筑、汽车等领域中的应用受到了限制。因此，低成本的钛复合板制造技术的开发受到了广泛的重视。

制造钛复合板时，由于在钛与钢铁材料的结合界面上容易形成 Ti-Fe 金属间化合物以及 Ti-C 化合物，使结合强度显著降低，因此，钛复合板不能采用包浇法和热轧方法来制造。虽然采用真空轧制可以有效地制造高质量的钛复合板，但真空轧制设备昂贵，成本过高，在经济上是不可取的。目前钛复合板通常采用爆炸复合方法来制造。而爆炸复合方法在炸药爆炸时产生的巨大响声和冲击波会给人们的心理和周围环境带来刺激和污染，同时爆炸复合法机械化程度低、劳动条件较差，与轧制复合板相比，成本较高。

1993 年日本学者由本、中村、仓桥开发出了利用液相结合原理制备钛复合板的技术。该方法由于可以实现在大气条件下，采用热连轧制备钛-钢复合板，因此曾获日本塑性加工科技成果奖。

8.4.5.1 钛复合板的液相结合原理

采用轧制技术，利用金属的塑性变形能力，可以使待复合的钛-钢两金属结合界面发生破碎，获得洁净、活化的表面，促进两金属的有效结合。但是，在大气中加热，会在两金属结合界面产生比较厚的氧化物层，使结合强度显著降低，为了使钛-钢得到有效的结合，必须将这种氧化物层除去。显然在高温条件下，固相氧化物层的消除是不可能的。如果在两金属界面能够形成一定量的液相，利用轧制时的高压作用，通过液相物质将结合界面内的氧化物挤出，由此可以消除氧化物层对结合强度的不良影响。利用这一原理，可以使钛-钢得到有效的结合。

由于铜与钛反应，会形成 $TiCu_3$ 金属间化合物，$TiCu_3$ 的熔点为 880℃，因此在钛-钢之间可以添加铜片（如图 8-35*a* 所示），当加热温度高于 $TiCu_3$ 的熔点 880℃时，在钛-钢结合界面之间就可以形成液相的 $TiCu_3$（如图 8-35*b* 所示），在随后的轧制过程中将液相与氧化物一同挤出（如图 8-35*c* 所示），获得洁净、活化的表面，使钛-钢得到有效的结合。

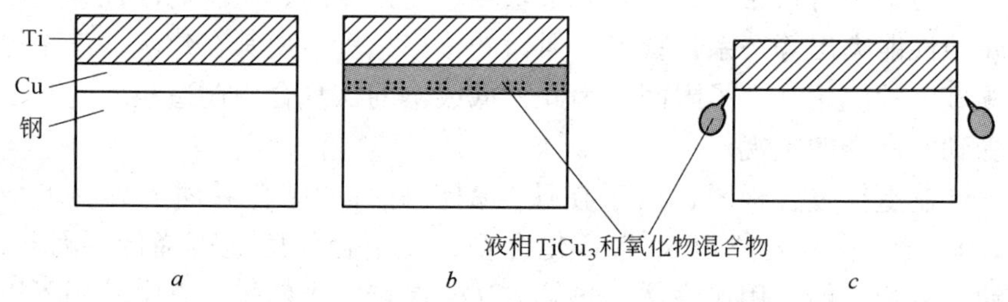

图 8-35　利用液相结合原理制备钛复合板示意图
a—加热前；*b*—加热中；*c*—轧制后

采用液相结合原理制备钛复合板时，需要控制加热温度和保温时间等工艺参数。利用如图 8-36 所示的方法，可以获得钛-钢复合后的拉伸试样，由此可以对钛-钢的结合特性进行有效的评价，压接时的压力为 9. 8MPa。将压接试样加工成拉伸试样过程中发生破裂时的结合强度设为 0。图 8-37、图 8-38 分别给出了加热温度、保温时间对拉伸结合强度的影响。从图 8-36、图 8-37 中可以看出，加热温度在 850

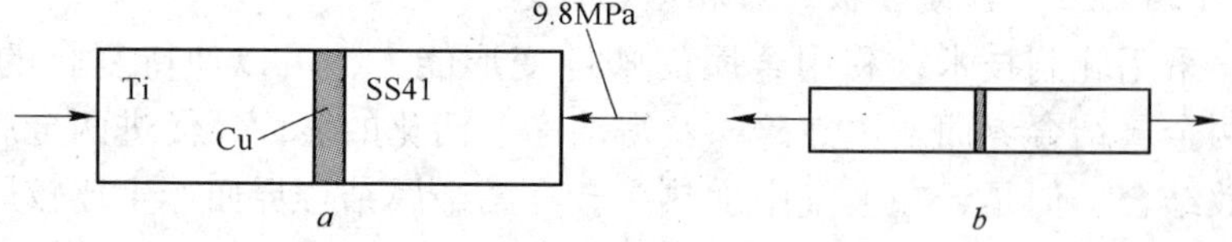

图 8-36　压接试样与拉伸试样的制备
a—压接实验；*b*—拉伸实验

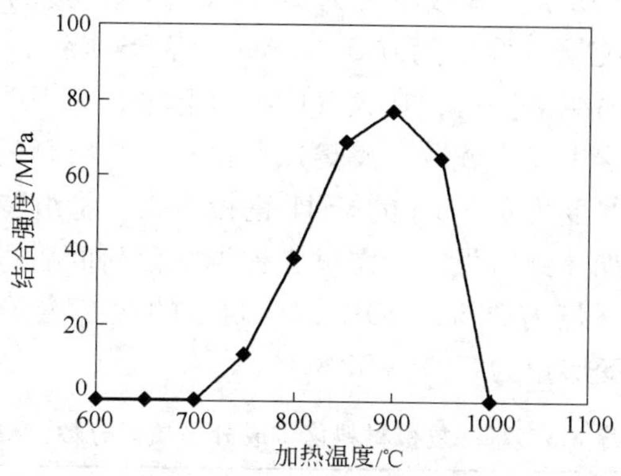

图 8-37 加热温度对拉伸结合强度的影响

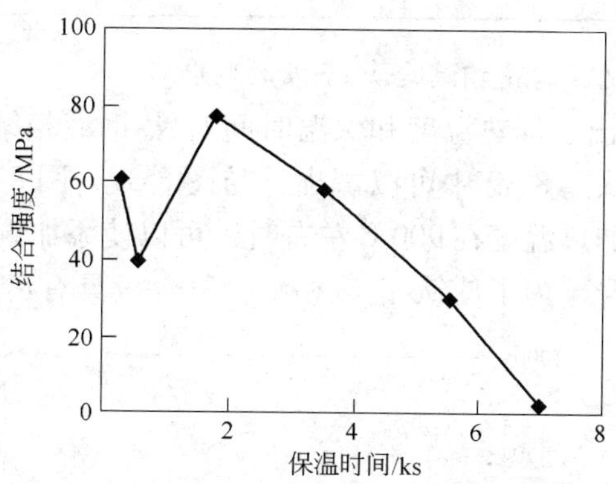

图 8-38 保温时间对拉伸结合强度的影响

~950℃范围内时，试样的结合强度比较高，在 900℃时，结合强度为 78MPa。低于 850℃和高于 950℃时，试样的结合强度比较低。同样，加热时间对结合强度也有非常大的影响，对于 ϕ10mm 的圆柱试样，加热时间在 200~300s 时，结合强度最高，当加热时间大于 300s 时，随加热时间的延长，结合强度显著降低。

8.4.5.2 钛-钢复合板的轧制

试验所采用的基板材料为 SS41 钢，复板材料为工业纯钛，其化学成分如表 8-8 所示。基板厚度为 20mm，复板厚度为 3mm。中间添加材料为工业纯铜，厚度为 0.5 ~ 1mm。将 SS41 钢、工业纯钛以及工业纯铜板用丙酮清洗后，在大气中叠合起来，为了防止复合板在轧制前和轧制过程中发生翘曲、剥离以及错移，将叠合的纯钛、纯铜板封焊在基板与厚度为 0.5mm 的 SS41 钢板之间。将组装后的复合板放入加热炉中，加热到所设定的温度，保温一段时间后进行轧制。轧制时的每道次压下量为 20% ~30%，轧制后的钛-钢复合板的厚度为 2 ~3mm，累计变形量为 87% ~92%。

表 8-8　基、复板材料化学成分（质量分数，%）

金属	C	Si	Mn	P	S	Al	N	O	H	Fe
SS41	0.118	0.007	0.366	0.014	0.003	0.022	0.0026	0.0013	—	—
工业纯钛	0.008	—	—	—	—	—	0.010	0.131	0.0054	0.004

8.4.5.3　钛-钢液相结合复合板的特性

图 8-39 给出了加热温度和保温时间对钛-钢液相结合复合板结合特性的影响。从图 8-39 中可以看出，与图 8-37、图 8-38 的压接试验的结果相同，加热温度在 900℃左右时，可以使添加铜的钛-钢复合板得到良好的结合，为了使钛-钢液相结合复合板具有良好的结合特性，

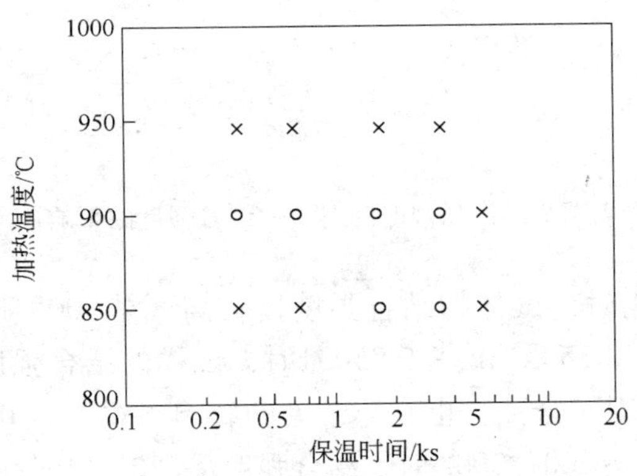

图 8-39　加热温度和保温时间对钛-钢液相结合复合板结合特性的影响

×—剥离；○—结合良好

需要控制加热时间。

8.5 展望

目前不锈钢复合板约占复合钢板产量的90%以上，主要用于制造压力容器、储存容器、海水淡化设备等。通过不同材料的复合，可以节约稀有、贵金属材料，降低切削加工以及焊接加工费用，获得较高的经济效益。并且基体材料成本越低、加工性能越好，则成本越低。但不锈钢复合板仅占热轧不锈钢产量的1%以下，其原因之一是不锈钢复合板的经济效果并不明显。相比较而言，钛合金复合板属于高附加值产品，钛合金/碳钢复合板是集钢铁材料所具有的优异的强度、传热性能以及焊接性能与钛合金的耐腐蚀性能为一体的新材料，目前其应用领域不断扩大。

目前，作为结构材料使用的钛合金/碳钢复合板由于具有一定的强度和良好的耐腐蚀性能，其板厚尺寸范围不断扩大，例如可以采用100mm左右的钛合金/碳钢复合板制造超厚压力容器等。随着钛合金/碳钢复合厚板可靠性和复合薄板二次加工性能的提高，必将使耐环境特性的大型结构设备的焊缝减少、大幅度降低成本，同时节省稀有贵金属资源。

除不锈钢复合板和钛合金/复合板外，其他复合板也得到了迅速的发展，例如用于制造石油提炼反应器的耐腐蚀不锈钢/高强度钼钢、作为刃具、工具材料的耐磨高碳钢/加工性能好的低碳钢、作为食品工业用加热槽的热传导性能好的碳钢/耐腐蚀性好的不锈钢、用于制造线形电机导线的铝或铜/磁性材料、用于制造电磁锅的磁性材料/美观的不锈钢等。

从复合板的发展来看，虽然组成复合板的材料种类多、自由度大，但是，目前复合板的应用是以耐腐蚀性能为主的结构复合板，而功能复合板的应用非常少，并且这种趋势可能还将持续一段较长的时间。

此外，复合钢板作为钢铁材料的一个品种，除了其具有良好的耐环境特性外，还必须探讨使用复合钢板的结构件与普通单一材料相比将会产生什么样的特性，这是用户非常希望获取的资料。

参 考 文 献

[1] 辻伸泰．鉄と鋼．Vol. 86 (2002)：359.

[2] 高木节雄．まてりあ. Vol. 41 (2002)：418.

[3] Fu H H, Benson D J, Meyers M A. Acta mater. Vol. 49, (2001)：2567.

[4] Sanders P G, Eastman J A, Weertman J R. Acta mater. Vol. 45, (1997)：4019 ~ 4025.

[5] Zhao M, Li J C, Jiang Q. Journal of Alloys and Compounds, Vol. 361 (2003)：160.

[6] Kumar K S, Van Swygenhoven H, Suresh S. Acta mater. Vol. 51 (2003) No. 10：5743 ~ 5774.

[7] 任学平，唐荻，张海冰，崔光春．金属学报．Vol. 38 (2002)，295.

[8] Nieman G W, Weertman J R, Siegel R W. Scripta Metall. Mater., Vol. 23 (1989)：2013.

[9] Palumbo G, Erb U, Aust K T, Scripta Metall. Mater., Vol. 24 (1990)：2347.

[10] Ren X P, Wang Z R, Study on model of metal structure refinement during hot deformation, Journal of Materials Processing Technology, 151(2004)：115 ~ 118.

[11] 包卫平，任学平，马祖南．多晶体材料的晶界强化模型研究[J]．塑性工程学报，(2008)3：97 ~ 100.

[12] Naoya Kamikawa, NobuhiroTsuji, Xiaoxu Huang, et al. Quantification of annealed microstructures in ARB processed aluminum[J]. Acta Materialia, 2006(54)：3055 ~ 3066.

[13] Mishra, Kad B K, Gregori F, et al. Microstructural evolution in copper subjected to severe plastic deformation：Experiments and analysis[J]. Acta Materialia, 2007,(55)：13 ~ 28.

[14] Costa A L M, Reis A C C, Kestens L, et al. Ultra grain refinement and hardening of IF-steel during accumulative roll-bonding[J]. Materials Science and Engineering A, 2005, (406)：279 ~ 285.

[15] Tsuji N, Saito Y, Lee S H, et al. ARB (Accumulative Roll-Bonding) and other new Techniques to Produce Bulk Ultrafine Grained Materials [J]. Advanced Engineering Materials, 2003, 5(5)：338 ~ 344.

[16] Tsuji N, Ueji R. Nanoscale crystallographic analysis of ultra fine grained IF steel fabricated by ARB process[J]. Scripta Materialia, 2002, 47(2)：69 ~ 76.

[17] Tsuji N, Ito Y. Strength and ductility of ultrafine grained aluminum and iron produced by ARB and annealing[J]. Scripta Materialia, 2002, 47(12)：893 ~ 899.

[18] Li B L, Tsuji N, Kamikawa N. Microstructure homogeneity in various metallic materials heavily deformed by accumulative roll-bonding[J]. Materials Science and Engineering A, 2006(423)：331 ~ 342.

[19] Mehdi Eizadjou, Habib Danesh Manesh, Kamal Janghorban. Microstructure and mechanical properties of ultra-fine grains (UFGs) aluminum strips produced by ARB process [J]. Journal of Alloys and Compounds, 2009, 474(1-2)：406 ~ 415.

[20] 林法禹．特种锻压技术[M]．北京：机械工业出版社，1991.
[21] 王仲仁．特种塑性成形[M]．北京：机械工业出版社，1995.
[22] Yeh M S, Tseng Y H, Chuang T H. Effects of Superplastic Deformation on the Diffusion Welding of SuperDux 65 Stainless Steel[J]. Welding Research, 1999, 9: 301 ~ 302.
[23] 吴玖．双相不锈钢[M]．北京：冶金工业出版社，2000，5 ~ 6.
[24] Fargas G, Anglada M, Mateo A. Effect of the annealing temperature on the mechanical properties, formability and corrosion resistance of hot-rolled duplex stainless steel[J]. Journal of Material Processing Technology, 2008, 4: 1 ~ 13.
[25] Jimenez J A, Frommeyer G, Carsi M. Superplastic properties of a δ/γ stainless steel[J]. Materials Science and Engineering, 2001, 307 (2): 134 ~ 142.
[26] Sagradi D P, Medrano R E, Nazar A M. Superplastic Deformation of a Duplex Stainless Steel [C]. Material Science Forum, 2001, 357: 199.
[27] Kahandal R. Recent advancement in superplastic forming and diffusion bonding (SPF/DB) technology[C]. Materials Science Forum, 1997, 243: 687 ~ 693.
[28] Triouleyre J. Superplasticity and sheet metal forming[J]. Minerals, Metals and Materials Society/AIME, 1997 (7): 2007 ~ 2011.
[29] 张沛学，任学平，谢建新．00Cr25Ni7Mo3N 低温超塑性研究[J]．塑性工程学报．2003，10 (2)：51 ~ 55.
[30] 张兰，王立新，任学平．超塑性奥氏体-铁素体双相不锈钢 00Cr25NiMo3N 的研制[J]．特殊钢，2005，26(6)：44 ~ 46.
[31] Torun O, Karabulut A, Baksan B, Celikyürek I. Diffusion bonding of AZ91 using a silver interlayer[J]. Materials and Design, 2008, (29): 2043 ~ 2046.
[32] Badji M, Bouabdallah M. Effect of solution treatment temperature on the precipitation kinetic of σ phase in 2205 duplex stainless steel welds[J]. Materials Science and Engineering A. 2008, (496): 447 ~ 454.
[33] Elmer J W, Palmer T A, Specht E D. In situ observations of sigma phase dissoluation in 2205 duplex stainless steel using synchrotron X-ray diffraction[J]. Materials Science and Engineering A. 2007, (459): 151 ~ 155.
[34] 徐祖耀等．形状记忆材料[M]．上海：上海交通大学出版社，2000.
[35] Olander A, Amer J. Soc., 54 (1932): 897.
[36] Chang L C, Read T A. Trans. AIME, 191(1951): 47.
[37] Burkart M W, Read T A. Trans. AIME, 197 (1957): 1516.
[38] Burhler W J, Gilfich J V. Willey R C, Appl J. Phys., 34 (1963): 1475.
[39] hao Lie, PhD Thesis, University Twente, Enschede, the Netherlands, 1997: 4.
[40] Kennedy J B (translated), Hiroyasu Funakubo (edited). Shape Memory Alloys, Gordon and Breach Science Publishers, New York, 1987.
[41] Liu Yong, Smart Materials, Proceedings of SPIE, 4234(2001):82.

[42] Huang Xu, Liu Yong, Scripta Mater. , 45(2001): 153.

[43] Duerig T W, Melton K N, Stockel D, Wayman C W(Eds.). Engineering Aspects of Shape Memory Alloys, Butterworth-Heinemann, London, 1990.

[44] Hara T, Ohba T, Okunishi E, Otsuka K. Mater. Trans. JIM 38(1997): 11 ~ 17.

[45] Otsuka K, Ren X, Mater. Sci. Eng. A 273-275 (1999): 89 ~ 105.

[46] Shindo D, Murakami Y, Ohba T. MRS Bulletin, Feb. (2002): 121 ~ 127.

[47] Hiroyasu Funakubo(edited). Shape Memory Alloys. Gordon and Breach Science Publishers, New York, 1987: 61.

[48] Otsuka K, Sawamura T, Shimizu K. Phys. Stat. Sol. (a)5(1971): 457.

[49] Kudoh Y, Tokonami M. Acta Metall. 33(1985): 2094.

[50] Michal G M, Sinclair R. Acta Cryst. B37 (1981): 1803.

[51] Otsuka K, Ren X. Mater. Sci. Eng. A 273-275(1999):89.

[52] Wechsler M S, Lieberman D S, Read T A. Trans. AIME, 197(1953): 1503.

[53] Lieberman D S, Wechsler M S, Read T A. J. Appl. Phys. , 26(1955): 473.

[54] Bowles J S, Mackenzie J K. Acta Matall. , 2 (1954): 129.

[55] Mackenzie J K, Bowles J S. Acta Matall. , 5 (1957): 137.

[56] Stachowiak G B, McComick P G. Acta Matall. , 136 (1988): 291.

[57] Burkhart M W, Read T A. Trans. AIME, 189 (1951): 47.

[58] Okamoto K, Ichinose S, Morii K, Otsuka K, Shimisu K. Acta Matall. , 34(1986).

[59] Wayman C M. Introduction to the Crystallography of Martensitic Transformations, Macmillan, New York, 1964.

[60] Ortin J, Planes A. Acta Metall. , 36 (1988): 1873.

[61] Ortin J, Planes A. Acta Metall. , 37 (1989): 1433.

[62] Liu Y, Xie X L, Humbeeck J V, Delaey L. Acta Mater. , 46(1998): 4325.

[63] Xie Z L, Liu Y. Humbeeck J V, Acta Mater. , 46(1998): 1989.

[64] Liu Y N. , Liu Y. Van Humbeeck J. Scripta Mater. , 38 (1998): 1047.

[65] Liu Y, Xie X L, Van Humbeeck J, Delaey L, Liu Y N. Phil. Mag. A, 80 (2000): 1935.

[66] Zheng Q S, Liu Y. Proceedings of SPIE, Vol. 3992, Smart Structure and Materials 2000: Active Materials: Behavior and Mechanics, Edited by Lynch C. S. , 560, 2000.

[67] Inoue H, Miwa N, Inakazu N. Acta Mater. , 44 (1996): 4825.

[68] Liu Y, Xie Z L, Van Humbeeck J, Delaey L. Acta Mater. , 47(1999): 645.

[69] Otsuka K, Wayman C M. Shape Memory materials. Cambridge University Press, United Kindom, 1998.

[70] Echehmeyer K H. Scripta Metall. , 10 (1976): 667.

[71] Honma T, Shugo Y, Matsumoto R. Bulletin of Research Inst. Mineral Dressing and Metallurgy (Tohoku Univ.), 28(1972): 209.

[72] Potapov P L et al, Mater. Lett. , 32(1997): 247.

[73] Wang Y Q, Zheng Y F, Cai W, Zhao L C. Scripta Mater. , 40(1999): 1327.

[74] Meng X L, Zheng Y F, Wang Z, Zhao L C. Scripta Mater. , 42(2000): 341.

[75] Schetky L, MCD. Proc. Of SMTS'94, 1994: 239.

[76] 野田俊浩. 窒素鋼の利用1状と今後の展開[A]. 第190回西山記念技術講座[C]. 日本: 日本鋼鉄協会, 2006. 1412162.

[77] 干勇, 董瀚. 先进钢铁材料技术的进展[J]. 中国冶金, 2004, (8): 4.

[78] Joachim Menzel, Walter Kirschner, Gerald Stein. High nitrogen containing Ni2free austenitic steels for medical applications [J]. ISIJ International, 1996, 36(7): 893~900.

[79] 邱绍岐, 祝桂花. 电炉炼钢原理及工艺[M]. 北京: 冶金工业出版社, 2001, 69~70.

[80] 任伊宾, 杨柯, 张炳春, 肖克沈, 梁勇. 真空感应炉冶炼高氮钢的影响因素[J]. 材料与冶金学报, 2004. 3, Vol. 3, No. 1, 8~12.

[81] 周灿栋, 丁伟中, 蒋国昌. 高氮钢的熔炼及试生产技术[J]. 包头钢铁学院学报, 1999, 18: 387~392.

[82] Holzguber. W. 生产高氮钢的工艺技术[A]. 高氮钢译文集[C]. 上海: 上海钢铁研究所, 1990, 104.

[83] Rashev. T, Pernik. 应用反压铸造方法生产高氮钢的工艺和设备[A]. 高氮钢译文集[C]. 上海: 上海钢铁研究所. 1990, 96.

[84] 徐匡迪, 高玉来, 翟启杰. 低镍不锈钢生产中的若干冶金学问题[J]. 钢铁, 2004, 39(7): 1.

[85] 程晓农, 戴起勋. 奥氏体钢设计与控制[M]. 北京: 国防工业出版社, 2005, 31~37.

[86] Simmons. J. W. Mechanical properties of isothermally aged High- nitrogen stainless steel [J]. Metall Trans A, 1995, 26: 2579.

[87] C. L. Briant, P. L. Andesen. Grain boundary segregation in austenitic steel and its effect on intergranular corrosion and stress corrosion cracking [J]. Metallurgical Transactions. 1988, 19A(3): 495~504.

[88] R. Beneke, R. F. Sandenbergh. The influence of nitrogen and molybdenum on the sensitization properties on low-carbon austenitic stainless steels [J]. Corrosion Science. 1989, 29 (5), 543~555.

[89] Speidel. M. O. Properties and applications of high nitrogen steels[A]. HNS88 [C]. London: The Institute of Metals, 198.

[90] 张孝平. Cr-Mn-Ni-Cu-N 奥氏体不锈钢热变形行为及热加工图[D]. 兰州: 兰州理工大学, 2009.

[91] R. C. Newman and T. Shahrabi: The effect of alloyed nitrogen or dissolved nitrate irons on the anodic behaviour of austenitic stainless steel in hydrochloric acid, Corrosion. Science. ,

1987, Vol. 27, No. 8, 827 ~ 838.

[92] 刘守平，孙善长. 含氮钢吹氮合金化[J]. 重庆大学学报（自然科学版），2002，25(5)：83 ~ 85.

[93] 卢永，张士岩. 氮在液态铁合金中溶解度的影响因素[J]. 铁合金，2005，108(5)：16 ~ 18.

[94] 张士岩，卢永，王书桓. 液态铁基合金中氮溶解度的影响因素[J]. 钢铁研究，2006，34(1)：1 ~ 3.

[95] 陈振华，夏伟军，严红革，等. 变形镁合金[M]. 北京：化学工业出版社，2005.

[96] ASM International, Magnesium and Magnesium Alloy[M]. OH：Metal Park，1999，1.

[97] 刘正，张奎，曾小勤. 镁基轻质合金理论基础及其应用[M]. 第一版. 北京：机械工业出版社，2002.

[98] 余琨. 稀土变形镁合金组织性能及加工工艺研究[D]. 长沙：中南大学，2002.

[99] Cahn R W，丁道云等译. 非铁合金的结构与性能[M]. 北京：科学出版社，1999，109.

[100] Yu K，Li W X. Homogenization treatment of Mg-Al-Zn (MM) Magnesium alloy ingots. Acta Metallurgical Sinica (English Letters)，2002，15(6)：545 ~ 550.

[101] 余琨，黎文献，李瑞松. 变形镁合金材料的研究进展[J]. 轻合金加工技术，2001，29(7)：6 ~ 7.

[102] 吕宜振. Mg-Al-Zn 合金的组织、性能、变形和断裂行为研究[D]. 上海：上海交通大学，2001.

[103] 王建军，王智民. 镁合金的塑性变形机理及加工工艺[J]. 有色设备，2005(3)：10 ~ 13.

[104] Towle D J，Friend C M. Comparison of compressive and tensile properties of magnesium based metal matrix composites. Materials Science and Technology，1993(3)：35 ~ 40.

[105] Bohlen J，Chmelík F. Orientation effects on acoustic emission during tensile deformation of hot rolled magnesium alloy AZ31 [J]. Journal of Alloys and Compounds，2004，378(1-2)：207 ~ 213.

[106] 张永刚，陈吕麒. 钛铝金属间化合物基合金中的孪生和孪生交互作用[J]. 航空学报，2000，21：81.

[107] 陈振华. 变形镁合金[M]. 北京：化学工业出版社，2005. 6.

[108] 陈振华，杨春花，等. 镁合金塑性变形中孪生的研究[J]. 材料导报，2006. 8，20(8)：107 ~ 113.

[109] 小林孝幸，小池淳一. AZ31マグネシウム合金における活動すべり系の粒径依存性. 日本金属学会誌，67，(2003)，149 ~ 152.

[110] Galiyev A，Kaibyshev R，Gottstein G. Correlation of plastic Deformation and Dynamic Recrystallization in Magnesium Alloy ZK60，Acta Materialia，2001，49(7)：1199 ~ 1208.

[111] Apps P J，Bowen J R，Prangnell P B. The effect of coarse second-phase particles on the

rate of grain refinement during severe deformation processing[J]. Acta Material, 2003, 51: 2811 ~ 2822.

[112] Ion S E, Humphreys F J, White S H. Dynamic Recrystallization and the Development of Microstructure during the High Temperature Deformation of Magnesium[J]. Acta Materialia, 1982, 30(10): 1909.

[113] Sellars C M , Davies G J. Hot Working and Forming Processes[M]. London: The Metals Society, 1980: 3.

[114] Arne K. Dahle, Young C. Lee, Mark D. Nave, et al.. Development of the as-cast microstructure in magnesium-aluminium alloys, Journal of Light Metals 1(2001), 61 ~ 72.

[115] 金军兵，王智祥，刘雪峰，谢建新. 均匀化退火对 AZ91 镁合金组织和性能的影响[J]. 金属学报，2006，42(10)：1014 ~ 1018.

[116] 张津，章宗和. 镁合金及应用[M]. 北京：化学工业出版社，2004.

[117] 白亮，潘复生，杨明波. Mg-(6-8)Al-0.7Si 合金的组织和力学性能分析[J]. 重庆大学学报，2006，29 (10)：96 ~ 99.

[118] 谢建新，刘静安. 金属挤压理论与技术[M]. 北京：冶金工业出版社，2001.

[119] 毛卫名，赵新民. 金属的再结晶与晶粒长大[M]. 北京：冶金工业出版社，1994.

[120] Murai T, Matsuoka S, Miyamoto S, et al. Effects of extrusion conditions on microstructure and mechanical properties of AZ31B magnesium Alloy extrusions[J]. Journal of Materials processing Technology, 2003, 141(2): 207.

[121] Sosnick B. US Patent 2434775, 1948.

[122] Elliot J C. US Patent 2751289, 1956.

[123] Allen B C. US Patent 3087807, 1963.

[124] Gergely V, Curran D C, Clyne T W. The FOAMCARP process: foaming of aluminium MMCs by the chalk-aluminium reaction in precursors. Composites Science and Technology, 2003, 63 : 2301 ~ 2310.

[125] Von zeppelin F, Hirscher M, Stanzick H, et al.. Desorption of hydrogen from blowing agents used for foaming metals . Composites Science and Technology 2003, (63): 2293 ~ 2300.

[126] 罗洪杰，吉海宾，杨国俊，等. 氢化钛的分解行为及其在制备泡沫铝中的应用[J]. 东北大学学报，2007，28(1)：87 ~ 90.

[127] 储少君，吴铿，牛强，等. 铝合金熔体发泡过程的工艺参数控制[J]. 化工冶金，1998，19(3)：260 ~ 264.

[128] Matijasevic-Lux B , Banhart J , Fiechter S, et al. Modification of titanium hydride for improved aluminium foam manufacture. Acta Materialia , 2006 , 54 : 1887 ~ 1900.

[129] 吴铿，潜伟，储少军，等. 制备泡沫铝时增黏过程的基础研究[J]. 中国有色金属学报，1998，8(Suppl. 1)：83 ~ 84.

[130] Banhart J . Manufacture , Characterization and application of cellular metals and metal

foams . Progress in Materials Science , 2001 , 46(6): 559 ~ 632.

[131] 周芸，左孝青，许星，等. 泡沫 Al-6Si 合金的制备工艺研究[J]. 稀有金属，2004，28(1): 191 ~ 194.

[132] Han F, Zhu Z, Gao J, et al. . Effect of oxidation treatment and surface filming on hydrogen degassing from TiH_2. Metall. Trans. B , 1998, 29: 1315 ~ 1319.

[133] 王政红，陈派明. 发泡法制备泡沫铝[J]. 材料开发与应用，1998，13(3): 30 ~ 32.

[134] 方吉祥，杨志懋，丁秉钧. SiO_2/TiH_2包覆粉体的制备及其释氢特性[J]. 高等学校化学学报，2005，26(7): 1225 ~ 1227.

[135] Kennedy A R. The effect of TiH_2 heat treatment on gas release and foaming in Al-TiH_2 preforms Scripta Materialia, 2002 , 47: 763 ~ 767.

[136] Kennedy A R, Lopez V H. The decomposition behaviour of as-received and oxidized TiH_2 foaming agent powder. Mater. Sci. Eng. , 2003, A357: 258 ~ 263.

[137] 王怡红，赵军，宋苇，等. TiH_2 的 SiO_2 凝胶包裹对其释氢的影响[J]. 东南大学学报，1999，29(6): 145 ~ 148.

[138] Paul A, Ramamurty U. Strain rate sensitivity of a closed-cell aluminum foam. Materials Science and Engineering , 2000, A281 : 1 ~ 7.

[139] Wu Jiejun, Li Chenggong, Wang Dianbin, et al. Damping and sound absorption properties of particle reinforced Al matrix composite foams. Composites Science and Technology, 2003, 63: 569 ~ 574.

[140] 刘培生. 多孔材料引论[M]. 北京：清华大学出版社，2004.

[141] Iduarte I, Jbanhart J. A Study of Aluminium Foam Formation Kinetics And Microstructure. Acta Materialia , 2000 , 48: 2349 ~ 2362.

[142] 张敏，祖国胤，姚广春，等. 泡沫铝夹心板的制备及其界面结合机理的研究[J]. 功能材料，2006，37(2): 281 ~ 283.

[143] 祖国胤，张敏，姚广春，等. 轧制复合-粉末冶金发泡工艺制备泡沫铝夹心板[J]. 过程工程学报，2006，6(6): 973 ~ 977.

[144] Kitazono K, Sato E, Kuribayashi K. Novel manufacturing process of closed-cell aluminum foam by accumulative roll-bonding. Scripta Materialia , 2004, 50: 495 ~ 498.

[145] Kitazono K, Kikuchi, Saito E. Anisotropic compressive behavior of Al-Mg alloy foams manufactured through accumulative roll-bonding process. Materials Letters, 2007, 61: 1771 ~ 1773.

[146] Kitazono K, Sato E. Closed-Cell Metal Foams Manufactured from Bulk Metal and Alloy Sheets through ARB Process. Materials Science Forum, 2005, 475 ~ 479: 433 ~ 436.

[147] Bram M, Stiller C, Buchkremer H P, et al. Properties of porous titanium stainless steel and superalloys. Advanced Engineering Materials, 2000, 2: 196 ~ 199.

[148] 左孝青，周芸译. 多孔泡沫金属[M]. 北京：化学工业出版社，2005.

[149] Fiedler T, Öchsner A, Gracio J, et al. . Structural Modeling of the Mechanical Behavior of

Periodic Cellular Solids: Open-Cell Structures. Mechanics of Composite Materials, 2005, 41(3): 277 ~ 290.

[150] 陈乐平，周全，庄建平．真空渗流法制备泡沫镁合金的工艺研究．铸造，2008，57，4：334 ~ 336.

[151] San Marchi C, Mortensen A. Deformation of Open-Cell Aluminum Foam. Acta Materialia, 2001, 49 : 3959 ~ 3969.

[152] Zou Chunming , Zhang Erlin. Preparation, microstructure and mechanical properties of porous titanium sintered by Ti fibres. J Mater. Sci. : Mater. Med. , 2006 , 1 ~ 51.

[153] 刘源，李言祥，张华伟，等．金属—气体共晶定向凝固制备藕状多孔金属的研究[J]．特种铸造及有色合金，2005，25（1）：1 ~ 4.

[154] 刘新华，姚 迪，刘雪峰，等．藕状多孔铜沿垂直于气孔方向的压缩变形行为与本构关系[J]．中国有色金属学报，2009，19(7)：1237 ~ 1244.

[155] Grenestedt J L. Influence of Cell Shape Variations on Elastic Stifeness of Closed Cell Cellular Solids. Scripta Materialia. 1999, 40: 71 ~ 77.

[156] Hamdan A A, Ajloni M A, Alhusein, et al. Long. Behaviour of Core Materials During Resin Transfer Moulding of Sandwich Structures. Material Science and Technology. 2000, 16: 929 ~ 934.

[157] Hartmann M , Singer R F. Metall Schaume In Proc. Symp Metall Schaume(edited Banhart J) Bremen, Germany, 1997 , 39.

[158] Salimon A , Bre, Chet Y, et al. Potential applications for steel and titanium metal foams Mechanical Behavior of Cellular Solids, 2005, 5793 ~ 5799.

[159] Sumner D R, Galante J O. Determinations of stress shielding: design versus merials versus interface. Clin Orthop a Relat Res, 1992, 274: 202 ~ 212.

[160] Wen C E, Mabuchi M , Yamada Y, et al. Processing of Biocompatible Porous Ti and Mg. Scripta Materialia, 2001, 45: 1147 ~ 1153.

[161] Ray Jahn, Andrew M, Sherman. Perspectives on High-Volum Applications of Light-weight Cellular Metals and Structures . Searle, WA, USA , TMS 2000, (2): 238.

[162] 高芝，周芸，左孝青，等．泡沫钢的研究、应用及发展现状[J]．现代铸铁，2005，4：22 ~ 25.

[163] 谢建新．材料先进制备与成型加工技术[M]．北京：科学出版社，2007，168.

[164] 左孝青，孙加林．泡沫金属制备技术研究进展[J]．材料科学与工程学报，2004，22(3)：452 ~ 456.

[165] 黄培云．粉末冶金原理[M]．北京：冶金工业出版社，2004.

[166] 任学平，康永林．粉末塑性加工原理及应用[M]．北京：冶金工业出版社，1998.

[167] 木村尚．粉末锻造技术の最近の进步[J]．塑性と加工，1993，34：34 ~ 86.

[168] 大矢根守哉，岛进．粉末烧结体の塑性基础式．日本机械学会论文集[C]．1973，39(317)：86 ~ 94.

[169] Kuhn H A. Deformation characteristics and plasticity theory of sintered powder materials. Int. J. of powder metallurgy, 1971, 7(1): 15 ~ 25.

[170] Green R J. A plasticity theory for porous solids. Int. J. of Mech. Sci. , 1972, 14 (3): 214 ~ 215.

[171] Doraivelu S M, et al. . A new yield function for compressible P/M materials. Int. J. Mech. Sci. 1984, (9/10): 527 ~ 535.

[172] Khoei A R, Biabanaki S O R, Vafa A R, Yadegaran I, Keshavarz Sh. A new computational algorithm for contact friction modeling of large, plastic deformation in powder compaction processes, International Journal of Solids and Structures 46(2009): 287 ~ 310.

[173] Satsangia P S, Sharma P C, Prakash R. An elastic-plastic finite element method for the analysis of powder metal forging, Journal of Materials Processing Technology 136(2003): 80 ~ 87.

[174] Suveen N. Mathaudhu , K. Ted Hartwig, Ibrahim Karaman, Consolidation of blended powders by severe plastic deformation to form amorphous metal matrix composites, Journal of Non-Crystalline Solids 353(2007): 185 ~ 193.

[175] Marek Galanty, Pawel Kazanowski, Panya Kansuwan, Wojciech Z. Misiolek, Consolidation of metal powders during the extrusion process, Journal of Materials Processing Technology 125-126(2002): 491 ~ 496.

[176] Rajeshkannan A, Pandey K S, Shanmugam S, Narayanasamy R. Deformation behaviour of sintered high carbon alloy powder, metallurgy steel in powder preform forging, Materials and Design 29(2008): 1862 ~ 1867.

[177] Adel B. El-Shabasya, Hala A. Hassana, Yi Liub , Dingqiang Li, John J. Lewandowski, High cycle fatigue behavior of a nanostructures composite produced via extrusion of amorphous Al89Gd7Ni3Fe1 alloy powders, Materials Science and Engineering A 513-514 (2009): 202 ~ 207.

[178] Lapovok R, Tomus D, Muddle B C. Low-temperature compaction of Ti-6Al-4V powder using equal, channel angular extrusion with back pressure, Materials Science and Engineering A 490(2008): 171 ~ 180.

[179] Sofiane Terzi, Raphael Couturier, Laure Gu'etaz, Bernard Viguier b, Modelling the plastic deformation during high-temperature creep of a powder-metallurgy coarse-grained superalloy, Materials Science and Engineering A 483-484(2008): 598 ~ 601.

[180] Khanitta Manoi, Syed S. H. Rizvi, Rheological characterizations of texturized whey protein concentrate-based powders produced by reactive supercritical fluid extrusion, Food Research International 41(2008): 786 ~ 796.

[181] Yuichiro Koizumi, Masanori Ueyama. High damping capacity of ultra-fine grained aluminum produced by accumulative roll bonding. Journal of Alloys and Compounds. 2003, 355: 47 ~ 51.

[182] Jian-Guo Luo, Viola L Acoff. Using cold roll bonding and annealing to process Ti/Al multi-layered composites from elemental foils. Materials Science and Engineering A, 2004, 379: 164 ~ 172.

[183] Dalle F, Despert G, Vermaut Ph, et al. . Ni49. 8Ti42. 2Hf8 shape memory alloy strips production by the twin roll casting technique. Materials Science and Engineering A, 2003, 346: 320 ~ 327.

[184] 董成文 . TA1/Q235 钢复合板累积叠轧焊及界面特性控制的研究[D]. 北京：北京科技大学博士学位论文，2009.

[185] 川并高雄，吉原征四郎 . 压延クラッブ制造技术 . 鉄と鋼，1988，17（4）：27 ~ 33.

[186] 木村秀途 . クラッブ厚钢板制造技术，塑性と加工，2001，42（482）：45 ~ 51.

[187] 山本章夫，中村宏，仓桥隆郎 . 接合に液相を利用した压延チタンクラッブ钢板制造技术の开发 . 鉄と鋼，1993，79(1)：62 ~ 68.

[188] 何春雨，许荣昌，任学平，等 . 钛/钢复合板累积叠轧焊复合工艺的试验研究[J]. 上海金属，2006，28 ~ 31.

[189] 李忠文 . 钛-钢扩散复合界面组织与性能的研究[D]. 大连：大连交通大学博士学位论文 . 2005.

[190] 郭昭君，王德庆，苏琴 . 中间夹层与碳钢和不锈钢复合板的制备工艺与性能研究[J]. 大连交通大学学报，2007，28：66 ~ 70.

[191] 孙浩，王克鲁 . 不锈钢复合板生产方法和制备技术的探讨[J]. 上海金属，2005，27：50 ~ 54.

[192] 马志新，李德富 . 包套轧制复合法制备 TA1/LY12 复合板[J]. 金属成形工艺，2004，22(1)：34 ~ 35.

[193] 黄淑梅 . 热轧生产钛钢复合板的技术进展[J]. 钛工业进展，2002，11(6)：25 ~ 28.

[194] 黄金昌 . 开发钛钢轧制复合板[J]. 稀有金属快报，2002，6(3)：34 ~ 36.

[195] Kitazon K. Novel manufacturing process of closed-cell aluminum foamy accumulative roll-bonding. Scripta Materialia, 2004, 50: 495 ~ 498.

[196] Lee S H, Saito Y, Sakai T. Microstructures and mechanical properties of 6061 aluminum alloy processed by accumulative roll-bonding. Materials Science and Engineering A, 2002, 325: 228 ~ 235.

[197] Tsuji N, Toyoda T, Minamino Y, et al. . Microstructural change of ultrafine-grained aluminum during high speed plastic deformation. Materials Science and Engineering A, 2003, 350: 108 ~ 116.

[198] Costa A L M, Reis A C C, Kestens L, et al. . Ultra grain refinement and hardening of IF-steel during accumulative roll-bonding. Materials Science and Engineering A, 2005, 406: 279 ~ 285.

[199] Kolahi A, Akbarzadeh A, Barnett M R. Electron Back Scattered Diffraction (EBSD) Characterization of Warm Rolled and Accumulative Roll Bonding (ARB) Processed Fer-

rite. Journal of Materials Processing Technology, 2008.

[200] Lee S H, Saito Y, Tsuji N, et al.. Role of shear strain in ultragrain refinement by accumulative roll-bonding (ARB) process. Scripta Mater., 2002, 46: 281 ~ 285.

[201] 许荣昌，唐荻，任学平，等．累积叠轧焊普碳钢材料界面性能特征的研究[J]. 钢铁研究学报，2005，22(1)：125 ~ 130.

[202] 董成文，李艳芳，任学平．TA1/ Q235 钢复合板累积叠轧焊界面特性[J]. 北京科技大学学报，2008，30(3)：249 ~ 253.